"十三五"
国家重点出版物出版规划项目
重大出版工程

—— 原子能科学与技术出版工程 ——

名誉主编 王乃彦 王方定

放射化学

张生栋 丁有钱 ◎ 编著

RADIOCHEMISTRY

北京理工大学出版社
BEIJING INSTITUTE OF TECHNOLOGY PRESS

中国原子能科学研究院
CHINA INSTITUTE OF ATOMIC ENERGY

版权专有　侵权必究

图书在版编目（CIP）数据

放射化学 / 张生栋，丁有钱编著. -- 北京：北京理工大学出版社，2022.1
　ISBN 978 - 7 - 5763 - 0931 - 7

Ⅰ.①放…　Ⅱ.①张…②丁…　Ⅲ.①放射化学 - 高等学校 - 教材　Ⅳ.①O615

中国版本图书馆 CIP 数据核字（2022）第 023868 号

出版发行 / 北京理工大学出版社有限责任公司
社　　址 / 北京市海淀区中关村南大街 5 号
邮　　编 / 100081
电　　话 /（010）68914775（总编室）
　　　　　（010）82562903（教材售后服务热线）
　　　　　（010）68944723（其他图书服务热线）
网　　址 / http：//www.bitpress.com.cn
经　　销 / 全国各地新华书店
印　　刷 / 三河市华骏印务包装有限公司
开　　本 / 710 毫米×1000 毫米　1/16
印　　张 / 26.75
字　　数 / 484 千字
版　　次 / 2022 年 1 月第 1 版　2022 年 1 月第 1 次印刷
定　　价 / 129.00 元

责任编辑 / 刘　派
文案编辑 / 闫小惠
责任校对 / 周瑞红
责任印制 / 王美丽

图书出现印装质量问题，请拨打售后服务热线，本社负责调换

前 言

人类对于物质的微观结构和宇宙的起源与演化的认识在过去的一个多世纪中取得了前所未有的成果和进步。今天的元素周期表已经包括118种元素，其中27种元素是人工合成的，104号以后的元素的化学研究只能在"一次一个原子"的水平上开展。其中，放射化学起到了重要的贡献。

放射化学（Radiochemistry）这一名称最早是由英国的卡麦隆于1910年提出的。它是研究放射性元素及其衰变产物的化学性质和属性的一门科学。它与核化学紧密结合，相互依存，常常共同研究原子核的转变过程和放射性原子的化学变化，在研究中相互促进。20世纪是核能开发和利用取得重大成就的时代，核武器的开发、核能的和平利用促进了全世界放射化学的快速发展。由此而形成的庞大的核工业系统，包括铀矿开采、铀的提取、纯化、转化、同位素富集、燃料元件制造、乏燃料后处理、高放废物的处置，都离不开放射化学研究，同时也是放射化学研究的主要领域。21世纪以来，尤其是自2012年进入新时代以来，随着核能与核技术应用的飞速发展，放射化学在国家安全、科学前沿、核能发展、人类健康、环境保护、经济和社会的可持续发展等方面发挥了越来越重要的作用，社会对高层次的放射化学科研人员需求量大增。为适应新时代核能与核技术应用对放射化学人才新的需求，特编写出版本书。

本书包括放射化学基础、放射性元素化学、辐射化学、核燃料化学及放射分析化学等内容。本书是为欲从事放射化学、核化学和核化工的研究生以及应用同位素和核技术的研究者提供最必要的理论基础和相关知识，并尽可能将放射化学领域的最新进展和成果介绍给读者。

本书由中国原子能科学研究院的张生栋研究员和丁有钱研究员等人编著。参加撰写的有张生栋（第1，9章），杨春莉（第2章），吴俊德（第3章），舒复君（第4章），丁有钱（第5，11章），唐泉（第6章），毛国淑（第7章），赵雅平（第8章），钱丽娟（第10，12章）。本书的出版得到了北京理工大学出版社的大力支持，多位编辑为本书的出版做了大量细致的工作，使本书得以顺利出版。在此一并向他们致以深深的感谢。

另外，对于书中可能出现的错误和不当之处，欢迎读者批评指正。

编　者

2021年11月

目　录

第 1 章　绪论 ·· 001
    1.1　放射化学的内容 ·· 002
    1.2　放射化学的特点 ·· 003
    1.3　放射化学的发展简史 ·· 005
    1.4　放射化学在我国的发展概况 ··· 012

第 2 章　不稳定核素和放射性衰变 ··· 015
    2.1　放射性衰变 ·· 016
    2.2　转化定律 ··· 017
    2.3　α 衰变 ··· 018
        2.3.1　检测 ·· 018
        2.3.2　α 衰变能量 ··· 018
    2.4　β 衰变 ··· 019
        2.4.1　检测 ·· 019
        2.4.2　β^- 衰变过程 ··· 019
        2.4.3　中微子 ·· 020
        2.4.4　双 β 衰变 ··· 022
        2.4.5　β^- 衰变 ·· 022
        2.4.6　正电子衰变 ··· 022
        2.4.7　电子俘获 ·· 023

2.4.8 子体反冲 ……………………………………………… 023
 2.5 γ辐射与内转换 ………………………………………………… 024
 2.6 自发裂变 ………………………………………………………… 027
 2.7 稀有衰变模式 …………………………………………………… 027
 2.8 衰变纲图和同位素表 …………………………………………… 028
 2.9 原子中的第二过程 ……………………………………………… 029
 2.10 闭合衰变能量循环 …………………………………………… 030
 2.11 简单放射性衰变的动力学 …………………………………… 031
 2.12 混合衰变 ……………………………………………………… 033
 2.13 放射性衰变单位 ……………………………………………… 034
 2.14 分支衰变 ……………………………………………………… 035
 2.15 连续放射性衰变 ……………………………………………… 035
 2.16 放射性同位素发生器 ………………………………………… 039
 2.17 衰变能和半衰期 ……………………………………………… 040
 2.18 海森堡的不确定性原理 ……………………………………… 041

第3章 自然界中的放射性核素 ……………………………………… 043

 3.1 宇生放射性核素 ………………………………………………… 044
  3.1.1 概述 ……………………………………………………… 044
  3.1.2 氚 ………………………………………………………… 045
  3.1.3 碳-14 …………………………………………………… 046
 3.2 原生放射性核素 ………………………………………………… 047
  3.2.1 铅前长寿命核素 ………………………………………… 047
  3.2.2 天然衰变系中的元素 …………………………………… 048
 3.3 自然界中的超铀元素和 Np 衰变系 …………………………… 052
 3.4 钍 ………………………………………………………………… 053
 3.5 铀 ………………………………………………………………… 054
 3.6 环境中的镭和氡 ………………………………………………… 057
 3.7 非平衡 …………………………………………………………… 059
 3.8 放射性衰变计年 ………………………………………………… 060
  3.8.1 ^{14}C 计年法 …………………………………………… 060
  3.8.2 K-Ar 计年法 …………………………………………… 063
  3.8.3 Rb-Sr 计年法 ………………………………………… 064
  3.8.4 基于 ^{238}U 衰变计年法 …………………………… 064

3.9　海洋中的天然放射性 ……………………………………… 066
　　3.10　自然界中的人工放射性 …………………………………… 067

第4章　同位素交换 ……………………………………………… 071
　　4.1　同位素效应 …………………………………………………… 072
　　4.2　同位素交换反应的热力学性质 ……………………………… 074
　　4.3　均相同位素交换反应的指数定律和动力学特性 …………… 075
　　4.4　均相同位素交换的机理 ……………………………………… 078
　　4.5　非均相同位素交换反应动力学 ……………………………… 081
　　4.6　生物化学体系中的同位素交换 ……………………………… 084

第5章　放射性物质在低浓度时的状态和行为 ………………… 087
　　5.1　放射性物质在溶液中的状态和行为 ………………………… 089
　　　　5.1.1　共结晶共沉淀 ………………………………………… 089
　　　　5.1.2　放射性核素的吸附 …………………………………… 094
　　　　5.1.3　放射性核素的电化学 ………………………………… 102
　　　　5.1.4　放射性胶体 …………………………………………… 105
　　5.2　放射性物质在气相中的状态和行为 ………………………… 109
　　5.3　放射性物质在固相中的状态 ………………………………… 110
　　　　5.3.1　浸出法 ………………………………………………… 110
　　　　5.3.2　穆斯堡尔谱法 ………………………………………… 111

第6章　放射性物质的分离方法 ………………………………… 117
　　6.1　共沉淀法 ……………………………………………………… 118
　　　　6.1.1　载体的使用 …………………………………………… 118
　　　　6.1.2　改善共沉淀分离的措施 ……………………………… 120
　　6.2　溶剂萃取法 …………………………………………………… 121
　　　　6.2.1　萃取过程中的分配关系 ……………………………… 121
　　　　6.2.2　简单分子萃取体系 …………………………………… 123
　　　　6.2.3　中性络合萃取 ………………………………………… 124
　　　　6.2.4　酸性络合萃取 ………………………………………… 130
　　　　6.2.5　离子缔合萃取 ………………………………………… 138
　　　　6.2.6　协同萃取 ……………………………………………… 144
　　　　6.2.7　萃取方法 ……………………………………………… 145

6.3 离子交换法 ·· 148
6.3.1 离子交换树脂 ·································· 148
6.3.2 离子交换平衡 ·································· 152
6.3.3 离子交换分离方法 ······························ 156
6.3.4 洗脱色层的基本原理 ···························· 158
6.3.5 多组分色层分离 ································ 163
6.3.6 多组分分离中的洗脱问题 ······················· 169
6.3.7 高效离子交换色层 ······························ 170
6.3.8 无机离子交换剂 ································ 173
6.4 液-液色层 ·· 175
6.4.1 液-液色层的原理 ································ 175
6.4.2 液-液色层技术 ·································· 176
6.4.3 液-液色层的应用 ································ 177
6.5 纸色层和薄层色层 ···································· 178
6.5.1 纸色层 ·· 178
6.5.2 薄层色层 ·· 179
6.6 电化学分离 ·· 180
6.6.1 电沉积法 ·· 180
6.6.2 汞阴极电解法 ···································· 181
6.6.3 电化学置换法 ···································· 181
6.6.4 区域电泳法 ······································ 182
6.7 其他分离方法 ·· 183
6.8 快速化学分离 ·· 186
6.8.1 间歇快速分离法 ·································· 186
6.8.2 连续快速分离法 ·································· 187

第7章 放射性核素的生产 ······································ 191
7.1 人工放射性核素的生成途径 ······························ 192
7.2 辐照产额 ·· 193
7.3 次级反应 ·· 195
7.4 靶的特性 ·· 199
7.4.1 物理特性 ·· 199
7.4.2 化学特性 ·· 200
7.5 产物的特点 ·· 201

7.6 靶的反冲分离 ·· 203
　7.6.1 靶反冲产物 ··· 203
　7.6.2 热原子反应 ··· 204
　7.6.3 齐拉-却尔曼斯效应 ·· 205
7.7 快速的放化分离 ··· 206
　7.7.1 ^{11}C 标记化合物的生产 ··· 207
　7.7.2 自动批量生成程序 ·· 208
　7.7.3 在线气相分离程序 ·· 210
　7.7.4 在线溶剂萃取的分离程序 ··· 211
　7.7.5 在线同位素分离程序 ·· 213

第 8 章 超铀元素化学 ·· 215

8.1 超铀元素 ·· 217
　8.1.1 93 号元素镎 ·· 217
　8.1.2 94 号元素钚 ·· 217
　8.1.3 95 号元素镅和 96 号元素锔 ·· 218
　8.1.4 97 号元素锫和 98 号元素锎 ·· 223
　8.1.5 99 号元素锿和 100 号元素镄 ·· 224
　8.1.6 101 号元素钔, 102 号元素锘和 103 号元素铹 ···················· 225
　8.1.7 原子序数 $Z \geqslant 104$ 的超锕系元素 ·································· 226
8.2 锕系元素的性质 ··· 228
　8.2.1 锕系元素系列 ··· 228
　8.2.2 锕系元素的氧化态 ·· 232
　8.2.3 锕系元素的化合物 ·· 235
　8.2.4 固态化合物 ··· 236
8.3 锕系元素的利用 ··· 237
8.4 超锕系元素化学 ··· 239

第 9 章 环境中的放射性核素的行为 ······································ 241

9.1 放射性释放及可能的效应 ··· 242
9.2 人工放射性核素的环境问题 ·· 245
9.3 切尔诺贝利事故的泄漏 ·· 246
9.4 超铀核素在环境中的注入 ··· 247
9.5 目前生物圈中超铀核素的水平 ·· 249

9.6 生物圈中锕系化学 ... 250
9.6.1 氧化还原性质 ... 250
9.6.2 水解 ... 252
9.6.3 溶解度 ... 254
9.7 种态的计算 ... 254
9.8 天然类比 ... 259
9.9 奥克洛核反应堆 ... 260
9.10 废物库的性能评价 ... 261
9.10.1 释放情景 ... 262
9.10.2 储存罐溶解 ... 263
9.10.3 由沥青和混凝土包装的释放 ... 265
9.10.4 从处置库中的迁移 ... 266
9.11 结论 ... 269

第10章 辐射化学 ... 271
10.1 辐射化学效应与放射性核素的状态、行为的关系 ... 272
10.2 辐射化学的基本过程 ... 273
10.2.1 激发分子的反应 ... 275
10.2.2 离子反应 ... 276
10.2.3 自由基反应 ... 276
10.3 水和水溶液的辐射化学 ... 279
10.3.1 水的辐射化学 ... 279
10.3.2 水溶液的辐射化学 ... 281
10.4 萃取剂和离子交换树脂的辐射效应 ... 285
10.4.1 辐射对萃取剂的影响 ... 286
10.4.2 辐射对离子交换树脂的影响 ... 287
10.5 辐射工艺进展概况 ... 287

第11章 热原子化学 ... 291
11.1 核过程中热原子的形成 ... 293
11.1.1 原子的反冲 ... 293
11.1.2 空穴串级引起的激发 ... 296
11.1.3 电子震脱引起的激发电离 ... 297

11.2 反冲粒子的次级反应 …………………………………………………… 298
　　11.2.1 反冲粒子的能量耗散过程 ……………………………… 298
　　11.2.2 次级反应及保留值 ……………………………………… 299
　　11.2.3 次级反应的机理 ………………………………………… 301
　　11.2.4 反冲原子次级反应能区的划分 ………………………… 303
11.3 热反应的动力学理论 …………………………………………………… 304
11.4 氚的反冲化学 …………………………………………………………… 307
　　11.4.1 反冲氚反应的基本类型 ………………………………… 307
　　11.4.2 氚反应的模型和机理 …………………………………… 311
11.5 碳的反冲化学 …………………………………………………………… 312
　　11.5.1 ^{14}C 的反冲化学 …………………………………………… 312
　　11.5.2 ^{11}C 的反冲化学 …………………………………………… 313
11.6 卤素的反冲化学 ………………………………………………………… 315
　　11.6.1 氟的反冲化学 …………………………………………… 315
　　11.6.2 氯的反冲化学 …………………………………………… 316
　　11.6.3 溴的反冲化学 …………………………………………… 318
　　11.6.4 碘的反冲化学 …………………………………………… 321
11.7 无机含氧酸盐和络合物的热原子化学 ………………………………… 323
11.8 核衰变过程的化学效应 ………………………………………………… 325
　　11.8.1 α 衰变的化学效应 ……………………………………… 325
　　11.8.2 β 衰变的化学效应 ……………………………………… 326
　　11.8.3 同质异能跃迁的化学效应 ……………………………… 328
11.9 退火效应 ………………………………………………………………… 329
11.10 热原子化学的应用 …………………………………………………… 331

第 12 章 放射性核素在化学中的应用 ……………………………………… 333

12.1 放射性核素示踪法 ……………………………………………………… 334
　　12.1.1 放射性核素示踪法的类型 ……………………………… 334
　　12.1.2 放射性示踪剂的选择 …………………………………… 336
　　12.1.3 放射性示踪法的优点和应注意的问题 ………………… 337
12.2 标记化合物的制备 ……………………………………………………… 338
　　12.2.1 化学合成法 ……………………………………………… 339
　　12.2.2 同位素交换法 …………………………………………… 341
　　12.2.3 生物合成法 ……………………………………………… 342

- 12.2.4 反冲标记法 …… 343
- 12.3 放射性示踪原子在化学研究中的应用 …… 343
  - 12.3.1 在化合物结构研究中的应用 …… 343
  - 12.3.2 在化学反应机理研究中的应用 …… 345
  - 12.3.3 在催化反应和非均相化学反应研究中的应用 …… 352
  - 12.3.4 在测定物理化学数据中的应用 …… 355
- 12.4 放射性核素计时 …… 358
  - 12.4.1 利用 ^{14}C 测定年代 …… 358
  - 12.4.2 利用放射性衰变的母子体关系测定年代 …… 360
  - 12.4.3 热释光法测定年代 …… 362
- 12.5 同位素稀释法 …… 363
  - 12.5.1 直接稀释法 …… 363
  - 12.5.2 反稀释法 …… 364
  - 12.5.3 亚化学计量稀释法 …… 365
  - 12.5.4 饱和分析法 …… 367
  - 12.5.5 衍生物同位素稀释法 …… 368
- 12.6 活化分析 …… 369
  - 12.6.1 中子活化分析 …… 369
  - 12.6.2 带电粒子活化分析 …… 374
  - 12.6.3 光子活化分析 …… 377
- 12.7 正电子素 Ps 及其应用 …… 378
  - 12.7.1 Ps 的组成和基本性质 …… 379
  - 12.7.2 Ps 的两个基态及其湮没特性 …… 380
  - 12.7.3 Ps 自湮没和 e^+ 湮没方式的比较 …… 381
  - 12.7.4 o-Ps 的猝熄 …… 383
  - 12.7.5 Ps 形成的机制 …… 385
  - 12.7.6 测量 e^+ 和 Ps 湮没特性的实验方法 …… 387
  - 12.7.7 Ps 微探针在化学中的应用 …… 391

附录 常用物理常数 …… 397

参考文献 …… 399

索引 …… 401

第 1 章
绪 论

19 世纪末到 20 世纪初是物理学和化学发展中的一个突破时期，主要标志是人们对物质结构的认识开始深入到原子内部和一系列新元素的发现。当时，标志物理学和化学蓬勃发展的几个重要事件是 X 射线（1895 年）、放射性现象（1896 年）和电子（1897 年）的发现。发现电子和 X 射线都与稀薄气体中放电现象的研究有关。当 X 射线管中产生 X 射线时，在玻璃管壁被阴极射线撞击的部位同时发出荧光。为了弄清楚 X 射线与荧光的关系，法国科学家贝克勒尔（H. Becquerel）研究了许多荧光物质，希望从中找到能放射 X 射线的物质，经过一些曲折，结果发现了放射性现象。

放射性现象引起了许多物理学家和化学家的重视，此后新的研究成果不断出现，涉及放射性的这门科学获得迅速发展。在这一发展过程中，存在着两种不同的研究方向：一种是从物理方面研究射线的成分和性质以及放射性衰变理论和衰变的统计性质，这方面的发展研究产生了原子核物理学；另一种是放射性物质的分离纯化及其衰变产物，测定它们的化学性质和放射性性质，这方面的研究产生了放射化学学科。放射化学与原子核物理学共同构成了原子能科学技术的主要理论基础，在人类掌握和运用原子能技术、探索原子核的奥秘以及认识微观世界方面起着巨大的作用。

1.1　放射化学的内容

放射化学是研究有关放射性核素和放射性物质的化学及其应用研究的一门

科学。放射化学这一名称最早是在 1910 年由卡麦隆（Cameron）提出的，他指出放射化学的任务是研究放射性元素及其衰变产物的化学性质和属性。这一定义反映了放射化学发展初期的研究对象和内容，包括用化学方法处理辐照过的或自然界存在的放射性物质以得到放射性核素及化合物，将化学技术应用于核研究以及将放射性物质用于研究化学问题。放射化学在随后的几十年中有很大的发展，人工放射性、原子核裂变的发现，反应堆和高能加速器的建立等对放射化学的发展有深远的影响，使放射化学的内容不断充实和扩展。

近代放射化学大体上可以划分为以下几个方面。

1. 基础放射化学

基础放射化学研究放射性物质行为的物理化学规律，包括放射性物质低浓度时在气相、液相和固相中存在的状态、放射性物质在两相间的分配、电化学行为、同位素交换以及放射性物质分离方法。

2. 放射性元素化学

放射性元素化学研究天然和人工放射性元素的制备、分离、纯化和鉴定，以及它们的结构和化学性质。

3. 核转变过程化学

核转变过程化学研究各种原子核转变过程的产物及其化学分离、纯化、鉴定和产额测定，以及核转变过程中产生的反冲原子的结构、性质和化学行为。

4. 应用放射化学

应用放射化学研究放射性核素的生成和放射性标记化合物的合成、放射性核素在化学领域的应用以及放射化学方法在其他科学技术中的应用。

因此，概括地说，放射化学是研究放射性物质和原子核转变过程产物的结构、性质、制备、分离、鉴定和应用的学科。

1.2 放射化学的特点

放射化学与化学学科的其他分支在研究内容和方法上有许多相似的地方，但由于放射化学的研究对象是放射性物质，因此具有以下几个特点：

放射化学

（1）大多数放射性物质以微量或低浓度状态存在。无论是天然存在的或是人工合成的放射性核素，除了几种（如 ^{238}U、^{232}Th、^{239}Pu 等）以外，都处于微量或低浓度的状态，这是因为它们或是半衰期很短，或是生成概率很低。例如，1t 天然铀中 ^{222}Rn 的平衡量只有 2.16×10^{-6} g；将 10g 钴放在反应堆中照射制备 ^{59}Fe，其最大生成量只有 1.7×10^{-8} g。处在这样微量或低浓度状态下的放射性物质在实验过程中往往受到一些偶然因素的显著影响。如果事先对这些偶然因素未加注意和控制，就会感到低浓度下的放射性物质似乎具有异常或不可驾驭的性质和行为。同时，在低浓度情况下，对于普通条件下得到的物理化学规律也需要加以验证。

（2）由于放射性核素按其固有的衰变方式不断衰变，所以所研究的对象不是恒定不变的。因此，放射性核素的制备、分离和纯化就与普通元素具有不同的特点，必须根据由此而产生的复杂情况采取相应的处理方法。例如，通过核反应制备放射性核素时，为了得到纯的制剂，设计分离程序时不仅要考虑副反应产生的干扰核素，还要考虑干扰核素衰变产生的放射性和非放射性产物。对短半衰期放射性核素的分离和研究，需要考虑时间因素。因此，为了研究半衰期很短的核素，则需要研究特殊的快速分离方法。

（3）伴随有辐射化学效应。放射性核素衰变时放出的核辐射在放射化学研究中可能造成一些特殊问题。特别是在处理放射性活度较高的 α 放射体时，它们的辐射会使研究体系发生显著的化学变化，放射性核素存在的化学形式就会受到辐射分解产物的影响。例如，水溶液电解会产生自由基 OH、H 原子、水合电子、H_2 分子和 H_2O_2，这些产物会改变所研究元素原来的化学体系。

（4）放射性核素不断发射特征的核辐射，据此可采用特征的放射化学研究方法。可根据射线的类型、能谱和强度来进行放射性核素的定性和定量的测定，因此形成了特有的放射化学研究方法。这种放射性测量方法的灵敏度一般要比其他方法高出几个数量级（半衰期很长的核素除外）。例如，重量法或容量法的灵敏度为 10^{-5} g，分光光度法的灵敏度为 10^{-6} g，原子吸收光谱法的灵敏度为 $10^{-12}\sim10^{-5}$ g，而放射化学中射线测量方法的灵敏度为 $10^{-19}\sim10^{-10}$ g。对于寿命很短的放射性核素，测定十几个或几十个原子的事例已不是稀奇的事。

（5）放射性物质发射的核辐射对人体有伤害，需要注意辐射防护问题。必须采取必要的措施屏蔽对人体的辐照，并防止放射性物质进入人体。对外部照射的防护，应根据射线性质和强度的不同，采用不同材料的防护屏、屏蔽工作箱或用机械手进行远距离操作。与体外照射相比，进入体内的放射性物质造成的伤害更大。表 1.1 列出了空气中某些物质的最大允许浓度。由表中数据可以看出，放射性物质的毒性比一般化学物质的毒性更大，更需注意防范。

表 1.1 空气中某些物质的最大允许浓度

物质	CO	HCN	天然 Th	天然 U	^{237}Np	^{243}Am
最大允许浓度/(mmol·m^{-3})	3.6	0.37	8.6×10^{-5}	8.4×10^{-5}	1.7×10^{-8}	5.1×10^{-12}

放射化学研究中还必须注意对实验过程中产生的放射性废物的处理，防止对环境的污染。

1.3 放射化学的发展简史

从 1896 年发现放射性物质至今，放射化学发展的 120 多年历史，大体上可分为 3 个阶段（表 1.2）。1896—1931 年为放射化学发展的初期阶段，1932—1942 年为放射化学蓬勃发展的阶段，1943 年至今为现代放射化学阶段。

放射化学发展初期阶段的主要成就是天然放射性元素和同位素的发现以及天然放射系的建立。

放射性是伦琴（Röntgen）发现 X 射线以后紧接着被发现的。1895 年伦琴在阴极射线试验中，观察到阴极产生了一种穿透性很强的射线，它能激发荧光并使照相底片感光。第二年贝克勒尔发现铀盐也具有这种奇妙的性质，它也能发出一种穿透性辐射，使包在黑纸中或几层金属箔中的照相底片感光，这种发射能力不受已知激发方式（如光、热、电）的影响。他还观察到这种辐射能使荷电的物体放电，利用这一效应可以对辐射强度进行量度。随后，玛丽·居里（M. Curie）等发现 Th 也具有类似的性质，她还发现在实验室用的材料中，只有 U 和 Th 才发射贝克勒尔射线，她把这种性质取名为"放射性"。

玛丽·居里对某些矿物的放射性做了进一步的观察，从而发现了一个重要现象：矿物的放射性比其中所含 U、Th 的放射性要强得多，这使她相信这些矿物中尚含有未知的放射性元素。于是居里夫妇试图分离和鉴定这些未知元素，他们以坚韧不拔的精神，在一间简陋的小屋里进行着新学科放射化学的开创性工作，经过长期的艰苦研究终于获得了成功，1898 年 7 月和 12 月居里夫妇向法国科学院先后宣布发现了新放射性元素 Po 和 Ra。

1902 年卢瑟福（E. Rutherford）和索迪（F. Soddy）根据已经积累的关于

放射化学

放射体和射线研究的大量实验材料，提出了放射性衰变理论。他们指出放射性物质能自发地由一种原子转变为另一种原子，并同时放出射线。这一理论对于放射化学和原子核物理的发展都具有十分重要的意义。

在发现 Po 和 Ra 以后，吸引了许多研究工作者致力于发现天然放射性元素，并研究它们的性质，确定它们在元素周期表中的位置。在将这些新元素排布到元素周期表中时，其中一部分不存在什么困难。例如，Po 的性质类似于 Te，Ra 类似于 Ba，Ac 类似于 La，放射性气体类似于惰性气体 Ar、Kr、Xe，它们在元素周期表中均可占据适当位置。但是在排布其他放射性元素时就遇到了复杂的情况。例如，当时发现的铀 x（Ux）、射钍（RdTh）和锾（Io），这 3 种放射性物质与 Th 具有相同的物理和化学性质，只有放射性质各不相同，一切想把它们从 Th 中分离出来的尝试都没有成功，在周期表中把它们排在什么位置就成了一个难题。又如，当时已发现的 M6Th1 与 Ra 的化学性质相同，ThB、AcB 与 Pb，RaE 与 Bi，RaA 与 Po 都是不能分离的，它们又该排在什么位置？1912 年索迪提出了建立在同位素概念上的化学元素新理论。他认为原子核组成不相同的原子，如果它们的原子核电荷数相等，便具有相同的化学性质，这些原子应当归属于同一种元素，在元素周期表中占据同一位置。

同位素的概念对放射化学的发展有很重要的影响。在这一基础上，索迪和法扬斯（Fajans）独立地同时发现了放射性位移定律，当时发现的所有放射性元素均可纳入元素周期表，表中一个位置可同时被几个同位素所占据。这使得天然放射性元素按其衰变关系连接成了一个整体，有力地推动了 3 个天然放射系的建立，也促进了新放射性核素的发现。

1919 年卢瑟福实现了第一个人工核转变。他用 Po 的同位素 RaC′ 所放出的 α 粒子去轰击氮，实现了将氮转变为氧的核反应：

$$^{14}_{7}N + ^{4}_{2}He \rightarrow ^{17}_{8}O + ^{1}_{1}H$$

以后若干年里，又实现了几十种其他轻元素的核反应。但是限于当时的工业技术水平，由于只能采用天然放射性物质产生的 α 粒子作为轰击粒子，能够实现的核反应是很少的。

这一时期放射化学发展的另一个方面是对于放射性元素在低浓度状态物理化学性质的研究。1913 年法扬斯和潘聂特（F. Paneth）建立了放射性同位素共沉淀的经验规律。1924 年建立了共结晶共沉淀的定量规律，赫洛宾（В. Хлопин）和哈恩（O. Hahn）在这方面作了重要的工作。这一时期对放射性胶体、同位素交换等基本过程也开展了比较广泛的研究。放射性同位素示踪应用的研究工作是海维赛（G. Hevesy）和潘聂特于 1912 年开始进行的。

放射化学发展第二阶段的主要成就是中子、人工放射性和裂变现象的发现。这些重大发现给核科学的发展以深刻的影响，使放射化学进入了蓬勃发展的新时期。

中子是一种不带电的基本粒子，早在 1920 年卢瑟福就曾假定过它的存在，但是直到 1932 年查德威克（J. Chadwick）才在实验上证实了卢瑟福的假设。查德威克发现在用 Po 的 α 粒子轰击轻元素（Be）时，发射出一种低强度的、穿透性很强的辐射，这种次级辐射由不带电的反冲粒子组成，它的质量很接近于氢原子的质量。

中子发现后不久，约里奥·居里（Joliot Curie）夫妇于 1934 年发现了人工放射性。他们在用强 Po 源的 α 粒子轰击铝箔时，发现除了产生中子外，还产生了正电子射线；将受轰击的铝箔从 Po 放射源附近移开以后的短时间内，铝箔还保留着正电子放射性，按照放射性衰变规律而减弱。因为最可能的核反应是 $^{27}_{13}\text{Al} + ^{4}_{2}\text{He} \rightarrow ^{1}_{0}\text{n} + ^{30}_{15}\text{P}$，所以正电子射线可能是 ^{30}P 衰变产生的。为了证明这一点，他们把轰击过的铝箔很快溶于盐酸中，并用图 1.1 所示的装置将放出的氢气收集在试管中。这时核反应生成的微量 ^{30}P 以 PH_3 的形式被氢载带出来。测量表明，试管中的气体确实具有较强的放射性，放出的粒子是正电子，半衰期为 2.5min，证实了发射出正电子的原子是一种人工获得的放射性同位素：

$$^{27}_{13}\text{Al} + ^{4}_{2}\text{He} \rightarrow ^{30}_{15}\text{P} + ^{1}_{0}\text{n}$$

$$^{30}_{15}\text{P} \rightarrow ^{30}_{14}\text{Si} + \beta^{+}$$

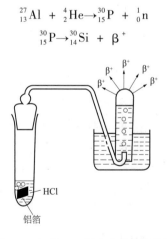

图 1.1　证明 PH_3 具有放射性的装置

人工放射性的发现，把放射化学从天然放射性元素这个狭小的研究范围里解脱出来，开辟了制取已知元素的人工放射性核素的广阔途径。同时，中子的发现又提供了一种极为重要的轰击原子核的"炮弹"，于是在世界各大物理实验室立即掀起了研究人工放射性的热潮。随后的几年中，新的核反应和放射性

放射化学

核素不断涌现，截至 1932 年总共只知道 26 种核反应和将近 40 种放射性核素，到 1939 年年底研究过的核反应就达 600 多种，放射性核素的数目比以前增加了 9 倍左右。

1934 年齐拉（L. Szilard）和却尔曼斯（T. A. Chalmers）在研究碘乙烷的中子核反应时发现一个重要现象，大部分放射性 ^{123}I 的化学状态并不以靶物质的化学形式存在，这一现象被称为齐拉-却尔曼斯效应，它在理论上和实用上都有重要意义。

放射化学发展的另一重要里程碑是 1939 年铀核裂变的发现。在关于人工放射性的研究中，费米（E. Fermi）等作出了重要贡献，他们用 Rn-Be 中子源系统地研究了中子与元素周期表中许多元素的核反应，并且发现了慢中子的奇特性质。1934 年费米用慢中子轰击 U，得到了几种 β 放射性产物，但是费米没有能发现裂变现象，而把它们误认为是生成了原子序数 92 以上的超铀元素。1939 年哈恩和斯特拉斯曼（F. Strassmann）对 U 的反应产物进行仔细的放射化学研究，证实了 U 的反应产物中存在 Ba 的放射性同位素，从而发现在用中子轰击 U 时，产生了原子序数小了 36 个单位的化学元素。这一惊人的发现公布以后，梅特勒（L. Meitner）和弗里许（Frisch）立即对这一实验结果作出了正确的解释，他们根据玻尔的液滴模型提出铀核发生了裂变。

裂变的发现引起了核物理和放射化学研究方向的重大变化。经过许多核物理学家和放射化学家的共同努力，很快建立了裂变理论，掌握了裂变能的释放、裂变过程中的中子增殖现象、链式反应实现的条件、缓发中子和链式反应的控制等一系列理论和实际问题。

世界上第一座原子反应堆建立在美国芝加哥大学，1942 年 12 月 2 日人类第一次实现了可控制的原子核自持链式反应，这项工作的技术领导人是费米。

1940 年麦克米伦（E. McMillan）和西博格（G. T. Seaborg）在加速器中制得了头两个超铀元素 Np 和 Pu。1941 年发现 Pu 的最重要的同位素 ^{239}Pu。起初用仅有的 0.5 μg ^{239}Pu 研究了它的裂变性质，发现它的热中子裂变截面与 ^{235}U 相当。接着用加速器生产了 2.77 μg ^{239}Pu，放射化学家通过钚的超微量化学研究为钚的大规模工业生产提供了可靠的依据。

1945 年西博格提出锕系理论，假定锕和超锕元素组成一个类似于镧系元素的 5f 族。锕系理论对于后来超铀元素的探索和超重元素的预测有深刻的影响。

1943 年放射化学进入了现代发展阶段。这一时期取得的主要成就有：放射化学的研究成果广泛而迅速地应用于生产实践，大大推动了核能开发和核技术应用；中、高能核化学迅速兴起；发现大量新元素和已知元素的新同位素。

随着发展核武器和核反应堆的需要，很快出现了一个新兴的工业部门——原子能工业。制造原子弹和建造核反应堆需要大量的裂变材料，刺激了核燃料工业的迅速发展。在核燃料生产中提出了许多放射化学问题，其中包括从低铀含量的矿物中如何经济有效地提取铀浓集物、铀化合物的精制、铀的冶金、铀的同位素分离等，这些问题都逐步得到了解决并且工艺不断完善。

1944 年在美国建成了第一个核燃料后处理工厂，以提取易裂变材料 ^{239}Pu，它是按磷酸铋沉淀流程设计的，但是沉淀流程工序繁杂，不能连续生产，生产量小，远远不能适应大规模生产的需要，因此推动了萃取法的发展。20 世纪 50 年代中期以后，以 TBP 为萃取剂的普雷克斯（Purex）流程逐渐淘汰了沉淀流程和其他萃取流程。随着动力堆和快堆的发展，核燃料的燃耗深，放射性比活度高，这又给核燃料后处理提出了新课题。

1945 年 7 月美国在新墨西哥州进行了第一颗原子弹试验。一个月后，美国在日本的广岛和长崎分别投掷了一颗铀弹和钚弹，造成了这两个城市大批无辜居民的伤亡，并对他们的后代造成了远期影响。

原子能工业的发展既给放射化学以极大的促进，同时又给放射化学提供了重要的实验手段。核反应堆是一个巨大的中子源，它可以产生成百种放射性核素，给放射化学提供了大量的研究对象，同时也大大推进了放射性核素在化学领域的应用，在理论上和实用上都丰富了放射化学的研究内容。

表1.2 放射化学发展中的重要事件

年份	事件	发现、研究者
1896	发现铀的放射性	贝克勒尔（H. Becquerel）
1898	发现钍的放射性	玛丽·居里（M. Curie），昔米特（G. C. Schmidt）
1898	从铀矿物中发现元素钋，首创放射化学方法	居里夫妇（P. Curie 和 M. Curie）
1898	从铀矿物中发现元素镭	居里夫妇和贝蒙（G. Bemont）
1899	从钍中发现放射性气体	卢瑟福（E. Rutherford）
1899	发现元素锕	德比尔纳（A. Debierne），吉赛尔（Giesel）
1900	用磁场将镭的辐射区分为 α 射线和 β 射线	皮埃尔·居里

续表

年份	事件	发现、研究者
1900	发现镭辐射中的 γ 射线	斐拉特（P. Villard）
1902	阐明放射性蜕变现象	卢瑟福和索迪（F. Soddy）
1903	利用电化学法析出放射性元素	马克沃德（W. Marckwala）
1907	发现镭的母体锾	波特伍德（B. B. Boltwood）
1912	提出放射性示踪法	海维赛（G. Hevesy）和潘聂特（F. Paneth）
1913	提出位移定律	索迪和法扬斯（K. Fajans）
1913	提出同位素概念	索迪、法扬斯、汤姆生（J. J. Thomson）
1913	提出放射性吸附共沉淀规则	法扬斯和潘聂特
1917	发现元素镤	哈恩（O. Hahn）和梅特勒（L. Meitner）；索迪和克朗斯通（D. Cranston）
1919	人工核反应和质子的发现	卢瑟福
1920	最早研究同位素交换反应	海维赛和崔希曼斯特（L. Zechmeister）
1921	首次发现同核异能素 UZ	哈恩
1925	发现同晶共沉淀规律	赫洛宾（В. Хлопин）
1931	直线加速器、回旋加速器等的建立	哈恩
1932	发现中子	查德威克（J. Chadwick）
1932	提出同位素稀释法	海维赛和霍比（R. Hobbie）
1934	发现人工放射性（用化学法研究核反应产物）	约里奥·居里夫妇（F. Joliot-Curic 和 I. Joliot-Curie）
1934	发现核反冲的化学效应	齐拉（L. Szilard）和却尔曼斯（T. A. Chalmers）
1936	提出活化分析法	海维赛和莱维（H. Levi）
1937	合成并鉴定锝	佩里尔（C. Perrier）和西格累（E. Segre）
1939	发现裂变现象	哈恩和斯特拉斯曼（F. Strassmann）
1939	发现钫	佩里（M. Perey）
1940	合成并鉴定砹	考尔松（D. R. Corson）等
1940	合成并鉴定镎	麦克米伦（E. McMillan）和艾贝尔松（P. H. Abelson）
1042	建成第一个核反应堆	费米（E. Fermi）等
1944	建立加速器的自动稳相原理	维克斯勒（Veksler）和麦克米伦
1945	制成第一颗原子弹	美国
1945	鉴定钷	马林斯基（J. Marinsky）等

续表

年份	事件	发现、研究者
1946	提出利用 ^{14}C 测定年代的方法	里比（W. F. Libby）
1946	建立第一台同步回旋加速器（190 MeV），中能核反应化学兴起	美国
1949	合成并鉴定锫	汤普森（S. G. Tnompson）等
1950	合成并鉴定锎	
1952	建立第一台质子同步加速器（2.3 GeV），高能核反应兴起	美国
1952	鉴定锿	吉奥索（A. Ghiorso）等
1952	鉴定镄	
1955	合成并鉴定钔	吉奥索等
1958	合成并鉴定锘	
1958	发现穆斯堡尔效应	穆斯堡尔（R. L. Mossbauer）
1961	合成并鉴定铹	吉奥索等
1964—1969	合成并鉴定 104 号元素	吉奥索等；弗里洛夫（Г. Н. Флеров）等
1970	合成并鉴定 105 号元素	
1974	合成并鉴定 106 号元素	
1982	合成并鉴定 109 号元素	缪辰贝格（G. Münzenberg）等
2006	宣布 118 号元素的发现	俄罗斯杜布纳研究所和美国的劳伦斯·利弗莫尔国家实验室

在原子反应堆发展的同时，研究原子核的另一种重要工具——加速器也有了迅速的发展。1944—1945 年苏联的维克斯勒（Veksler）和美国的麦克米伦同时独立地提出了自动稳相原理。应用这一原理可以使加速的带电粒子的能量超过低能区域而达到 100 MeV 以上。1946 年美国伯克利国家实验室建立了第一台同步回旋加速器，可将质子能量加速到 190 MeV。20 世纪 50 年代建成的质子同步加速器将质子能量提高到 3 GeV 的水平，20 世纪 60 年代出现强聚焦同步加速器，1972 年美国费米加速器实验室建成了 500 GeV 的质子同步加速器。另外，20 世纪 60 年代开始的重离子核反应有了迅速发展。1976 年德国的达姆施塔德重离子研究中心建成超级直线重离子加速器，可将铀核加速到单核子能量为 10 MeV，现在美国和德国都在计划建设能将重离子加速到单核子能量达 10 GeV 以上的加速器。中、高能和重离子加速器的出现和发展，使核化学的研究发展到新的阶段。高能和重离子的核反应是多种多样的，产物相当复杂。由于核物理学家和核化学家的互相配合，对高能裂变、散裂、碎裂、π 介

子反应、深度非弹性散射、全熔合反应、相对论重离子核反应等的规律性和机制有了比较深入的了解，发现了裂变同质异能态，合成了大量远离 β 稳定线的新核素。这些成果对深入认识原子核和基本粒子的结构和性质，对元素起源和天体演化的研究都有很重要的意义。

超钚元素的合成和鉴定是现代核化学与放射化学研究的重要成就。这方面贡献最大的科学家是西博格、吉奥索和弗里洛夫等。现在人工合成的超铀元素已经推进到了 109 号。虽然随着原子序数的继续增加，元素的寿命越来越短，109 号之后元素的合成将会遇到很大的困难，但根据理论预测在 Z 为 110、N 为 184 附近将出现一个稳定区，现在世界上许多核化学家和放射化学家正在为合成和从自然界寻找超重元素而努力。

1.4 放射化学在我国的发展概况

我国放射化学的研究始于 1932 年，是近代化学与核科学的一个重要组成部分。在其漫长的发展历程中，放射化学随着国家需求的变化经历了蓬勃发展、停滞不前与新时代再发展的不同阶段，为国防安全、核能开发及核技术应用做出了重大贡献。我国放射化学的发展历程划分为起步阶段（1934—1949）、初步发展阶段（1950—1960）、快速发展阶段（1961—1970）、常态化发展阶段（1971—1986）、艰难调整阶段（1987—2011）以及新时代发展阶段（2012 年至今）。

我国最早建立的放射化学研究机构是国立北平研究院镭学研究所，它成立于 1932 年秋。主要的研究内容有：镁化学的研究；测定铀镭系与铀锕系的分支比；测定温泉水中氡的浓度，以寻找铀矿；铀盐中 Ux 的分离；测定放射源中 β$^-$ 射线的吸收系数，并发现了背散射效应。

1948 年，国立北平研究院又成立了原子学研究所。

1949 年以前，我国学者在国外从事放射化学研究取得的成果有：在热原子化学中发现了添加剂的清除效应，利用加入添加剂的方法以浓集放射性同位素，为定量研究同位素交换动力学创造了条件；研究了放射性核素 ^{228}Th、^{227}Th、^{214}Pb、^{210}Pb、^{214}Bi 的性质；发现了 ^{235}U 的三分裂现象；研究了用离子交换色谱法对锕和稀土载体的分离。

中华人民共和国成立后，我国的科学事业得到迅速发展。1950 年，镭学研究所和原子学研究所合并成为中国科学院近代物理研究所，1958 年发展成为中国科学院原子能研究所。1956 年，从国外引进了研究用的重水反应堆和回旋加速器。反应堆于 1958 年运行以后，第一批生产出 33 种放射性核素，为开展放射性核素的应用提供了良好条件。

1955 年起，一些高校如北京大学、清华大学等先后设立放射化学或放射化工专业，为国家培养了大量的放射化学与放射化工的专门人才，同时也在放射化学的基础和应用研究方面取得了许多成绩。

1958 年到 20 世纪 60 年代初，我国又成立了两个新的原子能研究基地：一个是上海原子核研究所，它以研究核技术应用为中心；另一个是兰州近代物理研究所，它以研究中、低能核物理为中心。

从 20 世纪 50 年代末到 60 年代中期，我国核科学技术发展很快。1964 年 10 月 16 日成功爆炸了第一颗原子弹。时隔不到三年，1967 年 6 月 17 日爆炸了第一颗氢弹。我国在核武器方面取得的重大成就对于加强我国国防和提高我国的国际地位都有重要意义，在这项工作中，我国放射化学科技人员作出了重要的贡献。为了迅速攻克尖端科学技术，打破核垄断，他们克服了许多科学技术难关，赶制出了核试验所用的装料。同一时期，在核燃料后处理方面，我国完全靠自己的力量确定了普雷克斯流程工艺条件，设计并建成了后处理工厂。

由于 20 世纪 80 年代末以后国内外政治形势的变化，我国放射化学的发展受到限制。至 20 世纪末，中国放射化学的总体研究水平不仅落后于美国、日本等发达国家，在核燃料后处理领域甚至落后于印度。2004 年我国放射化学的滞后状况引起了国家领导人的高度重视。江泽民、胡锦涛等先后对核燃料后处理作出了"亡羊补牢，犹未为晚""要奋起直追的往前赶""必须重视此问题，认真研究，作出部署"的重要批示。不少放射化学家积极响应中央号召，呼吁有关部门采取措施。这期间召开多次放射化学学科发展规划研讨会，制定发展规划，形成了大力发展核电的景象。

2012 年后，习近平总书记对核工业多次作出重要批示和指示，要求加大核工业发展力度，加快核工业发展速度，夯实核工业国家安全基石的地位，我国放射化学迎来了前所未有的新时代发展时期。在核燃料循环、废物处理和综合利用、同位素分离、放射性同位素和标记化合物、锕系元素化学、核反应化学和裂变化学、环境科学、核分析技术、辐射化学等各个方面以及在应用研究和基础研究方面都取得了不少成就。

第 2 章
不稳定核素和放射性衰变

2.1 放射性衰变

放射性衰变是一种自发的核转化，它不受温度、压力与其化学组成形式的影响。这样我们可以不考虑原子核所处的物理和化学环境，仅通过核素的衰变周期、衰变模式和衰变能量来表征该核素。

放射性衰变和时间的关系用半衰期表示：$T_{1/2}$。

其定义是：样品的放射性原子的一半数目发生衰变所需时间。

实践的定义是：放射性减少到原来一半所需的时间（图2.1）。

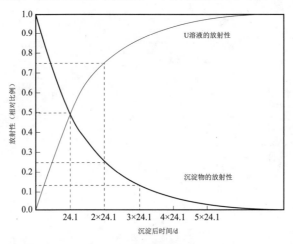

图 2.1 放射性衰变和时间关系

半衰期变化从百万年（10^6 a）至几分之几秒不等。

2.2 转化定律

在放射性衰变与核反应中存在大量转化定律，这些定律直接限制着核反应。例如：

$$X_1 + X_2 \rightarrow X_3 + X_4 \tag{2.1}$$

X 代表任意核和粒子。X_1 可以是轰击粒子，如 α 束流的 ^{4}He 原子；X_2 代表靶原子，如 ^{14}N；X_3、X_4 是生成的产物，如 ^{1}H 和 ^{17}O。

有时只生成一个产物，有时大于两种产物，针对放射性衰变，式（2.1）最好写成 $X_1 \rightarrow X_2 + X_3$。

针对通常的核反应式（2.1）有如下定律：

（1）系统总能量为常数：

$$E_1 + E_2 = E_3 + E_4 \tag{2.2}$$

E 包括所有能量形式：质能、动能、静电能。

（2）线性动量必须保存在体系中：

$$P = mv \tag{2.3}$$

$$P_1 + P_2 = P_3 + P_4 \tag{2.4}$$

动量和动能 E_{kin} 的关系如下：

$$E_{kin} = P^2 / (2m) \tag{2.5}$$

（3）体系总的电荷（质子与电子）数必须是常数：

$$Z_1 + Z_2 = Z_3 + Z_4 \tag{2.6}$$

（4）体系的核子数是常数：

$$A_1 + A_2 = A_3 + A_4 \tag{2.7}$$

（5）系统的总角动量是常数：

$$(P_I)_1 + (P_I)_2 = (P_I)_3 + (P_I)_4 \tag{2.8}$$

存在两种类型的角动量：一种是单独的核的轨道运动，另一种是核的内部自旋运动（核的内部角动量），式（2.8）更常用的写法是

$$\Delta I = I_3 + I_4 - I_1 - I_2 \tag{2.9}$$

I 是总的核自旋量子数，量子数规则：

$$\Delta I = 0, 1, 2, 3, \cdots \tag{2.10}$$

在核反应里，核自旋的改变必须是整数。

前三个定律在经典物理中很普遍,最后两个定律主要针对核反应。

2.3 α衰变

2.3.1 检测

α粒子可使物质产生电离。如果使α粒子通过气体,电离释放的电子在正电极收集,能产生脉冲或者电流。电离室与正比计数器就是这类检测设备,这类设备可单独计数每一个α粒子。α粒子同物质作用还能产生分子激发,从而产生荧光。荧光(或闪烁现象)允许观察单独核粒子。由α粒子在半导体检测器里产生的电离是目前最常用的检测手段。

2.3.2 α衰变能量

在比Pb重或者少数La系元素中可以观察到α衰变,可写成

$$_Z^A X \rightarrow _{Z-2}^{A-4} X + _2^4 He \tag{2.11}$$

在天然放射性衰变系里可以发现α衰变。

衰变能可以通过已知的原子质量计算出来,因为释放的键合能(自发衰变肯定是放能的)符合前后质量之差,释放能量也称为反应Q值,即

$$Q (\text{MeV}) = -931.5 \Delta M (\text{u}) \tag{2.12}$$

对于α衰变,定义其Q值:

$$Q_\alpha = -931.5 (M_{Z-2} + M_{He} - M_Z) \tag{2.13}$$

写负号是为了使Q值为正,因为ΔM总是为负值,表示是放能反应。

如果产物在基态形成,对于α衰变,Q_α被分成子体和氦核的动能之和,即

$$Q_\alpha = E_{Z-2} + E_\alpha \tag{2.14}$$

由式(2.2)转化能和式(2.4)的动量,可得

$$E_{Z-2} = Q_\alpha M_\alpha / M_Z \tag{2.15}$$

$$E_\alpha = Q_\alpha M_{Z-2} / M_Z \tag{2.16}$$

从上面各式,可以计算出E_{Z-2}。

例如,$^{238}U \rightarrow ^{234}Th + ^4He$,子体$^{234}Th$的动能为0.072 MeV,α粒子的动能为$E_\alpha = 4.202$ MeV。虽然^{234}Th动能远小于α粒子,但同键合能相比(<5 eV)仍然很大。因此,反冲子体可以轻易地打破所有化学键合去键合其他原子。

1904 年，H. Brooks 发现在测量 ^{218}Po 时，会导致检测室被 ^{214}Pb 与 ^{214}Bi 污染。卢瑟福解释这个现象为 ^{218}Po 的 α 衰变子体反冲。^{218}Po 衰变序列如下：

^{222}Rn（α，3.8d），^{218}Po（α，3.05min），^{214}Pb（β$^-$，27min），^{214}Bi（β$^-$，20 min），…

反冲导致 ^{214}Pb 喷射到仪器器壁上。O. Hahn 在 1909 年利用子体的反冲来分离核素，并阐明在不同天然反射性衰变链中发挥了关键作用。

反冲可影响化合物的溶解速度和溶解度。例如，来自铀矿的 U 的溶解度可能比实验室溶解度的数据更高，因为 α 核与 U 原子反冲已将 U 原子偏离了原来矿石中的正常位置。

α 衰变能精确地用核磁能谱仪测量，可以计算：

$$E_\alpha = 2e^2 B^2 r^2 / m_{He} \tag{2.17}$$

更普遍的测量技术是采用半导体监测器结合脉冲高度分析器。

2.4 β 衰变

2.4.1 检测

高能电子能引起物质电离并形成激发态，尽管与 α 粒子相比，效应更弱也更难检测。因此，为了计算单独的 β 粒子，这种效应必须放大，电离效应检测常用正比与盖革计数器，闪烁计数器也常被用在各种检测系统。

2.4.2 β$^-$ 衰变过程

被统称为 β$^-$ 衰变的放射性衰变过程包括负电子发射（β$^-$ 或 $_{-1}^{0}e$）、正电子发射（β$^+$ 或 $_{+1}^{0}e$）、电子俘获（EC）。如果用 ^{137}Cs 的 β 衰变作例子，可以写成

$$^{137}Cs \rightarrow \, ^{137m}Ba + \beta^-$$

β 衰变必须出现在母体 ^{137}Cs 与子体 ^{137m}Ba 的离散量子能级之间。核的量子能级用几个量子数来表示，其中重要的一个量子数是核自旋。^{137}Cs 基态的自旋值是 7/2，而 ^{137m}Ba 是 11/2。被发射的电子是自旋数 1/2 的基本粒子。在核反应中，核角动量必须是守恒的，如式（2.8）。这表示在衰变中，反应物和产物之间总的自旋值的差异必须是整数值，如式（2.10）。^{137m}Ba 和电子的自旋之和是 11/2 + 1/2 或是 6，^{137}Cs 的自旋数是 7/2，因此在这一过程中自旋的变化值 ΔI 将是 5/2 自旋单位。因为这是一个非整数值，违反了角动量守恒的规则。

在研究这一矛盾之前,我们先看一下 β 衰变的另一种情况。

图 2.2 显示了 ^{137}Cs 的 β 粒子能谱,β 粒子能量按下式计算:

$$E_\beta = e^2 B^2 r^2 / (2 m_e) \tag{2.18}$$

m_e 是电子的相对质量。该能谱图显示了 β 粒子数作为 B、r 的函数。式(2.18)显示 B、r 正比于 $(E_\beta)^{1/2}$,我们观察到能量是连续分布的,这似乎与前面所述的衰变通过一个确定能量态核子改变到另一个确定能量态的核子不一致。

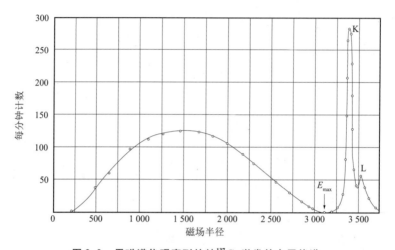

图 2.2 用磁谱仪观察到的被 ^{137}Cs 激发的电子能谱

2.4.3 中微子

自旋数的矛盾和非量子化能谱促使 W. Pauli 猜测:β 衰变涉及另一种粒子的辐射,命名为中微子并用符号 v 表示。中微子的自旋值是 1/2,电荷数为 0,质量约为 0,因此有点类似光子,无质量,无电荷,也没有自旋。然而光子能和物质作用,但中微子不会。

中微子的自旋使得角动量守恒。在我们的例子里,生成物总自旋是 11/2 + 1/2 + 1/2 或 13/2,减去 ^{137}Cs 自旋,结果是 6/2,是一个整数值。因此上节的衰变反应方程式是不完全的,应为

$$^{137}\text{Cs} \rightarrow {}^{137m}\text{Ba} + \beta^- + \bar{v}$$

注意,此处用 v̄ 代替了 v。v̄ 命名为反中微子。β 衰变原理显示,反中微子在负电子衰变时发射,中微子在正电子衰变时发射。由于中微子几乎不和物质作用,因此经常在 β 衰变反应式中被遗漏。

中微子理论解释了 β 衰变能谱。然而,有必要引入另一个重要概念,即相对质量和剩余质量。1901 年,S. G. Kaufmanm 发现一个电子的质量 m 在速度接近光速 c

时质量增加了,并遵从下式:

$$m = m^0 (1 - v^2/c^2)^{-\frac{1}{2}} \tag{2.19}$$

m^0 代表 $v=0$ 时的剩余质量,m 代表相对质量。该定理适用于所有宏观和微观物体。图 2.3 显示了 v/c 与粒子动能的关系。

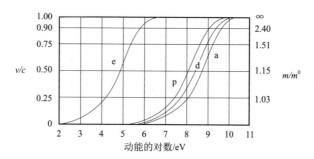

图 2.3 v/c、m/m^0 与粒子动能的关系

如果式(2.19)括号中部分展开,可以写成

$$m = m^0 + \frac{1}{2} m^0 v^2/c^2 \tag{2.20}$$

最后一项接近于粒子动能除以 c^2,即

$$m \approx m^0 + E_{\text{kin}}/c^2 \tag{2.21}$$

$$E_{\text{kin}} = \Delta m c^2 \tag{2.22}$$

质量增加 $\Delta m = m - m^0$。因此,粒子动能被爱因斯坦在相对论中总结产生了著名的质能方程,即

$$E = mc^2 \tag{2.23}$$

当中微子从核中射出,它是带有动态能的,根据式(2.21)中微子也有大于零的相对质量,因此也具有了角动量 $P = mv$,β^- 衰变的反冲研究已经证明了这一点。

为了准确计算 β 衰变能,必须用相对电子质量。从图 2.3 可看到,在 0.1 MeV,电子的相对质量比静止质量大 15%。电子、中子的静止质量用 m_e、m_n 表示,大写 M 为总质量单位,u。β 衰变释放的能量由中微子、电子、反冲子体核携带,且最后一个比前两个小得多,可以忽略。因此,β 衰变的总能量被认为分配在中微子和电子之间。对于 $^{137}\text{Cs} \rightarrow {}^{137\text{m}}\text{Ba}$,总的 β 衰变能是 0.514 MeV,也称为 $E_{\max}$。中微子能谱是 β 粒子能量能谱的补充。如果电子能量是 0.400 MeV,中微子能量就是 0.114 MeV。

在 β^- 衰变中,β^- 粒子能量的平均值近似为 $0.3 E_{\max}$。β^+ 粒子的平均能量近似为 $0.4 E_{\max}$。

中微子静止质量为零的假设已经被实验者和理论者质疑。大量实验证明，中微子静止质量上限 < 10 eV。中微子静止质量的组成非常复杂，因为其涉及中微子与 β 衰变原理。

2.4.4　双 β 衰变

相当罕见的双 β 衰变模式对于几个偶 - 偶核在能量上是可能的。在分离高能的奇 - 奇核的情况下，在动力学上发生双 β 衰变也是可能的。例如，$^{82}_{34}\text{Se} \rightarrow {}^{82}_{36}\text{Kr} + 2\beta^- + 2\bar{\nu}$。少量的稀有气体 Kr 能从大量的 ^{82}Se（9% 天然丰度）分离出来并测定，双 β 衰变对于研究中微子的特性十分重要。

2.4.5　β⁻ 衰变

$$^A_Z X \rightarrow {}^A_{Z+1} X + {}^0_1 \beta + \bar{\nu} \tag{2.24}$$

考虑到电子守恒，中性母体原子有 Z 个电子，而子体有 $Z+1$ 个电子，因此必须从环境俘获一个电子。为了变成电中性：

$$^A_{Z+1} X^+ + e^- \rightarrow {}^A_{Z+1} X \tag{2.25}$$

由于向环境发射了电子，总的电子仍是平衡的。在计算衰变能时没有必要去包括 β 粒子的质量，因为中性子体原子包括了额外电子质量。负电子衰变的 Q 计算公式为

$$Q_{\beta^-} = -931.5 (M_{Z+1} - M_Z) \tag{2.26}$$

以自由中子在真空中的衰变为例，它转化为质子，半衰期为 10.6 min，即 $^1_0 n \rightarrow {}^1_1 H + {}^0_{-1} e^-$。

这一反应的 Q 值是

$$Q_{\beta^-} = -931.5 (1.007\,825 - 1.008\,665) = 0.782 \text{（MeV）}$$

2.4.6　正电子衰变

正电子衰变可以写成

$$^A_Z X \rightarrow {}^A_{Z-1} X^- + {}^0_{+1} \beta + \nu \rightarrow {}^A_{Z-1} X + {}^0_{-1} e^- + {}^0_{+1} \beta + \nu \tag{2.27}$$

这里必须考虑净电荷。子体核的原子序数比母体少 1，这意味着将有一个额外的电子。当 $^{22}_{11}\text{Na}$ 衰变为 $^{22}_{10}\text{Ne}$，^{22}Na 有 11 个电子，^{10}Ne 只有 10 个电子，结果一个额外的电子质量必须被加在产物这边（除了正电子的质量）。因此，Q 的计算必须含有除了子母体外的两个电子质量，即

$$Q_{\beta^+} = -931.5 (M_{Z-1} + 2M_e - M_Z) \tag{2.28}$$

每个电子有 $931.5 \times 0.000\,549 = 0.511$ MeV 的能量。例如，$^{13}_7 \text{N} \rightarrow {}^{13}_6 \text{C} + \beta^+$，

$Q_{\beta^-} = -931.5 \,(13.003\,355 - 13.005\,739) - 2 \times 0.511 = 1.20 \text{ MeV}$。

2.4.7 电子俘获

电子俘获（EC）衰变可以写成

$$_Z^A X \xrightarrow{EC} {}_{Z-1}^A X + v \qquad (2.29)$$

被俘获的电子来自原子的内部轨道，根据电子所在的壳层，这一过程又称为 K 俘获或 L 俘获。因为 K 电子的波函数比 L 的大得多，所以从 K 壳层俘获一个电子的概率数倍于从 L 壳层电子俘获的概率。在更高序数壳层俘获的可能性随电子壳层数降低。

电子俘获衰变能的计算：

$$Q_{EC} = -931.5\,(M_{Z-1} - M_Z) \qquad (2.30)$$

如负电子衰变，在计算 EC 的 Q 时没有必要加减电子质量。一个 EC 衰变的例子是 $_4^7\text{Be}$ 衰变为 $_3^7\text{Li}$，可计算 $Q_{EC} = 0.861$ MeV。

2.4.8 子体反冲

如果 β 粒子与中微子以相同动量向不同方向发射，子体核就没有反冲；反之，如果它们向相同方向发射或者所有能量均被一个粒子带走，子体产生最大反冲。因此，子体以从零到最大值的动能进行反冲（当 β 粒子以最大能量发射）可以写成

$$Q_\beta = E_d + E_{max} \qquad (2.31)$$

其中，E_d 是子体核的反冲能。依据能量和动量转化定律，并且考虑电子的相对质量改变，则子体反冲能是

$$E_d = m_e E_{max}/m_d + E_{max}^2/(2m_d c^2) \qquad (2.32)$$

反冲能通常是 100 eV，这一能量足以使原子在分子周围重排，在 ^{14}C 衰变为 N 中，$E_{max} = 0.155$ MeV，$E_d = 7$ eV。然而，在标记的乙烷里，两个位置均为 ^{14}C，且当一个 ^{14}C 已经衰变时，有 50% 的 ^{14}CH$_3$NH$_2$ 生成，虽然 C—N 键仅有 2.1 eV。多数衰变出现时，反冲能都要小于最大反冲能。小的反冲能也解释了为什么以下衰变反应可以发生：

$$^{127}\text{TeO}_3^{2-} \rightarrow {}^{127}\text{IO}_3^- + \beta^-$$

$$^{52}\text{MnO}_4^- \rightarrow {}^{52}\text{CrO}_4^{2-} + \beta^+$$

2.5 γ辐射与内转换

α与β衰变可使子体核处于激发态,激发能通过γ射线发射或内转换过程来转移。

^{212}Bi的α发射能谱显示于图2.4。由图可见大多数α粒子有6.04 MeV能量,但也有相当部分的α粒子(30%)有更高或更低的能量。如果我们假定母体^{212}Bi的衰变导致子体^{208}Ti的激发态,这一点就可以被理解,这一假设被实验所证实。γ射线发射的能量恰好等于最高α能量6.08 MeV与较低能级能量的差值。例如,0.32 MeV的γ射线对应于5.76 MeV的α粒子(6.08 − 5.76 = 0.32 MeV)。^{208}Ti的激发态见图2.4。

γ射线在气体里产生很弱的电离,因此它们通常不采用电离正比与盖革计数器来计数。然而,γ射线在NaI晶体中产生的荧光使得闪烁计数效率提高,利用半导体检测器可以高精度测量γ射线能谱。图2.5显示^{197}Au各种激发态的衰变谱。

在绝大多数例子中,γ射线在α或β发射之后立即发射,时间$\leqslant 10^{-12}$ s,但在有些情况下,在可测量的时间范围内原子核能停留在较高能态,长寿命的激发核称为同质异能态。例如,^{60m}Co经10.5 min半衰期成为基态^{60}Co,这种衰变称为同质异能跃迁。

γ射线的衰变能介于γ射线动量E_γ和反冲产物动能E_d之间,即

$$Q_\gamma = E_d + E_\gamma \tag{2.33}$$

γ射线和反冲子体之间的能量分配,根据下式

$$E_d = E_v^2 / (2 m_d c^2) \tag{2.34}$$

则$E_d < 0.1\% E_\gamma$。由于E_d即子体反冲能如此微小,因此只考虑γ射线能量时E_d可以忽略。

γ射线可以与其他原子的轨道电子作用,导致轨道电子以一定动能脱离该原子。在发生放射性衰变的原子内部出现内转换。因为轨道电子的波函数可能同激发核的波函数重叠,原子核的激发能可直接转移给轨道电子(不涉及γ射线)。轨道电子将以动能E_e从原子逃逸。在内转换过程中没有放出γ射线,内转换是激发核退激的另一种模式。内转换表示如下:

$$^{Am}_Z X \rightarrow ^A_Z X^+ + ^0_{-1}e^- \rightarrow ^A_Z X \tag{2.35}$$

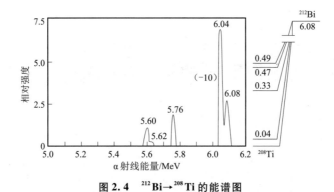

图 2.4 $^{212}\text{Bi} \rightarrow {}^{208}\text{Ti}$ 的能谱图

此处不得不考虑净电荷，部分的核激发能被用来克服电子在电子轨道上的结合能 E_{be}，余下的激发能分配给反冲子体核与发射的电子，关系如下：

$$Q_\gamma - E_{be} = E_d + E_e \quad (2.36)$$

因为内层轨道电子的波函数与原子核有更大重叠，因此射出的电子通常来自内层轨道，也被称为内转换电子。内转换电子是单能的。因为原子轨道的结合能是不同的，E_e 值反映了原子轨道结合能的不同。在图 2.2 中，有两个在 E_{max} 以外的尖峰被发现。第一个峰标记为 K，是由来源于 K 原子壳层的转换电子产生；标记为 L 的两个峰均源于 L 壳层的内转换电子，这两个峰均产生于 ^{137m}Ba 衰变。图 2.6（f）显示了 $^{137}\text{Cs} \rightarrow {}^{137}\text{Ba} + \beta^-$ 的衰变过程。

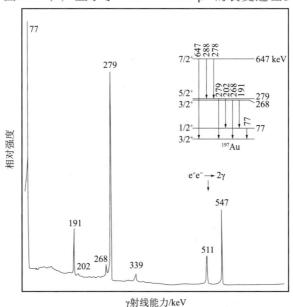

图 2.5 ^{197}Au 的 γ 能谱图和衰变图

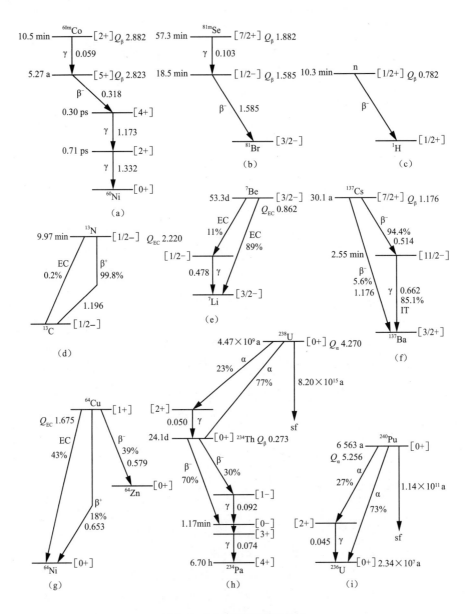

图 2.6 不同类型的衰变纲图

IT 是 Isomeric Transition 的缩写，^{137m}Ba 的衰变是由 0.66 MeV 的 γ 射线的发射和内转换过程的竞争，内转换电子数和发射的 γ 射线数之比称为转换系数。

如果定义内转换系数为 α_i，α_i 等于 K，L，M，…层电子与 γ 射线的量子数之比，标记为 I_{eK}，I_{eM}，I_{eM}。例如，

$$\alpha_K = I_{eK}/I_\gamma \tag{2.37}$$

通常 $\alpha_i < 0.1$，并且 $\alpha_K > \alpha_L > \alpha_M$。对于 ^{137m}Ba，K 电子与 L 电子发射的比例是 5，而 $\alpha_K = 0.094$。式（2.36）中 E_d 的能量比 E_e 小得多，可以忽略不计。如图 2.6（f）所示，虽然 γ 是由 ^{137}Ba 激发态发出的，通常称之为 ^{137}Cs - γ（0.662 MeV），好像 γ 是由 ^{137}Cs 核发出的。

2.6 自发裂变

随着核外电子数的增加，原子核变得越来越不稳定，这可由比 U 重的核素的半衰期越来越短反映出来。1940 年，K. Petrazak 与 G. Flerov 发现 ^{238}U 除了 α 衰变，还有一个竞争放射性衰变模式，称为自发裂变。这一模式中，生成两个中等质量的裂变碎片和几个中子，可记为

$$^A_Z X \rightarrow ^{A_1}_{Z_1} X_1 + ^{A_2}_{Z_2} X_2 + v\text{n} \tag{2.38}$$

式中，v 为中子数，通常为 2~3 个。

^{238}U 自发裂变的半衰期非常长，大约为 8×10^{15} a，这意味着 1 kg ^{238}U 每秒出现约 70 个裂变反应。

随着 Z 的增加，自发裂变变得更为常见，半衰期也缩短。例如 ^{240}Pu，$T_{1/2} = 1.2 \times 10^{11}$ a；^{244}Cm，$T_{1/2} = 1.4 \times 10^7$ a；^{252}Cf，$T_{1/2} = 66$ a；^{256}Fm，$T_{1/2} = 3 \times 10^{-4}$ a。事实上，自发裂变与低能中子轰击引发的裂变有些相似。

2.7 稀有衰变模式

发射质子的放射性衰变是非常少见的，已观察到衰变模式出现于缺中子核素。通过 P^+ 衰变已观察到，有 ^{53m}Co（$E_p = 1.55$ MeV，$T_{1/2} = 0.25$ s），β^+ 衰变有时导致质子的不稳定激发态（$<10^{-12}$ s），立即放出一个质子，几个 β^+ 发射体从 ^{9}C→^{41}Ti（$N = Z - 3$），有 β^+ 延迟质子发射，半衰期为 10^{-3} ~ 0.5 s。有几个丰质子核素还可以进行同时释放 2 个质子的衰变，如 ^{16}Ne，$T_{1/2} = 10^{-20}$ s。

对于每个丰中子核素，比如一些裂变产物，观测到 β^- 延迟中子发射，这

一衰变模式本质上与 β⁺ 延迟质子发射相似。延迟中子发射对于核反应堆的安全操作十分重要。

通过发射比 α 粒子更重的粒子进行的衰变，如 ^{12}C、^{16}C，对于一些重 α 发射体来说在能量上是可能的，这样的衰变在几个实验中观察到。

2.8 衰变纲图和同位素表

关于衰变模式的信息——衰变能和半衰期，包含在"核素衰变纲图"里。图2.6 显示大量简单的衰变纲图，图2.6 很容易理解。图2.6（c）显示了中子的 β⁻ 衰变，^{137}Cs 的纲图 [图2.6（f）] 有点不同于图2.2 的曲线，原因是在图2.2 电子能谱中，由于所用磁谱仪不够灵敏，一小部分电子（8%）能量为1.2 MeV，不能被检测到。

通过不同的竞争反应进行衰变是常见的，从而涉及不同的 β 射线。如果比较高能的 β 衰变与低能的 β 衰变一样普遍，我们将能观察到一个混合的 β 能谱。例如，图2.7 是 ^{84}Rb 两组正电子衰变谱。图2.6（a）显示了 ^{60}Co 的衰变，还有它的同质异能素 ^{60m}Co 的衰变，β 衰变紧跟着两条 γ 射线。图2.6（g）显示 ^{64}Cu 的衰变分支：有负电子衰变（39%）、正电子衰变（18%），还有 EC 衰变（43%）。

图2.6（h）是一个更复杂的衰变序列，从 ^{238}U（α）→ ^{234}Th（β⁻）→ ^{234}Pa。前面提到 ^{238}U 的衰变有时导致子体 ^{234}Th 的激发态，但激发能比较小。图2.6（i）显示了 ^{240}Pu 的自发裂变与 α 衰变竞争。

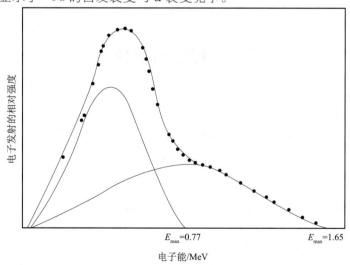

图2.7　^{84}Rb 两组正电子衰变谱

第 2 章　不稳定核素和放射性衰变

同位素图可以被看成压缩的核素表。图 2.8 显示了一般同位素图的开始部分，小标解释了所提供的信息，注释见图 3.1。这样的核素图十分有用，可以快速查找产生某一核素的路径并遵从它的衰变模式。

			氧 $^{11}_{8}O_3$	氧 $^{12}_{8}O_4$	氧 $^{13}_{8}O_5$	氧 $^{14}_{8}O_6$	氧 $^{15}_{8}O_7$	氧 $^{16}_{8}O_8$
			g.s. 198 ys 12 2p 100	g.s. 9 zs 3 2p 100	g.s. 8.58 ms 5 β⁺100, β⁺p 10.9 2 β⁺100	g.s. 70.621 s 11 β⁺100	g.s. 122.27 s 4 β⁺100	g.s. 99.757 % 11
		氮 $^{10}_{7}N_3$	氮 $^{11}_{7}N_4$	氮 $^{12}_{7}N_5$	氮 $^{13}_{7}N_6$	氮 $^{14}_{7}N_7$	氮 $^{15}_{7}N_8$
		143 ys 36 p ?	585 ys 7 p 100	m 690 ys 80 p 100	11.000 ms 16 β⁺100, β⁺α 1.93 4	9.965 m 4 β⁺100	99.6205 % 247	0.3795 % 247
	碳 $^{8}_{6}C_2$	碳 $^{9}_{6}C_3$	碳 $^{10}_{6}C_4$	碳 $^{11}_{6}C_5$	碳 $^{12}_{6}C_6$	碳 $^{13}_{6}C_7$	碳 $^{14}_{6}C_8$
	g.s. 3.5 zs 14 2p 100	126.5 ms 9 β⁺100, β⁺p 7.5 6 β⁺α38.4 16	19.3011 s 15 β⁺100	20.340 m 5 β⁺100	98.94 % 6	1.06 % 6	5.70 ky 3 β⁻100
硼 $^{6}_{5}B_1$	硼 $^{7}_{5}B_2$	硼 $^{8}_{5}B_3$	硼 $^{9}_{5}B_4$	硼 $^{10}_{5}B_5$	硼 $^{11}_{5}B_6$	硼 $^{12}_{5}B_7$	硼 $^{13}_{5}B_8$
g.s. 2p ?	570 ys 14 p 100	771.9 ms 9 β⁺100, β⁺α100	800 zs 300	19.65 % 44	80.35 % 44	20.20 ms 2 β⁻100, β⁻α 0.60 2	17.16 ms 18 β⁻100, β⁻n 0.266 36
铍 $^{6}_{4}Be_2$	铍 $^{7}_{4}Be_3$	铍 $^{8}_{4}Be_4$	铍 $^{9}_{4}Be_5$	铍 $^{10}_{4}Be_6$	铍 $^{11}_{4}Be_7$	铍 $^{12}_{4}Be_8$
g.s. p ?	5.0 zs 3 2p 100	53.25 d 3 ε 100	82 zs 4 α 100	100%	1.387 My 12	13.76 s 7 β⁻100, β⁻n 3.3 1, β⁻p 0.0013 3,β⁻n ?	m 21.46 ms 5 β⁻100 IT 100	233 ns 7 IT 100
锂 $^{3}_{3}Li_0$	锂 $^{4}_{3}Li_1$	锂 $^{5}_{3}Li_2$	锂 $^{6}_{3}Li_3$	锂 $^{7}_{3}Li_4$	锂 $^{8}_{3}Li_5$	锂 $^{9}_{3}Li_6$	锂 $^{10}_{3}Li_7$	锂 $^{11}_{3}Li_8$
g.s. p ?	91 ys 9 p 100	370 ys 30 p 100	4.85 % 171	95.15 % 171	838.7 ms 3 β⁻100	178.2 ms 4 β⁻100, β⁻n 50.5 10	2.0 zs 5 n 100	m 3.7 zs 15 IT 100	8.75 ms 6 β⁻100,β⁻n86.3 9,β⁻2n4.1 4, β⁻3n1.9 2,β⁻α 1.7 3, β⁻d 0.0130 13,β⁻t 0.0093 8
氦 $^{3}_{2}He_1$	氦 $^{4}_{2}He_2$	氦 $^{5}_{2}He_3$	氦 $^{6}_{2}He_4$	氦 $^{7}_{2}He_5$	氦 $^{8}_{2}He_6$	氦 $^{9}_{2}He_7$	氦 $^{10}_{2}He_8$
0.0002 % 2	99.9998 % 2	602 ys 22 n 100	806.92 ms 24 β⁻100,β⁻d 0.000278 18	2.51 zs 7 n 100	119.5 ms 15 β⁻100,β⁻n 16 1, β⁻t 0.9 1	2.5 zs 25 n 100	260 ys 40 2n 100
氢 $^{1}_{1}H_0$	氢 $^{2}_{1}H_1$	氢 $^{3}_{1}H_2$	氢 $^{4}_{1}H_3$	氢 $^{5}_{1}H_4$	氢 $^{6}_{1}H_5$	氢 $^{7}_{1}H_6$
99.9855 % 78	0.0145 % 78	12.32 y 2 β⁻100	139 ys 10 n 100	g.s.(1/2⁺) 86 ys 6 2n 100	294 ys 20 n ?,3n ?	652 ys 558 2n ?

图 2.8　核素图的开始部分和核衰变及反应路径示意图

2.9　原子中的第二过程

一旦由于内转换或者 EC 与其他的放射性衰变，一个电子从原子轨道发射出去，在电子壳层就会产生一个空缺，可以用几种方式来填充。从更高能级轨道的电子占据这个空缺，在转移中所涉及的两个壳层的结合能之差将从原子中以 X 射线的形式发射出来，这一过程称为"荧光辐射"。

如果转移中结合能之差超过 L 或 M 轨道的电子结合能，X 射线的发射就不是主导模式了。相反，会出现内部光电子过程，并且结合能导致几个低能电子的发射，称为"俄歇电子"。俄歇电子在能量上比内转换电子要低得多。因为键合能的差值是 eV 量级，而内转换的能量是 MeV 量级。通过俄歇电子发射，使原子处于高电离状态，带有 10~20 个正电荷。高电荷被中和时，所释放的能量足以打破化学键。

在同质异能的 γ 衰变中，能量很小，子体反冲可以忽略。例如，$^{80m}Br \rightarrow {}^{80}Br$，$Q_\gamma = 0.049$ MeV，这时子体反冲能仅有 0.016 eV。当母体是 $C_2H_5{}^{80m}Br$，这一衰变导致 ^{80}Br 从溴化乙烷中发射出来，虽然键合能只有 2.3 eV。这是因为 γ 射线被转化并且当电子空穴被填满，俄歇电子出现。

2.10 闭合衰变能量循环

虽然很多短寿命核素的衰变模式和能量已被确定，但它们的质量却是未知的。从衰变能可以计算核素质量，进而获得不同衰变模式的能量。这一工作通过闭合衰变能的循环来完成。

假设，要想知道 ^{237}U 是否可通过 α 衰变变为 ^{233}Th，当然如果已知 ^{237}U 和 ^{233}Th 质量，这是一个简单的计算，但现在它未知。已知 ^{237}U 经 β 衰变放出 γ 射线，$E_\gamma = 0.267$ MeV，^{233}Th 经 β 衰变变为 ^{233}Pa，^{237}Np 经 α 衰变为 ^{233}Pa（$E_\alpha = 4.79$ MeV）。这时，构建一个包含这些衰变能的闭合循环如下：

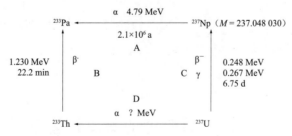

分支 D 的 $Q = -931.5\ (M^{233}Th + M He - M^{237}U)$。

分支 A 的 $Q = E_\alpha M_Z / M_{Z-2} = 4.79 \times 237/233 = -931.5\ (M^{233}Pa + M He - M^{237}Np)$。

通过引入 $M He$ 与 $M^{237}Np$，可以得出 $M^{233}Pa = 233.040\ 108$。

对于分支 B：$M^{233}Th = M^{233}Pa + 1.230/931.5 = 233.041\ 428$。

对于分支 C：$M^{237}U = M^{237}Np + (0.248 + 0.267)/931.5 = 237.048\,581$。

因此，通过计算分支 D，所有信息均可获得。可知 $Q = 4.23$ MeV，$E_\alpha = 4.23 \times 233/237 = 4.16$ MeV。

虽然 ^{237}U 自发 α 衰变能量上可能发生，但还未被检测到。α 衰变预测半衰期大于 10^6 a，但由于 β 衰变速度大得多（$T_{1/2} = 6.75$ d），在 ^{237}U 的衰变中里可检测到很少的 α 粒子。

2.11 简单放射性衰变的动力学

在地球元素中的多数放射性同位素其存在时间至少和地球年龄一样长。自然界里不存在原子序数大于 92 的元素可解释为这些元素的所有同位素的寿命比地球的年龄短得多。

放射性衰变是一个随机过程。正在衰变的样品中，不能确定哪一个原子会是下一个衰变的原子。我们定义衰变速度为 A，它代表单位时间内衰变的原子数，即

$$A = -dN/dt \tag{2.39}$$

衰变速度正比于放射性原子数，即 $A \propto N$。

如果 10^5 个原子有每秒 5 个原子的衰变速度，那么 10^6 个原子就有每秒 50 个原子的衰变速度。如果原子数和每秒的衰变数足够大，允许统计处理，则有

$$-dN/dt = \lambda N \tag{2.40a}$$

式中，λ 是一个比例常数，称为"衰变常数"。如果 Δt 相比 $T_{1/2}$ 很小（<1%），则式（2.40a）可以写成

$$A = \Delta N/\Delta t = \lambda N \tag{2.40b}$$

如图 2.9 所示，N/N_0 与 t 的函数可以作图，即线性对数图。对数图中衰变曲线的线性表明放射性衰变的对数本质。因为 $A \propto N$，又可以写成

$$N = N_0 e^{-\lambda t} \tag{2.41a}$$

$$A = A_0 e^{-\lambda t} \tag{2.41b}$$

通常用 $\ln A$ 对 t 作图，因为确定衰变速度比确定样本的原子数要简单些。

除了衰变常数 λ，有时还用到平均寿命 τ：

$$\tau = 1/\lambda \tag{2.42}$$

在任意时间，放射性核素的衰变数目可用下式计算：

$$N = N_0/2^n \tag{2.43}$$

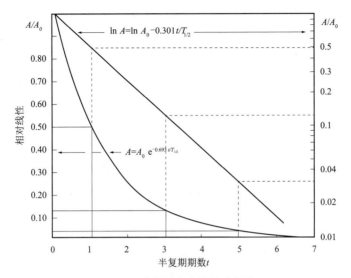

图 2.9 放射性衰变线性对数图

其中，n 为已过的半衰期数目。对于一个放射性样本，$n = 10$ 是一个有用的数目，因为 $N = N_0/2^{10} = 10^{-3}N_0$，是 N_0 和 A_0 的 1/1000。衰变速度常用 d/s 或者 d/min 表示。

在测量放射性衰变时，每一次衰变均被测量到是十分罕见的。任何监测系统都存在一个特殊的比例，在绝对衰变速度 A 与可观察到的衰变速度 R 之间有

$$R = \Psi A \tag{2.44}$$

式中，R 为被检测到的衰变的计数率；Ψ 为比例常数，称为计数效率。

Ψ 取决于很多因素，包括检测器类型、计数的几何位置、衰变类型和能量。Ψ 一般在 0.01～0.5。

$R = \Psi A$ 仅在 $\Delta t \ll T_{1/2}$，$\Delta N \ll N$ 时才有效。

图 2.10 显示了 ^{32}P 每 3 天测得的活度，用盖革计数器，可知活度在 14.3 天内从 8 400 c/min 下降到 4 200 c/min，2×14.3 天下降至 2 100 c/min。在这种图中，要扣减背景的计数率，背景约为 20 c/min，对曲线几乎无影响。

半衰期是放射性物质的特征指标，结合衰变能与 $T_{1/2}$，可以充分定义一个核素，结合式（2.39）、式（2.43）、式（2.44），可得

$$R = \Psi N \ln(2)/T_{1/2} \tag{2.45}$$

已知计数效率 Ψ 与原子数 N，$T_{1/2}$ 可以从 R 的测量得到。例如，在 $\Psi = 0.515$ 的 α 粒子测量中，1.27 mg 的 ^{232}Th 样品中可检测到 159 c/min，因此 $A = R/\Psi = 309$ d/min，$N = aN/M = 1.27 \times 10^{-3} \times 6.02 \times 10^{23}/232.0 = 3.295 \times 10^{18}$，

$T_{1/2} = 0.693 \times 3.295 \times 10^{18}/309 = 7.40 \times 10^{15}$ min $= 1.41 \times 10^{10}$ a。

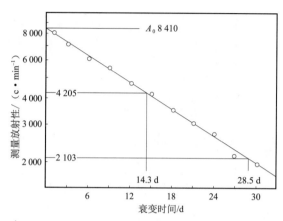

图 2.10 使用 GM 计数器测量 ^{32}P 的衰变半对数图

很明显,我们有可能确定用图 2.10 这样的衰变曲线测定一个很长的半衰期。对于 ^{32}P 这样的短寿命核素,可以用式(2.45)和已知的半衰期,通过实验测定 Ψ、R,并确定 N 值。

2.12 混合衰变

一个放射性样品中可能含有几种不同的放射性核素,每个核素各自遵从自身的衰变规律,检测器测量每个核素的放射性,即

$$R = R' + R'' \tag{2.46a}$$

将式(2.41b)和式(2.44)代入上式,可得

$$R = \Psi' A'_0 e^{-\lambda' t} + \Psi'' A''_0 e^{-\lambda'' t} \tag{2.46b}$$

图 2.11 为 ^{71}Zn($T_{1/2} = 3.9$ h)与 ^{187}W($T_{1/2} = 23.8$ h)的复合衰变曲线。如果混合物里的核素半衰期差别较大,如图 2.11 中衰变曲线可分解成独立的成分,长寿命核素有足够长的线性衰变,而在此期间短寿命核素已衰变完毕,衰变曲线可到 $t = 0$,最后的曲线应该是由样品中较长寿命的核素而决定的线性衰减。对于复杂混合物,该过程可重复,直到样品中的曲线可完全分解成线性。

有时,通过选择恰当的检测技术,有可能在混合衰变中首先观察到某一种核素的衰变。例如,比例计数可用来检测 α 衰变($\psi_\alpha > 0$),但排除了 β 衰变

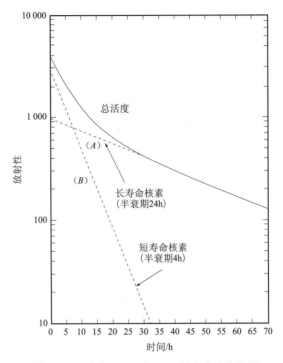

图 2.11　半衰期为 4 h 和 24 h 的复合衰变曲线

检测（$\psi_\beta > 0$）；而典型的盖革计数器可用来检测 β 衰变，但不能检测 α 衰变，因为 α 粒子无法穿透盖革管的窗口。

2.13　放射性衰变单位

放射性的国际单位 SI 是贝克（Bq），活度单位是秒的倒数（s^{-1}），即

$$1 \text{ 贝克（Bq）} = 1 \text{（衰变）} s^{-1} \qquad (2.47a)$$

被测得的衰变速度 R 单位是每秒计数（c/s）或每分钟计数（c/min）。
一个较早期的单位仍然在使用，是居里（Ci），定义为

$$1 \text{ 居里（Ci）} = 3.7 \times 10^{10} \, s^{-1} \text{（Bq）} \qquad (2.47b)$$

居里的单位起初定义为每分钟每克 ^{226}Ra 的衰变速度，即

$$S = A/W \qquad (2.48)$$

比活度的国际单位是 Bq/kg，实际应用中有时也定义为 d/(min·g) 或 d/(min·mol)，活度浓度单位是 Bq/m³ 或 Bq/L。半衰期为（1 599 ± 4）a 的 ^{226}Ra，

每克的比活度是 0.998 Ci 或 3.65×10^{10} Bq，衰变速度是 2.19×10^{12} d/min。

一些天然存在的长寿命放射性核素比活度为：^{40}K，31.3 kBq/kg；^{232}Th，4.05 MBq/kg；^{238}U，12.4 MBq/kg。

2.14 分支衰变

在竞争衰变中，所谓的分支衰变是指母体核能衰变成两个或更多不同的子体核素，如式（2.49）所示：

$$^{A}_{Z}X \begin{array}{c} \xrightarrow{\lambda_1} ^{A_1}_{Z_1}X \\ \xrightarrow{\lambda_2} ^{A_2}_{Z_2}X \end{array} \qquad (2.49)$$

这时，对于每一个分支衰变都有一个分支衰变常数，这些常数和母体核观察到的总衰变常数有关，可记为

$$\lambda_{tot} = \lambda_1 + \lambda_2 + \cdots \qquad (2.50)$$

每一个分支衰变都可单独进行，且每一个独立的分支衰变都有各自的半衰期。只有总的衰变常数可以被直接观察。^{64}Cu 的衰变通过 EC 衰变占 43%，通过负电子发射占 39%，正电子发射占 18%。总衰变常数是 0.054 1 h^{-1}，是以 $T_{1/2} = 12.8$ h 得出的，则分支衰变常数是

$$\lambda_{EC} = 0.43 \times 0.054\ 1 = 0.023\ 3\ \text{h}^{-1}$$
$$\lambda_{\beta^-} = 0.39 \times 0.054\ 1 = 0.021\ 0\ \text{h}^{-1}$$
$$\lambda_{\beta^+} = 0.18 \times 0.054\ 1 = 0.009\ 7\ \text{h}^{-1}$$

这些分支衰变常数对应于 29.7 h 的 EC 衰变，33.6 h 的 β$^-$衰变和 67.5 h 的正电子衰变。

2.15 连续放射性衰变

存在很多母体衰变成子体，子体本身又衰变成第三代子体核素的实例。天然放射性核素的衰变链包括 10~12 级的连续衰变，即

$$X_1 \xrightarrow{\lambda_1} X_2 \xrightarrow{\lambda_2} X_3 \xrightarrow{\lambda_3} X_4 \cdots \qquad (2.51)$$

子体核 X_2 的形成净速率是子体核形成速率和它自身衰变速率之差,即

$$dN_2/dt = N_1\lambda_1 - N_2\lambda_2 \quad (2.52)$$

其中,N_1 和 N_2 是母体和子体的原子数,λ_1 和 λ_2 是母体和子体的衰变常数,这一关系的公式是

$$N_2 = [\lambda_1/(\lambda_2 - \lambda_1)] N_1^0 (e^{-\lambda_1 t} - e^{-\lambda_2 t}) + N_2^0 e^{-\lambda_2 t} \quad (2.53)$$

其中,N_1^0 与 N_2^0 是母、子体在 $t=0$ 时间的数量。式(2.53)右侧第一项显示子体核的数目随时间的变化以及子体核素的衰变;式(2.53)右侧第二项等于子体核素在 $t=0$ 时刻的衰变。

下面通过天然存在的放射性衰变系列的例子来解释这种关系。在一个老铀矿里,衰变链里的所有产物都能被检测。现在假设用化学分离方法分离出两个样本:一个只含U,一个只含Th。在分离的瞬间,指定 $t=0$,有 N_1^0 个 ^{238}U 和 N_2^0 个 ^{234}Th,且在 Th 的裂片里不含U,因此 $N_1^0 = 0$,所以 Th 原子按照式(2.53)右侧中的第二项衰变。这个样本有一个简单的指数衰变曲线,半衰期为 24.1d,如图 2.1 的下降曲线所示。在 U 部分,$t=0$ 时完全不含 Th,$N_2^0 = 0$。然而,过些时间有可能检测到 ^{234}Th 的存在。^{234}Th 数量的改变遵循式(2.54)的第一项。事实上,图 2.1 只检测到 ^{234}Th 核素的 β 衰变,因为所用检测系统对 ^{238}U 的 α 衰变不灵敏($\psi_\alpha = 0$)。由于观察时间比 ^{238}U 的半衰期小得多,所以在观察期间没有 U 原子数量的改变,即 $N_1 = N_1^0$。另外,由于 ^{238}U 的 $T_{1/2}$ 远大于 ^{234}Th 的 $T_{1/2}$,即 $\lambda_1 \ll \lambda_2$,则式(2.53)可以化简为

$$N_2 = (\lambda_1/\lambda_2) N_1 (1 - e^{-\lambda_2 t}) \quad (2.54)$$

根据式(2.54),^{234}Th 的原子数 N_2 随着时间增加,24.1 d 后 ^{234}Th 有最大值的 50%,48.2d 后有 75%,这从图 2.1 可以看出。另外,由式(2.54)可以得到 Th 在 $t = \infty$ 时的最大值为

$$N_2\lambda_2 = N_1\lambda_1 \quad (2.55)$$

这些等式都基于 $\lambda_1 \ll \lambda_2$,上式表明子体原子的数量在一段时间后变成常数。在这之后,子体衰变速度等于母体衰变速度,即 $A_2 = A_1$。但子体的数目 N_2 远小于母体数目 N_1,$A_1 = A_2$ 被称为长期平衡,这一说法是不正确的,因为这是一个稳态而不是一个真实的平衡态,也称为放射性平衡。通过计算可以得出在长期平衡中,每克的 ^{238}U 中有 1.44×10^{-11} g 的 ^{234}Th 与 4.9×10^{-16} g 的 ^{234}Pa。因为 ^{238}U 的比活度是 7.46×10^5 d/(min·g),所以 4.9×10^{-16} g 的 ^{234}Pa 的衰变速度也是 7.46×10^5 d/min。在长期平衡中,当检测时间相比于母体核的半衰期非常短时,检测不到母体的衰变速度的改变。以 ^{137}Cs 为例,^{137}Cs 通过 ^{137}Ba 衰变为 ^{137}Ba,是另一个长期平衡的例子。如果有一个已经达到放射性平衡的样

品，用沉淀法从 Ba 中分离出 Cs，并过滤出 $BaSO_4$，从沉淀中测得的活度符合图 2.12 的曲线（1）。滤液的活度来自 ^{137}Cs，如图 2.12 的曲线（2），在检测期间没有改变。然而，^{137m}Ba 生长进入溶液，如图 2.12 的曲线（3），因此溶液总活度为图 2.12 的曲线（2）+（3），不断增长，如图 2.12 的曲线（4）。

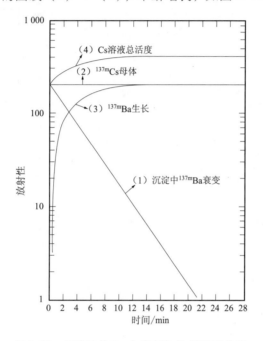

图 2.12　沉淀法从 Ba 中分离出 Cs 的活度曲线

在很多放射性衰变链中，母体的半衰期比子体长，但在测量期间，虽然母体的半衰期比子体长，但在测量过程中，其半衰期还是短到能测量出母体衰变速率的改变。在这样的体系里，系统达到瞬态平衡。样品活度的测量时间长短是确定瞬态平衡或者长期平衡的因素。如果母体的半衰期为一个月，对样品进行 1 h 或几天的测量，衰变速率的变化规律将遵从长期平衡方程，因为母体衰变速率的改变程度可以忽略不计。然而，如果测量超过几周或几个月，那么母体衰变速度的改变是重要的，并且会接近瞬态平衡。瞬态平衡的例子如下：

^{140}Ba (β^-, 12.75 d) ^{140}La (β^-, 1.678 d) ^{140}Ce（稳定核）

^{140}Ba 是最重要的裂变产物。如果分离 Ba，子体 La 会进入样品中。图 2.13 显示了 ^{140}Ba 的衰变［曲线（1）］且遵从式（2.41）的衰变规律。图 2.13 的曲线（2）为子体活度曲线。

用半衰期代替衰变常数，则

$$A_2 = T_{1/2,1} / (T_{1/2,1} - T_{1/2,2}) A_1^0 (e^{-0.693\, t/T_{1/2,1}} - e^{0.693\, t/T_{1/2,2}}) \qquad (2.56)$$

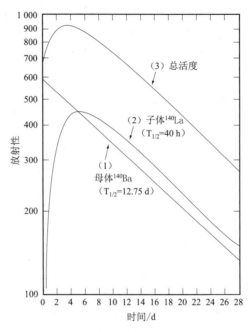

图 2.13　瞬态平衡例子：母体 ^{140}Ba 连续衰变后形成稳定子体 ^{140}La

在 $t \ll T_{1/2}$（$t \ll 12.8$ d），第一指数项十分接近于 1，则 A_2 正比于 $(1 - e^{-0.693t/T_{1/2,2}})$，为曲线（2）的增加部分；在 $t \gg T_{1/2}$（$t \gg 40$ h），第二项变得比第一项小得多，则 A_2 以 $e^{-0.693t/T_{1/2,1}}$ 指数降低，这一部分曲线可以写成

$$N_2 = N_1 \lambda_1 / (\lambda_2 - \lambda_1) \tag{2.57}$$

该式表明了瞬态平衡的关系。Ba 的总活度曲线（3）是曲线（1）和曲线（2）的总合。

如果母体是比子体的半衰期短的，则子体活度增长到某一最大值然后以自己的特征半衰期衰变。这与瞬态平衡的情况相反，在瞬态平衡中子体核的衰变是由母体核的半衰期决定的。这一例子显示于图 2.14 的衰变链，即

$$^{218}\text{Po} \xrightarrow[3\text{ min}]{\alpha} {}^{214}\text{Pb} \xrightarrow[27\text{ min}]{\beta^-} {}^{214}\text{Bi}$$

在短寿命母体的非平衡态获得最大活度所需要的时间为

$$t_{\max} = (\lambda_2 - \lambda_1)^{-1} \ln(\lambda_2 / \lambda_1) \tag{2.58}$$

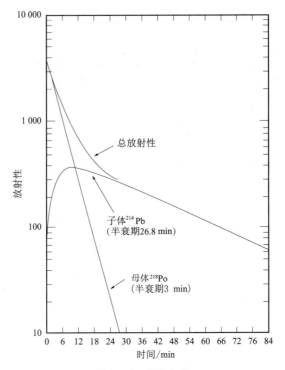

图 2.14　子体衰变

2.16　放射性同位素发生器

放射性子体的生长通常具有非常重要的实用意义。例如，在放化治疗和诊断药物里，常常用到短寿命核素。实际上，希望用短寿命核素做示踪实验，因为这样可以减少实验完毕放射性废弃物的问题，有一个长寿命的母体方便储存，产生子体移出后用在示踪工作中。几个这样的母子体的例子列于表 2.1。

表 2.1　一些常见的放射性母子体核素、衰变性质包的衰变能（MeV）、模式和半衰期包

母体核素	衰变性质	子体核素	衰变性质	应用
^{44}Ti	EC. γ; 47.3 a	^{44}Sc	1.5β^{+}; 1.16γ; 3.93 h	教学

续表

母体核素	衰变性质	子体核素	衰变性质	应用
^{68}Ge	EC；270.8 d	^{68}Ga	1.9β^+；1.08γ；1.35 h	医疗
^{87}Y	EC；3.35 d	^{87m}Sr	0.39γ^+；2.80 h	医疗和教学
^{90}Sr	0.5β^-；28.5 a	^{90}Y	2.3β^-；2.671 d	热源
				标准源
^{99}Mo	β^-、γ；65.9 h	^{99m}Tc	0.14γ；6.0 h	医疗
^{113}Sn	EC、γ；115.1 d	^{113m}In	0.39γ；1.658 h	医疗
^{132}Te	β^-、γ；78.2 h	^{132}I	2.1β^-、γ；2.28 h	医疗
^{137}Cs	β^-、γ；30.2 a	^{137m}Ba	0.66γ；2.55 min	γ影像源
				辐射灭菌
^{140}Ba	β^-、γ；12.75 d	^{140}La	β^-、γ；1.678 d	镧示踪剂
^{144}Ce	β^-、γ；284.9 d	^{144}Pr	3.0β^-、γ；17.28 min	标准源
^{210}Pb	β^-、γ；22.3 a	^{210}Bi	1.2β^-；5.01 d	标准源
^{226}Ra	α；1 600 a	^{222}Rn	α；3 825 d	医疗
^{238}U	α；4.468×10^9 a	^{234}Th	β^-、γ；24.1 d	钍示踪剂

这样的系统被称为"放射性同位素发生器"。^{222}Rn被用作癌症的放射性诊断治疗。把子体从母体^{226}Ra中以气体形式分离出来，^{226}Ra通常是固体形式或者RaBr$_2$溶液存在。^{222}Rn半衰期为3.8 d，由^{226}Ra衰变获得。从Ra中分离出Rn后两周，大约最大量的90%的Rn从Ra中衰变获得，然后每两周从Ra里分离一次^{222}Rn。^{222}Rn是一个α核素，它的医疗价值来自它的衰变子体^{214}Pb和^{214}Bi的γ射线对组织的辐照。^{214}Pb、^{214}Bi和^{222}Rn迅速达到放射性平衡。

^{99m}Tc被用于肝、脾、肾扫描诊断。^{99}Mo母体（通过分离^{235}U的裂变产物获得）被氧化铝柱子吸附，子体^{99m}Tc采用盐溶液间歇淋洗出来。

另一个常用的同位素发生器是^{132}Te，它能产生^{132}I。在这个例子中，^{132}Te以碲酸钡形式吸附在氧化铝柱子上。用0.01 mol/L氨水流过柱子，获得含^{132}I的淋出液。^{132}I能用来诊断和治疗甲状腺癌。

2.17 衰变能和半衰期

在α和β衰变中可以发现半衰期越长衰变能越低，但也有很多例外。对此，H. Geiger 和 J. M. Nuttal 总结出以下定律：

$$\lg \lambda_\alpha = a + b \lg R_{air} \tag{2.59}$$

该定律适用于天然 α 放射性核素。

式（2.59）中，a 和 b 是常数；R_{air} 是 α 粒子在空气中的射程，其值正比于 α 粒子能 E_α。费米推导出适用于 β 衰变的相似关系：

$$\lg \lambda_\beta = a' + b' \lg E \tag{2.60}$$

式中，a' 是和 β 衰变类型相关的常数，b' 约等于 5。

虽然这些定律已被现代理论和大量的核数据所取代，但它们仍然可以用于粗略估计衰变能和半衰期。

2.18 海森堡的不确定性原理

本章多次明确核素衰变能在量子力学中是准确的数值。然而因为能级是一个范围，所以也不完全正确。这个概念由海森堡在 1927 年首次提出，并且在所有核物理领域都是根本的原则。

不确定性原理指出，不可能同时测量一个粒子的准确位置和准确动量，这是由粒子的波动性决定的。例如，我们试图通过观察电子轰击闪烁屏发射的光来测量一个电子的确切位置，这一行为干扰电子的运动，导致电子散射，这在动量中引入了某种不确定度。这种不确定度的大小可以精确计算，并与普朗克常数有关。如果 Δx 表示位置的不确定度，Δp 表示轴动量的不确定度，那么 $h = 1.05 \times 10^{-34}$ J·s，h 是普朗克常数，则

$$\Delta x \Delta p \geq h/2\pi \tag{2.61}$$

这一原则还适于其他共轭变量，比如角 θ、角动量 P_θ，以及时间和能量，即

$$\Delta \theta \Delta P_\theta \geq \frac{h}{2\pi} \tag{2.62}$$

$$\tau \Delta E \geq \frac{h}{2\pi} \tag{2.63}$$

式（2.63）关系到一个粒子在能量 ΔE 内的不确定度和 τ 的关系。对于一个激发态的核，ΔE_γ 可以被当成 γ 峰在最大强度一半位置处的宽度（FWHM 值）（图 2.15）。

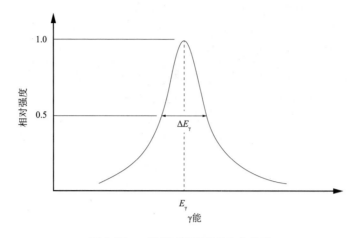

图 2.15 γ能在不同强度的变化曲线

第 3 章

自然界中的放射性核素

事实上,所有的天然物质都含有放射性核素,其中绝大部分天然物质中放射性核素含量很低,只能用非常灵敏的分析方法才能探测到。水(雨水、河水、湖水、海水)、岩石、土壤、其他天然材料以及所有生物体中都会有放射性核素,经过相关工艺仔细处理能得到放射性核素含量非常低的材料。环境中的放射性核素可分为:①宇宙射线辐射产生的放射性核素;②与地球年龄相当的长寿命放射性核素;③以钍和铀为起始核的天然衰变系成员;④现代技术向自然界引入的放射性核素。其来源可以分类为:①宇生的;②和③原生的;④人工的。

3.1 宇生放射性核素

3.1.1 概述

宇宙射线与大气作用产生中子和质子,它们与 N_2、O_2、Ar 等作用产生放射性核素,表 3.1(a)和表 3.1(b)列出了部分这类核素。这些核素以恒定的速率产生并随雨水带到地面上。尽管它们的浓度很低,但全球总量仍然可观。假设这些核素的生成速率与它们在陆地各储存介质(大气、海洋、湖泊、土壤、植物等)的平均保留时间达到平衡,那么它们在每一个储存介质中的比活度都是相对稳定的。如果某一个储存介质是封闭的,随着时间的推移,那么它的比活度是减少的。这可以用于测定陨星在宇宙辐射中的暴露时间(辐射场是恒定的,利用 ^{81}Kr),计算海底沉积物（利用^{10}Be、^{26}Al）、地下水（^{36}Cl）、浮冰（^{10}Be）、死亡的生物（^{14}C）等的年龄。短寿命的宇生放射性核素已经用于大气混合和沉积过程的天然示踪剂（如^{39}Cl 或^{38}S）。其中，只有^{3}H 和^{14}C 非常重要，值得进一步深入的讨论。

表 3.1（a） 陨星和雨水中出现的长寿命宇生放射性核素

核素	半衰期/a	衰变方式 & 粒子能量/MeV	大气中的生成速率/(atoms·m^{-2}·s^{-1})
^{3}H	12.32	β^- 0.018 6	2 500
^{10}Be	1.52×10^6	β^- 0.555	300
^{14}C	5715	β^- 0.156 5	17 000～25 000
^{22}Na	2.605	β^+ 0.545	0.5
^{26}Al	7.1×10^5	β^+ 1.16	1.2
^{32}Si	160	β^- 0.213	1.6
^{35}S	0.239（87.2 d）	β^- 0.167	14
^{36}Cl	3.01×10^5	β^- 0.709	60
^{39}Ar	268	β^- 0.565	56
^{53}Mn	3.7×10^6	EC（0.596）	
^{81}Kr	2.2×10^5	EC（0.28）	

注：EC 后括号中的值为衰变能。

表 3.1（b） 雨水中出现的短寿命宇生放射性核素

核素	半衰期	衰变方式 & 粒子能量/MeV
^{7}Be	53.28 d	EC（0.862）
^{24}Na	14.96 h	β^- 1.389
^{28}Mg	21.0 h	β^- 0.459
^{32}P	14.28 d	β^- 1.710
^{33}P	25.3 d	β^- 0.249
^{39}Cl	55.6 min	β^- 1.91

注：EC 后括号中的值为衰变能，生成速率（atoms·m^{-2}·s^{-1}）：^{7}Be 为 81、^{39}Cl 为 16。

3.1.2 氚

卫星测量显示，地球接收到的氚一部分来自太阳的发射，更大量的氚来自大气层的核反应，如快中子与氮原子的反应：

$$n（快）+ {}^{14}N \rightarrow {}^{12}C + {}^3H \qquad (3.1)$$

这个反应^{3}H 在地球表面的产率约为 2 500 atoms/（m^2·s），因此全球总量

约为 1.3×10^{18} Bq。氚的半衰期为 12.32 a，发生软 β^- 衰变生成 ^{3}He。它与水很快地融为一体，进入全球水循环。氚在大气中的平均保留时间约为 2 年，仅是其半衰期的一小部分，一旦含氚的水进入低空对流层，就将在 5~20 天随雨水降落。如果我们定义 1 TU（Tritium Unit）为 10^{18} 个氢原子中含有 1 个氚原子，那么 1 TU 对应 118 Bq/m³。在发展核能之前，地表水含 2~8 TU（常用平均值 3.5 TU）。现在水中的氚含量通常在 20~40 TU 量级，雨水中含量为 4~25 TU，赤道地区含量较低并随纬度增加而增加。

氚也是核能循环的一个产物，其中一部分进入大气圈，一部分进入水圈。氚的释放量随反应堆堆型不同而不同（通常顺序为 HWR > PWR > BWR），并且是核能产品的一个参数。假设平均每座核电站和每个典型的后处理厂每年释放的氚分别为 40 TBq/GWe 和 600 TBq/GWe，估计这样 1992 年全球向环境中释放的氚约为 10 PBq。尽管这只是核电站自然产生的氚量的一小部分，却引起了局部地区氚的增加。

氢弹试验在 20 世纪 50 年代向大气圈中引入了氚，20 世纪 60 年代初期又将大量的氚注入了岩石圈，到了 1962 年年底，试验中释放的氚达到 2.6×10^{20} Bq，大大超过了天然生成的总量。

在 1952 年（第一颗氢弹试验）以前，水中的氚含量可以用于计算水的年龄（即当水与大气隔离时至测定其氚量时）。这一特性用途很大，如测定冰的年龄。但是由于现在有大量的人工氚引入，这种测量方法不再是一种有意义的技术了。

氚的浓度在低至 1 TU 左右，或氚的浓度在低至 0.01 TU，经同位素富集（例如电解碱性水，氚留在电解残液中），均可以用低本底正比计数器测量。更低浓度的氚对其测量首选质谱法。

3.1.3 碳-14

大气圈中有很多反应都生成 ^{14}C，其中最重要的是宇宙射线产生的热中子与氮原子的反应：

$$n（慢） + {}^{14}N \rightarrow {}^{14}C + {}^1H \tag{3.2}$$

这个反应在地球表面的产率约为 22 200 atoms/(m²·s)，全球年产率约为 1 PBq，全球总量约为 8 500 PBq（对应约 75t）。其中，约 140 PBq 留在大气圈中，其余的进入陆地物质中。所有的生命物质（包括身体组织）中 ^{14}C 的比活度约为 227 Bq/kg。^{14}C 的半衰期为 5 715 年，发生软 β^- 衰变（E_{max} = 158 keV）。

核试验中也产生 ^{14}C。假设源于这部分的 ^{14}C 到 1990 年释放到大气中的总量为 220 PBq。这部分 ^{14}C 和其他的大气中的碳（CO_2）在 1~2 年达到平衡。还有

一部分 ^{14}C 来自核电站（主要来自 HWR）的释放，约为每年 18 TBq/GWe。全球大气中 ^{14}C 的总量小于 300 TBq/a。

化石燃料的燃烧增加了大气圈中的 CO_2，化石燃料中几乎不含 ^{14}C，因此降低了比活度（1900—1970 年稀释了约 3%）。考虑了所有的人工源头，现在全球碳平均比活度为 (13.56 ± 0.07) $(d/min^{-1} \cdot g^{-1})$ C。

3.2 原生放射性核素

3.2.1 铅前长寿命核素

随着放射性探测技术的发展，在自然界中已经发现了很多长寿命放射性核素，其中很轻的部分已经在 3.1 节中提及，较重而又不属于铀和钍天然衰变系的元素列于表 3.2。^{50}V 是比活度最低的核素（约 0.000 1 Bq/g），最高的是 ^{87}Rb 和 ^{187}Re（各约为 900 Bq/g）。随着人们测量低放射性活度能力的增加，自然界中还会发现在钾和铅之间的放射性同位素。

表 3.2 原生放射性核素 $Z<82$（Pb）

核素	同位素丰度/%	衰变方式 & 粒子能量/MeV	半衰期/a
^{40}K	0.011 7	β^- EC 1.31	1.26×10^9
^{50}V	0.250	β^- EC (0.601)	$>1.4 \times 10^{17}$
^{87}Rb	27.83	β^- 0.273	4.88×10^{10}
^{115}In	95.72	β^- 1.0	4.4×10^{14}
^{123}Te	0.905	EC (0.052)	1.3×10^{13}
^{138}La	0.092	β^- EC	1.06×10^{11}
^{144}Nd	23.80	α	2.1×10^{15}
^{147}Sm	15.0	α 2.23	1.06×10^{11}
^{148}Sm	11.3	α 1.96	7×10^{15}
^{176}Lu	2.59	β^- (1.188)	3.8×10^{10}
^{174}Hf	0.162	α	2×10^{15}
^{187}Re	62.60	β^- (0.002 5)	4.2×10^{10}
^{190}Pt	0.012	α	6.5×10^{11}

注：括号中的值为衰变能。

由于这些核素的寿命特别长，它们肯定是在太阳系和地球形成时（甚至更早）形成的。当地壳固化时，这些核素夹杂在岩石中。随着它们的衰变，衰变产物积聚在封闭的岩石环境中。通过测量母核和子核，根据其半衰期就可以计算出某个环境（如一块岩石的形成）存在的时间。这是核计年（也称为"放射性时钟"）的基础，表 3.2 中的核素几乎都可以用于实现这个目的。3.8 节将讨论 K-Ar 和 Rb-Sr 计年系统。

仔细观察这些天然长寿命核素的衰变，其中某些显示出短衰变系，如 ^{152}Gd→^{148}Sm→^{144}Nd→^{140}Ce 和 ^{190}Pt→^{186}Os→^{182}W。以铀和钍同位素为起始的重元素衰变系称为长衰变系。

3.2.2　天然衰变系中的元素

在第 1 章中已经简要地讨论了 4 个长衰变系的存在，它们以 Th、U 或 Np 同位素为起始核，以 Pb 或 Bi 为终止核。图 3.1 给出了目前从元素 Tl 到 U 已知的部分同位素。其中属于天然衰变系的核素如图 3.1 所示，其他的核素都是通过核反应产生的。第一个衰变系为钍衰变系，它由一组衰变关联的核素组成，该组所有核素的质量数都能被 4 整除（4n 系）。它的起始核 ^{232}Th，天然丰度约为 100%。^{232}Th 的比活度 $S = 4.06$ MBq/kg，发生 α 衰变，半衰期为 1.41×10^{10} a。该衰变系中的终止核为稳定核素 ^{208}Pb（也称为 ThD）。从起始核到终止核发生 6 次 α 衰变和 4 次 β 衰变。中间寿命最长的核素为 5.76 a 的 ^{228}Ra。铀衰变系由一组质量数被 4 除余 2 的核素组成（（4n + 2）系）。该系的母核 ^{238}U 天然丰度为 99.3%，发生 α 衰变，半衰期为 4.46×10^9 a。铀系经 8 次 α 衰变和 6 次 β 衰变，生成稳定产物核为 ^{206}Pb。

^{238}U 的比活度为 12.44 MBq/kg。由于天然铀由 3 种同位素组成，即 ^{238}U、^{235}U 和 ^{234}U，同位素丰度分为 99.274 5%、0.720 0% 和 0.005 5%，天然铀的比活度为 25.4 MBq/kg。

铀系有元素镭、氡和钋的最重要的同位素，它们可以从铀矿处理过程中分离出来。每吨铀含有 0.340 g ^{226}Ra，新分离出来的 ^{226}Ra 与其衰变产物 ^{210}Pb 前面的子体约 4 周实现放射性平衡。这些产物的多数核素都发射高能 γ 射线，因此 Ra 用于医治癌症的 γ 源（放射治疗）。尽管如此，镭的医疗作用因其他辐射源的引入而大大降低了，目前镭的最大用途是用于小型中子源。

尽管镭的化学性质相对简单（类似钡），但镭产生放射性气体（氡）使其处理变得复杂。氡放射性气体衰变产生放射性的 At、Po、Bi 和 Pb。铀是岩石中的一个常见元素，也是建筑材料中的常见物质。这些材料发射 Rn，操作镭化合物应该在防护下进行以避免氡及其子体的辐射。

铀 $^{216}_{92}U_{124}$ g.s. 6.9 ms 29 α 100 m 1.4 ms 9 α 100	铀 $^{217}_{92}U_{125}$ g.s. 850 s710 α≈100,β^- ?	铀 $^{218}_{92}U_{126}$ g.s. 354 s 91 α 100 m 408 s 125 α≈100,IT ?	铀 $^{219}_{92}U_{127}$ g.s. 60 s 7 α100,β^+ ?	铀 $^{220}_{92}U_{128}$ g.s. 60# ns α ?,β^+ ?	铀 $^{221}_{92}U_{129}$ g.s. 660 ns 140 α≈100,β^+ ?	铀 $^{222}_{92}U_{130}$ g.s. 4.7 s 7 α≈100,β^+ ?	铀 $^{223}_{92}U_{131}$ g.s. 65 s 12 α ≈100,β^+ ?	铀 $^{224}_{92}U_{132}$ g.s. 396 s 17 α ≈100,β^+ ?
镤 $^{215}_{91}Pa_{124}$ g.s. 14 ms 2 α =100	镤 $^{216}_{91}Pa_{125}$ g.s. 105 ms 12 α ≈100,β^+ ?	镤 $^{217}_{91}Pa_{126}$ g.s. 3.8 ms 2 α 100,β^- ? m 1.08 ms 3 α 73 4,IT ?	镤 $^{218}_{91}Pa_{127}$ g.s. 108 s 5 α 100 m 150 s 50 α 100	镤 $^{219}_{91}Pa_{128}$ g.s. 56 ns 9 α 100,β^+ ?	镤 $^{220}_{91}Pa_{129}$ g.s. 0.85 s 6 α 100,β^+ ? m 410 ns 180 α 100	镤 $^{221}_{91}Pa_{130}$ g.s. 5.9 s 17 α 100	镤 $^{222}_{91}Pa_{131}$ g.s. 3.8 ms 2 α 100	镤 $^{223}_{91}Pa_{132}$ g.s. 5.3 ms 3 α 100,β^+ ?
钍 $^{214}_{90}Th_{124}$ g.s. 87 ms 10 α≈100,β^+ ? m 1.24 s 12 IT 100	钍 $^{215}_{90}Th_{125}$ g.s. 1.35 s 14 α 100 m 770 ns 60 IT 100	钍 $^{216}_{90}Th_{126}$ g.s. 26.28 ms 16 α≈100,β^+ ? m 135.4 s 29 IT 97.2 9, α 2.8 9	钍 $^{217}_{90}Th_{127}$ g.s. 248 s 4 α 100 m 71 s 14 IT 100	钍 $^{218}_{90}Th_{128}$ g.s. 122 ns 5 α 100	钍 $^{219}_{90}Th_{129}$ g.s. 1.023 s 18 α 100,β^+ ?	钍 $^{220}_{90}Th_{130}$ g.s. 10.2 s 3 α 100,ε ?	钍 $^{221}_{90}Th_{131}$ g.s. 1.75 ms 2 α 100	钍 $^{222}_{90}Th_{132}$ g.s. 2.24 ms 3 α 100,ε ?
锕 $^{213}_{89}Ac_{124}$ g.s. 738 ms 16 α≈100,β^+ ?	锕 $^{214}_{89}Ac_{125}$ g.s. 8.2 s 2 α 93 4,β^+ 7 4	锕 $^{215}_{89}Ac_{126}$ g.s. 171 ms 10 α≈100, β^+ 0.09 2 m 185 ns 30 IT 100	锕 $^{216}_{89}Ac_{127}$ g.s. 440 s 16 α 100,β^+ ? m 441 s 7 α 100 , β^+?	锕 $^{217}_{89}Ac_{128}$ g.s. 69 ns 4 α≈100,β^+ ? m 740 ns 40 IT 95.49 18 10, α 4.51 18	锕 $^{218}_{89}Ac_{129}$ g.s. 1.00 s 4 α 100 m >100# ns IT ?,α ?,β^+ ?	锕 $^{219}_{89}Ac_{130}$ g.s. 9.4 s 10 α 100,β^+ ?	锕 $^{220}_{89}Ac_{131}$ g.s. 26.36 ms 19 α 100,β^+ ?	锕 $^{221}_{89}Ac_{132}$ g.s. 52 ms 2 α 100
镭 $^{212}_{88}Ra_{124}$ g.s. 13.0 s 2 α ?,β^+ ? m 9.3 s 9 IT 100	镭 $^{213}_{88}Ra_{125}$ g.s. 2.73 m 5 α 87 2,β^+ 13 2 m 2.20 ms 5 IT≈99,α0.6 4	镭 $^{214}_{86}Ra_{126}$ g.s. 2.437 s 16 α 99.941 4, β^+ 0.059 4 m 67.3 s 15 IT 99.91 7, α 0.09 7	镭 $^{215}_{88}Ra_{127}$ g.s. 1.669 ms 9 α 100 m 7.31 s 13 IT 100 n 1.39 s 7 IT 100	镭 $^{216}_{88}Ra_{128}$ g.s. 172 ns 7 α 100,ε<1e-8	镭 $^{217}_{88}Ra_{129}$ g.s. 1.95 s 12 α 100	镭 $^{218}_{88}Ra_{130}$ g.s. 25.91 s 14 α 100	镭 $^{219}_{88}Ra_{131}$ g.s. 9 ms 2 α 100 m 10 ms 3 α≈100,IT ?	镭 $^{220}_{88}Ra_{132}$ g.s. 18.1 ms 12 α 100
钫 $^{211}_{87}Fr_{124}$ g.s. 3.10 m 2 α 87 3,β^+ 13 3 m 146 ns 14 IT 100	钫 $^{212}_{87}Fr_{125}$ g.s. 20.0 m 6 β^+ 57 2,α 43 2 m 31.9 s 7 IT 100	钫 $^{213}_{87}Fr_{126}$ g.s. 34.14 s 6 α 99.44 5, β^+ 0.56 5 m 505 ns 14 IT 100	钫 $^{214}_{87}Fr_{127}$ g.s. 5.51 ms 13 α 100 m 3.35 ms 5 α 100	钫 $^{215}_{87}Fr_{128}$ g.s. 90 ns 4 α 100	钫 $^{216}_{87}Fr_{129}$ g.s. 700 ns 20 α 100,β^+ ? m 850 ns 30 α≈100,β^- ?	钫 $^{217}_{87}Fr_{130}$ g.s. 22 s 5 α 100	钫 $^{218}_{87}Fr_{131}$ g.s. 1.4 ms 5 α 100 m 21.9 ms 5 α≈100,IT ?	钫 $^{219}_{87}Fr_{132}$ g.s. 22.5 ms 17 α 100
氡 $^{210}_{86}Rn_{124}$ g.s. 2.4 h 1 α 96 1,β^+ ? m 644 ns 40 IT 100 n 1.06 s 5 IT 100	氡 $^{211}_{86}Rn_{125}$ g.s. 14.6 h 2 β^+ 72.6 17, α 27.4 17 m 596 ns 28 IT 100 n 201 ns 4 IT 100	氡 $^{212}_{86}Rn_{126}$ g.s. 23.9 m 12 α 100 m 118 ns14 IT 100	氡 $^{213}_{86}Rn_{127}$ g.s. 19.5 ms 1 α 100 m 1.00 s 21 IT 100 n 1.36 s 7 IT 100	氡 $^{214}_{86}Rn_{128}$ g.s. 259 ns 3 α 100 m 245 ns 30 IT 100	氡 $^{215}_{86}Rn_{129}$ g.s. 2.30 s 10 α 100	氡 $^{216}_{86}Rn_{130}$ g.s. 29 s 4 α 100	氡 $^{217}_{86}Rn_{131}$ g.s. 593 s 38 α 100	氡 $^{218}_{86}Rn_{132}$ g.s. 33.75 ms 15 α 100
砹 $^{209}_{85}At_{124}$ g.s. 5.42 h 5 β^+ 96.1 4, α 3.9 4 m 916 ns 10 IT 100	砹 $^{210}_{85}At_{125}$ g.s. 8.1 h 4 β^+ 99.825 20, α 0.175 20 m 5.66 s 7 IT 100	砹 $^{211}_{85}At_{126}$ g.s. 7.214 h 7 ε 58.20 8, α 41.80 8 m 4.23 s 7 IT 100	砹 $^{212}_{85}At_{127}$ g.s. 314 ms 3 α≈100,β^+?, β^-? m 119 ms 3 α≈100,IT ? n 152 s 5 IT 100	砹 $^{213}_{85}At_{128}$ g.s. 125 ns 6 α 100 m 110 ns 17 IT 100 n 45 s 4 IT 100	砹 $^{214}_{85}At_{129}$ g.s. 558 ns 10 α 100 m 265 ns 30 α≈100,IT ?	砹 $^{215}_{85}At_{130}$ g.s. 37 s 3 α 100	砹 $^{216}_{85}At_{131}$ g.s. 300 s 30 α≈100,β ?, ε ? m 100# s α 100	砹 $^{217}_{85}At_{132}$ g.s. 32.6 ms 3 α 99.992 2,β^- 0.008 2
钋 $^{208}_{84}Po_{124}$ g.s. 2.898 y 2 α ≈100, β^+ 0.0042 4 m 373 ns 8 IT 100	钋 $^{209}_{84}Po_{125}$ g.s. 122.9 y 23 α 99.546 7, β^+ 0.454 7 m 119 ns 4 IT 100	钋 $^{210}_{84}Po_{126}$ g.s. 138.399 d 6 α 100 m 98.9ns 25 IT 100	钋 $^{211}_{84}Po_{127}$ g.s. 516 ms 3 α 100 m 25.2 s 6 α 99.984 4 IT 0.016 4	钋 $^{212}_{84}Po_{128}$ g.s. 294.4 ns 8 α 100 m 45.1 s 6 α 99.93 2,IT ?	钋 $^{213}_{84}Po_{129}$ g.s. 3.705 s 1 α 100	钋 $^{214}_{84}Po_{130}$ g.s. 163.47 s 3 α 100	钋 $^{215}_{84}Po_{131}$ g.s. 1.781 ms 5 α 100,β^- 2.3e-4 2	钋 $^{216}_{84}Po_{132}$ g.s. 144.0 ms 6 α 100,2β^- ?
铋 $^{207}_{83}Bi_{124}$ g.s. 31.22 y 17 β^+100 m 182 s 6 IT 100	铋 $^{208}_{83}Bi_{125}$ g.s. 368 ky 4 β^+100 m 2.58 ms 4 IT 100	铋 $^{209}_{83}Bi_{126}$ g.s. 100% α 100	铋 $^{210}_{83}Bi_{127}$ g.s. 5.012 d 5 β^- 100, α 13.2e-5 10 m 3.04 My 6 α 100	铋 $^{211}_{83}Bi_{128}$ g.s. 2.14 m 2 α≈100, β^- 0.276 4 m 1.4 s 3 IT 100	铋 $^{212}_{83}Bi_{129}$ g.s. 60.55 m 6 β^- 64.06 6, α 35.94 6, β^-α≈0.014 m 25.0 m 2 α 67 1,β^- 33 1 β^-α 30 1 n 7.0 m 3 β^- ?,IT ?	铋 $^{213}_{83}Bi_{130}$ g.s. 45.60 m 4 β^- 97.91 3, α 2.09 3 m >168 s β^- ?,IT ?	铋 $^{214}_{83}Bi_{131}$ g.s. 19.9 m 4 β^- 99.979 1 α 0.021 1, β^- a≈0.003 m >93 s β^+ ?,IT ?	铋 $^{215}_{83}Bi_{132}$ g.s. 7.62 m 13 β^- 100 m 36.9 s 6 IT 76.9 5, β^- 23.1 5
铅 $^{206}_{82}Pb_{124}$ g.s. 24.1 % 30 α ? m 125 s 2 IT 100	铅 $^{207}_{82}Pb_{125}$ g.s. 22.1 % 50 α ? m 806ms 5 IT 100	铅 $^{208}_{82}Pb_{126}$ g.s. 52.4 % 70 α ? m 535 ns 35 IT 100	铅 $^{209}_{82}Pb_{127}$ g.s. 3.235 h 5 β^- 100,	铅 $^{210}_{82}Pb_{128}$ g.s. 22.23 y 12 β^- 100, α 1.9e-6 4 m 92 ns 10 IT 100	铅 $^{211}_{82}Pb_{129}$ g.s. 36.1628m 25 β^- 100 m 159 ns 28 IT 100	铅 $^{212}_{82}Pb_{130}$ g.s. 10.627 h 6 β^- 100 m 6.0s 8 IT 100	铅 $^{213}_{82}Pb_{131}$ g.s 10.2 m 3 IT 100 m 260 ns 20 IT 100	铅 $^{214}_{82}Pb_{132}$ g.s 27.06 m 7 β^- 100 m 6.2 s 3 IT 100
铊 $^{205}_{81}Tl_{124}$ g.s. 70.485 % 44 m 2.6 s 2 IT 100	铊 $^{206}_{81}Tl_{125}$ g.s. 4.202 m 11 β^- 100 m 3.74 m 3 IT 100	铊 $^{207}_{81}Tl_{126}$ g.s. 4.77 m 2 β^- 100 m 1.33 s 11 IT ≈100,β^- ?	铊 $^{208}_{81}Tl_{127}$ g.s. 3.053 m 4 β^- 100 m 1.3 s 1 IT 100	铊 $^{209}_{81}Tl_{128}$ g.s. 2.162 m 7 β^- 100,β^-n ? m 146ns10 IT100	铊 $^{210}_{81}Tl_{129}$ g.s. 1.30 m 3 β^- 100, β^-n 0.009 6 m 1# m β^- ?,IT ?			

图 3.1 从 Tl-81 到 U-92 的部分同位素的核素图

铀 $^{225}_{92}U_{133}$ g.s. 62 ms 4 α 100	铀 $^{226}_{92}U_{134}$ g.s. 269 ms 6 α 100	铀 $^{227}_{92}U_{135}$ g.s. 1.1 m 1 α 100,β$^+$?	铀 $^{228}_{92}U_{136}$ g.s. 9.1 m 2 α 97.5 1.4,ε 2.5 14	铀 $^{229}_{92}U_{137}$ g.s. 57.8 m 5 β$^+$ ≈80,α≈20	铀 $^{230}_{92}U_{138}$ g.s. 20.23 d 2 α 100,^{22}Ne 4.8e-12 20, SF ?	铀 $^{231}_{92}U_{139}$ g.s. 4.2 d 1 ε ≈100,α 0.004 1	铀 $^{232}_{92}U_{140}$ g.s. 68.9 y 4 α 100,^{24}Ne 8.9e-10 7 SF 2.7e-12 6,^{28}Mg <5e-12	铀 $^{233}_{92}U_{141}$ g.s. 159.19 ky 15 α 100,SF<6e-11, ^{24}Ne 7.2e-11 9,^{28}Mg <1.3e-13	铀 $^{234}_{92}U_{142}$ g.s. 0.0054 % 5 α 100,SF1.64e-9 22 ^{28}Mg 1.4e-11 3, m 33.5 s 20 IT 100
镤 $^{224}_{91}Pa_{133}$ g.s. 844 ms 19 α ≈100,β$^+$?	镤 $^{225}_{91}Pa_{134}$ g.s. 1.71 s 10 α 100	镤 $^{226}_{91}Pa_{135}$ g.s. 1.8 m 2 α 74 5,β$^+$ 26 5	镤 $^{227}_{91}Pa_{136}$ g.s. 38.3 m 3 α 85 2,ε 15 2	镤 $^{228}_{91}Pa_{137}$ g.s. 22 h 1 β$^+$ 98.15 17,α 1.85 17	镤 $^{229}_{91}Pa_{138}$ g.s. 1.55 d 4 ε 99.51 5 α 0.49 5 m 420ns 40 IT 100	镤 $^{230}_{91}Pa_{139}$ g.s. 17.4 d 5 β$^+$ 92.2 7,β$^-$ 7.8 7, α 0.0032 1	镤 $^{231}_{91}Pa_{140}$ g.s. 100 % α 100,SF <3e-10, ^{24}Ne 13.4e-10 17	镤 $^{232}_{91}Pa_{141}$ g.s. 1.32 d 2 β$^-$ ≈100,ε ?	镤 $^{233}_{91}Pa_{142}$ g.s. 26.975 d 13 β$^-$ 100
钍 $^{223}_{90}Th_{133}$ g.s. 600 ms 20 α 100	钍 $^{224}_{90}Th_{134}$ g.s. 1.04 s 2 α 100,2β$^+$?	钍 $^{225}_{90}Th_{135}$ g.s. 8.75 m 4 α ≈90,ε?	钍 $^{226}_{90}Th_{136}$ g.s. 30.70 m 3 α 100,^{18}O<3.2e-12	钍 $^{227}_{90}Th_{137}$ g.s. 18.718 d 5 α 100	钍 $^{228}_{90}Th_{138}$ g.s. 698.60 d 23 α 100,^{20}O 1.13e-11 22	钍 $^{229}_{90}Th_{139}$ g.s. 7.908 ky 20 α 100 m 7 s 1 IT 100	钍 $^{230}_{90}Th_{140}$ g.s. 0.02 % 2 α 100,SF <4e-12, ^{24}Ne 5.8e-11 13	钍 $^{231}_{90}Th_{141}$ g.s. 25.52 h 1 β$^-$ 100	钍 $^{232}_{90}Th_{142}$ g.s. 99.98 % 2 α 100,SF 1.1e-9 4, ^{24}Ne+^{26}Ne<2.78e-10,2β$^-$? σ 7.35 3
锕 $^{222}_{89}Ac_{133}$ g.s. 5.0 s 5 α 99 1,β$^+$ 1 1 m 1.05 m 5 α ≈98.6 4 β$^+$ ≈1.4 4, IT ?	锕 $^{223}_{89}Ac_{134}$ g.s. 2.10 m 5 α≈99,ε ?	锕 $^{224}_{89}Ac_{135}$ g.s. 2.78 h 16 β$^+$ 90.5 17,α 9.5 17, β$^-$?	锕 $^{225}_{89}Ac_{136}$ g.s. 9.919 d 2 α 100 ,^{14}C 5.3e-10 13	锕 $^{226}_{89}Ac_{137}$ g.s. 29.37 h 12 β$^-$ 83 3,ε 17 3, α 0.006 2	锕 $^{227}_{89}Ac_{138}$ g.s. 21.772 y 3 β$^-$ 98.62 36,α 1.38 36	锕 $^{228}_{89}Ac_{139}$ g.s. 6.15 h 2 β$^-$ 100 m 180 s 70 IT?,β$^-$?	锕 $^{229}_{89}Ac_{140}$ g.s. 62.7 m 5 β$^-$ 100	锕 $^{230}_{89}Ac_{141}$ g.s. 122 s 3 β$^-$ 100,β$^-$ SF 1.2e-6 4	锕 $^{231}_{89}Ac_{142}$ g.s. 7.5 m 1 β$^-$ 100
镭 $^{221}_{88}Ra_{133}$ g.s. 25 s 4 α 100 ,^{14}C 1.2e-10 9	镭 $^{222}_{88}Ra_{134}$ g.s. 33.6 s 4 α 100 ,^{14}C 3.0e-8 10	镭 $^{223}_{88}Ra_{135}$ g.s. 11.4352 d 10 α 100 ,^{14}C 8.9e-8 4	镭 $^{224}_{88}Ra_{136}$ g.s. 3.631 d 2 α 100 ,^{14}C 4.0e-9 12	镭 $^{225}_{88}Ra_{137}$ g.s. 14.82 d 19 β$^-$ 100	镭 $^{226}_{88}Ra_{138}$ g.s. 1.600 ky 7 α 100 ,^{14}C 2.6e-9 6, 2β$^-$?	镭 $^{227}_{88}Ra_{139}$ g.s. 42.2 m 5 β$^-$ 100	镭 $^{228}_{88}Ra_{140}$ g.s. 5.75 y 3 β$^-$ 100	镭 $^{229}_{88}Ra_{141}$ g.s. 4.0 m 2 β$^-$ 100	镭 $^{230}_{88}Ra_{142}$ g.s. 93 m 2 β$^-$ 100
钫 $^{220}_{87}Fr_{133}$ g.s. 27.4 s 3 α ≈100 ,β$^-$ 0.35 5	钫 $^{221}_{87}Fr_{134}$ g.s. 4.801 m 5 α ≈100 ,β$^-$ 0.0048 15, ^{14}C 8.8e-11 11	钫 $^{222}_{87}Fr_{135}$ g.s. 14.2 m 3 β$^-$ 100	钫 $^{223}_{87}Fr_{136}$ g.s. 22.00 m 7 β$^-$ ≈100, α 0.006	钫 $^{224}_{87}Fr_{137}$ g.s. 3.33 m 10 β$^-$ 100	钫 $^{225}_{87}Fr_{138}$ g.s. 3.95 m 14 β$^-$ 100	钫 $^{226}_{87}Fr_{139}$ g.s. 48.5 s 7 β$^-$ 100	钫 $^{227}_{87}Fr_{140}$ g.s. 2.47 m 3 β$^-$ 100	钫 $^{228}_{87}Fr_{141}$ g.s. 38 s 1 β$^-$ 100 m 180 s 110 IT ?,β$^-$?	钫 $^{229}_{87}Fr_{142}$ g.s. 50.2 s 4 β$^-$ 100
氡 $^{219}_{86}Rn_{133}$ g.s. 3.96 s 1 α 100	氡 $^{220}_{86}Rn_{134}$ g.s. 55.6 s 1 α 100,2β$^-$?	氡 $^{221}_{86}Rn_{135}$ g.s. 25.7 m 5 β$^-$ 78 1,α 22 1	氡 $^{222}_{86}Rn_{136}$ g.s. 3.8232 d 17 α 100	氡 $^{223}_{86}Rn_{137}$ g.s. 24.3 m 4 β$^-$ 100,α ?	氡 $^{224}_{86}Rn_{138}$ g.s. 107m 3 β$^-$ 100	氡 $^{225}_{86}Rn_{139}$ g.s. 4.66 m 4 β$^-$ 100	氡 $^{226}_{86}Rn_{140}$ g.s. 7.4 m 1 β$^-$ 100	氡 $^{227}_{86}Rn_{141}$ g.s. 20.2 s 4 β$^-$ 100	氡 $^{228}_{86}Rn_{142}$ g.s. 65 s 2 β$^-$ 100
砹 $^{218}_{85}At_{133}$ g.s. 1.28 s 6 α =100,β$^-$?	砹 $^{219}_{85}At_{134}$ g.s. 56 s 3 α 93.6 10,β$^-$ 6.4 10	砹 $^{220}_{85}At_{135}$ g.s. 3.71 m 4 β$^-$ 92 2,α 8 2	砹 $^{221}_{85}At_{136}$ g.s. 2.3 m 2 β$^-$ 100	砹 $^{222}_{85}At_{137}$ g.s. 54 s 10 β$^-$ 100	砹 $^{223}_{85}At_{138}$ g.s. 50 s 7 β$^-$ ≈100,α ?	砹 $^{224}_{85}At_{139}$ g.s. 2.5 m 15 β$^-$ 100	砹 $^{225}_{85}At_{140}$ g.s. 3 # s β$^-$?,β$^-$n ?	砹 $^{226}_{85}At_{141}$ g.s. 7 # m β$^-$?,β$^-$n ?	砹 $^{227}_{85}At_{142}$ g.s. 5 # s β$^-$?,β$^-$n ?
钋 $^{217}_{84}Po_{133}$ g.s. 1.53 s 5 α 97.5 14,β$^-$ 2.5 14	钋 $^{218}_{84}Po_{134}$ g.s. 3.097 m 12 α 99.980 2,β$^-$ 0.020 2	钋 $^{219}_{84}Po_{135}$ g.s. 10.3 m 10 β$^-$ 71.8 20,α 28.2 20	钋 $^{220}_{84}Po_{136}$ g.s. 10# s β$^-$?	钋 $^{221}_{84}Po_{137}$ g.s. 2.2 m 7 β$^-$ 100					
铋 $^{216}_{83}Bi_{133}$ g.s. 2.21 m 4 β$^-$ 100 m 6.6 m 21 β$^-$ 100	铋 $^{217}_{83}Bi_{134}$ g.s. 98.5 s 13 β$^-$ 100 m 3.0 s 2 IT 100	铋 $^{218}_{83}Bi_{135}$ g.s. 33 s 1 β$^-$ 100	铋 $^{219}_{83}Bi_{136}$ g.s. 8.7 s 29 β$^-$ 100,β$^-$n ?	铋 $^{220}_{83}Bi_{137}$ g.s. 10 s 6 β$^-$ 100,β$^-$n ?					

图 3.1　从 Tl－81 到 U－92 的部分同位素的核素图（续）

第 3 章　自然界中的放射性核素

铀 $^{235}_{92}U_{143}$	铀 $^{236}_{92}U_{144}$	铀 $^{237}_{92}U_{145}$	铀 $^{238}_{92}U_{146}$
g.s. 0.7204% 6 α 100,SF 7e-11 ²⁰Ne 8e-10 4,	m 77.7 ns / IT 100	g.s. 23.42 My 4 α 100,SF 9.4e-8 4,	g.s. 6.752 d 2 β 100	g.s. 99.2742 % 10 α 100,SF 5.44e-5 7, 2β 2.2e-10 3	m 155 μs 6 IT 100	m 280 ns 6 IT 97.4 4, SF 2.6 4

镤 $^{234}_{91}Pa_{143}$	镤 $^{235}_{91}Pa_{144}$	镤 $^{236}_{91}Pa_{145}$	镤 $^{236}_{91}Pa_{146}$
g.s. 6.70 h 5 β 100	m 1.159 m // β 100 IT 0.16 4	24.4 m 2 β 100	9.1 m / β 100,β SF 6e-8 4	8.7 m 2 β 100

钍 $^{232}_{90}Th_{143}$	钍 $^{234}_{90}Th_{144}$	钍 $^{235}_{90}Th_{145}$	钍 $^{236}_{90}Th_{146}$
g.s. 21.83 m 4 β 100	m 28 s IT ?,β ?	24.107 d 2 β 100,α ?	7.2 m 1 β 100	37.3 m 15 β 100

锕 $^{232}_{89}Ac_{143}$	锕 $^{233}_{89}Ac_{144}$	锕 $^{234}_{89}Ac_{145}$	锕 $^{235}_{89}Ac_{146}$
g.s. 1.98 m 8 β 100	145 s 10 β 100	g.s. 45 s 2 β ?	m 39 s 4 IT ?,β ?	62 s 4 β ?

镭 $^{231}_{88}Ra_{143}$	镭 $^{232}_{88}Ra_{144}$	镭 $^{233}_{88}Ra_{145}$	镭 $^{234}_{88}Ra_{146}$
g.s. 104 s / β 100	m 53 s IT 100	4.0 m 3 β 100	30 s 5 β 100	30 s 10 β 100,β SF ?

钫 $^{230}_{87}Fr_{143}$	钫 $^{231}_{87}Fr_{144}$	钫 $^{232}_{87}Fr_{145}$	钫 $^{233}_{87}Fr_{146}$
19.1 s 5 β 100	17.6 s 6 β 100	5.5 s 6 β 100,β SF ?	900 ms 100 β 100,β n ?

氡 $^{229}_{86}Rn_{143}$	氡 $^{230}_{86}Rn_{144}$	氡 $^{231}_{86}Rn_{145}$
g.s. 11.9 s 13 β 100	g.s. 3.46 s β ?	g.s.1/2⁺ β ?

砹 $^{228}_{85}At_{143}$	砹 $^{229}_{85}At_{144}$
g.s. 1 # m β 100,β n ?	g.s. 1 # s β ?,β n ?

Ec	$^A_Z En_N$
	m
g.s.	DM/T₁/₂
	DM₁ Br₁,DM₂ Br₂,
	DM₃ Br₃,...
Abu/T₁/₂	n
DM₁ Br₁,DM₂ Br₂,	DM/T₁/₂
DM₃ Br₃,...	DM₁ Br₁,DM₂ Br₂,
	DM₃ Br₃,...

Ec	元素中文名称	g.s.	基态
En	元素符号	m, n	同质异能态
Z	原子序数/质子数	Abu	稳定核素的丰度
A	质量数	T₁/₂	半衰期
N	中子数	DM	衰变方式及分支比

图 3.1　从 Tl – 81 到 U – 92 的部分同位素的核素图（续）

锕衰变系由一组质量数被4除余3的核素组成（（4n+3）系）。该系以 ^{235}U 为起始核，半衰期为 7.04×10^8 a，比活度为 8×10^4 MBq/kg，经过 7 次 α 衰变和 4 次 β 衰变生成终止核稳定核素 ^{207}Pb。锕系中含有镤、锕、钫和砹同位素。由于 ^{235}U 是天然铀的成分，因此这些核素可以通过处理铀矿石分离得到。其中，最长寿命的镤同位素，^{231}Pa（$T_{1/2} = 3.28 \times 10^4$ a）已经分离得到 100 g 量级，是镤化学研究应用的主要同位素。^{227}Ac（$T_{1/2} = 21.8$ a）是锕最长寿命的同位素。

3.3 自然界中的超铀元素和 Np 衰变系

第四个衰变系——镎系，由一组质量数被 4 除余 1 的核素组成（（4n+1）系）。该系名称源于比 Bi 重的 $A = 4n+1$ 的最长寿命的核素 ^{237}Np，它是该系的母核，半衰期为 2.14×10^6 a。由于该半衰期比地球的年龄小，原生的 ^{237}Np 在地球上已经不存在了，因此镎系不是天然存在的。尽管如此，在一些星球的光谱中仍然发现了 Np。

地球上已经发现了极少量的 ^{237}Np 和 ^{239}Pu；^{239}Pu（属（4n+3）系）的半衰期为 2.411×10^4 a。这两个核素的寿命太短以至于它们在太阳系形成 4 亿年后已经不复存在了。尽管如此，在含铀和含钍矿物中仍然发现了它们，这些矿物中产生的中子可以认为是 U 和 Th 发生（α，n）和（γ，n）以及 ^{238}U 发生自发裂变产生的，反应的产物经 n 俘获和 β 衰变形成了镎和钚。沥青铀矿（含约 50% U）中中子的生成率为 50 n/(kg·s)。矿物中 ^{239}Pu/^{238}U 比的典型值为 3×10^{-12}。

镎系的终止产物为 ^{209}Bi，它是铋唯一稳定的同位素。^{237}Np → ^{209}Bi 经过 7 次 α 衰变和 4 次 β 衰变。镎系中一个重要的核素是铀的同位素 ^{233}U，半衰期为 1.59×10^5 a（镎系子体中半衰期最长的），类似 ^{235}U，热中子可引发其裂变。

长寿命钚同位素 ^{244}Pu（属于 4n 系），发生 α 衰变和自发裂变（0.13%），半衰期为 8.26×10^7 a，1971 年在稀土矿物中发现了它。如果这是原始 ^{244}Pu 的残存，那么只能剩余原始量的 10%。一种猜测是这些 ^{244}Pu 来自宇宙灰尘的沾污，如来自比太阳系形成晚得多的超新星。

3.4 钍

1. 同位素

天然钍几乎 100% 是 ^{232}Th,它是钍系的母核。钍的比活度低于铀,通常当作非放射性物质处理。用于示踪研究的 ^{234}Th($T_{1/2}$ = 24.1 d)是从天然铀中分离后使用的。

2. 分布和生产

钍在自然界中比铀常见,地壳中的平均含量为 10^{-5} g/t(铅在地壳中的平均丰度约为 $1.6×10^{-5}$ g/t)。在矿物中它只以氧化物形式存在,钍在海水中的浓度小于 $0.5×10^{-3}$ g/m^3,比铀的含量低,这是因为 Th^{4+}(Th 最稳定的价态)化合物溶解性比较低。

最常见的钍矿物为独居石,它是金黄色的稀土磷酸盐,含有 1%~15% ThO$_2$ 并通常含有 0.1%~1% 的 U$_3$O$_8$。花岗岩和片麻岩中也含有少量的钍。印度、埃及、南非、美国和加拿大的独居石储量最大,每个国家有 (2~4) × 10^5t ThO$_2$ 的储量。自然资源经济价值的大小用可经济开发的矿石储量加以定义。1991 年估算有经济价值的总储量大于 $2×10^6$t ThO$_2$。因为钍经常与其他贵金属(除了镧系之外)伴生,如铌、铀和锆,它可作为副产品进行开发生产。

用热的浓碱溶液消解独居石矿石沙,使氧化物转化成氢氧化物。过滤得到的氢氧化物溶解于盐酸中,然后调节 pH = 5~6,此时钍沉淀而主要组分镧系元素不沉淀。氢氧化钍溶解在硝酸中然后用甲基异丁基酮或磷酸三丁酯的煤油溶液选择性萃取,这样就得到了相对纯的 Th(NO$_3$)$_4$ 有机溶液。钍可以用碱性溶液从有机相中反萃取出。

3. 用途

金属钍用于气体放电灯的阴极材料,也用于高真空技术中的稀有气体吸附收集器。ThO$_2$(熔点 3 300℃)极难熔,因此用作高温炉内衬。钍盐实际用途很少。因为 Th^{4+} 离子稳定性好,性质非常类似 4 价锕系元素,经常用于 An(Ⅳ)的类似物,最常用的是 ^{228}Th($T_{1/2}$ = 1.91 a)或 ^{220}Th($T_{1/2}$ = 7.54 ×

10^4 a）以及 ^{234}Th（$T_{1/2}$ = 24.5 d），可以从分离已久的 ^{232}Th 或 ^{238}U 中分离得到。钍对于核能工业很重要，可以作为高温气冷堆的燃料，也可能用于未来的钍增殖堆。

3.5 铀

1. 同位素

天然铀含有 3 种同位素，即 ^{234}U、^{235}U 和 ^{238}U，它们都是天然衰变系中的成员。铀是核能生产的重要原材料。

天然铀的特征放射性使其有微弱的放射危害，同时它也有化学毒性，在空气中的允许极限值为 0.20 mg/m³（与铅相近），应该警惕吸入含铀粉尘。

2. 分布、资源和生产能力

铀存在于多种矿物中（已知的至少 60 种）。铀在地壳中含量为 $(3 \sim 4) \times 10^{-6}$ g/t，其与砷或硼的丰度相当。铀在花岗岩中的含量相对较高，这些花岗岩是在 17 亿~25 亿年以前经岩浆慢慢冷却形成的，同时也发现了高丰度的年轻的岩石（"矿石体"）。

这些矿石体通常位于山脉的下游。大约在 17 亿年以前，大气变为氧化性的，雨水进入岩石的裂缝和细孔，将铀氧化成 6 价并溶解，使其成为络阴离子（如碳酸盐，$UO_2(CO_3)_n^{2-2n}$，或是硫酸盐，$UO_2(SO_4)_n^{2-2n}$），是在温度较高的条件下进行的。当地下水和溶于其中的铀向下游迁移时，在某些区域碰到了还原性物质，这些物质可能是无机物（如黄铁矿），也可能是有机物（如腐殖酸），它们将铀还原成 U（4 价）。因为多数 U（4 价）化合物是不溶的，即形成铀的沉淀，可能是硫化物，更可能是氢氧化物。这些原始的铀沉淀后又被沉积物所覆盖。

在大多数含铀矿物中，4 价铀的占比要大一些。最重要的矿物是沥青铀矿（UO_{2+x}，x = 0.01~0.25），在这种矿石中铀占 50%~90%；它主要分布在西欧、中非、加拿大、澳大利亚。在美国和俄罗斯，钒钾铀矿（钾铀酰钒酸盐）是最重要的矿石，含 54% 的铀。高品位铀矿中掺有其他矿物，所以这种铀矿石铀平均含量要低得多，如美国科罗拉多州高原的碎矿石中铀含量 ≤0.5%。铀的品位通常都很低，在 0.01%~0.03% 量级，和其他贵重矿物伴生，如磷灰石、页岩、泥煤等。

截至1999年，已知全世界有经济价值开发的铀储量（包括业已探明的、预判的及推断的）约为3.3×10^6 t U_3O_8，可供轻水反应堆（LWR）使用约40年，这是按照目前核容量每年增加1%计算的。随着能量成本的增加，估计高成本开发的铀资源还有20×10^6 t。海水中含有约4500×10^6 t铀，但是现在还不确定是否可以从这个巨大资源中经济地开发铀。

1999年铀产品约3.7×10^4 t U_3O_8。十大生产国按降序排列是：加拿大、澳大利亚、尼日尔、纳米比亚、乌兹别克斯坦、俄罗斯、美国、哈萨克斯坦、南非和捷克共和国。加拿大的雪茄湖矿以其位置（湖下430 m）、储量（约1.3×10^5 t）以及高含量（高达19%）而备受青睐，但其也呈现出了较恶劣的工作环境（Rn以及高的γ辐射）。由于过去大规模生产铀，已经储备了大量的铀，现在人们对探矿和开发新矿已经不是很感兴趣了。

3. 生产技术

不同铀矿成分变化很大，从铀矿石中生产铀，为除去大量的其他元素，所使用的工艺流程也不尽相同。下面给出一个一般方案。

矿石采自露天矿或地下矿。采出的矿石首先经过破碎，然后通过浮选法进行选矿。其中的四价铀通过空气中的氧气将其氧化或六价铀，有时候氧化四价铀还需要加入细菌。随后用硫酸处理溶解其中的铀，使其转化成硫酸络合物$UO_2(SO_4)_2^{2-}$（母液）。这个络合物能够被选择性地吸附在阴离子交换树脂上，更普遍的是被萃取到有机相中（溶剂萃取）。在后一种情况中，萃合物（即有机化合物与铀形成的铀－有机物，可溶于有机物）溶解在有机相中，根据水相母液的组成，可选择不同的萃取剂。图3.2是典型的流程图，基本的化学理论列于表3.3中。最终的产品一般是重铀酸铵，即常说的"黄饼"，含铀65%～70%。它与铀的放射性子体实现了分离，可以在没有任何辐射防护的情况下安全地分装。黄饼进一步纯化可以得到最终纯的U_3O_8，通常纯度高于99.98%，其中所含的中子毒物（具有高中子俘获截面的核素，如B、Cd、Dy）含量低于0.00002%。

在氢气中加热黄饼可以生产烧结的UO_2，它可直接用于重水反应堆燃料。如果将UO_2与F_2反应生成UF_4（"绿盐"），可用钙热还原法将其还原成金属铀，金属铀在室温下能慢慢被空气氧化。

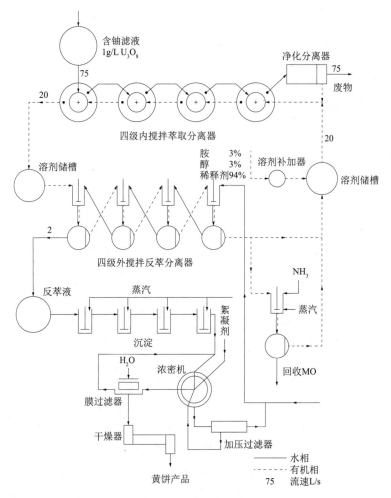

图 3.2 胺萃取流程

表 3.3 AMEX(胺)和 DAPEX(HDEHP)流程从硫酸溶液中提取铀的化学流程

流程	AMEX	DAPEX
萃取	$UO_2^{2+} + SO_4^{2-} + 2(R_3NH)_2SO_4 \rightleftharpoons (R_3NH)_4 UO_2(SO_4)_3$ R_3N = Alamine 336 或 Adogen 364(三烷基胺,烷基含 8~10 C)	$UO_2^{2+} + 2(HDEHP) \rightleftharpoons UO_2(HDEHP \cdot DEHP)_2 + 2H^+$

续表

流程	AMEX	DAPEX
反萃	**酸反萃** $(R_3NH)_4UO_2(SO_4)_3 + 4HX \rightleftharpoons 4R_3NHX + UO_2^{2+} + 3HSO_4^- + H^+$ $HX = HCl$ 或 HNO_3 **盐（中性）反萃** $(R_3NH)_4UO_2(SO_4)_3 + (NH_4)_2SO_4 + 4NH_3 \rightleftharpoons 4R_3N + UO_2(SO_4)_3^{4-} + 6NH_4^+ + SO_4^{2-}$ **碱反萃** $(R_3NH)_4UO_2(SO_4)_3 + 7Na_2CO_3 \rightleftharpoons 4R_3N + UO_2(CO_3)_3^{4-} + 4HCO_3^- + 3SO_4^{2-} + 14Na^+$	**碱反萃** $UO_2(HDEHP \cdot DEHP)_2 + 4Na_2CO_3 \rightleftharpoons UO_2(CO_3)_3^{4-} + 4NaDEHP + H_2O + CO_2 + 4Na^+$ (因为有机相对 NaDEHP 溶解度很低，因此必须加入 TBP 以避免形成第三相) **酸反萃** $UO_2(HDEHP \cdot DEHP)_2 + 2H^+ \rightleftharpoons UO_2^{2+} + 2(HDEHP)_2$

4. 生产废料

破碎、浸出后产生的尾矿中的放射性主要是铀的衰变产物，其中镭的危害最大。因为大多数尾矿放射性都不高（如来自低品位铀矿石的采冶），将它们直接倾倒在厂房外面，从尾矿及采矿坑道流出的地下水流入当地的河川，造成环境污染。另外，在干旱区，尾矿的灰尘会被风刮起，同样造成环境污染。

一些环保部门现在要求改变尾矿处理方法以降低其对环境的影响，铀矿采冶产生的废水，通过中和沉淀除去其中的镭及其他重金属，处理过的废水循环利用。泥浆经处理其中的放射性物质后，将其注入渗透性很差的处理池。往尾矿中加入氯化钡，沉淀其中溶解的 ^{226}Ra，形成 Ra–Ba 硫酸盐共沉淀物，并加入石灰和石灰石调高尾矿的 pH 值。

尽管地下储存已有过实践（废弃矿井），但最终的干废物被储存在地表或浅地表层中。在前一种情况下，为防雨水侵蚀，使用一些防水材料来覆盖它，并再用厚达 3m 的土壤覆盖尾矿。偶尔（如瑞典）将矿石废物和尾矿上的土壤重新用于农耕。

3.6 环境中的镭和氡

铀矿石在不受外界因素干扰且成矿时间足够长的情况下，母核 ^{238}U 与其衰变产生的系列子核之间达到放射性衰变平衡，并以 ^{238}U 的衰变速率进行衰变。衰变系经

过 $^{226}Ra \rightarrow {}^{222}Rn \rightarrow$ 子核 ^{206}Pb，^{226}Ra 与 ^{210}Pb 前面的子核在几周内就能达到平衡。^{222}Rn 是一种放射性气体，易迁移，随着 ^{222}Rn 迁移至空气中，其衰变产生的子体亦进入了空气中。氡从钍矿和铀矿中扩散出来，融入空气和水中，由于氡及其子体的存在，在水和空气中产生了放射性。由于 Ra 和 Rn 是已知的放射毒性最大的核素之一，它们在较低浓度下就能引起骨癌和肺癌，应该特别注意它们在自然界中的存在。

地表水中的 Rn 浓度一般在 $5 \sim 300 \text{ kBq/m}^3$，但是在富含 U 的花岗岩中会出现远远大于 1 MBq/m^3 的情况。自来水中氡含量在 1 kBq/m^3 量级。很多地方，人们认为饮用热矿物质井（温泉或热泉）中的水以及在其中洗浴是对身体有益的。这种水中的热可能来自源（富含 U 或 Th 的矿物）的放射能，其中溶解着大量的镭和氡。因此，欧洲著名的温泉区中"治疗吸入"空气中 ^{222}Rn 的含量可以达到 1 MBq/m^3。波西米亚的约阿希姆斯塔尔（Joachimsthal）铀矿石山中有很多热井（29℃），水中含有 $10 \sim 15 \text{ MBq/m}^3$ 的 ^{222}Rn，将其抽出来作为温泉，用于治疗风湿病（每天洗浴 30 min）。

地面上氡的释放速率为 $2 \sim 50 \text{ mBq/}(m^2 \cdot s)$，这导致地平面上氡的浓度为 $1 \sim 10 \text{ Bq/m}^3$，但是不同地区变化很大。瑞典铀矿中 ^{222}Rn 的浓度能超过 1 MBq/m^3，尽管斯堪的纳维亚地区（主要是花岗岩地质）空气中的平均浓度仅为 3 Bq/m^3。美国的代表值为 $0.1 \sim 10 \text{ Bq/m}^3$，英国和德国约为 3 Bq/m^3（平均值），法国为 10 Bq/m^3（平均值）。空气中的氡浓度主要受温度、湿度及风向等因素影响。

很多矿石都含少量的铀。在处理过程中，铀和/或它的子体可能进入产品，引起放射性沾污问题。例如，用磷灰石生产磷酸时，副产物磷石膏中含有镭，其中的 Rn 及其子体产生的 γ 射线导致外照射，空气中的 Rn 及其子体经呼吸进入人体产生内照射，因此不适合用作建筑材料。

室内空气氡的浓度可能很大，这取决于所处位置和建筑材料。^{226}Ra 含量，如德国建筑材料的变化范围从 60 Bq/kg（砖）到大于 500 Bq/kg（石膏），波兰用的炉渣小于 800 Bq/kg，意大利凝灰岩约为 280 Bq/kg，匈牙利的混凝土约为 13 Bq/kg，英国的白砖仅约为 4 Bq/kg。室内氡的浓度也依赖于房子的建筑方式（通风差等）。在美国，室内氡浓度在 $1 \sim 1\,000 \text{ Bq/m}^3$。为增强通风、降低室内氡浓度，有关当局不再推荐像在 20 世纪 70 年代为降低取暖成本将房子建得非常紧凑。氡浓度小于 70 Bq/m^3 时，氡的危害可以忽略。在瑞典 50% 的房子中为 $70 \sim 200 \text{ Bq/m}^3$，$40\,000$ 间房子被列入"氡房子"，即这些房屋室内氡加上其子体的浓度超过了 400 Bq/m^3。如果室内的氡主要来源于地面，向地面下面（地下室）通风，能有效降低室内氡浓度。

甚至连煤中也含有少量的铀（$4 \sim 300 \text{ kBq/t}$），典型值为 20 kBq/t。当煤燃烧时，铀子体中易挥发的核素释放到空气中，难挥发的核素滞留在煤渣及煤灰中。1 GWe燃煤火电站每年要释放出 60 GBq ^{222}Rn 和 5 GBq ^{210}Pb + Po，同时飞尘中也有约 3 MBq 的子体产物。

3.7 非平衡

铀矿表观含量通常是利用测量其子体发射的强 γ 射线确定的。在一些地区排水位置处的吸附铀的泥煤中，子体含量很少，这是因为它们形成得很晚，还没有达到放射性平衡。

铀的衰变产物由 9 种元素的相应核素组成，化学性质各不相同，这些核素在地下水中迁移，溶质组成或随周围岩石/土壤物质的变化而变化，不同核素的迁移速率取决于它们不同的化学性质。如果衰变系中的母核和子核在同一时间内以不同的速率迁移，这个时间又是比子体核半衰期短的，那么放射性平衡就受到了干扰，这就涉及了非平衡。这种非平衡可以用于测量样品的年代。

下面研究一下 U 系衰变的基本步骤：

$$^{238}U \xrightarrow[4.5 \times 10^9 \text{ a}]{\alpha + 2\beta} {}^{234}U \xrightarrow[2.5 \times 10^5 \text{ a}]{\alpha} {}^{230}Th \xrightarrow[7.5 \times 10^4 \text{ a}]{\alpha} {}^{226}Ra \xrightarrow[1.6 \times 10^3 \text{ a}]{4\alpha + 2\beta} {}^{210}Pb \xrightarrow[22 \text{ a}]{2\beta + \alpha} {}^{206}Pb$$

$\Leftarrow \approx 10^6 \text{ a} \Rightarrow | \Leftarrow \approx 3 \times 10^5 \text{ a} \Rightarrow | \Leftarrow \approx 10^4 \text{ a} \Rightarrow | \Leftarrow \approx 100 \text{ a} \Rightarrow | \Leftarrow \approx 100 \text{ a} \Rightarrow$

在这个衰变系中，双箭头之间相关联的两个核素适用于年代的测量。例如，^{238}U 衰变 → ^{234}U 经过中间的短寿命核素 ^{234}Th（$T_{1/2}$ = 24.1 d）和 ^{234}Pa（$T_{1/2}$ = 1.17 min）。这个 Th 同位素寿命足够长，能够在某些动力学体系中遵守其自身的化学性质。在强酸体系中它形成 Th^{4+} 离子，而铀形成 UO_2^{2+} 离子；这两个离子形成的络合物（如与碳酸根、氢氧根、腐植酸形成的络合物）及其溶解状况在中性水中大不相同，导致这两个元素的迁移速率不同。例如，^{238}U 迁移走了，而 ^{234}Th 因沉淀或吸附而留下来。结果，当 ^{234}Th 衰变（经过与 ^{234}Pa 快速平衡）到 ^{234}U，^{234}U 就与 ^{238}U 分离开了。这背离了起始的活度比 ^{238}U/^{234}U = 1.0（^{238}U 引用该同位素的浓度，参见 2.3.2 节），据此可以推算出 ^{238}U 与 ^{234}Th 的分离时间（即样品的年龄）。

这一体系的一个例子是 Nohara 等研究的日本 Tono 铀沉积矿。地下水以 0.001~1 m/a 的速度通过该区。用 α 和 γ 谱仪测量了大量岩石样品上述各核素的比活度比，以 ^{234}U/^{238}U 对 ^{230}Th/^{234}U [图 3.3 (a)] 及 ^{226}Ra/^{230}Th 对 ^{210}Pb/^{226}Ra [图 3.3 (b)] 作图，结果如图 3.3 所示。如果是放射性平衡的，那么所有的比应该都是 1.0。结果发现，图 3.3 (a) 中比值从 0.5 变化到 1.5，图 3.3 (b) 中甚至增加到 5，这表示，U、Th、Ra 和 Pb 后来以不同速度迁移。详细地分析可以得到 U 沉积的年代和子体元素的迁移速率：U 和 Th 在过去数十万年中没有迁移（这可能也是 U 沉积的年代）；Ra 在近 1 万年内迁移了几米远。

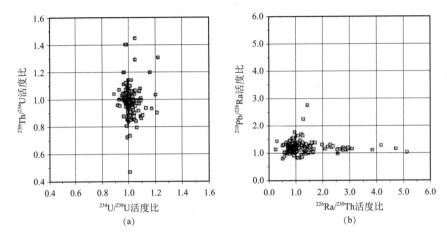

图 3.3　Tono 铀沉积矿岩石样品中的活度比

（a）^{234}U/^{238}U 对 ^{230}Th/^{234}U；（b）^{226}Ra/^{230}Th 对 ^{210}Pb/^{226}Ra

3.8　放射性衰变计年

在放射性发现之前，地质学家只能粗略地估算地球的演变进程。假设最古老的地质样本有数千万年之久，可用它们来推算地球的年龄。20 世纪早期随着放射性的发现，地质学家们发展了几种更精确的测定年代的方法（"核钟"）。1907 年，B. B. Boltwood 假设所有的 U 和 Th 最终都衰变成铅，得到了铀矿和钍矿的年龄，为 2.2×10^9 a。核钟已经提供了地球年龄和进展的原始数据（核地球年代学），也提供了元素和宇宙形成的原始数据（宇宙年代学）。

半衰期相对较短的宇生放射性核素可以用于测定年代较近形成物质的年龄。例如，^{3}H 用于测定水在岩石层中的迁移，^{14}C 用于测定有考古价值的有机材料。原则上所有的原生放射性核素（表 3.2）都能用于地质材料的计算：^{40}K/^{40}Ar 用于火成岩（即相对均质熔融态固化形成的岩石）；^{87}Rb/^{87}Sr 用于变质岩和沉积岩；^{147}Sm/^{143}Nd 用于硅酸岩、磷酸岩和碳酸岩材料；^{187}Re/^{187}Os 用于硫化物和金属材料如铁陨石，等等。

3.8.1　^{14}C 计年法

一个合理的假设，在最近 100 万年内大气中 ^{14}C 的产生速率恒定，这就意味着大气、海洋（包括沉积在海底的）以及天然物质中可交换的碳中 ^{14}C 的生成率和衰变达到了平衡。因此，通过测量 ^{14}C 的比活度，可以确定样品是何时从环境中分离开的。

基于 ^{14}C 的存在，所有活的有机生物体都具有某种特定的放射性这一发现，由此，W. Libby 提出了一种测量生物体年龄的方法。这种方法在考古学、地质学中已经占据了很重要的位置，它以以下假设为基础：①宇生的 ^{14}C 以恒定速率产生；②人工产生的 ^{14}C 和宇生的相比可以忽略；③生物死亡后，其不再与环境有碳交换。在这样的材料中，^{14}C 原子依据其半衰期衰减，方程式是

$$^{14}C\ (Bq/g) = {^{14}C_0} e^{-0.693t/5568} \tag{3.3a}$$

或

$$t = (\ln{^{14}C_0} - \ln{^{14}C}) \cdot 5568/0.301 \tag{3.3b}$$

式中，$^{14}C_0$ 是生物（植物等）死亡时（$t=0$）^{14}C 起始活度（$^{14}C_0 = 14 d/(min \cdot g)$）。$^{14}C$ 为样品中 ^{14}C 残留活度，参考时间为1950年，以字母 bp 或 BP（before present）表示。5568 年为 ^{14}C 半衰期，这是当时是 Libby 采用的标准参考值。例如，如果一个样品测量得到的比活度为 $0.1 d/(min \cdot g)$，利用式（3.3b）计算得到该材料自从停止碳交换已经经历了 39 700 a。只有极其精细的处理和非常精确的仪器才能可靠地测量这么久远的样品，时间较短的则可以更精确地测量，因为比活度比较大。^{14}C 计年可以测量300～50 000 a 的样本，不确定度在 10～100 a。^{14}C 测量法是先将样品中的碳转化成甲烷，然后将甲烷转入内充气正比计数器中进行测量。现在最灵敏的技术是将样品引入离子源中，然后通过加速器质谱测定 ^{14}C 离子与 ^{12}C 离子的比值。

应用碳计年法有很多需要注意的地方。除了以上提到的那些，还有可能受到代谢过程同位素效应的影响。因生物体中的化学反应，使 ^{14}C 与 ^{12}C 之比稍微减小。考虑到这一点，为了用正确的"太阳系年龄"代替有少许误差的"^{14}C 年龄"，同位素偏比可用偏离 $^{13}C/^{12}C$ 比来测定。根据下式引入了"$\delta^{13}C$ 校正因子"：

$$^{14}C_{corr} = {^{14}C} [1 - 2(\delta^{13}C + 25)/1000] \tag{3.4}$$

各种物质的 $\delta^{13}C$ 值不同：陆地有机质为 $-35‰\sim -20‰$，气态 CO_2 为 $-8‰\sim -7‰$，等等。图 3.4 举例说明了生物质中应用的不同的 $\delta^{13}C$ 值。这些校正对常规 ^{14}C 年龄进行了相当大的调整，如对于 7 000～2 000 a 以前的年代，校正后增加高达 1 000 a。

另一个需要考虑的校正是宇宙射线辐射的变化，前面假设是 ^{14}C 产生率是恒定的，但在长期的地质时代中并不是不变的。通过古老的树木如距今近 4000 a 的美洲杉的年轮数目，测定每一年轮中 ^{14}C 的含量，可以精确地研究数

千年中宇宙辐射的变化，参见图 3.5。显然有一个 10 000 a 的周期循环，这与温暖期和寒冷期的变更相符。

很多重要的年代测定都是用 ^{14}C 计年法测定的。一直认为北美大陆直到约 35 000 a 以前仍然被巨大冰冠覆盖着。通过 ^{14}C 测年法测定木材和泥煤中的 ^{14}C，结果显示冰冠一直持续到约 11 000 a 以前。此外，俄勒冈州一个山洞中发现的几百双鞋显示其大概有 9 000 a 的历史，这表示在冰冠从北美退却之后不久，当地部落便创造出意义重大的文明。通过分析骨磷灰石中的无机碳，测定得到亚利桑那州的猎人在 11 300 a 前猎杀了猛犸象。另外，另一个引起广泛关注的利用 ^{14}C 测年法的例子是死海古卷，关于它们的真实性曾有相当大的争议，直到 ^{14}C 测定显示它们的年代超过 1900 年。

一些研究者提出在约 20 000a 的时间里，^{14}C 测年法比 U – Th 测年法测定的结果要少 3500 a 之多。这种修正在文化移植的辩论中起到了重要的作用。有趣的是，对 ^{14}C 测年的修正的注释现在已经普遍形成。例如，布列塔尼卡赫纳的石头纪念碑，现在认为其历史大于 6 000 a，即比古埃及和古巴比伦的文化还要古老。类似的，位于挪威南部内陆冰远古边缘附近和纽芬兰岛的墓穴已有 7 000 a 之久。

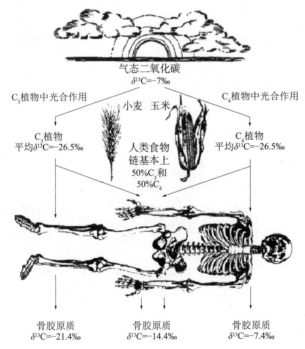

图 3.4　人类骨头在日常饮食条件下 ^{13}C/^{12}C 之比及其对 δ^{13}C 校正因子的影响

（来自 American Scientist，70（1982）602）

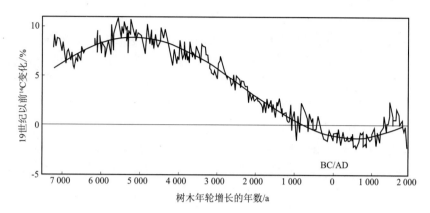

图 3.5 根据树木年轮测定的大气中的 ^{14}C 活度的长期变化

(来自 H. E. Suess, La Jolla Radiocarbon Lab)

3.8.2 K-Ar 计年法

钾是地壳中丰度第八的元素，存在于多种重要的岩石矿物质中。放射性同位素 ^{40}K 在天然钾中仅占 0.011 7%。它有如下分支衰变：

$$^{40}\text{K}(T_{1/2}\ 1.28\times10^9\text{a}) \begin{cases} \xrightarrow{\text{EC, 10.7\%}} {}^{40}\text{Ar}(\text{天然 Ar 的 99.6\%}) \\ \xrightarrow{\beta^-,\ 89.3\%} {}^{40}\text{Ca}(\text{天然 Ca 的 96.8\%}) \end{cases} \quad (3.5)$$

$\lambda_{EC} = 0.578\times10^{-10}/\text{a}$，$\lambda_{\beta^-} = 4.837\times10^{-10}/\text{a}$，$E_{max} = 1.32$ MeV。因为 ^{40}K 半衰期和地球年龄在同一数量级，所以测量 ^{40}K/Ar 比能够用于测定最古老的含钾矿石的年龄。从衰变纲图可以得到如下方程式：

$$t = \lambda^{-1}\ln\left[\left\{{}^{40}\text{Ar}/(0.107\ {}^{40}\text{K})\right\}+1\right] \quad (3.6)$$

式中，λ 是总的衰变常数（$=\lambda_{EC}+\lambda_{\beta^-}$），^{40}Ar 代表样品中 ^{40}Ar 原子的浓度（即单位重量样品中放射性原子 ^{40}Ar 的原子数），^{40}K 代表现在 ^{40}K 原子的原子丰度。该方程式假设矿石中所有的 ^{40}Ar 都是由放射性产生的。起始存在的所有的非放射性 ^{40}Ar 用 ^{40}Ar$_i$（如从矿石溶解在岩浆中的 ^{40}Ar）表示。因此，现在由放射性产生的 ^{40}Ar 和起始存在的 ^{40}Ar 总和为

$$^{40}\text{Ar} = {}^{40}\text{Ar}_i + \frac{\lambda_{EC}}{\lambda}{}^{40}\text{K}(e^{\lambda t}-1) \quad (3.7)$$

问题是 t 和 ^{40}Ar$_i$ 都是未知的，这可以利用样品中 ^{36}Ar 原子的数目分解方程

(3.7) 来解决，得到

$$^{40}Ar/^{36}Ar = (^{40}Ar/^{36}Ar)_i + (\lambda_{Ec}/\lambda)(^{40}K/^{36}Ar)\{e^{\lambda t} - 1\} \quad (3.8)$$

因为^{36}Ar是一种稳定的非放射性产生的同位素，它在样品中的量应该不随时间变化，因此测量得到的$^{40}Ar/^{36}Ar$是起始的^{40}Ar和放射性产生的^{40}Ar之和与^{36}Ar之比。相同起源（所谓"同生的"）的矿物中应该有相同的$^{40}Ar/^{36}Ar$比并经历了相同的时间（t相同），尽管$^{40}K/^{36}Ar$可能变化很大。因此对于同生的一组样品，以$^{40}Ar/^{36}Ar$对$^{40}K/^{36}Ar$作图应该得到一条直线，通过斜率就可以计算出t。这条直线称为等时线。图3.6给出了坦桑尼亚岩石样品的等时线，通过计算得出其年龄为$(2.04 \pm 0.02) \times 10^6$ a，这是一个令人感兴趣的结果，因为在相同的凝灰岩体中发现了早期人类的遗体。

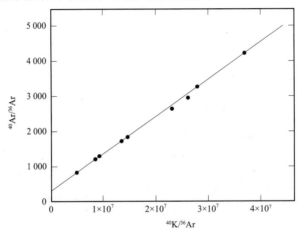

图3.6　坦桑尼亚岩石样品的等时线

3.8.3　Rb-Sr计年法

利用$^{40}K/^{40}Ar$比法有一定的误差，因为气体可能会从岩石中析出。还有一种以$^{87}Rb/Sr$系统为基础的可选择的方法，即

$$^{87}Rb \xrightarrow[4.8 \times 10^{10} \text{ a}]{\beta^-} {}^{87}Sr \text{（天然Sr的7.00\%）} \quad (3.9)$$

同位素稀释质谱法测定$^{87}Rb/^{87}Sr$比是测定地质年代最可信的方法。已经得到陨星年龄高达4.7×10^9 a，这是太阳系的年龄。对于Rb-Sr核钟，式(3.9)很适合，尽管必须做现存非放射性产生的^{87}Sr修正，普遍认为原生的$^{87}Sr/^{86}Sr$为0.70。

3.8.4　基于^{238}U衰变计年法

在铀衰变系中，$^{238}U \rightarrow {}^{206}Pb$发射出8个α粒子。因此，在铀矿石中每发现8

个氦原子，就必须有一个^{238}U原子衰变到^{206}Pb。指定0时刻原始铀原子的数目为^{238}U$_0$，在时间t内，衰变的铀原子数为^{238}U$_0$ – ^{238}U，后者表示现在的铀原子数。^{238}U$_0$ – ^{238}U = He/8，此处He是产生的氦原子数。依据此式，一旦知道^{238}U和He就可以相对容易地计算出t，即矿石的年龄。对于更精确的计算，需要对现在矿物中^{235}U和^{232}Th衰变产生的氦进行校正。更进一步，如果在矿物存在期间，由于扩散和其他过程氦有损失，那么氦的含量就会不规则地低，导致t值错误性地偏小。因此，这种方法只能给出矿物年龄的最低限。

另一种利用铀矿石计年的方法是考虑其中铅同位素。铅有4种同位素，其中3种是衰变系的最终产物。第四种铅同位素^{204}Pb，在铅矿中的同位素丰度约为1.4%，没有放射性产生源。在地球形成时，自然界中的^{204}Pb必然和未知量的其他同位素混合在一起了。如果含铅矿石中缺乏^{204}Pb，可以假设其他铅同位素同铀和/或钍混合在一起，这必定是在衰变系中形成的。在这种不含^{204}Pb的矿物中，可以通过测量母核^{238}U和终止核^{206}Pb的量，依据下式计算出矿物的年龄：

$$t = \lambda^{-1} \ln(1 + N_d/N_p) \tag{3.10}$$

式中，N_p是母核（如^{238}U）的原子数，N_d是放射性产生的子核（如^{206}Pb）的原子数，λ是母核的衰变常数。图3.7给出了几组同位素对的原子比随矿石年龄的变化曲线。

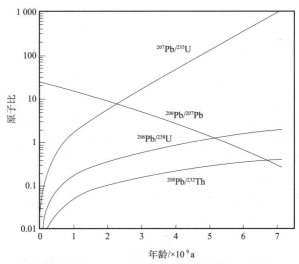

图3.7 几组同位素对的原子比随矿石年龄的变化曲线（来自E. K. Hyde）

这种方法比氦法更可靠，因为在地质时期内，由放射性衰变产生的铅从矿石中发生扩散或者浸出的可能性很小。利用铅含量法可测定矿物年龄已大至3×10^9 a。但是这种方法也有一个问题，即衰变系都经过惰性气体氡，如果一些氡从矿物中析出，导致矿物中^{206}Pb含量偏低，测定的时间偏少。尽管如此，如果将式（3.10）用于不同的衰变系（即^{238}U和^{235}U系），t相同，将数据进行比对，可增加年代测量的可信度。

因为铀同位素^{238}U和^{235}U的半衰期不同，它们的终止核^{206}Pb和^{207}Pb同位素之比也可以用于年代测定，得到如下关系式：

$$^{207}\text{Pb}/^{206}\text{Pb} = (1/138)(e^{\lambda_{235}t} - 1)(e^{\lambda_{238}t} - 1) \qquad (3.11)$$

其中，因子1/138是目前铀的同位素丰度比，这种方法给出铀矿和钍矿的年龄为2.6×10^9 a。当其用于石陨石时，得到了略微长的年龄，即$(4.55 \pm 0.07) \times 10^9$ a。

当铅从矿石中提取出来时，它与其先驱核镭和铀处于长期平衡中。镭和其大多数子体在处理过程中都从^{210}Pb和其他铅同位素除去了。镭、铅的分离总不是很完全。因为长寿命的^{226}Ra（1 600 a）与短寿命的^{210}Pb（22.3 a）相比，可以通过测量超过通过与^{226}Ra平衡产生的^{210}Pb的量来确定铅的产生日期，这曾用于鉴定声称是荷兰画家Vermeer van Delft（1632—1675）作品的赝品。该作品实际上是Hvan Meegeren（1889—1948）在20世纪40年代绘制的，该画风格极好，权威人士都认为其是正品。第二次世界大战中，由于受到生命威胁将这个国宝卖给了德国人，Meegeren公开承认其是赝品，这是通过鉴定"Vermeers"赝品中"铅白"（$PbSO_4$）中铅的年龄确定的。

3.9 海洋中的天然放射性

海洋中^{238}U和^{232}Th的含量分别为4.3×10^{12} kg（53 EBq）、6.9×10^{10} kg（0.3 EBq）。海洋中铀浓度较高，因此海洋中铀储量比其在岩石中的储量要高得多。尽管岩石中钍的含量高于铀的含量，但在海水中铀浓度要比钍浓度高得多，这种解释为与易溶的$UO_2(CO_3)_3^{4-}$络合物对比，钍缺少易溶的钍络合物。^{238}U衰变到^{234}Th（$T_{1/2} = 24.1$ d），^{234}Th在衰变到^{234}U之前就沉淀出或者吸附在胶体上，引起两种铀同位素之间微小的非平衡。据此可用于测定Th在海洋中的平均保留时间，大约为200 a；与之相比，铀在海洋中的保留时间为5×10^5 a。衰变经过长寿命的^{230}Th（$T_{1/2} = 75\ 400$ a），它在与^{226}Ra（$T_{1/2} = 1\ 600$ a）达到放射性衰变平衡之前沉积在沉积物中，因此^{226}Ra的比活度比从铀含量计算得到的（39 Bq/m³）要低，只有1~10 Bq/m³。值得注意的是，水体中^{222}Rn与^{226}Ra处于非平衡状态，这是因为水体温度升高、搅动等因素而导

致 ^{222}Rn 析出。

海洋中 ^{40}K 的总量为 7.4×10^{13} kg，对应于 1.94×10^4 EBq。^{40}K 是海洋中最大的放射源，另外还有来自 HTO 形式的 ^{3}H 和溶解的 CO_2 或 HCO_3^- 形式的 ^{14}C 的放射性。

3.10 自然界中的人工放射性

在分析样品中天然放射性含量时，现在要考虑样品可能被"非天然"放射性沾污，即由于人类核活动增加的放射性核素（所谓人工放射性来源）。核武器试验、核动力卫星在大气层烧毁、核电站事故均释放了大量的放射性物质，参见表 3.4。卫生管理部门允许核能工业持续向大气和开放水域释放少量的、受控制的特定放射性核素，大多数情况下，这些泄漏的物质和沾污区域是确定的。从全球观点考虑，相对于天然放射性，人工泄漏出来的是少量的，但是它们增加了"天然"辐射本底。

通常将放射性泄漏分成"近场"和"远场"效应。近场效应接近于泄漏源，如核电站或核废物处理设施。雨水和地下水引起的核废物的扩散问题是一个典型的近场问题。因为放射源是已知的，也是可以控制的，且它周围的环境是可以监测的。如果某一区域放射性超过了允许水平，可以限制人员进入该污染区域。远场作用包括从这些限制区域被风吹出来的放射性核素的行为，或者是核电站事故、核武器试验以及从核电站泄漏引起的。

本节简要介绍引起远场作用的几大类人工来源，即核武器试验和核电站事故。

表 3.4 导致向大气中注入大量放射性核素的事件

来源	国家	时间	放射性/Bq	主要核素
广岛和长崎	日本	1945 年	4×10^{16}	裂变产物 锕系元素
大气核试验	美国 苏联	从开始试验一直到 1990 年	2×10^{20}	裂变产物 锕系元素
文斯盖	英国	1957 年	1×10^{15}	^{131}I
车里雅宾斯克	苏联	1957 年	8×10^{16}	裂变产物 ^{90}Sr、^{137}Cs

续表

来源	国家	时间	放射性/Bq	主要核素
哈里斯堡	美国	1979 年	1×10^{12}	惰性气体 ^{131}I
切尔诺贝利	苏联	1986 年	2×10^{18}	^{137}Cs

1. 核武器

大气层核试验一直进行到 1990 年，向大气中释放的裂变产物总计达 2×10^{20} Bq，还有少量的 Pu 同位素。注入对流层中的大多数碎片的平均保留时间约为 30 天，主要在核试验场周围区域以灰尘的形式落下。有一些碎片穿过对流层顶部进入平流层，在平流层中，这些碎片可以被风带到全球各个纬度上释放。根据纬度不同，在平流层的保留时间为 3～24 个月（赤道附近最大）。在北纬 40°～50°，平均表面沉积率为 2 500 Bq/m²，向南或向北都减小（大于北纬 70°和小于北纬 20°时，小于 800 Bq/m²）。^{241}Pu 的全球综合沉积密度约为 440 Bq/m²，空气中的浓度约为 0.8 mBq/m²。

因为 1990 年已经停止了大气层核试验，裂变产物已经衰变 30 年以上，几乎只剩下了 ^{90}Sr、^{137}Cs 和 Pu "活度"。除了 ^{3}H 和 ^{14}C 之外，和全球天然放射性相比，现在这些同位素对环境的影响可以忽略不计。

2. 核电站事故

1957 年，英国文斯盖一座中型石墨气冷堆失火，释放的主要放射性核素（单位 TBq）有 ^{131}I 700、^{137}Cs 20、^{89}Sr 3、^{90}Sr 0.5。核电站附近空气中最大浓度为 20 kBq/m³。沉积下来的 Cs 的活度小于等于 4 kBq/m²。现在地上的活度已经恢复正常了。

1979 年，美国宾夕法尼亚州哈里斯堡三里岛核电站一个反应堆的堆芯熔化。尽管堆芯释放出的裂变产物几乎都在堆内，但 Xe、Ar 和一些碘（大约 1 TBq）还是释放了出去，堆外地上没有发生沉积。

1986 年，苏联切尔诺贝利的一座核电站发生失火和爆炸，这是一次更严重的事故。几天内，大量的裂变产物和锕系元素传遍了苏联和欧洲。几乎 20% 的裂变产物到达了斯堪的纳维亚半岛瑞典耶夫勒市（斯德哥尔摩北 170 km），^{137}Cs 的沉积大于 120 kBq/m²。沉积地域遍布中欧，又由于风向和雨水因素引起沉积很不平均。例如，德国的慕尼黑，沉积到小于或等于 25 kBq/m² 的 ^{137}Cs 和 0.2 kBq/m² 的 ^{90}Sr，而美因茨（400 km 外）沉积到小于或等于 180 Bq/m² 的 ^{137}Cs 和大约 0.001 Bq/m² 的 ^{90}Sr。

1957 年，苏联斯维尔德洛夫斯克州南部车里雅宾斯克的一个核废物处置设施发生了爆炸，释放出 8×10^{16} Bq 裂变产物，使约 1 600 km² 的土地受到污染，当地污染超过 10^{10} Bq/m² (2×10^{8} ^{90}Sr 和 ^{137}Cs)。这个地区目前仍然不能居住。

3. 核电站释放

所有的核电站都要按国家辐射防护法规严格控制释放放射性物质。通常，核电站很容易满足相应要求。在远场效应中，这些释放与天然放射性相比很小，通常可以忽略不计。

4. 其他人工来源

1975 年，《防止倾倒废物和其他物质污染海洋公约》规定了向海洋中倾泄核废物的限制，规定要远离航运商业和捕鱼区域，深度大于 4 000 m。在这之前，核大国进行了广泛的倾废实践，甚至在窄（英吉利海峡）而浅（最深 50 m）的海域中排放了大量的低放射性水平长寿命的废物。官方报告，倾废早在 1946 年就开始了，直到 1982 年，从太平洋到北大西洋连绵不断，后来甚至在巴伦支海和喀拉海倾废。大不列颠群岛东部，英国已经倾废 665 TBq，法国 134 TBq，其他国家总共约 35 GBq。总共有约 45 PBq 的废物倾泻在 46 个不同的地方，多数深度在 1 400~6 500 m。测量显示，有些情况下，放射性核素从集装箱中泄漏出来，引起海底处置地点的沾污，尽管如此，放射性核素因海底水流冲击很快就被稀释了。

最近揭露显示，苏联在 Novaya Semlya 东部水域中处理了大量的核废物，约有 10 000 个集装箱和 13 座反应堆（其中 8 座还含有燃料），这些核废物主要来自核潜艇。有些地方，废物处置在非常浅的水域（约 30 m）。估计总活度大于 60 PBq。这些废物最终会泄漏，进而传遍巴伦支海和北大西洋。尽管如此，预计泄漏的放射性很快就会被稀释到无害浓度水平。

第 4 章
同位素交换

同位素交换是体系中同位素发生再分配的过程。在体系的物理和化学状态都不变化的情况下，在不同化学状态之间、不同相之间或分子内都存在同位素交换。例如，在碘乙烷和碘离子间存在着碘同位素的交换，其结果是碘同位素的组分在二者之间进行重新分配。这类交换过程一般可以用放射性同位素来研究，也可以用稳定同位素来研究。

同位素交换的研究在放射化学基础理论和同位素应用技术方面都有重要意义。例如，在研究核转变过程产物的化学状态分布时，如果不同状态的同位素之间存在快速的交换过程，则经过一定时间后测得的状态分布就与初始的状态分布不同，从而可能得出错误的解释。用同位素交换过程可以研究反应速率、反应机理、催化过程以及晶体表面的性质，也可以用同位素交换过程将放射性核素引入各类化合物，这是合成各种标记化合物的有效方法之一。目前随着人工放射性核素的不断发现和增加，同位素交换的研究和应用范围正日益扩大。

|4.1　同位素效应|

众所周知，同位素的核电荷数相同，它们的化学行为没有本质的不同，仅在程度上有一些微小的差别。同位素效应是指由于同位素质量的不同而引起的同位素在物理和化学性质上的差别。同位素效应一般是很小的，地壳中元素的同位素丰度近似为一常数，用化学方法难以实现同位素分离，这些都是同位素效应很小的例证。同位素效应的大小可以用统计热力学的方法来预测。对于许

多反应，这种效应的理论预测早已被实验所证实。例如，双原子气体分子的同位素交换反应

$$H_2 + D_2 \rightleftharpoons 2HD$$

可以用下列近似式计算该同位素交换反应的平衡常数：

$$K_{交换} = \left(\frac{m_{HD}^2}{m_{H_2} \cdot m_{D_2}}\right)^{3/2} \left(\frac{\sigma_{H_2} \cdot \sigma_{D_2}}{\sigma_{HD}^2}\right) \left(\frac{I_{HD}^2}{I_{D_2} \cdot I_{H_2}}\right) e^{-\frac{\Delta U_0}{RT}} \quad (4.1)$$

式中　m_{H_2}，m_{D_2} 和 m_{HD} ——分子 H_2，D_2 和 HD 的质量；

σ_{H_2}，σ_{D_2} 和 σ_{HD} ——分子 H_2，D_2 和 HD 的对称数，即分子在空间转动 2π 复原的次数（如，$\sigma_{H_2} = 2$，$\sigma_{D_2} = 2$，$\sigma_{HD} = 1$）；

I_{H_2}，I_{D_2} 和 I_{HD} ——分子 H_2，D_2 和 HD 的转动惯量；

ΔU_0 ——反应前后分子最低能级的差值（从光谱数据求得其值为 656.9J/mol）；

R ——理想气体常数；

T ——温度，K。

将相应的数据代入式（4.1），得到 $K_{交换} = 4.24 e^{-656.9/RT}$，从而计算出不同温度 T 时的交换平衡常数，结果列于表 4.1。从表中可以看出，计算值与实验值基本一致。

表 4.1　交换平衡常数的实验值与计算值的比较

温度/K	$K_{交换}$（实验值）	$K_{交换}$（计算值）
195	2.95	2.88
298	3.28	3.27
670	3.78	3.78

同样，利用多原子分子的配分函数可以近似计算复杂的同位素交换反应的平衡常数。表 4.2 列出了一些多原子分子同位素交换反应的平衡常数。

表 4.2 的数据表明，同位素的质量比值与 1 相差越大，则平衡常数与 1 的偏离也越大，即平衡时离同位素的均匀分配状态越远。这说明轻元素的同位素效应较大。当同位素质量 $m > 30$ 时，同位素效应明显变小。重元素的同位素效应已可忽略，这意味着它们的化学性质近于完全相同。在以后各章的讨论中，除特殊说明外，一般均不考虑同位素效应。

表 4.2　一些多原子分子同位素交换反应的平衡常数（25℃）

同位素交换反应	$K_{交换}$
$^1H^3H + {}^1H_2O \rightleftharpoons {}^1H^3HO + {}^1H_2$	6.26

续表

同位素交换反应	$K_{交换}$
$^1H_2 + {}^2H_2 \rightleftharpoons 2\,{}^1H^2H$	3.28
$^1H_2 + {}^2HCl \rightleftharpoons {}^2HCl + {}^1H^2H$	1.45
$^{12}CO_3^{2-}$（液）$+ {}^{13}CO_2$（气）$\rightleftharpoons {}^{13}CO_3^{2-}$（液）$+ {}^{12}CO_2$（气）	1.017
$^{15}NH_3$（气）$+ {}^{14}NH_4^+$（液）$\rightleftharpoons {}^{14}NH_3$（气）$+ {}^{15}NH_4^+$（液）	1.034
$^{35}SO_2$（气）$+ {}^{32}SO_3^-$（液）$\rightleftharpoons {}^{32}SO_2$（气）$+ {}^{35}SO_3^-$（液）	1.043
$\frac{1}{2}{}^{35}Cl_2 + H^{37}Cl \rightleftharpoons \frac{1}{2}{}^{37}Cl_2 + H^{35}Cl$	1.003
$\frac{1}{2}{}^{79}Br_2 + H^{81}Br \rightleftharpoons \frac{1}{2}{}^{81}Br_2 + H^{79}Br$	1.0004

4.2 同位素交换反应的热力学性质

若不考虑同位素效应，一般同位素交换反应就有以下几个特征：

（1）同位素交换反应的平衡常数 $K_{交换} = 1$，正、逆反应的速率常数相等，即 $k_{正} = k_{逆}$。

（2）同位素交换反应的热效应 $Q_T = 0$，这是因为同位素有完全相同的化学性质。

（3）同位素交换反应中正、逆反应的活化能相等，即 $E_{逆} = E_{正}$，这是因为 $Q_T = E_{逆} - E_{正} = 0$。

（4）同位素交换反应的平衡常数与温度的变化无关，这是因为 $\frac{\mathrm{d}\ln K_{交换}}{\mathrm{d}T} = \frac{-Q_T}{RT} = 0$。

（5）同位素交换反应的进行不伴随浓度（不是指同位素组成）的变化。

同位素效应的研究结果还表明，对于大多数同位素交换反应，可忽略同位素在物理和化学性质上的差别，用纯粹概率的方法来处理同位素交换问题。

在同位素交换过程中，体系的内能可以认为不变，因此同位素交换的热力学函数只取决于熵值的增加（$\Delta F = -T\Delta S$）。当熵值增加到最大值时，同位素交换反应达到平衡。从热力学第三定律可以看出（$S = k\ln W$）最大的熵值对应于体系最大的或然状态。由于同位素的化学性质几乎完全相同，因此从概率的角度，同位素交换的平衡状态就相当于大小和质量都相等但颜色不同的球在充

分混合时出现概率最大的状态。用概率方法不难证明，体系最大的或然状态与同位素在不同化合物之间的均匀分配是相对应的，即

$$\frac{N_1^*}{N_1} = \frac{N_2^*}{N_2} \tag{4.2}$$

式中　N_1^*，N_2^*——化合物 1 和化合物 2 中的放射性原子数；

N_1，N_2——化合物 1 和化合物 2 中参与交换的原子总数。

上述结论适用于任何复杂的均相体系和多相体系。因此，热力学最稳定的状态是在所有化学状态和所有相中具有相同同位素组成的状态。上述结论对于具有同位素效应的体系是不适用的。同位素效应是一种逆同位素均匀分配的效应，它可以作为富集同位素的一种手段。

4.3　均相同位素交换反应的指数定律和动力学特性

在均相体系中发生简单的同位素交换反应时，在原来不包含放射性核素的化合物中，放射性活度的增长速度服从指数规律，与交换反应的机理无关。这是均相同位素交换反应中重要的基本规律。下面推导这一关系的定量表达式。

讨论下列简单均相同位素交换反应：

$$AX^* + BX \rightleftharpoons AX + BX^* \tag{4.3}$$

带 * 者表示放射性同位素，设 a 表示体系中 AX 和 AX^* 的浓度之和，b 表示 BX 和 BX^* 的浓度之和，在给定的实验条件下，a、b 均为定值。令 x_0 代表 AX^* 的初始浓度，x 和 y 分别表示 AX^* 和 BX^* 的浓度。通常 $a \gg x$，$b \gg y$。如果不考虑同位素效应，从式 (4.2) 不难看出，当同位素交换反应达到平衡时，存在下列关系：

$$\frac{x_\infty}{y_\infty} = \frac{a}{b} \tag{4.4}$$

式中　x_∞，y_∞——同位素交换反应达到平衡时 AX^* 和 BX^* 的浓度。

经过对衰变的校正，从物料平衡关系可得

$$x + y = x_\infty + y_\infty = x_0 \tag{4.5}$$

BX^* 的生成速率为

$$\frac{dy}{dt} = R\left(\frac{x}{a} - \frac{y}{b}\right) \tag{4.6}$$

式中　R——X 在 AX 和 BX 之间的交换速率（mol·L^{-1}·s^{-1}）；

$\dfrac{x}{a}$——X 从 AX 转移到 BX 的标记概率；

$\dfrac{y}{b}$——X 从 BX 转移到 AX 的标记概率。

将式（4.4）和式（4.5）代入式（4.6）得

$$\frac{dy}{dt} = \frac{R(a+b)}{ab}(y_\infty - y) \tag{4.7}$$

$$-\ln(y_\infty - y) = \frac{R(a+b)}{ab}t - \ln y_\infty \tag{4.8}$$

将 $\dfrac{y}{y_\infty}$ 定义为交换度 F，它表示同位素在参加交换的物质之间的分配相距平衡分配的程度，是标志同位素交换状况的重要的物理量。F 的值在 0~1 的范围内变化，代入式（4.8）得

$$\ln(1-F) = -R\frac{(a+b)}{ab}t \tag{4.9}$$

由式（4.9）可以看出，在 a、b 浓度不变的情况下，$\ln(1-F)$ 与交换时间 t 之间具有线性关系，直线通过坐标原点，它的斜率取决于 a 和 b（图 4.1）。

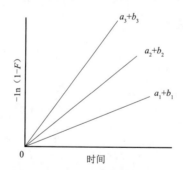

图 4.1　交换度与交换时间的关系

式（4.9）可改写为指数形式：

$$F = 1 - e^{-\frac{(a+b)}{ab}Rt} \tag{4.10}$$

式（4.9）和式（4.10）都是均相同位素交换的指数规律的数学表达式。

例如，测定溴在溴乙酸与溴离子间的同位素交换速率，交换反应如下：

$$BrCH_2COOH + {}^{82}Br^- \rightleftharpoons {}^{82}BrCH_2COOH + Br^-$$

所得实验结果列于表 4.3。

表 4.3　溴在溴乙酸与溴离子间的同位素交换

$[BrCH_2COOH] = 0.2100 \text{ mol} \cdot L^{-1}$，$[Br^-] = 0.0197 \text{ mol} \cdot L^{-1}$

时间/s	放射性浓度/$(C \cdot min \cdot mL^{-1})$		交换度
	总放射性	$BrCH_2COOH$	
0	48 900	—	0
900	48 455	9 934	0.224
1 800	48 127	17 393	0.396
2 700	48 048	23 540	0.535
3 600	47 800	27 702	0.634
4 500	47 716	31 371	0.718

交换度 F 由 y/y_∞ 算得，在半对数纸上，用 $(1-F)$ 对 t 作图得一直线，如图 4.2 所示。从图 4.2 求得半交换期（交换反应进行到一半所需的时间）$T_{1/2} = 2440$ s。

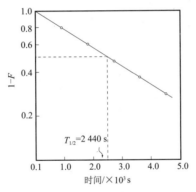

图 4.2　交换度与反应时间的关系

相应的交换速率 R 为

$$R = 0.693 \times \frac{0.2100 \times 0.0197}{0.2297} \times \frac{1}{2440} = 5.12 \times 10^{-2} \text{ (mol} \cdot L^{-1} \cdot s^{-1})$$

式（4.9）也适用于由多个交换能力相同的 X 原子组成的分子 AX_m 和 BX_n 之间的同位素交换，例如：

$$AX^* + BXX \rightleftharpoons AX + BX^*X$$

在这种情况下，只要将式（4.9）中的 b 用 $2b$ 代替即可：

$$-\ln(1-F) = \frac{(a+2b)}{2ab}Rt \tag{4.11}$$

如果多个 X 原子在分子中处于不同的结构位置而具有不同的交换能力，则式

(4.9) 不适用。这种复杂的同位素交换反应可用另外的公式描述,不在这里讨论。

同位素交换反应速率 R 一般可用下式表示:

$$R = ka^m b^n c^i \tag{4.12}$$

式中　k——交换速率常数,它与反应物质的浓度无关;

m,n 和 i——AX,BX 和 CX 的反应分子数。

对于简单反应的反应级数可以根据半交换期与反应物浓度的关系来判断。反应级数不同,$T_{1/2}$ 与 a、b 有不同的函数关系。

(1) 当 $R = k_1 a$ 时,则 $T_{1/2} = \dfrac{\ln 2}{2\, k_1}$,即半交换期与参加交换的物质浓度无关,这是单分子反应的特征。

(2) 当 $R = k_2 ab$ 时,则 $T_{1/2} = \dfrac{\ln 2}{(a+b)\, k_2}$,即半交换期与参加交换的物质的总浓度成反比,这是双分子反应的特征。例如,汞在有机衍生物和溴化物之间的同位素交换反应便属于这类反应,即

$$C_2H_5HgBr + Hg^*Br_2 \rightleftharpoons C_2H_5Hg^*Br + HgBr_2$$

对于复杂反应则要采用一般的动力学方法进行研究。在固定温度条件下,仅改变其中一种物质浓度,作出 $\ln R$ 与 $\ln a$ 或 $\ln b$ 等的关系图,根据

$$\left(\frac{\partial \ln R}{\partial \ln a}\right)_{T,b\cdots} = m$$

$$\left(\frac{\partial \ln R}{\partial \ln b}\right)_{T,a\cdots} = n$$

$$\cdots\cdots\cdots\cdots$$

可求出 m,n,$\cdots$。

同位素交换反应的活化能可由交换反应速率常数与温度的关系求得。先从不同温度下的 $T_{1/2}$ 求出相应的反应速率常数,再根据阿累尼乌斯公式 $k = Pe^{-E/RT}$ 或 $\ln k = \ln P - E/RT$,用 $\ln k$ 对 $\dfrac{1}{T}$ 作图可得直线,由直线的斜率确定同位素交换反应的活化能。

4.4　均相同位素交换的机理

同位素交换反应级数的研究为推测同位素交换反应机理提供了重要依据。但是对于复杂体系,仅用经验的反应速率方程还不能对其反应机理作出明确的

判断。根据对大量实验结果的分析,可以把均相同位素交换的机理归纳为 4 种主要类型,分别介绍如下。

1. 解离机理

假如两种化合物均能进行可逆的解离,生成不同同位素的同种粒子(离子、原子或自由基),那么在这些化合物之间将进行同位素交换。这一过程可以用下式表示:

$$AX \rightleftharpoons A + X$$
$$BX^* \rightleftharpoons X^* + B$$
$$\Updownarrow \quad \Updownarrow$$
$$AX^* \quad BX$$

例如,含有卤素配位体的无机络合物与卤素离子的交换便属于这种机理。Rh、Ir、Ru 的络合物 $[M(NH_3)_5X]^{2+}$ 与 X^- (X 为 Cl、Br、I)的交换反应为

$$[M(NH_3)_5X]^{2+} + X^{*-} \rightleftharpoons [M(NH_3)_5X^*]^{2+} + X^-$$

实验测得它们的交换速率 R 只与 $[M(NH_3)_5X]^{2+}$ 浓度的一次方成正比而与 X^- 的浓度无关,即

$$R = kc_{[M(NH_3)_5X]^{2+}}$$

该反应符合下述解离反应机理:

$$[M(NH_3)_5X]^{2+} + H_2O \rightleftharpoons [M(NH_3)_5(H_2O)]^{3+} + X^-$$

又如,在液体二氧化硫中碘代叔丁烷与碘化钠之间的交换:

$$(CH_3)_3CI + I^{*-} \rightleftharpoons (CH_3)_3CI^* + I^-$$

交换速率 R 的值与碘化钠的浓度无关。它的交换机理可能是

$$(CH_3)_3CI \longrightarrow (CH_3)_3C^+ + I^- \quad (缓慢阶段)$$
$$(CH_3)_3C^+ + I^{*-} \longrightarrow (CH_3)_3CI^* \quad (快速阶段)$$

由热解离发生的同位素交换反应常常也属于这种机理,这时一种化合物在发生可逆的热解离后,与第二种化合物发生同位素交换。例如,硫在二氧化硫和三氧化硫之间的交换便是如此:

$$S^*O_2 + SO_3 \rightleftharpoons S^*O_2 + SO_2 + \frac{1}{2}O_2 \rightleftharpoons SO_2 + S^*O_3$$

2. 缔合机理

假如含某元素的两种化合物能够缔合成过渡状态的中间化合物,那么它们可按以下方式发生同位素交换:

$$AX + BX^* \rightleftharpoons [ABXX^*] \rightleftharpoons AX^* + BX$$

卤素和卤素离子间的同位素交换便是一个典型的例子，交换是通过形成中间化合物三卤素离子进行的：

$$X\text{-}X + X^{*-} \rightleftharpoons [X\text{-}X-X^*]^- \rightleftharpoons X-X^* + X^-$$

又如，U^{4+} 与 UO_2^{2+} 之间在低酸度时的同位素交换为

$$U^{4+} + U^*O_2^{2+} \rightleftharpoons U^{*4+} + UO_2^{2+}$$

用 ^{233}U 示踪法求得交换反应的速率方程为

$$R = k\frac{[U^{4+}][UO_2^{2+}]}{[H^+]^3}$$

由此可以推测反应机理为

$$U^{4+} + U^*O_2^{2+} + 2H_2O \xrightarrow{K} [UU^*O_3 \cdot OH]^{3+} + 3H^+$$
$$\rightleftharpoons UO_2^+ + U^*O_2^+ + H^+$$

如果生成中间化合物 $[U_2O_3 \cdot OH]^{3+}$ 的步骤是速率的决定过程，于是反应速率方程为

$$R = k'[UU^*O_3 \cdot OH] = k'K\frac{[U^{4+}][U^*O_2^{2+}]}{[H^+]^3}$$

其中，$k'K = k$，k' 和 k 为速率常数，K 为平衡常数。实验测得 k（25℃）= 2.13 × 10^{-7} mol² · L⁻² · s⁻¹，活化能为 37.5 kJ/mol。

3. 其他可逆化学反应的同位素交换机理

解离和缔合机理中的同位素交换过程都是通过可逆的化学反应实现的。除此以外，其他可逆的化学反应也能导致同位素交换。

例如，甲基环己烷中的碳原子在侧链和环之间的交换：

由于这是可逆反应，所以碳原子会在甲基环己烷的侧链和环上进行交换。

4. 电子转移机理

处于不同氧化态的同位素原子，可通过电子转移导致同位素的再分配。实际上，在这种交换中，原子并未从一种化合物向另一种化合物转移。

例如，不同价态的铁的化合物在高氯酸中的交换如下式进行：

$$Fe^{2+} + Fe^{*3+} \rightleftharpoons Fe^{3+} + Fe^{*2+}$$

反应速率方程如下：

$$R = k [\text{Fe}^{2+}][\text{Fe}^{3+}]$$

其半交换期为 20 s。

类似的交换反应有 TlCl 和 Tl*Cl$_3$、[IrCl$_6$]$^{2-}$ 和 [Ir*Cl$_6$]$^{3-}$、Sb*(C$_6$H$_5$)$_3$ 和 Sb(C$_6$H$_5$)Cl$_2$、^{234}NpO$_2^+$ 和 ^{235}NpO$_2^{2+}$ 等。

4.5 非均相同位素交换反应动力学

分配在两相（气-液、液-液、气-固）间的某种元素，在进行同位素交换时，其交换速率取决于交换原子在两相内的扩散速率和在相界面上的交换速率。过程的总速度由最慢的阶段决定。如果原子在两相中的扩散速率远大于交换速率，则同位素交换是过程的限制阶段。如果交换速率远大于在一相或两相中的扩散速率，则扩散是过程的限制阶段。

在同位素交换为限制阶段的情况下，同位素从一相向另一相转移的速率也遵从由均相同位素交换导出的指数定律。另外，当溶液（或气相）中交换原子的量很少，而固体物质的表面积很大时，固相中的扩散可以忽略，均相同位素交换规律也能适用。此时，式（4.9）中的浓度 a、b 应换成与其成正比的固相表面可交换的原子数 N_s 和溶液中的原子数 N_t，交换速率应换成单位时间内可交换的原子数 N，则可得

$$-\ln(1-F) = \frac{N_s + N_t}{N_s \cdot N_t} Nt \tag{4.13}$$

例如，Ag$_2$CrO$_4$ 固-液相间的同位素交换服从式（4.13）表述的动力学规律。

$$\text{Ag}_2\text{CrO}_{4(\text{固})} + \text{Ag}_2^*\text{CrO}_{4(\text{液})} \rightleftharpoons \text{Ag}_2^*\text{CrO}_{4(\text{固})} + \text{Ag}_2\text{CrO}_{4(\text{液})}$$

实验结果如图 4.3 所示。

下面以固-液两相间的同位素交换为例来说明扩散速率是限制阶段的情况。如果原子在液相的浓度能迅速达到均匀分布，则同位素交换速率将取决于放射性原子在固相中的扩散速率。在这种情况下，放射性原子在固相中的浓度是随其所在位置（用向量 r 表示）和时间 t 而变化的。整个固体的放射性比活度 S_s 随时间的变化率为

$$\frac{\partial S_s}{\partial t} = D \nabla S_s \tag{4.14}$$

式中 S_s——固相的放射性比活度；

　　　D——放射性原子在固相中的扩散系数；

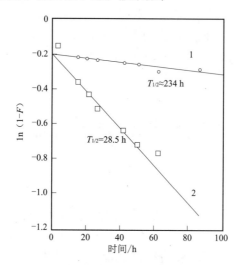

图 4.3 ^{110}Ag 和 ^{51}Cr 在 Ag_2CrO_4 固-液两相交换中 $\ln(1-F)$ 与时间的关系

1—^{51}Cr 在 Ag_2CrO_4 固-液两相间的同位素交换；

2—^{110}Ag 在 Ag_2CrO_4 固-液两相间的同位素交换

　　　∇——拉普拉斯算符；

　　　t——扩散时间。

若 $t=0$ 时所有放射性原子都在液相，放射性比活度为 S_0，则非均相同位素交换反应的交换度可用下式表示：

$$1 - F = 1 - \left(\frac{A_s}{A_{s,\infty}}\right) \tag{4.15}$$

式中 $A_s = V_s n_s \int_{V_s} \int_0^t \mathrm{d}t \mathrm{d}r S_s(\vec{r}, t)$；

　　　V_s——固相的体积，cm^3；

　　　n_s——固相的交换原子浓度，atoms/cm^3；

　　　A_s，$A_{s,\infty}$——固相在 t 时刻和交换达平衡时的放射性活度。

令 A_1 和 $A_{1,\infty}$ 表示液相在 t 时刻和交换达平衡时的放射性活度，则由放射性原子的物料平衡可得

$$V_1 n_1 S_0 = A_{s,\infty} + A_{1,\infty} = V_s n_s S_{s,\infty} + V_1 n_1 S_{1,\infty}$$

式中 V_1——液相的体积，cm^3；

　　　n_1——液相的交换原子浓度，atoms/cm^3。

由上式可得交换平衡时的比活度为

$$S_{1,\infty} = S_{s,\infty} = \frac{S_0}{(1+c)}$$

式中 c——交换原子数之比，$c = \dfrac{V_s n_s}{V_1 n_1}$；

S_1 和 S_s 随时间的变化特征，如图 4.4 所示（图中横坐标 τ 是时间 t 的函数）。

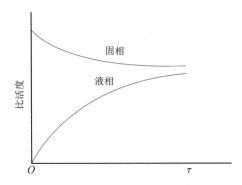

图 4.4 液相和固相的放射性比活度随 τ 的变化

为了定量研究非均相同位素的交换动力学，需求解式（4.14）。式（4.14）只能对那些具有简单形状的固体颗粒（薄片、圆柱形、球形）求解，其近似解为

$$1 - F = \frac{2(\gamma+\eta)}{\gamma(\gamma+\eta)+\theta^2}\exp(-\theta^2\tau) \tag{4.16}$$

式中 τ——时间的函数，$\dfrac{Dt}{r^2}$，r 为圆柱形、球形的半径或薄片的半厚度；

γ——对于薄片、圆柱形和球形分别为 c，$2c$ 或 $3c$；

η——对于薄片、圆柱形和球形分别为 1、2 和 3；

θ——由 c、γ 决定的值。

表 4.4 列出了不同 c 值时的 γ 和 θ 的值。

表 4.4 不同 c 值时 γ 和 θ 的值

c	薄片 $\gamma=c$	圆柱形 $\gamma=2c$	球形 $\gamma=3c$
	θ	θ	θ
0	$\pi/2$	2.045	π
0.1	1.63	2.48	3.23
1	2.03	2.74	3.73
10	2.86	2.66	4.35
方程式	$\theta\cot\theta + c = 0$	$\theta J_0(\theta) + 2c J_1(\theta) = 0$ J_0，J_1 为贝塞尔函数	$\left(1+\dfrac{\theta^2}{3c}\right)\tan\theta - \theta = 0$

式（4.16）可化简为
$$\ln(1-F) = A + Bt \tag{4.17}$$
式中 $A = \ln\dfrac{2(\gamma+\eta)}{\gamma(\gamma+\eta)+\theta^2}$，$B = -\dfrac{\theta^2 D}{r^2}$。

可见在非均相条件下，同位素交换也服从指数规律，同时利用式（4.17）的 B 值可以求得放射性原子在固相中的扩散系数 D。

4.6 生物化学体系中的同位素交换

近年来酶促同位素交换反应受到广泛的关注。这类过程比较复杂，其中多数交换反应可以用一系列连续的反应过程来描述。例如，X 原子由初始的 A_1X 状态转移到最终的 A_nX 状态，可经过下列反应步骤来实现：

$$A_1X + B_1 \rightleftharpoons A_2X + B_2 \tag{4.18}$$

$$A_2X + B_3 \rightleftharpoons A_3X + B_4 \tag{4.19}$$

$$\cdots\cdots$$

$$A_mX + B_m \rightleftharpoons A_nX + B_n \tag{4.20}$$

如果反应只进行到 A_3X 终止，则平衡时，X 由 A_1X 转移到 A_2X 的速率为 v_1，由 A_2X 转移到 A_3X 的速率为 v_2，则 X 由 A_1X 转移到 A_3X 的速率 R 为

$$R = \frac{v_1 v_2}{v_1 + v_2} \tag{4.21}$$

或改写为

$$\frac{1}{R} = \frac{1}{v_1} + \frac{1}{v_2} \tag{4.22}$$

以上结果可推广到 n 级连续反应，X 由 A_1X 转移到 A_nX 的交换速率 R 为

$$\frac{1}{R} = \frac{1}{v_1} + \frac{1}{v_2} + \cdots + \frac{1}{v_n}$$

曾经用 ^2H，^3H，^{14}C 和 ^{18}O 研究了下列酶促反应：

$$\begin{array}{c}\text{COOH}\\|\\\text{H—C—OPO}_3\text{H}_2\\|\\\text{CH}_2\text{OH}\\\text{2-磷酸甘油酸}\\\text{（PGA）}\end{array} \xrightleftharpoons[]{\text{烯醇化酶（E）}} \begin{array}{c}\text{COOH}\\|\\\text{C—OPO}_3\text{H}_2\\\|\\\text{CH}_2\\\text{磷酸烯醇式丙酮酸}\\\text{（PEP）}\end{array} + \text{H}_2\text{O} \tag{4.23}$$

在体系达到平衡的条件下，测定了下列反应的交换速率：

$$\begin{array}{c} \text{C*OOH} \\ | \\ \text{H} - \text{C} - \text{OPO}_3\text{H}_2 \\ | \\ \text{CH}_2\text{OH} \end{array} + \begin{array}{c} \text{COOH} \\ | \\ \text{C} - \text{CPO}_3\text{H}_2 \\ \| \\ \text{CH}_2 \end{array} \underset{}{\overset{R_C}{\rightleftharpoons}}$$

$$\begin{array}{c} \text{COOH} \\ | \\ \text{H} - \text{C} - \text{OPO}_3\text{H}_2 \\ | \\ \text{CH}_2\text{OH} \end{array} + \begin{array}{c} \text{C*OOH} \\ | \\ \text{C} - \text{OPO}_3\text{H}_2 \\ \| \\ \text{CH}_2 \end{array} \qquad (4.24)$$

$$\begin{array}{c} \text{COOH} \\ | \\ \text{H}^* - \text{C} - \text{OPO}_3\text{H}_2 \\ | \\ \text{CH}_2\text{OH} \end{array} + \text{HOH} \underset{}{\overset{R_H}{\rightleftharpoons}} \begin{array}{c} \text{COOH} \\ | \\ \text{H} - \text{C} - \text{OPO}_3\text{H}_2 \\ | \\ \text{CH}_2\text{OH} \end{array} + \text{H}^*\text{OH} \qquad (4.25)$$

$$\begin{array}{c} \text{COOH} \\ | \\ \text{H} - \text{C} - \text{OPO}_3\text{H}_2 \\ | \\ \text{CH}_2\text{O}^*\text{H} \end{array} + \text{HOH} \underset{}{\overset{R_O}{\rightleftharpoons}} \begin{array}{c} \text{COOH} \\ | \\ \text{H} - \text{C} - \text{OPO}_3\text{H}_2 \\ | \\ \text{CH}_2\text{OH} \end{array} + \text{HO}^*\text{H} \qquad (4.26)$$

实验结果与下列的反应机理是相符的：

$$\text{PGA} + \text{E} \underset{}{\overset{v_1}{\rightleftharpoons}} \text{E} \cdot \text{PGA} \qquad (4.27)$$

$$\text{E} \cdot \text{PGA} \underset{}{\overset{v_2}{\rightleftharpoons}} \text{E} \cdot \text{X}^- + \text{H}^+ \qquad (4.28)$$

$$\text{E} \cdot \text{X}^- \underset{}{\overset{v_3}{\rightleftharpoons}} \text{E} \cdot \text{PEP} + \text{OH}^- \qquad (4.29)$$

$$\text{E} \cdot \text{PEP} \underset{}{\overset{v_4}{\rightleftharpoons}} \text{E} + \text{PEP} \qquad (4.30)$$

基于上述反应机理，在 PGA 和 PEP 之间碳的交换速率 R_C 为

$$\frac{1}{R_C} = \frac{1}{v_1} + \frac{1}{v_2} + \frac{1}{v_3} + \frac{1}{v_4} \qquad (4.31)$$

在水和 PGA 之间氧的交换速率 R_O 为

$$\frac{1}{R_O} = \frac{1}{v_1} + \frac{1}{v_2} + \frac{1}{v_3} \qquad (4.32)$$

相应的氢的交换速率 R_H 为

$$\frac{1}{R_H} = \frac{1}{v_1} + \frac{1}{v_2} \qquad (4.33)$$

实验结果表明，式（4.29）是总反应中的速率决定步骤。在 pH = 6.5 时，式（4.29）的反应速率仅为式（4.30）的 20%，为式（4.27）和式（4.28）

的 10%。

除上述已经提到的各类同位素交换反应外，目前对于伴随有化学反应的非静态体系交换动力学的研究也有不少进展。此外，研究同位素交换的实验方法（物理和化学方法）也在不断改进。快速同位素交换技术在制备短寿命核素标记化合物中的应用也获得了迅速的发展。同位素交换反应在低浓度状态下放射性核素的研究、载体的使用、核过程产生的子体化学状态的确定以及放射性示踪剂的应用等方面具有重要意义。

第 5 章

放射性物质在低浓度时的状态和行为

在放射化学工作中，通常遇到的体系中放射性物质含量极低。例如，放射性活度为 10 Bq 的放射性核素，质量一般为 $10^{-19} \sim 10^{-10}$ g（对应的半衰期为几分钟到 10^3 a），有的低到 10^{-20} g，如表 5.1 所示。

表 5.1 与 10Bq 放射性活度相当的放射性核素的质量

放射性核素	半衰期	质量/g
^{226}Ra	1 602 a	2.8×10^{-10}
^{66}Co	5.26 a	2.4×10^{-13}
^{210}Po	138.4 d	6.0×10^{-14}
^{35}S	87.24 d	6.3×10^{-15}
^{32}P	14.26 d	9.5×10^{-17}
^{24}Na	15.02 h	3.1×10^{-17}
^{130}Ba	82.71 min	1.7×10^{-17}
^{15}O	2.0 min	4.3×10^{-20}

这样微量的放射性体系在一般化学工作中是不会遇到的，因而需要对它们的物理化学行为进行专门的研究。下面分别讨论放射性物质在液相（溶液）、气相和固相中的状态和行为。

5.1 放射性物质在溶液中的状态和行为

在高度稀释的溶液中,放射性核素除了以离子(分子)状态存在外,还能以胶体分散状态存在。它们的行为除了遵守真溶液或胶体溶液的一般物理化学规律外,还常常表现出一些特殊的规律。

5.1.1 共结晶共沉淀

微量的放射性核素以离子状态存在于溶液中时,由于它在溶液中的浓度很低,当进行沉淀操作时常常不能形成独立的固相。要使它从溶液中分离出来,可向溶液中加入某种常量元素的化合物(称为载体),当常量元素形成沉淀时,同时将微量的放射性核素从溶液中载带下来,这个过程称为共沉淀。

共沉淀有两种类型:一类是放射性核素(以下简称微量物质)分布在常量物质晶体的内部,与常量物质形成混晶而一起沉淀出来,这种沉淀称为共结晶共沉淀(或体积分配);另一类是微量物质分布在常量物质晶体的表面而一起沉淀出来,这种沉淀称为吸附共沉淀(或表面分配)。

共沉淀过程的研究对于分离和研究放射性核素具有重要的意义,它对核物理和放射化学领域的重大发现起过重要的作用。例如,居里夫妇用共沉淀法分离和提取了放射性元素钋和镭;哈恩和斯特拉斯曼用共沉淀法分离和提取了铀的裂变产物——镧和钡的放射性同位素;西博格用共沉淀法分离出钚和其他一些超铀元素。目前在放射化学的研究中共沉淀法仍然是重要的分离方法之一。

本节只讨论共结晶共沉淀。吸附共沉淀合并在吸附中讨论。

1. 共结晶共沉淀的分类

微量物质与常量物质形成的共结晶共沉淀有 3 种类型。

1) 同晶和同二晶(真正的混晶)

化学性质相近的混合物在溶液中结晶时,如能形成混合晶体,并且其组成任意可变,则这种混合晶体称为类质同晶(简称同晶),它属于真正的混晶。

两种物质能够满足下列 3 个条件则能形成同晶:①两种物质的化学性质相似;②两种物质有相同的化学构型;③两种物质有十分相近的晶体结构。

例如,$BaSO_4 \sim RaSO_4 - H_2O$ 共晶体系就满足这 3 个条件。Ba 和 Ra 都是 ⅡA 族元素,化学性质相似;$BaSO_4$ 和 $RaSO_4$ 的化学构型相同,Ba:S:O =

Ra∶S∶O = 1∶1∶4；Ba 和 Ra 的离子半径相近，而且 $BaSO_4$ 和 $RaSO_4$ 均属正交晶系，晶格参数相近。因此，在 $BaSO_4$ 结晶形成时，微量的 $RaSO_4$ 与它形成同晶。与此相反，NaCl 和 CsCl 两种物质，虽然符合前两个条件，但它们属于不同的晶系，不符合第三个条件，因此不能形成同晶。

同晶现象的特点是微量物质和常量物质可以任意比例混合而形成同晶。

不仅类质同晶能形成真正混晶，某些化学组成类似但晶体结构不同的物质，在一定条件下也能形成真正的混晶。

例如，硫酸锰在温度高于 8.6℃ 时能形成 $MnSO_4 \cdot 5H_2O$ 三斜晶系的结晶，硫酸亚铁在温度低于 56℃ 时能形成 $FeSO_4 \cdot 7H_2O$ 单斜晶系的结晶，因此，在 20℃ 时，两种物质单独结晶时，具有不同的结晶形式，但是它们的混合物在结晶时却能形成真正的混晶。当硫酸亚铁过量时，可得到单斜晶系的混晶 $FeSO_4 \cdot 7H_2O - MnSO_4 \cdot 7H_2O$；当硫酸锰过量时，可得到三斜晶系的混晶 $MnSO_4 \cdot 5H_2O - FeSO_4 \cdot 5H_2O$。

这一实验表明这两种物质可以形成两种类型的混晶。在第一种情况下，硫酸锰的结晶不以它自身稳定的结晶形式存在；在第二种情况下，硫酸亚铁的结晶也不以自身的稳定结晶形式存在。这是一种强制同晶的现象，又称同二晶现象。形成同二晶的原因是，纯的常量物质和微量物质的稳定结构虽然不同，可是微量物质在一定条件下能形成一种介稳态变体以适应常量物质的结构，从而形成真正的混晶。上例中在硫酸亚铁过量的情况下，$MnSO_4$ 便生成了介稳态变体 $MnSO_4 \cdot 7H_2O$ 以适应 $FeSO_4 \cdot 7H_2O$ 的结构。同二晶的特点是存在混合上限（微量物质的量不得超过某一限度），超过混合上限，晶体将成为两相。同晶和同二晶是真正的混晶，它们的共同特点是没有混合下限，就是不论微量物质的浓度多低，只要常量物质的浓度足以形成结晶，那么微量物质的离子、原子或分子就能取代晶格中常量物质相应的离子、原子或分子而形成混晶。

2) 新类型混晶

除了真正的混晶外，还有一些化合物，如 $NaNO_3$ 和 $CaCO_3$、$BaSO_4$ 和 $KMnO_4$、$BaSO_4$ 和 KBF_4 等也能形成混晶。它们不是化学类似物，但它们的正、负离子半径比值相近，因而晶体结构很接近。

新类型混晶与真正混晶的区别在于存在混合的下限。在新类型混晶中，微量物质不是以离子、原子状态进入晶格，而是以分子或小的晶格单位进入晶体的。例如，在含有微量 $KMnO_4$ 的硫酸钡溶液中，$BaSO_4$ 结晶形成时，在 $BaSO_4$ 晶体表面上，K^+ 和 MnO_4^- 同时被吸附生成 $KMnO_4$ 晶格的小组合体；又因 $KMnO_4$ 和 $BaSO_4$ 晶格的大小相近，因此两者可以形成混晶。但由于 $KMnO_4$ 必须先形成晶胞（组成晶体的最小单位）而后进入 $BaSO_4$ 晶体，因此，对 $KMnO_4$

来说存在着混合下限。

3）反常混晶

从实验发现，某些化学性质不相似，而且结晶结构也不相似的两种物质也会形成混晶，这类混晶称为反常混晶。例如，$NH_4Cl - MCl_3 - H_2O$（其中 M 为 Fe^{3+}、Cr^{3+}）；$MF_3 - M'F_2 - H_2O$（其中 M 为 Y^{3+}、La^{3+}，M′ 为 Ca^{2+}、Ba^{2+}、Ra^{2+}）；$M(NO_3)_2$ - 次甲基蓝 - H_2O（其中 M 为 Pb^{2+}、Ba^{2+}）；$AmO_2^+ - K_4[UO_2(CO_3)_2]$；$Pu^{4+} - La_2(C_2O_4)_3 \cdot 9H_2O$ 等。有的反常混晶存在混晶下限，有的则不存在混晶下限。

反常混晶是几类混晶中发现得最多的一类，微量物质可能是以复杂的络离子形式参加到晶体中，如 NH_4Cl 与 $MnCl_2$ 形成混晶时，可能是由于生成了与 NH_4Cl 晶格相似的 $2NH_4Cl \cdot MnCl_2 \cdot 2H_2O$ 络合物而形成混晶的，亦可能是由于常量晶体在生长时不断地吸附微量物质，或将母液包入晶体等原因而形成反常混晶的。迄今对它的形成机理还不清楚，有待于进一步研究。

2. 微量物质在固-液两相的均匀分配

同晶和同二晶的共结晶过程，根据实验条件可以导致微量物质在结晶固体内的均匀分配或非均匀分配。如果整个晶体和溶液间建立了热力学平衡，则微量物质在晶体内的分布是均匀的。按照热力学理论，微量物质在结晶相和液相间的分配应服从贝斯洛-能斯特（Berthelot-Nernst）定律：

$$\frac{c_s}{c_l} = K \tag{5.1}$$

式中 c_s，c_l——微量物质在晶体和溶液中的浓度；

K——分配常数。

因此

$$c_s = \frac{x}{V_s} = \frac{x \cdot \rho_s}{m_s}$$

$$c_l = \frac{x_o - x}{V_t} = \frac{(x_o - x) \cdot \rho_t}{m_t}$$

式中 x，x_o——微量物质在晶体中的含量和在体系中的总量；

m_s，m_t——晶体和溶液的质量；

ρ_s，ρ_t——晶体和溶液的密度；

V_s，V_t——晶体和溶液的体积。

把 c_s，c_l 代入式（5.1）得

$$\frac{x}{x_o - x} = K \frac{\rho_t}{m_t} \cdot \frac{m_s}{\rho_s} \tag{5.2}$$

$$\frac{x \cdot \rho_s}{m_s} = K \frac{(x_o - x) \cdot \rho_t}{m_t} \tag{5.3}$$

如用 y 和 y_o 分别表示常量物质在晶体中的量和在体系中的总量，c 表示饱和溶液中常量物质的浓度，则

$$y \approx m_s$$

$$\frac{y_o - y}{c} = V_t = \frac{m_t}{\rho_t}$$

于是式（5.3）可表示为

$$\frac{x}{x_o - x} = K \frac{c}{\rho_s} \cdot \frac{y}{y_o - y} = D \frac{y}{y_o - y}$$

或

$$\frac{x}{y} = D \frac{x_o - x}{y_o - y} \tag{5.4}$$

上式便是微量物质在固－液两相间均匀分配规律的表达式。式中 D 为结晶常数，它表示当固、液相达到热力学平衡时，微量物质和常量物质在固相中的含量比与在溶液中的含量比的比值。D 值只与体系性质和温度有关（恒压下），与微量物质的初始浓度和固、液相的体积无关。因此，在恒定温度下，一定体系的 D 值是一个常数。

当 $D > 1$ 时，微量物质和常量物质在固相中的含量比值大于平衡时在溶液中的含量比值，说明微量物质在结晶中得到富集。

当 $D < 1$ 时，与上述情况相反，微量物质在结晶中得不到富集，反而在溶液中得到富集。

当 $D = 1$ 时，在常量物质结晶过程中，微量物质和常量物质在溶液中的比值与在晶体中的相同。

由以上讨论可知，按照热力学观点，微量物质在固－液相间的分配应遵从式（5.1）和式（5.4）的定量规律。但对于在实验中能否实现热力学平衡，在一段时间内，学术界有很大争论，因为固体中离子的扩散过程是十分缓慢的。

赫洛宾等为此作了大量的实验研究。他研究了 3 种不同条件下 Ra^{2+} 在 $BaBr_2$ 溶液和结晶间的分配：①在一定温度下，Ra^{2+} 与 $BaBr_2$ 的混晶与常量物质 $BaBr_2$ 的饱和溶液长时间搅拌；②在一定温度下，纯 $BaBr_2$ 晶体与含 Ra^{2+} 的 $BaBr_2$ 饱和溶液长时间搅拌；③在剧烈搅拌下，从含 Ra^{2+} 的 $BaBr_2$ 过饱和溶液中迅速结晶。在 3 种情况下体系都达到了同一稳定状态，都具有相同的分配常数 K，因此证明了微量物质在固－液相间建立热力学平衡是可能的，其中从过饱和溶液中迅速结晶的方法建立平衡速度最快。

3. 微量物质在固-液相的非均匀分配

由于微量物质在晶体内部的扩散速度很慢,上述热力学分配平衡仅在某些特殊条件下才能达到。例如,在大力搅拌和多次重结晶条件下,微量物质的扩散速度能增大 8~10 个数量级,因而建立平衡的速度大大加快。在一般情况下,微量物质在固-液相间的分配是非平衡过程。

假如将含有微量物质的常量物质饱和溶液进行缓慢的等温蒸发结晶,在每一瞬间,微量物质可以在晶体的表面层和溶液间建立热力学平衡。由于微量物质在溶液中的浓度不断变化,因此在结晶过程终了时,它在整个晶体中呈非均匀分配。

对于每个晶体基元层来说,微量物质在晶体和溶液间的分配类似于式(5.4),可表示为

$$\frac{\mathrm{d}x}{\mathrm{d}y} = \lambda \frac{x_\mathrm{o} - x}{y_\mathrm{o} - y} \tag{5.5}$$

式中　$\mathrm{d}x$,$\mathrm{d}y$——晶体基元层中微量物质的量和常量物质的量;
　　　　x,y——在某一时刻已转入混晶中的微量物质的量和常量物质的量;
　　　　x_o,y_o——结晶开始时微量物质的初始量和常量物质的初始量;
　　　　λ——对数分配常数。

对式(5.5)积分,得

$$\ln \frac{x_\mathrm{o} - x}{x_\mathrm{o}} = \lambda \ln \frac{y_\mathrm{o} - y}{y_\mathrm{o}} \tag{5.6}$$

上式表示在某一时刻,微量物质在溶液中的量与起始量之比的对数,除以常量物质在溶液中的量与其起始量之比的对数是一个常数。这种体积分配称为对数分配,λ 称为对数分配常数。

当 $\lambda > 1$ 时,微量物质在晶体内富集。此时,微量物质在最初生长的常量晶体层中的相对含量最大。在结晶过程中,微量物质在溶液中的相对浓度不断减少,因此在以后继续生长的晶体基元层中微量物质的相对含量逐渐减少。微量物质的相对含量在整个晶体中的分布是从结晶中心向周界方向不断减少。

当 $\lambda < 1$ 时,情况正好相反,微量物质的相对含量的分布是从结晶中心向周界方向不断增加。

当 $\lambda = 1$ 时,获得的是均匀晶体。

以上讨论的是微量物质在固-液两相间分配时的两种极限情况所遵守的规律。只有严格按照所要求的实验条件进行操作时,分配才遵守这两种规律。当实验条件未能满足时,分配虽然是不均匀的,但亦不符合对数分配规律。

根据晶体生长的动力学过程可推导出在不同结晶时间，微量物质在固-液相间分配的普遍关系式为

$$\frac{\mathrm{d}x}{\mathrm{d}y} = \lambda(x, y) \cdot f(c_p) \tag{5.7}$$

式中　x, y——固相中微量物质和常量物质的量；

　　　$\lambda(x, y)$——在结晶时间 t 时，微量物质在晶体和紧挨晶体表面的溶液层之间的分配系数；

　　　c_p——溶液中微量物质的平均浓度；

　　　$f(c_p)$——微量物质在靠近晶体表面处溶液中的浓度。

函数 $\lambda(x, y)$ 和 $f(c_p)$ 的具体形式取决于结晶条件，即取决于微量物质从溶液向晶体表面的移动速度、微量物质通过相界面的转移速度和微量物质在晶体中的扩散速度。$\lambda(x, y)$ 和 $f(c_p)$ 确定后，便可推导出在该条件下，微量物质在固-液相间的分配规律。

5.1.2　放射性核素的吸附

在化学操作中，以极低浓度存在于溶液中的放射性核素可能被玻璃容器吸附而丢失，也可能在析出沉淀的过程中被沉淀或被过滤器吸附而转移，忽略这一特点，会导致对实验结果作出错误的判断。因此研究吸附过程的规律对放射化学是很重要的。

法扬斯和潘聂特等很早就对放射性核素的吸附进行了系统的研究。他们在总结大量实验结果的基础上，得出了以下的经验规则：如果处于阳离子或阴离子状态的放射性核素，能与沉淀中电荷符号相反的离子生成难溶解的化合物，那么这种核素就能被正在析出的或事先制好的沉淀吸附，且化合物越难溶解，吸附越强烈。例如，碳酸钡和氢氧化铁的沉淀能强烈地吸附 Bi 的同位素，但硫酸钡和硫酸铅的沉淀就不能吸附 Bi 的同位素。这个经验规则通常称为法扬斯-潘聂特规则。

后面的研究逐渐发现了一些和这个规则相矛盾的事实。例如，除了溶解度影响放射性核素的吸附以外，沉淀表面的电荷符号也强烈地影响这种吸附。哈恩根据许多事实归纳出一个新的吸附规则：如果放射性核素离子的电荷和晶体表面所带的电荷符号相反，则放射性核素将被晶体沉淀所吸附；放射性核素与晶格中相反电荷离子形成的化合物溶解度或离解度越小，则吸附越强。

法扬斯-潘聂特规则和哈恩规则都是定性的经验规则，没有考虑不同机理的吸附过程，因此时常发现有许多不遵从这些经验规则的例外情况。此后有不少人对离子晶体的吸附作了大量的研究，完成了一些重要的定量研究工作。这

就使人们对这一过程的本质有了比较清楚的认识。下面分别讨论放射性核素在离子晶体上的吸附、放射性核素在无定形沉淀上的吸附和共沉淀，以及放射性核素在玻璃上的吸附。

1. 放射性核素在离子晶体上的吸附

放射性核素在离子晶体上的吸附可以分为一级吸附和二级吸附两类。在一级吸附时，被吸附离子进入吸附剂表面的晶格里。一级吸附又可分为一级电势形成吸附和一级交换吸附。在二级吸附时，被吸附离子不进入吸附剂表面的晶格，而停留在紧挨晶体表面的溶液层中。一级吸附和二级吸附的性质不同，因而它们遵从的规律也不相同。由于放射性核素在离子晶体上的吸附与晶体-溶液界面形成的双电层结构有关，因此下面先以 AgI 晶体为例来说明溶液中晶体表面的双电层结构。

当 AgI 晶体悬浮在含有过剩银离子的溶液中时，AgI 晶体表面就带正电荷；当 AgI 晶体悬浮在含有过剩碘离子的溶液中时，晶体表面就带负电荷。即使溶液中形成 AgI 晶体的正、负两种离子都不过剩，但由于阳离子（Ag^+）和阴离子（I^-）对晶体表面亲和力的不同，以及它们与溶剂分子相互作用的不同，晶体表面也会出现某种离子过剩而荷电。晶体表面荷电使晶体和溶液界面处发生相间电势差，因此这种过剩离子被称为电势形成离子，在 AgI 晶体表面上，过剩的 Ag^+ 或 I^- 就是电势形成离子。在双电层中电势形成离子形成双电内层，如图 5.1 所示。

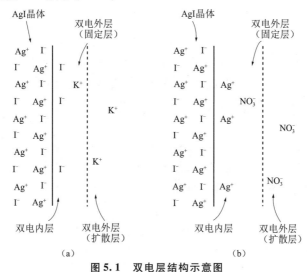

图 5.1 双电层结构示意图

(a) I^- 过量的情况；(b) Ag^+ 过量的情况

由于电中性原理,在紧挨晶体表面处积聚有与电势形成离子电荷符号相反的离子,这些离子称为抵偿离子,它们构成了双电外层。一部分抵偿离子紧挨着电势形成离子,随晶体移动而一起移动,构成了双电外层中的固定层(或称吸附层);还有一部分抵偿离子因热运动而扩散,分布在晶体的周围,构成了双电外层中的可动层(或称扩散层)。双电层的厚度与溶液的离子强度有关,溶液的离子强度越大,双电层的厚度就越薄。

1) 一级电势形成吸附

在离子晶体表面上常常吸附着过剩的晶体离子(电势形成离子),这种现象称为一级电势形成吸附。一级电势形成吸附决定了晶体-溶液界面的电势差。对于放射性物质,由于其浓度太低,因此对一级电势形成吸附的贡献不大。

2) 一级交换吸附

溶液中离子晶体表面的离子并非处于静止状态,它们和溶液中相同种类的离子不断地进行交换。如果溶液中有同位素离子或同晶离子存在,则这些离子也能参与交换,转移到晶体表面,这个过程称为一级交换吸附。同晶离子的交换吸附又称为同晶交换吸附。例如,AgI 晶体表面的 I^- 可以与溶液中的同晶离子 Cl^-、Br^- 进行一级交换吸附。一级交换吸附发生在双电内层,即晶体的表面。

同晶离子的一级交换吸附可以看成是微量物质在溶液和晶体表面间的分配,因此服从下述公式:

$$\frac{N'_{表面}}{N'_{溶液}} = D \frac{N_{表面}}{N_{溶液}}$$

式中 $N_{表面}$,$N'_{表面}$——微量物质和常量物质在晶体表面上的原子数;

$N_{溶液}$,$N'_{溶液}$——微量物质和常量物质在溶液中的原子数。

上式经过改写可得到一级交换吸附的关系式:

$$\frac{x}{1-x} = D \frac{mS}{\sigma cV} \tag{5.8}$$

式中 x——微量物质被吸附在晶体表面上的分数;

$1-x$——微量物质留在溶液里的分数;

$\frac{x}{1-x}$——吸附系数;

D——结晶系数;

m——晶体的质量;

S——1 g 晶体的表面积;

σ——1 mol 离子所占据的表面积；

c——常量物质（晶体）在溶液中的浓度；

V——溶液的体积。

由式（5.8）可见，当 S 和 σ 为常数时，微量物质的吸附系数 $x/(1-x)$ 与溶液中常量物质的浓度 c 成反比，与晶体的质量 m 成正比。

一级交换吸附的特点是只有与常量晶体同晶或同二晶的离子才能被吸附，晶体表面电荷对它没有明显的影响。对于一定的常量物质体系，吸附系数与结晶系数 D 成正比，而 D 取决于常量物质的溶解度与被吸附离子化合物的溶解度的比值，因此被吸附离子化合物的溶解度越小，吸附量越大。

3）二级交换吸附

离子从溶液中转移到双电外层的过程称为二级吸附。双电外层中的离子与溶液中相同符号的离子在不断地进行交换，所以二级吸附又称为二级交换吸附。处于双电外层的离子并不进入晶体的晶格中，因此溶液中所有电荷相同的离子都有机会进行这种交换而被晶体吸附。

根据交换吸附平衡可以导出二级交换吸附系数的关系式。若溶液中存在 $i+1$ 种与电势形成离子电荷符号相反的离子，其中某一离子（0 号离子）的电荷数为 Z_0，浓度为 c_0，则可导出此种离子的吸附系数为

$$\frac{x}{1-x} = ka^{z_0}$$

$$a = \frac{CE}{F\Delta V \sum K_i C_i}$$

$$K = \frac{\Delta V}{V} \qquad (5.9)$$

式中 $\dfrac{x}{1-x}$——二级交换吸附系数；

C——双电层电容；

E——双电层电势差；

F——法拉第常数；

K_i——第 i 号离子的交换吸附反应常数；

C_i——第 i 号离子在溶液中的浓度；

ΔV——双电层的体积；

V——溶液的体积。

由式（5.9）可见，影响二级交换吸附的主要因素有：

（1）当溶液组成不变（a 为常数）时，二级交换吸附系数与被吸附离子的

价数成指数关系：

$$\frac{x}{1-x}6 \propto a^{Z_0} \qquad (5.10)$$

式（5.10）表明，被吸附离子的价数越高，越容易被吸附。表 5.2 列出了新制备的带负电荷的 AgI 晶体表面吸附 Ra^{2+}、Ac^{3+} 和 Th^{4+} 的量。

表 5.2 新制备的带负电荷的 AgI 晶体表面吸附 Ra^{2+}、Ac^{3+} 和 Th^{4+} 的量

溶液中 H^+ 浓度/ (mol·L^{-1})	二级交换吸附量/%		
	Ra^{2+}	Ac^{3+}	Th^{4+}
5×10^{-3}	7.0	75.2	~100
5×10^{-2}	很少	25.1	~100
5×10^{-1}	~0	7.0	50.5

（2）电势形成离子浓度的影响。电势形成离子的浓度 c 与电势差 E 的关系为 $E = E^0 \pm \frac{Rt}{nF}\ln c$，代入式（5.9）并设其他因素固定不变，可得

$$\left(\frac{x}{1-x}\right)^{1/Z_0} = A + B\ln c \qquad (5.11)$$

式中 A，B——常数。

由此可见，吸附系数 $\left(\frac{x}{1-x}\right)^{1/Z_0}$ 与 $\ln c$ 成直线关系。溶液中晶体本身离子或同晶离子的浓度越高，则吸附微量放射性核素的量越大。

（3）其他离子的影响。在其他因素不变时，由式（5.9）可得

$$\left(\frac{1-x}{x}\right)^{1/Z_0} = A' + B'c_i \qquad (5.12)$$

式中 A'，B'——常数；

　　c_i——溶液中 0 号离子以外的任意离子 i 的浓度。

该式表明，溶液中任何一种竞争离子的浓度增大，都会使放射性核素的吸附系数减小。

由于二级吸附属于进入双电外层的吸附，所以生成难溶化合物的条件在这里不起决定性作用，决定性条件是离子的电荷符号要与晶体表面的电荷符号相反。在各种被吸附的离子间，被吸附离子的吸附量与其形成的化合物溶解度有关。

4）内吸附

放射性核素在结晶沉淀上的吸附，除了存在普通的表面吸附过程外，有时还发生一种内吸附过程，使被吸附的核素进入晶体内部。内吸附是由于微量物质不断地吸附在正在生长的晶体表面上，或吸附在晶体内部的裂缝和毛细管中

造成的。

2. 放射性核素在无定形沉淀上的吸附和共沉淀

在放射化学分离过程中，广泛使用无定形沉淀如氢氧化物[如$Fe(OH)_3$、$Al(OH)_3$等]、氧化物（如MnO_2、TiO_2等）和硫化物（如Bi_2S_3、CuS等）吸附放射性核素，或用它们与放射性核素共沉淀。由于无定形沉淀都有相当大的比表面和低的溶解度，因此它们有很大的吸附容量。

无定形沉淀的表面性质不稳定。例如，新制备的沉淀，其化学组成、表面电荷数和沉淀比表面的大小都可能随时间发生变化。同时，沉淀的物理化学特性还与溶液的性质有关。因此对无定形沉淀的研究比较困难，对它们的吸附和共沉淀机理的认识还不充分。

放射性核素在无定形沉淀上吸附和共沉淀的两种过程密切关联，但并不完全相同，下面分别加以讨论。

1）放射性核素在无定形沉淀上的吸附机理

（1）离子交换吸附。无定形沉淀的离子交换吸附可以发生在双电内层（一级交换吸附），也可以发生在双电外层（二级交换吸附）。例如，氢氧化锌沉淀表面的双电外层发生的离子交换吸附，随溶液介质不同，既可与阳离子发生交换，也可与阴离子发生交换。$ZnO \cdot H_2O$ 在溶液中产生两种可能的解离方式：

$$ZnO_2^{2-} + 2H^+ \rightleftharpoons ZnO \cdot H_2O \rightleftharpoons Zn^{2+} + 2OH^-$$

在酸性介质中，$ZnO \cdot H_2O$ 表面的双电层结构如图5.2（a）所示，表现出阴离子交换性质。在碱性介质中，$ZnO \cdot H_2O$ 表面的双电层结构如图5.2（b）所示，表现出阳离子交换性质。

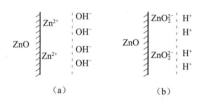

图 5.2 $ZnO \cdot H_2O$ 表面的双电层结构
(a) 在酸性介质中；(b) 在碱性介质中

（2）化学吸附。还有一些放射性核素的吸附，是由于这些放射性核素在沉淀表面形成了表面化合物造成的，属于化学吸附。例如，MnO_2 沉淀吸附 Zn^{2+}，就是在 MnO_2 表面上，锌与锰形成六环螯合结构而被吸附的，如图5.3所示。还有一些放射性核素的吸附是由于其在沉淀表面形成了难溶的碱式盐、铁酸盐或铝酸盐而被吸附的。

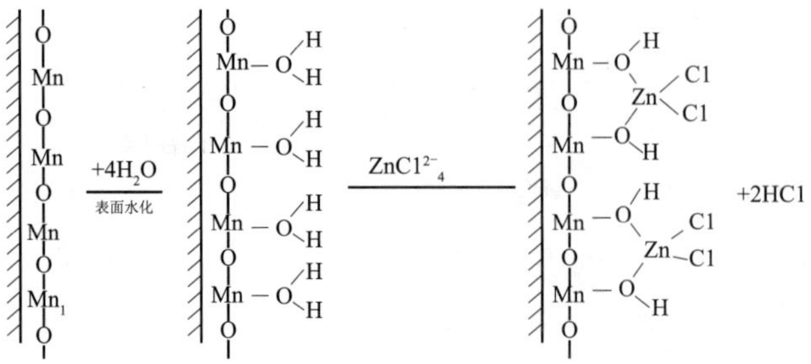

图 5.3　MnO_2 吸附 Zn^{2+} 的示意图

（3）分子吸附。在某些情况下，放射性核素在无定形沉淀表面上能够发生分子吸附。例如，$AgNO_3$、Ag_2SO_4 等在 SiO_2、Fe_2O_3 和 Al_2O_3 上的吸附即属于分子吸附。在强酸介质中，SiO_2、MnO_2 以及另外一些吸附剂对某些放射性核素的吸附也属于分子吸附。

2）无定形物质的共沉淀

放射性核素与无定形物质发生共沉淀有两种机理：一种是吸附机理，另一种是胶体形成机理。

（1）吸附机理。Zn、Ni、Co、Mg、Ca 离子与 $Fe(OH)_3$ 在氨水溶液中的共沉淀属于吸附机理。

一般金属离子共沉淀的量稍大于被吸附的量，这是因为室温下新生成的无定形沉淀具有大的表面积，所以金属离子共沉淀的量较大。由于已经形成的氢氧化物沉淀发生部分老化（初级粒子聚集、聚合）引起表面积减小，所以金属离子被吸附的量减小。

（2）胶体形成机理。如果沉淀剂（如氨水）能与放射性核素形成难溶化合物，则在载体 Fe、Al 等沉淀时，会诱导放射性核素形成胶体，从而使放射性核素共沉淀。当加入沉淀剂的量不足时，载体和放射性核素均形成胶粒。

放射性核素与金属氢氧化物共沉淀的量取决于在给定 pH 值下，二者形成胶粒的能力。由于物质形成胶粒的能力取决于相应化合物的溶解度，所以对于同一种氢氧化物载体来说，微量元素氢氧化物的溶解度不同，共沉淀量就不同。根据这一原理，对于生成难溶化合物的放射性核素可用共沉淀法进行富集，这时只要沉淀出少量载体，就可使天然样品或高盐分溶液中的大部分微量放射性核素析出。

3）放射性物质在玻璃上的吸附

玻璃器皿常用来存放放射性物质，有些放射性核素易被玻璃器壁吸附。由于放射性核素在溶液中的浓度很低，这种吸附就会引起实验结果的很大误差。研究放射性核素在玻璃上的吸附行为，可以找出避免吸附的措施，同时根据它们在玻璃上的吸附行为，还可以研究放射性核素在溶液中的状态。

玻璃的主要成分是 SiO_2。SiO_2 呈 Si—O_4 正四面体空间网格结构,每个氧原子与两个硅原子相接,形成 Si—O—Si 键。含有钠和钙的普通玻璃除了有 Si—O—Si 键外,还有一部分 Si—O—M 键。当玻璃表面与水或酸性溶液接触时,Si—O—M 基团中的金属离子被氢离子置换,生成了 Si—O—H 基团,在玻璃表面形成一层胶态的硅酸膜。溶液中的阳离子可以与其中的氢交换而被吸附。石英玻璃表面只具有 Si—O—Si 键,它与水或酸的作用很弱,因此对阳离子的吸附能力很弱。玻璃与碱溶液作用会破坏 Si—O—Si 键,形成 Si—O—M 和 Si—O—H 键,从而使玻璃溶解。同时,溶液中的阳离子通过与 Si—O—M 中 M 离子的交换而被吸附。

放射性核素在玻璃上的吸附行为可以分为 3 种情况:

(1) 对于不发生水解的元素,玻璃对它的吸附量随溶液 pH 值的增加而有规律地增加。例如,Tl^+、Ra^{2+} 等便属于这一类型。图 5.4 表示了 Tl^+ 在玻璃表面上的吸附情况。

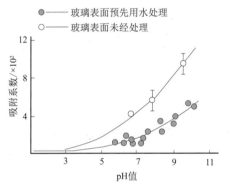

图 5.4 Tl^+ 在玻璃表面上的吸附情况（$[Tl^+] = 5 \times 10^{-8}$ mol/L）

(2) 对于易发生水解而形成胶体的元素,它们在玻璃上的吸附量随溶液 pH 值的增加而具有一个极大值。属于这种类型的如 Tl^{3+}、Ru^{3+}、Ru^{4+} 和 Po、Zr、Nb、La、Pm、Pa、U 等。图 5.5 表示了 Ru^{3+} 在玻璃表面上的吸附情况。

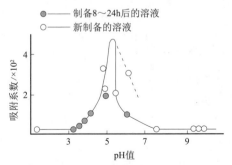

图 5.5 Ru^{3+} 在玻璃表面上的吸附情况（$[Ru^{3+}] = 1 \times 10^{-4}$ mol/L）

（3）以阴离子状态存在的元素，只受范德华力作用，因此它在玻璃上的吸附量很低。

为了减少和避免玻璃表面对放射性核素的吸附，可以采用下面3种方法：

（1）选择适宜的酸度条件；

（2）加入放射性核素的稳定同位素作反载体进行稀释；

（3）将玻璃器壁用二氯二甲基硅烷或其他憎水剂进行预处理。

5.1.3 放射性核素的电化学

放射性核素在低浓度状态的电化学行为有以下特点：

（1）在高度稀释的溶液中，有许多因素会改变放射性核素的存在状态，如放射性核素在玻璃器壁和杂质上的吸附、放射性核素与溶剂或其他杂质起反应而生成难溶的水解产物，有可能完全改变它们的正常电化学行为。

（2）由于放射性核素的浓度很低，发生电沉积时，它们在电极表面上常常不足以形成单分子覆盖层，这是放射性核素电化学过程的一个重要特征。因为金属元素在 1 cm^2 的 Pt 电极表面形成一单分子层，必须有 2×10^{-9} mol 的原子，而在 1 mL 浓度为 10^{-6} mol/L 的溶液里总共也只有 10^{-9} mol 的原子。微量放射性物质在电极表面不足以布满一个单分子层的事实，促使人们去研究常量物质的电化学规律在微量体系中的适用性问题。

（3）溶液中的放射性核素处于低浓度状态时，就不能采用通常的极化曲线方法，即利用电流密度的变化来测定放射性核素的沉积电势。因为这时其他成分如溶剂的离解或溶解的氧等产生的电流比放射性核素的放电电流大得多。

如果溶液中的放射性核素具有很高的比活度，那么由于射线对电极和溶剂等的辐射作用，也会对其电化学行为产生显著的影响。

1. 放射性核素临界沉积电势的测定

在电化学中常用测定电流 – 电压曲线的方法来测定溶液中元素的沉积电势。但对于放射性物质，由于它们在溶液中浓度很低，不可能测定它们在放电时引起的电流强度或电流密度的变化。海维赛和潘聂特用测量放射性核素的沉积速度来代替测量电流密度，求出沉积速度突然增加时的电极电势，这一电势即为放射性核素的临界沉积电势。方法是根据测量结果作出在不同电极电势下放射性核素沉积量与时间的关系曲线，由此算得沉积速度，然后作出沉积速度与电极电势的关系曲线（图5.6）。

这一方法的缺点是，阳极的不可逆极化使得电极电势不稳定，另外曲线外推也不易得到准确的结果，所以该方法的精确度不高，约为 ±0.03 V。

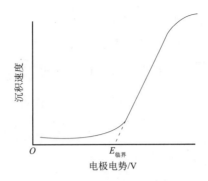

图 5.6 放射性核素的沉积曲线

测定临界沉积电势的另一种方法是共轭电势法。这种方法是在某种氧化－还原体系［如 $K_4Fe(CN)_6 - K_3Fe(CN)_6$］的溶液中插入惰性电极（通常是 Pt 电极）作为共轭电极，以内电解代替外加电压下的电解。测量不同电极电势下放射性核素的沉积或溶解曲线，曲线与横坐标轴的交点即为该放射性核素的临界沉积电势。这种方法的稳定性高，精确度为 ±0.002 V。图 5.7 是用这种方法测定 Po 在 0.01 mol/L HCl 中（Po 浓度为 10^{-10} mol/L）在 Au 电极上沉积的结果，测得 Po 的临界沉积电势为 0.617 V。

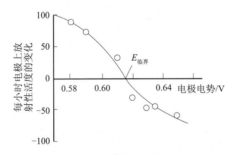

图 5.7 Po 的沉积（溶解）速度与 Au 电极电势的关系曲线

2. 能斯特方程在高度稀释溶液中的适用性

能斯特方程式给出了电极电势与溶液中某溶质的氧化态和还原态的热力学关系，即

$$E = E^0 + \frac{RT}{nF}\ln\frac{a_1}{a_2} \qquad (5.13)$$

对于金属离子在本身金属表面沉积时，a_2 为常数，且 $a_2 = 1$，此时能斯特方程可化简为

$$E = E^0 + \frac{RT}{nF}\ln a_1 \qquad (5.14)$$

在稀溶液中，活度可用浓度替换，方程为

$$E = E^0 + \frac{RT}{nF}\ln c \qquad (5.15)$$

对于高度稀释的溶液，放射性核素的原子只覆盖电极表面的一部分，实际上它们是在不同的电极材料上沉积，a_2 不一定是常数，因而式（5.14）和式（5.15）不一定适用。

许多实验的结果表明，对于某些放射性核素，在浓度很低时，式（5.14）也能适用。例如，在 Ag 和 Au 电极上，Bi 的同位素 RaE 的浓度为 $10^{-14} \sim 10^{-16}$ mol/L，式（5.14）仍适用；在另一些体系中，Pa 的浓度为 10^{-11} mol/L，Po 的浓度为 10^{-14} mol/L，式（5.14）均能适用；然而对另一些放射性核素，如 Ag 和 Zn，当它们的浓度低于 10^{-5} mol/L 时，式（5.14）就不适用了。

许多人认为，当放射性核素在电极上不足以形成单分子层时，应该用已经沉积在电极上的核素的量来校正电极上核素的热力学活度，并提出了相应的方程。但是这些方程仅与实验数据定性地符合，而在定量关系上差别很大。大量实验结果表明，电极的物理性质和化学性质是影响高度稀释溶液中电沉积过程的重要因素。

对于许多体系，放射性核素的临界沉积电势与电极材料无关。例如，当 Bi^{3+} 在 HNO_3 溶液中的浓度为 $10^{-5} \sim 8 \times 10^{-14}$ mol/L 时，它在 Ag 和 Au 电极上的临界沉积电势是相等的，该值与能斯特公式的计算值相符（但在更低的浓度下，也表现出电极材料和预处理的影响）。又如，Pa 从 HF 溶液中向 Au 和 Pt 电极上电沉积（PaF_7^{2-}/Pa）时，在 $10^{-4} \sim 10^{-12}$ mol/L 内，临界沉积电势也与电极材料无关，并符合能斯特方程式。

但是，对于另一些体系，放射性核素的临界沉积电势是与电极材料有关的。例如，Bi 和 Pb 在 Ta 电极上电沉积时就有 0.18 V 的超电势，Po 和 Ag 在 Ta 和 W 的电极上电沉积时也有超电势。而 Po 和 Pb 在 Pt 电极上电沉积时，出现相反的现象——负电势（即与能斯特公式的计算值相比向正值方向移动）。

电极材料及其表面性质对电化学过程的影响，可以用金属离子电沉积时自由能的变化来解释。金属离子在自身金属上的附着是进入金属晶格的，这时放出的能量为升华能，它在其他金属上附着时放出的能量为吸附能，这两者的值是不相等的。但因固体金属的表面是不均匀的，如果在某些活性中心上，金属离子的吸附能接近升华能，这时电沉积的能量变化就与在自身金属上沉积时的相等，临界沉积电势就服从能斯特方程。

当放射性核素和电极材料能够生成化合物或固溶体时，吸附能将大于升华能，因此出现负电势。

如果在电极表面所有部分的吸附能都低于升华能，则应出现超电势，这种情况可能是由于电极表面生成了阻碍电沉积的氧化层等而引起的。

还有一种观点认为，放射性核素可以首先在少数吸附能小于或等于升华能的中心上沉积，形成若干结晶中心，接着其他放射性核素将继续在这些结晶中心上沉积，形成许多微电极。因此尽管放射性核素的浓度低到不足以在电极上铺满一单分子层，但它们也如在自身金属上沉积时一样，服从能斯特方程。

5.1.4 放射性胶体

1. 放射性胶体的形成

低浓度放射性核素在溶液中存在的状态，早就引起了人们的注意。在1912年潘聂特就发现，RaD（^{210}Pb）、RaE（^{210}Bi）和 RaF（^{210}Po）的硝酸盐溶液的渗析行为与溶液的酸度有密切关系。当溶液为酸性时，3种核素均可透过半透膜；当溶液为中性时，只有 RaD 可以透过；当溶液为碱性时，3种核素均不能通过。由此可知，在中性溶液中 RaE 和 RaF 的粒子半径大于半透膜孔的半径，它们是以胶体状态存在的。在碱性条件下，RaD、RaE 和 RaF 均以胶体状态存在，故不能穿过半透膜。

大量研究表明，在低浓溶液中放射性核素可以真溶液状态存在，也可以胶体状态存在。在浓度为 10^{-9} mol/L 的溶液中，Po、Th、Pu、Be、Mg、La、Y、Ti、Zr、Sn、Pb、Nb、Bi、Pd 等元素均有可能成为胶体。

放射性胶体的成因有两种：

（1）由于放射性核素的浓度太低，溶液中的微量放射性核素在生成难溶化合物时，不足以形成沉淀，而形成一些直径为 10^{-9} m 量级的聚集体，这些聚集体分散在溶剂中形成胶体，这种胶体称为放射性真胶体。由于放射性真胶体粒子很小，因此用普通离心法（3 000～6 000 r/min）不能使它沉降，只有在约 $10^5 g$（g 为重力常数）的离心力场中才能使它有显著的沉降速度。

（2）溶液中的放射性核素吸附在杂质胶粒上而形成的胶体称为放射性假胶体。它的胶粒直径比真胶体大，可以用普通离心法使它沉降，在放射线照片上胶粒出现明亮的中心（杂质造成的）。

真胶体和假胶体的形成是由于生成的条件不同引起的。同一种放射性核素在某种情况下处于真胶体状态，在另一种情况下可以处于假胶体状态，有时两种胶体可以同时并存。表 5.3 列出了在不同介质条件下，溶液中某些微量放射性核素存在的主要状态、扩散系数和颗粒直径。

表 5.3 在不同介质条件下，溶液中放射性核素存在的主要状态、扩散系数和颗粒直径

放射性核素	载体浓度/($mol \cdot L^{-1}$)	溶液组成	存在的主要状态	扩散系数, 25℃/($\times 10^6 cm \cdot s^{-1}$)	颗粒直径/nm
^{137}Cs	10^{-5}	0.1 mol/L HCl	阳离子	19.7	—
^{80}Sr	10^{-7}	NaOH, pH = 11.5	阳离子	7.58	—
^{140}Ba	无载体	0.235 mol/L HNO_3	阳离子	7.06	—
^{144}Ce	无载体	10^{-3} mol/L HCl, 0.1 mol/L NaCl	阳离子	3.17	(1.52)
^{144}Ce	无载体	0.1 mol/L NaCl, pH = 10.0	真胶体	0.65	7.36
^{144}Pm	无载体	10^{-3} mol/L HCl, 0.1 mol/L NaCl	阳离子	4.87	(0.98)
^{147}Pm	无载体	0.1 mol/L NaCl, pH = 10.0	真胶体	1.07	4.48
^{95}Zr	10^{-7}	1 mol/L HCl	阳离子	4.84	(0.95)
^{95}Zr	10^{-7}	$NH_3 \cdot H_2O$, pH = 10.4	真胶体	1.06	4.6
$^{108}Ru(IV)$	10^{-6}	0.1 mol/L NaCl, pH = 6.8	真胶体	0.70	6.8
$^{212}Pb + ^{212}Bi$	无载体	H_2O	假胶体	0.18	26
^{210}Po	$<10^{-9}$	H_2O, pH = 6.55	假胶体	0.003	1 600

2. 影响放射性胶体形成的因素

（1）放射性核素生成难溶化合物的能力。放射性核素在溶液中生成难溶水解产物或其他难溶化合物的趋势越大，则越有利于放射性胶体的形成。相反，若在溶液中有能与放射性核素形成可溶性络离子的配位体存在，则可阻碍或破坏放射性胶体的形成。例如，^{212}Po 和 ^{212}Bi 的氢氧化物是难溶化合物，因此它们在氨溶液中会形成胶体。但 ^{224}Ra 的氢氧化物溶解度较大，所以 ^{224}Ra 不形成胶体。若向 ^{212}Pb 溶液中加入柠檬酸盐，柠檬酸根能与 Pb^{2+} 形成可溶性络离子，则随柠檬酸盐浓度的增加，^{212}Pb 形成胶体的量减少。

（2）溶液的酸度。碱金属和碱土金属在各种酸度下，都以离子状态存在于溶液中，它们不能生成真胶体，但在一定条件下能形成假胶体。碱土金属生成假胶体的趋势一般随其原子序数的增加而加大。

高价阳离子在溶液的 pH 值升高到一定值时开始形成胶体。各种元素开始形成胶体的 pH 值大致如下：第Ⅲ族元素在 pH ≈ 7；第Ⅳ、Ⅵ族元素在 pH = 4 ~ 5；第Ⅴ族元素在 pH = 1 ~ 2。

(3) 杂质粒子的影响。悬浮在溶液中的杂质粒子如尘土、SiO_2、Fe_2O_3 等吸附放射性核素形成假胶体，因此这些粒子的存在将显著地影响放射性胶体的形成，见表 5.4。表中两组数据是对两种水样测定的结果。

表 5.4 杂质粒子对 ^{212}Pb 和 ^{212}Bi 胶体的影响

放射性核素	用水稀释后放射性胶体的量/%		
	未净化的水	过滤净化的水	离心净化的水
^{212}Pb	59.4	28	—
	37.9	—	15.6
^{212}Bi	48.0	16.0	—
	87.6	—	30.5

(4) 溶剂的性质、存在的电解质、溶液的保存时间和储存容器等的影响。已知 ^{210}Pb 和 ^{210}Bi 在水、乙醇、硫醚、甲醇和苯中形成胶体，而在二氧六环和丙酮中不易生成胶体。Po 在水溶液中易形成胶体，而在丙酮和乙醇中不形成胶体。

溶液中存在的电解质能影响胶体粒子的双电层结构和胶体性质，同时也影响胶体的生成量。

放射性核素在溶液中水解和形成胶体的过程还受存放时间的影响。例如，从新制备的 10^{-5} mol/L 硝酸钚溶液中，离心分离出的胶体量为 35%，而从另一份陈化 45d 的溶液中，分离出的胶体量为 71%。

从实验发现，浓度为 0.001% 的 Ni、Mn、Mo、V、Au、Pt、Ru 和 Ti 的 6% 无机酸溶液在玻璃容器中储存 75d，浓度降低了 90%；若在石英器皿中储存，仅 Ni、Au、Pt 和 Ru 的浓度降低。浓度分别为 0.0001% 和 0.0007% 的 Mn 和 V 的 6% 无机酸溶液在聚乙烯容器内储存 250 d，浓度没有变化。

3. 研究放射性胶体的方法

放射性胶体具有以下特性：
(1) 在渗析或超过滤时，不能透过半透膜，或透过能力降低；
(2) 扩散速度降低；
(3) 在电解质的作用下，能发生凝聚或胶溶现象；
(4) 在加速力场（重力或超离心力）的作用下，能够沉降；
(5) 在共结晶、吸附和电化学行为方面，离子交换、萃取和同位素交换能力方面有反常行为。

放射性胶体的这些特性可用于研究微量放射性核素在溶液中所处的状态。研究胶体的常规方法如渗析法、扩散法、吸附法、超过滤法和超离心法等,在放射化学中广泛应用。此外,利用放射性核素具有放射性这一特点,可以用自射线照相法来确定微量放射性核素的状态。

下面举一个研究 ^{95}Nb 在 HNO_3 体系中的状态随 pH 值变化的例子。

首先用玻璃吸附法测定 ^{95}Nb 在玻璃表面上的吸附曲线,结果如图 5.8 中曲线 1 所示。它表明在 pH≤2 时,^{95}Nb 以离子状态存在;在 pH>2 时,^{95}Nb 的状态发生了变化。

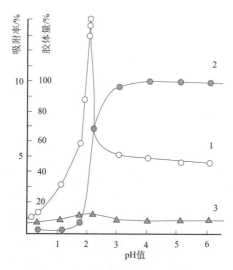

图 5.8　在 HNO_3 体系中 ^{95}Nb 的状态
1—在石英玻璃表面上 ^{95}Nb 的吸附量;
2—通过半透膜的 ^{95}Nb 的量;
3—离心法沉降 ^{95}Nb 的量

然后用超过滤法测定不同 pH 值时 ^{95}Nb 通过半透膜的量,如图 5.8 中曲线 2 所示。由此可以确定在 pH=1.8 时,^{95}Nb 开始形成胶体,pH 值继续增加,则全部转变为胶体。

最后用离心法(3 000 r/min)来确定 ^{95}Nb 生成的胶体是真胶体还是假胶体。因为在 3 000 r/min 的离心条件下,真胶体不能被离心沉降,但假胶体可被离心沉降。如果 ^{95}Nb 以假胶体形式存在,则沉降量 - pH 曲线应有明显的突变。对 ^{95}Nb 离心分离的实验结果如图 5.8 曲线 3 所示,图形并无明显的突变。因此,^{95}Nb 是以真胶体形式为主。

5.2 放射性物质在气相中的状态和行为

大气中存在着少量的放射性物质，主要来源有大气中宇宙射线引起的核反应产物 ^{14}C 和 ^{3}H 等；大气层核爆炸带来的放射性散落物；核工业设施排放的放射性废气；铀、钍矿逸出的氡气及其衰变子体。放射化学工作场所内，放射性物质也会通过各种途径进入空气，如放射性气体的逃逸，加热或蒸发溶液时放射性物质进入空气，粉尘操作时，因核衰变过程的反冲效应而使放射性物质进入气相等，因而造成实验室、车间和环境的污染。核衰变时反冲原子（子体核素）和夹带的放射性原子（母体核素）同时进入气相的现象称为群体反冲现象，这是 Po、Pu、Am 等强 α 放射性固体物质具有的特点，在使用和储存这些物质时应加以注意。

气相中的放射性核素可以分子状态存在，也可以气溶胶状态存在。

放射性气溶胶是放射性核素以极小微粒（1~100 nm）分散在空气中而形成的。放射性气溶胶有两种形成方式：一种是由放射性核素的分子或原子形成聚集体而悬浮于空气中。若气体中有极性分子如水分子等存在，则这些气溶胶粒子可以被极性分子包围而更趋稳定。因此，在极性气体（如氯化氢、水蒸气、乙烯等）中气溶胶的量较大。在核反应产物的快速放射化学分离中常利用这一性质使反冲原子悬浮在气体中，用高速喷放射性气体流将产物从反应位置迅速传送到分离系统。另一种形成方式是放射性核素吸附在气体的杂质微粒上。

放射性气溶胶微粒带有电荷，因此可以用静电场来收集它。例如，^{222}Rn 的子体放射性核素 ^{210}Pb、^{210}Bi 和 ^{210}Po 等可以沉积在 Pt 阴极上而得到富集分离。放射性气溶胶在重力场作用下可以沉降。用类似于研究放射性物质在溶液中状态的方法可以研究放射性物质在气相中的状态，如离心法、扩散法、超过滤法、吸附法、自射线照相法和电子显微镜法等。

放射性气溶胶粒子中的放射性核素会因衰变或核反冲逸出而减少，因此放射性气溶胶粒子随时间增加而逐渐减小。

放射性气溶胶具有强的电离效应，当它经呼吸道进入人体内时，这些胶粒放出的射线能使人体内的水分子或其他分子发生激发电离，引起生物效应而造成伤害。因此，放射性气溶胶会造成严重的环境污染和人体损害，所以必须加强对核工业生产厂区和其他放射性工作场所的大气监测，并对放射性气溶胶进行治理和防护。

5.3 放射性物质在固相中的状态

在固体物质中，由核衰变或核反应生成的放射性子体，因核反冲的缘故，将在固体物质中穿行一定的路程。最后，反冲核可能处于不同的氧化态，在晶体中重新占据晶格结点的位置，或者卡在晶格结点之间。由于它们在晶体中所处环境不同，行为也就不同。离开了结点的原子处于比较自由的状态，它能扩散到晶体表面或晶体间的缝隙中。

研究放射性核素在固体中状态的常用方法有浸出法和穆斯堡尔谱法等。

5.3.1 浸出法

浸出法广泛应用于对铀、钍矿物中子体放射性核素状态的研究。由于矿物中铀、钍衰变生成的放射性核素已从晶格结点上脱离而吸附在晶体表面或晶体缝隙表面，所以使用适当的溶液可使它们浸脱下来，从而与矿物的主要成分分离，然后根据对浸出液中核素的状态分析来了解核素在固相中的状态。

例如，用不同浓度的 HCl 浸出独居石矿，结果如图 5.9 所示。由图可见，当 HCl 浓度在 $10^{-6} \sim 10^{-4}$ mol/L 时，各种核素的浸出率很小。当 HCl 浓度在 $10^{-4} \sim 0.1$ mol/L 时，各种核素有不同程度的浸出。^{224}Ra 浸出率较大；^{228}Th 和镧系元素（Lu）的浸出率几乎没有变化。浸出液中除了有 U、Th 的衰变子体外，还有 U 和 Th。这是由于在辐射作用下，一部分矿物的晶格受到破坏的结果。当 HCl 浓度提高到 $0.1 \sim 3$ mol/L 时，各种元素的浓度都迅速增大。这时，除了浸出过程外，还存在矿石晶格的溶解过程。

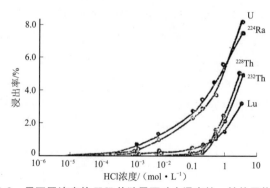

图 5.9 用不同浓度的 HCl 从独居石矿中浸出铀、钍的子体核素

浸出法的缺点是放射性核素与浸出试剂有相互作用，只有在水溶液中能稳

定存在的状态才能被测定出来。

5.3.2 穆斯堡尔谱法

穆斯堡尔谱法是通过原子核对无反冲 γ 射线进行共振吸收来记录和研究 γ 射线谱的精细结构的方法。穆斯堡尔谱的峰值位置对于原子核所处的环境（核外电场和磁场）很敏感。原子核外的电子数（即氧化态）、配位体数目和配位对称性等的变化，都会引起谱线峰发生位移或分裂。因此，由穆斯堡尔谱的分析结果可以直接获得关于固体中原子的氧化态、电子组态、配位对称性等有用的信息。

1. 穆斯堡尔参数

穆斯堡尔谱法中关于固体中原子的氧化态和所处的化学环境等重要信息是通过穆斯堡尔参数表现出来的。穆斯堡尔谱有 6 个主要的参数：化学位移、四极分裂、磁分裂、峰面积、峰宽度和穆斯堡尔分数，其中常用的是前 3 个参数。

（1）化学位移又称中心位移或称同质异能位移，它是指穆斯堡尔谱的吸收峰中心位置相对于零速度的位移，用 δ 表示位移值。化学位移是核电荷与核周围电子密度之间相互作用引起的，因此同一元素的不同化合物会有不同的化学位移值。原子的氧化态不同，外层电子数不同，其化学位移也不相同。图 5.10 表示用穆斯堡尔核素 ^{119}Sn 对不同的锡化合物吸收体测得的穆斯堡尔吸收谱。

现在已有许多穆斯堡尔核素的 δ 值与氧化态的相关图可供查用，可用来鉴定未知化合物。图 5.11 是 ^{57}Fe 的 δ 值与铁的氧化态的相关图，它表示在各种铁化合物中，不同的氧化态和自旋态时铁离子的 δ 值。对于离子型的高自旋铁化合物，铁的氧化态越高，化学位移 δ 值越负，不同氧化态的 δ 值几乎不重叠。因此，根据未知化合物的 δ 值很容易判明铁的氧化态。低自旋 Fe（Ⅱ）和 Fe（Ⅲ）的化合物的 δ 值相近，因此单用 δ 值不能区分铁的氧化态是 +2 还是 +3，必须与它的电四极矩分裂综合考虑才能区分开来。

（2）四极分裂是由核的电四极矩和核位置处的电场梯度相互作用引起的，这时简并的能级发生分裂。例如，激发态的 ^{57}Fe 核素具有电四极矩，能级分裂的结果产生两个特征的吸收峰（图 5.12）。两个峰间的距离为四极分裂值，用 Δ 表示。两峰中心相对于零速度的位移是 δ 值。由于基态 ^{57}Fe 的电四极矩值为零，所以它的能级是不分裂的。

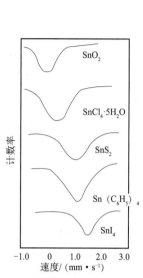

图 5.10　用穆斯堡尔核素 ^{119}Sn 对不同的锡化合物吸收体测得的穆斯堡尔吸收谱

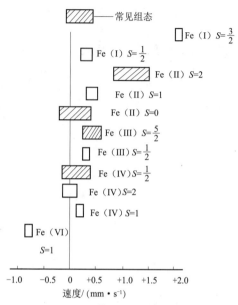

图 5.11　^{56}Fe 的 δ 值与铁的氧化态的相关图

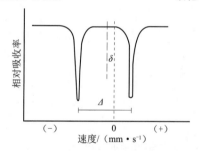

图 5.12　激发态 ^{57}Fe 的四极分裂图

原子周围的电场梯度是由原子的外层电子和配位基离子的分布偏离球形对称而引起的。电场梯度越大，四极分裂也越大。例如，具有对称结构的锡化合物，如 Sn(C_6H_5)$_4$、SnCl$_4$ 等不出现四极分裂，而结构不对称的 Sn(C_6H_5)$_i$Cl$_{4-i}$（$i=1,2,3$）则出现四极分裂（图 5.13）。

又如，Fe^{3+} 具有 $3d^5$ 电子构型，电子云是球形对称分布的，电场梯度主要由其他离子排布的对称性不好引起的。因此，电场梯度不大，四极分裂速度也较小，一般在 0.1 mm/s；而 Fe^{2+} 为 $3d^6$ 电子构型，电子云显著偏离对称分布，形成较大的电场梯度，四极分裂速度达到 3.7 mm/s。此外，配位多面体的歪曲变化也对四极分裂有显著的影响，因此研究四极分裂还可了解晶体结构变形的情况。

（3）磁分裂又称磁的塞曼分裂，它是由核磁矩与核外电子在原子核处建

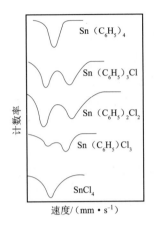

图 5.13　几种锡化合物的四极分裂图

立的磁场相互作用引起的，因为磁场完全消除了简并状态，核能态分裂成 $(2I+1)$ 个等距离的亚能态。例如，图 5.14 给出了方黄铜矿（$Cu_2Fe_4S_6$）的 ^{57}Fe 的四极分裂和磁分裂产生的穆斯堡尔谱线，显示出对称的 6 个峰。它的化学位移由 6 个峰的中心确定。

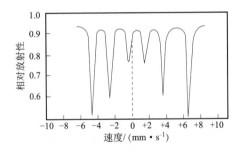

图 5.14　方黄铜矿（$Cu_2Fe_4S_6$）的四极分裂和磁分裂产生的穆斯堡尔谱线

2. 用穆斯堡尔发射谱研究放射性核素在固相中的状态

研究放射性核素在固相中的状态时，应当将被研究的样品作为放射源，另选择适当的物质作为吸收体，这样获得的穆斯堡尔谱称为穆斯堡尔发射谱（区别于吸收谱）。

例 1：研究 ^{125m}Te 发生同质异能跃迁时子体核素在固体中的价态。

把含有放射性核素 ^{125m}Te 的 $H_6^{125m}TeO_6$ 作为放射源，稳定的 H_6TeO_6 作为吸收体。^{125m}Te 经同质异能跃迁转变为穆斯堡尔核素 $^{125*}Te$ 后，发射出能量为 35.46 keV 的 γ 射线而转变为基态 ^{125}Te（图 5.15），用 H_6TeO_6 为吸收体获得穆斯堡尔发射谱如图 5.16 所示。假如子体核素 $^{125*}Te$ 和吸收体中的 Te 处于相同的化学状态，则应当得到 $\delta = 0$ 的单峰谱线，但实验得到的却是一条复杂的谱线（图 5.16 中的曲线 1），它可以分解为一条 $\delta = 0$ 的单峰谱线（图 5.16 中的曲线 3）和一条双峰谱线（图 5.16 中的曲线 2）。前者对应于 $H_6^{125*}TeO_6$ 状态，后者从 δ 值和四极分裂 Δ 值判断应为 $^{125*}Te^{4+}$。因此，$H_6^{125*}TeO_6$ 的同质异能跃迁的子体产物，一部分保持 H_6TeO_6 状态，另一部分还原为 +4 价离子。

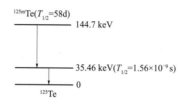

图 5.15　^{125m}Te 的衰变图

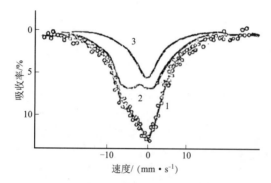

图 5.16　$H_6^{125*}TeO_6$ 源的穆斯堡尔发射谱（放射源：$H_6^{125*}TeO_6$，吸收体：H_6TeO_6）
1—实验曲线；2，3—由实验曲线 1 分解得到的曲线

例 2：研究在 $Na^{129}IO_3$ 固体中，^{129}I 发生 β 衰变后，子体核素 ^{129}Xe 的状态。

已知 ^{129}I 的衰变纲图如图 5.17 所示。^{129}I 的 β 衰变先生成穆斯堡尔核素 $^{129*}Xe$，再发射出能量为 39.58 keV 的 γ 射线而转变为基态 ^{129}Xe。因此可用穆斯堡尔谱法研究子体产物存在的状态。

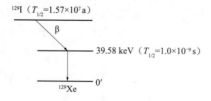

图 5.17　^{129}I 的衰变图

用 $Na^{129}I$ 作为放射源，氙的氢醌笼形包合物（Xe · 3 HO　HO—⟨ ⟩—OH）为吸收体，得到的穆斯堡尔发射谱为一条单峰谱线（图 5.18）。这是因为 ^{129}I 衰变

生成 $^{129}Xe^0$：

$$^{129}I \xrightarrow{\beta} {}^{129}Xe^0$$

而 $^{129}Xe^0$ 的电荷分布是球形对称的，同时在笼形包合物中，Xe 的键合作用可以忽略。因此，在放射源和吸收体中电场梯度均为零，不出现 Xe 激发态的四极分裂。

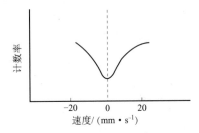

图 5.18　$Na^{129}I$ 的穆斯堡尔发射谱

改用 $Na^{129}IO_3$ 为放射源，仍以氙的氢醌笼形包合物为吸收体，得到的是一条双峰谱线 [图 5.19（a）]。这符合下述衰变方式：

$$^{129}IO_3^- \xrightarrow{\beta} {}^{129*}XeO_3$$

因为 $^{129*}XeO_3$ 具有非立方对称电荷分布，所以 $^{129*}XeO_3$ 能导致四极分裂的产生。双峰曲线表明 $Na^{129}IO_3$ 中 ^{129}I 衰变生成的 ^{129}Xe 可能以 XeO_3 状态存在。这一判断从下面的实验得到了进一步的证实。

当用 $K^{129}IO_4$ 为放射源，XeO_3 为吸收体时，也得到一条双峰谱线 [图 5.19（b）]。已知 $K^{129}IO_4$ 是化学位移 $\delta = 0$ 的单峰谱线（图 5.20），所以图 5.19（b）反映了 XeO_3 的吸收谱。比较图 5.19（a）和图 5.19（b）可以看出，二者的谱形相同，因此图 5.19（a）的双峰谱线也应是 XeO_3 产生的。

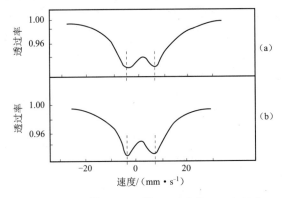

图 5.19　$Na^{129}IO_3$ 和 $K^{129}IO_4$ 的穆斯堡尔发射谱

（a）放射源是 $Na^{129}IO_3$ 吸收体是氙的笼形包合物；
（b）放射源是 $K^{129}IO_4$，吸收体是 XeO_3

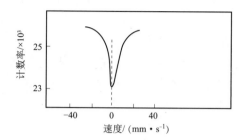

图 5.20　$K^{129}IO_4$ 的穆斯堡尔发射谱（放射源是 $K^{129}IO_4$，吸收体是氙的笼形包合物）

第6章
放射性物质的分离方法

在放射化学工作中,几乎都会遇到放射性物质的分离问题。例如,核燃料生产、辐照后核燃料的再生和回收、放射性核素和标记化合物的制备、原子核转变过程中化学效应的研究、原子核裂变或散裂产物分布的研究、环境放射性污染的监测等,都涉及放射性物质的分离、富集和纯化问题。

本章介绍常用放射性物质分离方法的原理和应用,重点讨论溶剂萃取法和离子交换法。

6.1 共沉淀法

在早期的放射化学研究工作和核燃料工业生产中,共沉淀法是一种最重要的分离方法,后来由于溶剂萃取法和离子交换法的发展,这种方法已失去原有的重要性。但在放射化学的研究中,共沉淀法仍然常与其他方法配合使用,作为一种分离、纯化补充的手段。

共沉淀的原理在第5章中已经讨论过,这里仅讨论共沉淀分离技术中的一些问题。

6.1.1 载体的使用

放射化学研究的对象往往是很复杂的,如高能质子轰击铀产生的散裂产物不但含量极少,而且组分非常复杂,其中包括原子序数为27(Co)到71(Lu)的40余种元素相应的放射性核素。为了把这些微量的放射性核素从如此复杂的体系中分离出来，并定量地确定其产额，直接用一般的化学分离方法进行分离是很困难的。在放射化学工作中，常采用加入载体的办法来解决这一问题。载体是在化学性质上与被分离的放射性核素相同或相似的物质。载体可分为同位素载体和非同位素载体两类。同位素载体是放射性核素的稳定同位素或长寿命同位素；非同位素载体是在化学性质上与放射性核素相似的另一种元素。载体用量一般为几毫克到几十毫克。加入载体的作用是能对被分离的放射性核素及载体一起进行分离，克服微量放射性物质易被吸附而丢失和不易被分离的问题，但又不影响对它进行定性和定量的测定。同位素载体有一个重要特点，即在分离过程中同位素载体的化学行为与被分离核素一致，载体的回收率 Y 也与放射性核素的回收率相等。回收率 Y 的定义为

$$Y = \frac{\text{分离出来的载体量}}{\text{加入的载体量}} \times 100\% \tag{6.1}$$

因此可以根据载体的回收率校正分离过程中放射性核素的损失，从而确定放射性核素的起始量。

这一方法在放射化学分离中有重要的意义，对于某些难以定量分离的核素，只要分离出一部分纯物质，即可从 Y 值来准确确定其含量，因此可大大简化分离程序。

使用同位素载体时，应注意使载体的化学状态与被分离核素的化学状态一致，这样，载体才能有效地载带放射性核素。但是，被分离核素的化学状态往往难以预测，因为：①核反应生成的放射性核素能以各种不同的价态存在；②溶解靶子时，放射性核素可以和溶剂发生各种化学反应；③射线对溶液的辐射化学效应也可以引起核素的价态变化。为了使载体和被载带核素之间的化学状态一致，可采用两种方法：一是向溶液中加入各种可能存在的价态的载体，然后用某种氧化-还原反应使价态变成一致；二是加入一种价态的载体，然后进行一次氧化-还原反应循环，把各种可能的价态变成一种价态。例如，为了从裂变产物中分离碘，可加入 KI 作载体，在碱性溶液中用 NaClO 将低价态的碘全部氧化为 I(Ⅶ)，再用 NaNO$_2$ 将 I(Ⅶ) 还原为单质碘。

放射性核素以胶体形式存在时，同位素交换速率比离子状态时慢得多。若同位素载体与被载带核素之间的同位素交换未达到平衡，则会影响载带效率。这种情况下需采取措施将胶体破坏，如加入络合剂，有些还要在浓的强酸中煮沸回流。

共沉淀法既可用于对某一元素作选择性分离，也可用于对某些元素作组分离。选择性沉淀的应用很多，如在特定条件下利用生成 BaZrF$_6$ 来对 Zr 进行选择性沉淀，用磷钼酸铵对 Cs 进行选择性吸附等。组分离的应用如用碳酸盐或

草酸盐沉淀碱土金属离子，用氟化物沉淀镧系元素和锕系元素离子，用氢氧化物沉淀除碱金属和碱土金属以外的大部分阳离子。常用于组分离的沉淀有 $BaCO_3$、LaF_3、$Fe(OH)_3$、MnO_2、CuS、Bi_2S_3，有机沉淀剂也可用作组分离沉淀剂。

用共沉淀法从含有多种放射性核素的溶液中分离某种放射性核素时，常常有微量杂质核素被沉淀吸附或夹带下来，使被分离核素污染。为了减少这种污染，常使用反载体和净化载体。反载体又称抑制载体，通常是杂质的稳定同位素。加入反载体后，放射性杂质被大大稀释，并随反载体一起保留在溶液中，从而大大降低放射性杂质被吸附或夹带的量。载体和反载体在其他分离方法中也常使用。例如，用 Ag 置换法测定铀工业废水中的 ^{210}Po 时，加入 Bi 作反载体，使 ^{212}Bi 保留在溶液中，消除 ^{212}Bi 对 ^{210}Po 的干扰。

净化载体又称清扫载体或净化剂。这种载体可将多种杂质离子从溶液中除去，让所需的放射性核素留在溶液中。净化操作常常要进行多次才能达到所要求的净化程度。例如，从铀的裂变产物中分离 ^{140}Ba 时，向试样中加入 Ba 载体，用盐酸-乙醚混合试剂使 Ba 沉淀为 $BaCl_2 \cdot H_2O$ 而与大部分杂质分离。然后将沉淀溶于水中，加入 $FeCl_3$，用氨水使 Fe^{3+} 沉淀为 $Fe(OH)_3$，进一步除去杂质。上述净化操作重复一次，再将 Ba 沉淀为 $BaCl_2 \cdot H_2O$。然后再用水溶解沉淀，加入 $LaCl_3$，用氨水使 La^{3+} 沉淀为 $La(OH)_3$ 以除去 $Fe(OH)_3$ 未能净化掉的杂质，即可得到很纯的 Ba 试样。常用的净化载体有 $Fe(OH)_3$、$Th(OH)_4$、$BaSO_4$、$BaCO_3$、MnO_2、Bi_2S_3 等。

6.1.2 改善共沉淀分离的措施

在共沉淀分离过程中，为了减少放射性杂质的污染，除采用反载体与净化载体外，还可以采取下列措施：

（1）提高介质酸度，降低沉淀吸附放射性核素的能力。例如，介质酸度从 0.15 mol/L 增加到 1 mol/L，^{210}Bi 随 $BaSO_4$ 沉淀的量从 38% 下降到 4%。

（2）加入能与放射性杂质生成稳定络合物的络合剂，可以大大减少杂质共沉淀的量。例如，沉淀 AgI 时加入过量的 I^-，利用 I^- 能与 Bi^{3+} 生成可溶性 $HBiI_4$ 的性质，可使 ^{210}Bi 随 AgI 共沉淀的量大大减少。

（3）加入表面活性剂减少放射性核素在沉淀上的吸附。例如，溶液中加入中性红，^{65}Zn 随 CdS 共沉淀的量仅为原来的 1/3。

（4）均相沉淀。使沉淀剂离子在溶液中逐渐形成，可以减少沉淀对其他离子的吸附。

6.2　溶剂萃取法

溶剂萃取和分配定律在 19 世纪就已被人们发现。第二次世界大战后，由于核燃料工业的发展，溶剂萃取法在无机物分离中的应用取得了重大进展，现在溶剂萃取法在放射化学研究和核燃料工艺中已成为应用最广泛的一种重要分离方法。

溶剂萃取法的主要优点是选择性好，回收率高；对微量物质的分离和工业生产规模的分离均可使用；设备简单，操作方便，易实现连续化和自动化。

6.2.1　萃取过程中的分配关系

1. 分配定律

1891 年能斯特发现，当温度一定时，一种物质在两种互不相溶的溶剂中溶解达到平衡后，该物质在这两种溶剂中的浓度之比为一常数。这就是著名的能斯特分配定律，用公式表示即为

$$\frac{c_1}{c_2} = K \tag{6.2}$$

式中　c_1——溶质在溶剂 1 中的平衡浓度；
　　　c_2——溶质在溶剂 2 中的平衡浓度；
　　　K——分配常数。

在溶剂萃取中，一种溶剂是水溶液，另一种溶剂是有机溶液或有机溶剂。

理论和实验都表明，只有当溶质和溶剂不发生化学作用，溶质在两相中以相同的化学形式存在，而且浓度很低时，溶质在两相的分配才服从分配定律。

2. 分配比和分离系数

萃取过程一般伴有化学反应，被萃取溶质在两相中常以一种以上的化学形式存在，因此不能简单地用分配定律来表示萃取平衡时溶质在两相的分配关系，这种关系只有根据萃取机理才能推导得到。萃取体系中，溶质在水相和有机相中溶解达到平衡后，溶质在有机相的浓度 c_o 和在水相的浓度 c 之比称为分配比 D，即

$$D = \frac{c_o}{c} \tag{6.3}$$

分配比可由实验测定。若溶质在两相中的化学形式相同且其浓度很低时，则分

配比等于分配常数。

若溶质 A 和 B 在给定的萃取条件下具有不同的分配比，则萃取达到平衡后 A 和 B 在两相的浓度比不相同，于是两者达到一定程度的分离。其分离的程度常用分离系数 a 来表示，a 定义为

$$a = \frac{D_A}{D_B} \quad (6.4)$$

其中，D_A 和 D_B 分别为溶质 A 和 B 的分配比。习惯上将分配比大的作分子，所以 $a > 1$。由式（6.3）和式（6.4）可以导得

$$a = \left(\frac{c_{A,o}}{c_A}\right) \Big/ \left(\frac{c_{B,o}}{c_B}\right) = \left(\frac{c_{A,o}}{c_{B,o}}\right) \Big/ \left(\frac{c_A}{c_B}\right)$$

式中　$c_{A,o}$ 和 $c_{B,o}$——萃取平衡时溶质 A 和 B 在有机相的浓度；

　　　c_A 和 c_B——萃取平衡时溶质 A 和 B 在水相的浓度。

因此，分离系数的物理意义是溶质 A 和溶质 B 在有机相的浓度比和在水相的浓度比之比值。a 值越大，溶质 A 在有机相富集的程度越大，A 和 B 的分离越完全。当 $a = 1$ 时，A 和 B 不能分离，这种情况下需改变萃取条件或选择其他萃取体系，才能使 A 和 B 分开。

3. 萃取百分率

表示萃取效率的另一个参数是萃取百分率 P，其定义是在萃取过程中被萃取物质从水相转移到有机相的百分数，所以

$$P = \frac{c_0 - c}{c_0} \times 100\% \quad (6.5)$$

式中　c_0——溶质在水相的初始浓度；

　　　c——萃取后溶质在水相残留的浓度。

设有一萃取体系，其水相体积为 V，有机相体积为 V_o，某溶质在这两相间的分配比为 D。若溶质在有机相中的初始浓度为零，萃取前后两相体积均无变化，由物料衡算可得

$$Vc_0 = Vc + V_o c_o$$

式中　V——水相体积；

　　　c_0——溶质在水相的初始浓度；

　　　c——溶质在水相的平衡浓度；

　　　V_o——有机相体积；

　　　c_o——溶质在有机相的平衡浓度。

将 $D = c_o/c$ 和 $V_o/V = r$（两相体积比，简称相比）代入上式，整理后可得

$$c = c_o \frac{1}{1 + rD} \tag{6.6}$$

由式（6.5）和式（6.6）可得

$$P = \frac{rD}{1 + rD} \times 100\% \tag{6.7}$$

由式（6.7）可知，相比 r 和分配比 D 越大，萃取百分率越高。

4. 萃取体系的分类

金属离子必须形成可溶于有机相的化合物才能被萃取。根据溶解的相似性规律，结构相似的化合物容易互相混溶，因此将金属离子与萃取剂结合成在化学结构上与有机溶剂相似的物质后，可增加其在有机相中的溶解度，有利于金属离子的萃取。迄今已发现的萃取剂有几百种，周期表中除零族元素外，其他元素都能以某种化学形式被适当地萃取体系萃取。对如此众多的萃取体系，若按萃取机理分类，则可分为以下 5 种类型：简单分子萃取、中性络合萃取、酸性络合萃取、离子缔合萃取和协同萃取。下面分别讨论各类萃取体系的原理和影响因素，并介绍一些它们在放射化学分离中应用的例子。

6.2.2 简单分子萃取体系

1. 萃取原理

这类萃取体系的特点是被萃取物质在水相和有机相中都以中性分子形式存在，溶剂与被萃取物质之间没有化学作用。因此，简单分子萃取过程是被萃取物质在两相中溶解的竞争过程。有机物在水相和有机相之间的分配大都属于这类萃取。无机化合物中许多难电离化合物和单质的萃取也属于这类型，其主要化合物类型有卤化物（如 AsX_3、GeX_4、HgX_2，X 表示卤素）、硫氰化物［如 $M(SCN)_2$、$M(SCN)_3$，M 表示金属离子］、氧化物（如 OsO_4、RuO_4）、单质（如 Br_2、I_2、Hg）。

在简单分子萃取体系中，被萃取的溶质在水相和有机相中常有电离、络合、聚合等作用，因此其分配比和分配常数一般是不同的。例如，在 NaI 存在的情况下用 CCl_4 从水溶液中萃取 I_2 时，存在两种平衡：

络合：

$$I_2 + I^- \underset{}{\overset{\beta}{\rightleftharpoons}} I_3^-$$

萃取：

$$I_2 \overset{K_e}{\rightleftharpoons} I_{2(o)}$$

碘在两相的分配比为

$$D = \frac{[I_2]_o}{[I_2] + [I^-]} = \frac{[I_2]_o}{[I_2]} \cdot \frac{1}{1+\beta[I^-]} = K_e \frac{1}{1+\beta[I^-]}$$

式中　K_e——萃取平衡常数；

　　　β——络合物稳定常数。

严格来说，式中各浓度项都应该用活度 a 表示，为了简化讨论，上式和以后各节都忽略了活度系数，以浓度近似代替活度。

2. 影响简单分子萃取的因素

影响简单分子萃取的主要因素如下：

（1）被萃取溶质在有机相中的溶解度越大，其分配比越大。分配比值接近于溶质在两相的溶解度之比。

（2）被萃取溶质分子的体积越大，越有利于萃取，其原因可近似地用空腔作用能的大小来解释。水溶液中，水分子之间依靠氢键和范德华力的相互作用形成一定的结构排列。当溶质 M 溶于水时，水中需形成一个空腔来容纳它，这就要破坏某些水分子的结合（用 W–W 表示），同时形成 M 与水分子之间的结合（用 M–W 表示）。同样，有机相中溶剂分子间有范德华力作用（用 S–S 表示），M 溶于有机相则要破坏某些 S–S 结合而形成 M–S 结合。当溶质从水相转入有机相时，体系的能量变化为上述 4 种过程所需能量的代数和。若认为破坏 M–W 结合和形成 M–S 结合的能量近似相等，则萃取过程的能量变化 $\Delta E \approx E_{w-w} - E_{s-s}$，这里 E_{w-w} 和 E_{s-s} 分别为溶质分子在水相和有机相形成空腔时所需能量。空腔作用能的大小与溶质的表面积近似成正比，因此溶质分子越大，体系的能量降低越大，越有利于萃取。

（3）水相中加入与溶质及萃取剂均不发生化学作用的盐类（称盐析剂）可大大提高被萃取溶质的分配比，这种作用称为盐析效应。例如，在 CCl_4 萃取 RuO_4 时，水相中加入 NaCl 可大大提高 RuO_4 的分配比。

（4）水相中存在能与被萃取溶质发生化学作用的物质，会影响萃取溶质的分配。例如，用 CCl_4 萃取 I_2 时，水相中若加入 NaI，则因 I^- 与 I_2 生成易溶子水的 I_3^-，使 I_2 的萃取分配比降低。

6.2.3　中性络合萃取

1. 萃取原理

这类萃取体系的特点是，萃取剂是中性分子，被萃取溶质与萃取剂形成中性络合物而被萃取。例如，磷酸三丁酯（TBP）溶液萃取 $UO_2(NO_3)_2$ 时，铀形成中性络合物 $UO_2(NO_3)_2 \cdot 2TBP$ 进入有机相而被萃取。

最重要的中性络合萃取剂是中性磷类萃取剂，主要类型有：

$$\begin{array}{ccc} RO\diagdown\quad O & RO\diagdown\quad O & R\diagdown\quad O \\ P & P & P \\ RO\diagup\quad OR & R\diagup\quad OR & R\diagup\quad OR \end{array}$$

磷酸酯　　　烷基磷酸酯　　二烷基磷酸酯

$$\begin{array}{cc} R\diagdown\quad O & R\diagdown\quad\quad\quad\quad R \\ P & P-(CH)_n-P \\ R\diagup & R\diagup\quad O\quad\quad\quad O\diagdown R \end{array}$$

二烷基氧化膦　　烷撑双烷基氧化膦

其次是含氧萃取剂：

$$R-O-R \quad R-OH \quad R-\overset{O}{\overset{\|}{C}}-OR \quad R-\overset{O}{\overset{\|}{C}}-R'$$

醚　　　醇　　　酯　　　酮

其他还有：

$$R-\overset{O}{\overset{\|}{C}}-NR_2 \quad X_3PS\ (X=OR或R) \quad \bigcirc_N \quad R_2SO$$

取代酰胺　中性含磷硫萃取剂　　中性含氨萃取剂　二烷基亚砜

下面以 TBP 从 HNO_3 溶液中萃取 $UO_2(NO_3)_2$ 为例，讨论中性络合萃取的机理。TBP 萃取 $UO_2(NO_3)_2$ 的化学过程可表示为

$$UO_2^{2+} + 2NO_3^- + 2TBP_{(o)} \underset{}{\overset{K_e}{\rightleftharpoons}} UO_2(NO_3)_2 \cdot 2TBP_{(o)}$$

萃取络合物的结构为

$$(RO)_3P=O \rightarrow UO_2 \leftarrow O=P(OR)_3$$
（配以两个 NO_3 基团双齿配位于 UO_2）

萃取平衡常数 K_e 为

$$K_e = \frac{[UO_2(NO_3)_2 \cdot 2TBP]_o}{[UO_2^{2+}][NO_3^-]^2[TBP]_o^2} \tag{6.8}$$

铀酰离子在水相中以 UO_2^{2+} 和 $UO_2NO_3^+$ 两种形式存在，故铀的分配比 D_U 为

$$D_U = \frac{[UO_2(NO_3)_2 \cdot 2TBP]_o}{[UO_2^{2+}] + [UO_2NO_3^+]} = \frac{[UO_2(NO_3)_2 \cdot 2TBP]_o}{[UO_2^{2+}](1+\beta_1[NO_3^-])} \tag{6.9}$$

其中,β_1 为络离子 $UO_2NO_3^+$ 的第一级络合稳定常数。$(1+\beta_1[NO_3^-])$ 代表水相中 UO_2^{2+} 与 NO_3^- 的络合程度,称为络合度,用 Y 表示。由式 (6.8) 和式 (6.9) 可以得到

$$D_U = \frac{K_e}{Y}[NO_3^-]^2[TBP]_o^2 \quad (6.10)$$

上式正确地反映了水相和有机相的组成与铀的分配比的关系,并已为实验所证实。

中性络合萃取的通式可以表示为

$$M^{n+} + nA^- + qS_{(o)} \xrightleftharpoons{K_e} MA_n \cdot qS_{(o)}$$

M^{n+} 的分配比为

$$D_{M^{n+}} = \frac{K_e}{Y}[A^-]^n[S]_o^q \quad (6.11)$$

式中　M^{n+}——被萃取的 n 价阳离子;
　　　A^-——与 M^o 成盐的一价阴离子;
　　　S——萃取剂分子;
　　　q——萃取剂反应分子数。

若 M^{n+} 和 A^- 在水相能形成多种络离子 $MA^{(n-1)+}$,$MA_2^{(n-2)+}$,…,$MA_m^{(n-m)+}$,则络合度 Y 的表达式为:$Y = \frac{K_e}{D_{M^{n+}}}(1+\beta_n[A^-])^n[S]_o^q$,其中 β_n 为各级络合物的累计稳定常数。

在低酸度条件下含氧萃取剂萃取金属盐也属于中性络合萃取。这类萃取剂可以直接和金属离子配位形成一次溶剂化萃取络合物,也可以不直接与金属离子结合,而与第一配位层的水分子以氢键结合,生成二次溶剂化萃取络合物。例如,$UO_2(NO_3)_2$ 和异丁醇(i-BuOH)或甲基异丁基酮(MIBK)形成的一次溶剂化萃一取络合物的结构式如下:

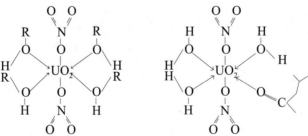

$UO_2(NO_2)_2 \cdot 4(i\text{-BuOH})$　　$UO_2(NO_1)_1 \cdot 3H_2O \cdot MIBK$

$UO_2(NO_3)_2$ 通过二次溶剂化形成的萃取络合物的组成为 $UO_2(NO_3)_2 \cdot 4H_2O \cdot nS$ ($n \leq 4$),如 $UO_2(NO_3)_2 \cdot 4H_2O \cdot ROR'$,其结构式可能为

含氧萃取剂在高酸度条件下萃取金属离子时,其萃取机理属于离子缔合萃取,将在后面讨论。

2. 影响中性络合萃取的因素

1) 萃取剂的性质和结构

萃取剂官能团上配位原子提供配位电子的能力越强,其萃取能力越强。例如,P、O、C三种原子的电负性顺序为 O > C > P,所以 P=O 键的极性大于 C=O 键的极性,中性磷类萃取剂的萃取能力比含氧萃取剂的强。

在有机磷类萃取剂中,如果 P=O 基上连接的 P—C 键数目增加,则由于烷基的推电子作用,使 P=O 键的极性增加,配位能力增强,萃取能力也增大。各种中性磷类萃取剂萃取能力大小的顺序为:R_3PO > $(RO)R_2PO$ > $(RO)_2RPO$ > $(RO)_3PO$。P=O 基上取代基的结构对其萃取能力和选择性也有影响,如表6.1所示。含氧萃取剂分子结构的对称性对其萃取能力也有影响,如结构不对称的酮(如 MIBK)有较好的萃取能力。

表6.1 甲基磷酸二烷基酯 $[CH_3PO(OR)_2]$ 的萃取能力和选择性

R 的结构	D_U	D_{Th}	α_{Th}^{U}
正 - C_4H_9	16.5	0.502	32.9
异 - C_4H_9	17.0	0.368	46.2
仲 - C_4H_9	20.3	0.105	193
叔 - C_4H_9	0.29	> 10^{-3}	> 285
正 - C_8H_{17}	23.4	0.545	42.5
异 - C_8H_{17}	20.4	0.271	75.3
仲 - C_8H_{17}	22.3	0.059	378

2) 萃取剂的浓度

由式(6.11)可知,当温度和水相条件不变时,K_e、Y 和 $[A^-]$ 均为常数,分配比 $D^\infty[S]_o^n$ 随有机相萃取剂浓度增加而增加。

3）酸度

TBP 从 HNO₃ 溶液中萃取某些锕系元素时，分配比随 HNO₃ 浓度变化的情况如图 6.1 所示。由图可见，随着 HNO₃ 浓度逐渐增加，分配比先是急剧增加，在达到一极大值后下降。其原因是，在 HNO₃ 浓度较低时，[NO_3^-] 的同离子效应起主要作用，D 迅速增加；而当 HNO₃ 浓度较高时，由于 HNO₃ 被 TBP 萃取，即

$$H^+ + NO_3^- + TBP_{(o)} \rightleftharpoons HNO_3 \cdot TBP$$

使游离 TBP 的分数减少，因此导致分配比下降。某些元素的分配比在高酸度时又上升，对这种现象目前还没有确切的解释。

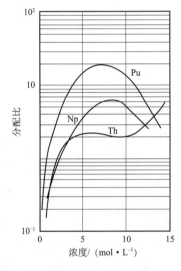

图 6.1　HNO₃ 浓度对 Th、Np 和 Pu 分配比的影响（萃取剂：19%TBP－煤油；温度：25℃）

在低酸度条件下含氧萃取剂的萃取机理属于中性络合萃取。在高酸度条件下，其萃取机理转变为离子缔合萃取。此时被萃取物不是中性络合物而是金属卤素络合酸，如 $HFeCl_4$、$HGaCl_4$、H_2IrCl_6 等。

4）水相中阴离子和络合剂的影响

由于不同阴离子与被萃取金属离子的络合能力不同，因此对分配比的影响也不同。例如，TBP 从 HNO₃ 和 HCl 溶液中萃取 UO_2^{2+} 的能力差别不大，而 ClO_4^- 的络合能力很小，难以取代 UO_2^{2+} 周围的络合水分子，因此从 $HClO_4$ 溶液中萃取 UO_2^{2+} 的分配比较小。水相中存在络合剂会使分配比降低，但由于同一络合剂对不同金属离子的络合能力不同，因此加入络合剂常常可以增加不同金属离子之间的分离系数。例如，用 TBP 从 8 mol/L NH_4NO_3 中萃取稀土金属的硝酸盐时，加入 EDTA 后可使 Ho 和 Yb 的分离系数从 0.45 增加

到 4.22。

5）盐析剂

在中性络合萃取时，常加入与金属盐有相同阴离子的惰性盐为盐析剂，以提高被萃取物质的分配比。此种盐析剂的作用有两个方面：一方面，它含有与金属盐相同的阴离子，因此有同离子效应，反应向有利于萃合物生成的方向移动，使分配比增加；另一方面，盐析剂阳离子的水化作用降低了自由水分子的活度，抑制被萃取金属离子的水化作用，有利于萃取。因此，常用不易被萃取且离子势高的金属（如 Al、Li、Mg、Ca 等）的盐类作盐析剂。

6）稀释剂

萃取过程中使用稀释剂的目的是得到适当浓度的萃取剂，以改善有机相的黏度、表面张力等。中性络合萃取体系常用的稀释剂有饱和烷烃（如煤油）、芳烃、CCl_4、$CHCl_3$ 等。

3. 应用举例

使用最多的中性磷类萃取剂是 TBP，在放射化学分离和分析、核燃料生产和稀有金属水法冶金中，TBP 都已得到了广泛应用。

在核燃料工业中，TBP 最典型的应用是从辐照过的核燃料元件中回收铀和钚的 PUREX 流程。PUREX 一词是"钚铀还原萃取"英文字头的缩写。这里简单介绍典型的 PUREX 三循环流程。反应堆中照射过的燃料元件经冷却、去壳、切割和 HNO_3 溶解后，将溶液酸度调到浓度为 1 mol/L，加入适量的 $NaNO_2$ 将 Pu 稳定在 Pu^{4+} 状态，制成原料液。

第一循环称共去污循环，是用 30% TBP – 煤油溶液作萃取剂，将 U（VI）和 Pu（IV）从原料液中萃取到有机相而与大部分裂变产物分离。含有 U、Pu 的有机相用适当浓度的 HNO_3 洗涤，再用稀 HNO_2 反萃，将铀和钚反萃到水相。

第二循环是铀–钚分离循环。第一循环的反萃液经调节酸度后，用 30% TBP – 煤油溶液将 U 和 Pu 萃取入有机相。有机相经洗涤后，用含 Fe（NH_2SO_3）$_2$ 的 HNO_3 溶液反萃，此时 Pu^{4+} 还原为 Pu^{3+} 从有机相中反萃下来，使铀–钚得到分离，此含有 Pu^{3+} 的水相溶液作为第三循环钚净化工序的原料液。有机相中的铀再用稀 HNO_3 反萃，得到第三循环铀净化工序的原料液。

第三循环为产品的最后净化循环，包括铀净化和钚净化两个工序。在铀净化工序中，第二循环产生的铀料液经浓缩和调节酸度后，加入 Fe（NH_2SO_3）$_2$ 还原痕量的 Pu^{4+}，然后用 TBP 萃取，稀 HNO_3 反萃，便得到铀产品液。在钚净化工序中，在第二循环产生的钚料液中加入 $NaNO_2$，使 Pu^{3+} 氧化为 Pu^{4+}，调

节 HNO_3 浓度后用 TBP 萃取,稀 HNO_3 反萃,便得到钚产品液。

经上述 3 个循环后,铀对裂变产物的去污系数①可达 10^6;钚对裂变产物的去污系数可达 $10^7 \sim 10^8$;铀和钚彼此的去污系数可达 10^6。该流程铀和钚的回收率均大于 99.8%。

6.2.4 酸性络合萃取

这类萃取体系的特点是,萃取剂是有机弱酸,被萃取金属离子和萃取剂 HA 中的 H 发生阳离子交换形成中性络合物而被萃取,因此这类萃取又可称为阳离子交换萃取。螯合萃取、酸性磷类萃取及羧酸萃取都属于这类萃取。羧酸萃取在放射化学中应用较少,这里不作介绍。

1. 螯合萃取

1)萃取原理

螯合剂是多官能团的酸性有机化合物,在萃取过程中,金属阳离子与螯合剂反应形成电中性环状络合物而被萃取,称为螯合萃取。常用的螯合萃取剂列于表 6.2。

螯合萃取的总反应可以表示为

$$M^{n+} + nHA_{(o)} \xrightleftharpoons{K_e} MA_{n(o)} + nH^+ \tag{6.12}$$

萃取平衡常数为

$$K_e = \frac{[MA_n]_o [H^+]^n}{[M^{n+}][HA]_o^n} \tag{6.13}$$

例如,从含 NaCl 的 HCl 溶液中用 PMBP 的甲苯溶液萃取 Th^{4+} 的反应可表示为

$$Th^{4+} + 4HA_{(o)} \rightleftharpoons ThA_{4(o)} + 4H^+$$

萃合物的结构为

---

① 去污系数 = $\dfrac{\text{原始溶液中杂质元素量/原始溶液中被分离元素量}}{\text{分离后产品中杂质元素量/分离后产品中被分离元素量}}$

表 6.2 常用螯合萃取剂

类别	通式	举例
β-二酮	R—C—CH$_2$—C—R' ‖ ‖ O O	噻吩甲酰三氟丙酮（HTTA 或 TTA） 1-苯基-3-甲基-4-苯甲酰基吡唑啉酮-5（PMBP 或 PZL）
8-羟基喹啉	（带 R'、R 取代的 8-羟基喹啉结构）	8-羟基喹啉（HO$_x$） 7[3-(5,5,7,7-四甲基-1-辛烯基)]-8-羟基喹啉（Kelex 100）

N-亚硝基芳胺	Ar—N—O−
	     ‖
	     N═O
		钢铁灵

羟肟	R—C—C—R'
	  | |
	  HO N—OH
		2-羟基-5-十二烷基-二苯甲酮肟（LIX-64）

续表

类别	通式	举例
亚硝基酚	(结构式：苯环连 N=O 和 OH)	α-亚硝基-β-萘酚
双硫腙	S=C(NH—NH—)(N=N—)	双硫腙，打萨腙（HD_z）

螯合萃取包括下列各种平衡：

（1）螯合剂在两相间的分配：

$$HA \underset{}{\overset{\lambda}{\rightleftharpoons}} HA_{(o)}$$

$$\lambda = \frac{[HA]_o}{[HA]} \tag{6.14a}$$

（2）螯合剂在水相的离解：

$$HA \underset{}{\overset{\lambda}{\rightleftharpoons}} HA_{(o)}$$

$$\lambda = \frac{[HA]_o}{[HA]}$$

$$HA \underset{}{\overset{\lambda}{\rightleftharpoons}} HA_{(o)}$$

$$\lambda = \frac{[HA]_o}{[HA]} \tag{6.14b}$$

（3）水相中金属离子生成螯合物：

$$M^{n+} + nA^- \underset{}{\overset{\beta_n}{\rightleftharpoons}} MA_n$$

$$\beta_n = \frac{[MA_n]}{[M^{n+}][A^-]^n} \tag{6.14c}$$

（4）螯合物在两相间的分配：

$$MA_n \underset{}{\overset{\Lambda}{\rightleftharpoons}} MA_{n(o)}$$

$$\Lambda = \frac{[MA_n]_o}{[MA_n]} \tag{6.14d}$$

将式（6.14）代入式（6.13）可得

$$K_e = \Lambda \beta_n \left(\frac{K_a}{\lambda}\right)^n \tag{6.14e}$$

式中 λ——螯合剂在两相间的分配常数；

K_a——螯合剂在水相的离解常数；

β_n——螯合物的稳定常数；

Λ——螯合物在两相间的分配常数。

若金属离子 M^{n+} 和螯合剂 HA 在水相可生成一系列络合物，如 $MA^{(n-1)+}$，$MA_2^{(n-2)+}$，…，$MA_m^{(n-m)+}$，其中只有中性络合物 MA_n 可被萃取，则 M^{n+} 的分配比为

$$D = \frac{c_{m,o}}{c_m} = \frac{[MA_n]_o}{[M^{n+}] + \sum_{i=1}^{m}[MA_i]} = \frac{[MA_n]_o}{[M^{n+}]\left(1+\sum_{i=1}^{m}\beta_i[A^-]^i\right)} \tag{6.15}$$

令络合度 $Y = 1 + \sum_{i=1}^{m}\beta_i[A^-]^i$，则上式可写为

$$D = \frac{[MA_n]_o}{[M^{n+}]Y} = \frac{K_e}{Y} \cdot \frac{[HA]_o^n}{[H^+]^n} \tag{6.16}$$

或

$$\lg D = \lg \frac{K_e}{Y} + n\lg[HA]_o + n\text{pH} \tag{6.17}$$

将式（6.15）代入式（6.16）则得到

$$D = \frac{\Lambda \beta_n}{Y}\left(\frac{K_a}{\lambda}\right)^n\left(\frac{[HA]_o}{[H^+]}\right)^n \tag{6.18}$$

2）影响螯合萃取的因素

（1）螯合剂和螯合物的性质。由式（6.18）可知，螯合物的稳定性（β_n）、螯合剂的酸性（K_a）、螯合剂和螯合物在两相中的溶解度（λ 和 Λ）都对金属离子的萃取有影响。采用酸性强（K_a 大）、较易溶于水（λ 小）的萃取剂有利于螯合物的生成，因而也有利于萃取。虽然螯合物的稳定常数 β_n 通常随螯合剂的 K_a 增加而降低，但在许多情况下 K_a 值的增加比 β_n 值的降低大，总的结果仍然是 $\beta_n K_a^n$ 增加，有利于萃取。

（2）螯合剂浓度。当水相条件一定时，$D \propto [HA]_o^n$，故螯合剂浓度增加，分配比增大。

（3）水相 pH 值。螯合剂是弱酸，因此其萃取能力与水相 pH 值有密切关系，这是螯合萃取的显著特点。由式（6.17）可知，当 $[HA]_o$ 一定时，$\lg D \propto n\text{pH}$，这里 n 是被萃取金属离子的价数。图 6.2 是 Ra 和某些锕系元素离子的萃取率随 pH 值变化的情况。

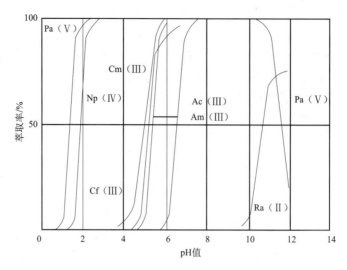

图 6.2 萃取率与 pH 值的关系

螯合萃取体系中，分配比 $D=1$ 所对应的 pH 值，称为半萃取 pH 值，用 $pH_{1/2}$ 表示。当 $pH = pH_{1/2}$ 时，若 $r=1$ 则萃取率 P 等于 50%。由式（6.17）可得

$$pH_{1/2} = -\frac{1}{n}\lg\frac{K_e}{Y} - \lg[HA]_o \quad (6.19)$$

由此可见，在萃取剂浓度一定时，若 $Y \approx 1$，则 $pH_{1/2}$ 仅取决于金属离子的萃取平衡常数和价态。离子的 $pH_{1/2}$ 值越小，则萃取平衡常数越大，该离子就越容易被萃取。由式（6.17）和式（6.19）还可以导得

$$D = n(pH - pH_{1/2}) \quad (6.20)$$

此式常用于计算不同 pH 值时的分配比 D。

2. 酸性磷类萃取

1）萃取原理

这类萃取的原理与螯合萃取相似，金属离子与萃取剂中的 H^+ 发生交换，形成络合物而被萃取。例如，二（2-乙基己基）磷酸（HDEHP，我国工业试剂的商品名为 p-204）在非极性溶剂中常以二聚分子（H_2A_2）形式存在：

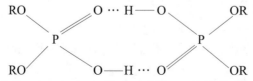

它与 UO_2^{2+} 形成络合物 $UO_2(HA_2)_2$ 进入有机相，其结构为两个包含氢键的八

原子螯合环。酸性磷类萃取剂与螯合萃取剂的不同之处在于，酸性磷类萃取剂的酸性比螯合萃取剂强，能在较高的酸度条件下进行萃取；酸性磷类萃取的萃合物在有机相常以不同程度的聚合状态存在。

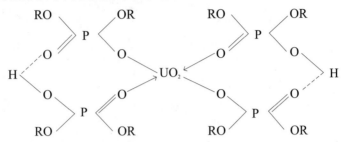

酸性磷类萃取剂的主要类型有

二烷基膦酸　一烷基膦酸　烷基膦酸单酯

酸性磷类萃取的最简单的反应为

$$M^{n+} + nH_2A_{2(o)} \xrightleftharpoons{K_e} M(HA_2)_{n(o)} + nH^+ \quad (6.21)$$

萃取平衡常数 K_e 为

$$K_e = \frac{[M(HA_2)_n]_o [H^+]^n}{[M^{n+}][H_2A_2]_o^n} \quad (6.22)$$

M^{n+} 的分配比 D 为

$$D = \frac{[M(HA_2)_n]_o}{[M^{n+}]Y} = \frac{K_e}{Y} \cdot \frac{[H_2A_2]_o^n}{[H^+]^n} \quad (6.23)$$

酸性磷类萃取剂萃取金属时，萃合物在有机相中常以聚合状态存在。如用 HDEHP 从稀 HNO_3 或稀 HCl 中萃取某些二价离子（如 Fe、Mn、Co、Ni、Cu、Zn 等）时，即生成聚合的萃合物。聚合的程度与稀释剂、萃取剂的性质及萃取剂的浓度等有关，研究反应的定量关系比较困难。

2）影响酸性磷型萃取的因素

（1）萃取剂浓度。由式（6.23）可见，在水相条件一定的情况下，$D \propto [H_2A_2]_o^n$，以 $\lg D$ 对 $\lg[H_2A_2]$ 作图，可得一条斜率为 n 的直线。实验证实 Be、Fe、镧系元素和锕系元素均符合这一规律，如图 6.3 所示，但碱金属、碱土金属和某些二价过渡金属例外。

（2）稀释剂。稀释剂的性质对酸性磷类萃取剂的萃取能力有明显的影响。例如，用 HDEHP 萃取铀时，铀的分配比随稀释剂介电常数的增加而下降，如表 6.3 所示。由于煤油作稀释剂时铀的分配比最高，所以在用 HDEHP 提取铀的工艺流程中都用煤油作稀释剂。但此体系易发生乳化和出现第三相，因此常在有机相中加入少量高分子量醇或 TBP 来消除这些现象。这种用来防止生成第三相的添加剂称为改性剂。

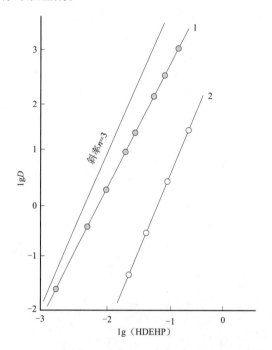

图 6.3 HDEHP 萃取 Y 和 Tb 时，分配比与萃取剂浓度的关系

1—萃取 Tb，水相：0.05 mol/L H_2SO_4，稀释剂：Shell solT（一种芳香族混合溶剂的商品名称）；

2—萃取 Y，水相：0.2 mol/L $HClO_4$，稀释剂：甲苯

表 6.3 稀释剂的介电常数对 HDEHP 萃取 U 的影响

（水相：U（VI）初始浓度 = 0.004 mol/L，[SO_4^{2-}] = 0.5 mol/L，pH = 1.0；

相比 = 1∶1；温度 = 25℃）

稀释剂	介电常数	分配比
煤油	2	135
四氯化碳	2.2	17
苯	2.3	13
氯苯	5.1	8
2 - 乙基己醇	—	0.1

（3）酸度的影响。由式（6.23）可知，在其他条件固定时，$D \propto [H^+]^{n-}$，即分配比随酸度增加而下降。例如，用 1 mol/L HDEHP – 甲苯溶液萃取稀土金属的

氯化物时，lg$D$ 对 lg[H^+] 作图可得到斜率近似为 -3 的直线（图 6.4）。但用 0.092 mol/L HDEHP - Shell solT 从 HNO_3 溶液中萃取三价稀土元素时，lg$D$ 对 lg[H^+] 之间没有线性关系。

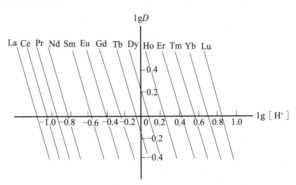

图 6.4　HDEHP 萃取各种稀土氯化物时 D 与[H^+]的关系
（水相：氯化物初始浓度为 0.05 mol/L；有机相：1 mol/L HDEHP - 甲苯）

酸性磷类萃取剂和金属离子的结合能力很强，因此反萃取比较困难，要用高酸度溶液、强络合剂或 Na_2CO_3 溶液才能把金属离子从有机相反萃下来。

3）应用举例

酸性磷型萃取剂中最重要的是 HDEHP。这种萃取剂广泛用于放射化学分离、核燃料生产、稀土元素水法冶金以及从核燃料后处理的高放废液中回收 Am、Cm 和裂片元素 ^{90}Sr 等。

Talspeak 流程即是用 HDEHP 从 PUREX 流程的废液中回收 Am 和 Cm 的一个重要流程。Talspeak 一词是"以磷型萃取剂从络合物水溶液中萃取分离三价锕系和镧系元素"的英文词头缩写。其原理是在适当的 pH 值条件下，三价锕系元素可与二乙撑三胺五乙酸（DTPA）的阴离子形成稳定的水溶性螯合物，而镧系元素形成的螯合物稳定性差。在用 HDEHP 萃取时，锕系元素留在水相，镧系元素进入有机相，从而使二者得到分离。Talspeak 流程的典型分离条件是：水相是 pH = 2.5～3.5 的 1 mol/L 乳酸 + 0.05 mol/L 二乙烯三胺五乙酸五钠（Na_5DTPA），有机相是 0.2～0.5 mol/L HDEHP 的二异丙苯溶液。在此条件下全部三价镧系元素可与从 Am 到 Fm 的三价锕系元素分离（图 6.5）。Ce 和 Am 的分离系数约为 130，分离系数最小的是 Nd 和 Cf，约为 10。水相中加入盐析剂（如 1 mol/L NaCl）可提高分配比，且不影响 Ce/Am 的分离系数。若以烷烃代替二异丙苯作稀释剂，萃取的分配比可以提高，但 Eu/Am 的分离系数下降了一半。

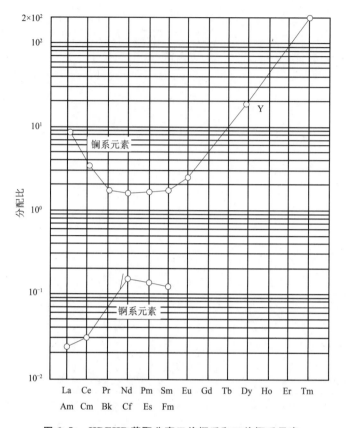

图 6.5　HDEHP 萃取分离三价镧系和三价锕系元素

（水相：1 mol/L 乳酸 + 0.05 mol/L Na5DTPA，pH=3；有机相：0.3 mol/L HDEHP - 二异丙苯）

6.2.5　离子缔合萃取

离子缔合萃取的特点是，水相中金属的络阴离子（或络阳离子）与萃取剂形成的反离子以离子缔合方式结合成萃合物而被萃取。这类萃取包括铵盐萃取、䥽盐萃取和其他大离子缔合萃取等类型。

1. 胺类萃取

1）萃取原理

高分子量胺萃取金属的原理是胺萃取剂先与无机酸作用生成溶于有机相的胺盐，胺盐的阴离子再与金属络阴离子进行交换而将金属离子萃入有机相。例如，三辛胺从 HNO_3 溶液中萃取 Pu(Ⅳ)，萃合物形式为 $[2R_3NH^+$，$Pu(NO_3)_6^{2-}]$，其过程可看成由两步反应组成。第一步，叔胺与 HNO_3 反应生成胺盐：
$$R_3N_{(o)} + H^+ + NO_3^- \rightleftharpoons [R_3NH^+, NO_3^-]_{(o)}$$

第二步，胺盐中的 NO_3^- 与金属的络阴离子 $Pu(NO_3)_6^{2-}$ 发生离子交换，R_3NH^+ 和 $Pu(NO_3)_3^{2-}$ 缔合成离子对而被萃取：

$$2[R_3NH^+, NO_3^-]_{(o)} + Pu(NO_3)_6^{2-} \rightleftharpoons$$
$$[2R_3NH^+, Pu(NO_3)_6^{2-}] + 2NO_3^-$$

所以胺类萃取又称阴离子交换萃取。

根据胺分子中氮原子上取代基的数目不同，胺类萃取剂可以分为

$$\underset{\text{伯胺}}{R-NH_2} \quad \underset{\text{仲胺}}{\overset{R'}{R-NH}} \quad \underset{\text{叔胺}}{\overset{R''}{R-N-R'}} \quad \underset{\text{季铵盐}}{\left[\overset{R}{\underset{R'}{>}} N \overset{R'''}{\underset{R''}{<}} \right]^+ X^-}$$

以上 R、R′、R″、R‴ 表示烷基，X^- 表示无机酸根。伯、仲、叔胺只能从酸性溶液中萃取络阴离子，而季铵盐还可以从中性或碱性溶液中萃取络阴离子或含氧酸根。

胺类萃取剂及其萃合物在有机相中常以缔合形式存在，缔合的程度和萃合物的组成随胺的种类、稀释剂、阴离子等不同而有很大差异，因此胺类萃取的机理比较复杂，是迄今仍为许多研究者感兴趣的问题。

2）影响胺类萃取的因素

虽然对胺类萃取的机理了解得还不多，但这类萃取剂有优良的性能，在工业生产和研究工作中都得到了广泛的应用，并积累了许多有用的知识，使我们有可能对影响其萃取能力的各种因素进行讨论。

（1）胺的结构。随着胺类萃取剂中氮原子上取代基的数目、结构和碳原子数的不同，其萃取能力也不同。对于取代基的碳原子数和结构均相同，仅取代基的数目不同的胺类萃取剂，从 HCl 和 HNO_3 溶液中萃取金属络阴离子的能力的次序是：伯胺＜仲胺＜叔胺＜季铵盐；但从 H_2SO_4 溶液中萃取时，这一次序正好相反，即季铵盐＜叔胺＜仲胺＜伯胺。导致 H_2SO_4 溶液中萃取能力次序逆转的原因是由于 H_2SO_4 被胺萃取后形成的硫酸铵盐强烈地水化。萃取剂水化的程度越高，有机相萃取的水分子数越多，萃取剂缔合的程度也越高，致使有效萃取剂浓度大大降低，从而使萃取能力下降。硫酸铵盐水化能力按季铵盐＞叔胺＞仲胺＞伯胺而减小，所以其萃取能力则按季铵盐＜叔胺＜仲胺＜伯胺次序增大。此外，胺中取代基结构的空间位阻效应过大时，也会影响其萃取能力的次序。

一般胺类萃取剂的分子量在 250～600 为宜。因为分子量低的胺类，水溶性大；分子量太高的胺，在有机相中不易溶解，萃取容量小。因此，它们均不宜作萃取剂。

（2）稀释剂。稀释剂对胺类萃取的影响与对有机磷类萃取的影响相似，主要表现在稀释剂极性对萃取能力的影响和生成第三相两个方面。

稀释剂的极性强，则稀释剂与萃取剂之间相互作用的能力也强，从而降低了有机相中自由萃取剂的浓度，使体系的萃取能力下降。例如，季铵盐 Aliquat 336（氯化三烷基甲基铵的商品名，国产商品的代号为 N-263）萃取稀土元素时，随着稀释剂极性的增加，萃取率和 La/Pt 的分离系数都下降，如表 6.4 所示。

表 6.4　稀释剂极性对 Aliquat 336 萃取稀土元素的影响

稀释剂	极性	萃取率/%	分离系数 a_{Pt}^{La}
甲苯	增加	27	2.7
二甲苯		24	2.8
辛烷		18	2.0
Stand 矿物油		18	2.6
乙醚		14	1.6
MIBK		9	1.2
醋酸乙酯		4	1.4

使用胺类萃取剂常遇到第三相的问题。大多数情况下第三相是纯的或接近纯的稀释剂，它又称第二有机相。第三相的出现与下列因素有关：①烷烃作稀释剂比芳烃作稀释剂易出现第三相；②不同阴离子导致生成第三相的趋势是硫酸盐 > 氯化物 > 硝酸盐 > 高氯酸盐；③提高萃取温度对消除第三相有利。如前所述，有机相中加入改性剂如异癸醇、异辛醇、十二烷基酚、TBP 等，可以消除第三相。改性剂的用量一般为 2%~5%（体积百分数）。

（3）酸度和阴离子。当金属以络阴离子形式被萃取时，影响络阴离子形成的各种因素，如金属离子的性质、价态、配位离子的络合能力和浓度等，都会影响金属离子被萃取的能力。当用胺类从 HCl 或 HNO_3 溶液中萃取金属离子时，水相酸度增加有利于络阴离子的生成，所以分配比增加。但酸度进一步增大时，由于酸的萃取和金属络阴离子的萃取发生竞争，故金属的分配比达到最大值后将下降。从 H_2SO_4 溶液中萃取时，由于水相中存在 $SO_4^{2-}-HSO_4^-$ 平衡，而 H_2SO_4 与烷基胺的结合能力很强，于是 HSO_4^- 和金属络阴离子发生强烈的竞争，使金属离子的萃取率降低，故从 H_2SO_4 溶液中萃取金属离子时，酸度一般低于 0.1 mol/L。

（4）盐析剂。加入盐析剂可以提高被萃取金属离子的分配比。

3）应用举例

胺类萃取剂是核燃料工业中广泛应用的又一类萃取剂。例如，在核燃料前处理的 Amex 流程中，用于从 H_2SO_4 浸出液中萃取铀；在后处理工艺中用于钚的最终净化；在 Tramex 流程中用于分离三价锕系元素和三价镧系元素。下面举一个用仲胺从矿石的 H_2SO_4 浸出液中萃取铀的例子。

将含铀（按 308U 计）0.80 g/L，Mo 0.30 g/L 的铀矿 H_2SO_4 浸出液调节到 pH = 0.9，用 5% Amine S-24（一种仲胺）-煤油-2.5% 正癸醇溶液将 U（Ⅵ）和 Mo（Ⅵ）萃取入有机相，然后用 1 mol/L NaCl + 0.05 mol/L H_2SO_4 将 U（Ⅵ）反萃，Mo（Ⅵ）仍留在有机相。用氨液使反萃液中的 U 沉淀，在 100℃将沉淀干燥后可得到约含 80% U_3O_8 的浓物。有机相中的 Mo 可用 10% Na_2CO_3 反萃。利用此流程可以从 H_2SO_4 浸出液中定量回收 U；Mo 的回收率可达 90%~95%。

2. 鎓盐萃取

1）萃取原理

含氧有机溶剂在一定条件下可和水合氢离子生成带正电荷的溶剂化质子，这种溶剂化质子称为鎓离子（或䥑离子）。鎓离子和过渡金属的卤素络阴离子或 SCN^- 络阴离子缔合成鎓盐而被萃取，称为鎓盐萃取。例如，MIBK 从 HCl 溶液中萃取络阴离子 $FeCl_4^-$ 的过程可表示为

$$H(H_2O)_4^+ + 3MIBK_{(o)} \rightleftharpoons H(H_2O)(MIBK)_{3(o)}^+ + 3H_2O$$

$$FeCl_4^- + H(H_2O)(MIBK)_{3(o)}^+ \rightleftharpoons [FeCl_4^-, H(H_2O)(MIBK)_3^+]_{(o)}$$

在这种条件下，金属离子能被含氧有机溶剂萃取的原因有两个：一是因为金属离子被亲水性较弱的卤素离子或 SCN^- 包围后，水分子不能进入配位层，二次水化能力也降低，从而使金属离子亲水性减弱；二是因为水合氢离子生成鎓离子后稳定性大大增加，亲水性大大减弱。因此，鎓离子与金属卤素络阴离子缔合成鎓盐后易溶于有机溶剂，从而使金属离子被萃取。

酮、醚、醇、醛、酯都可以鎓盐形式萃取金属的络阴离子，生成的鎓盐不仅可溶于含氧萃取剂中，也可溶于与含氧有机溶剂互溶的其他有机溶剂中。

2）影响鎓盐萃取的因素

（1）有机溶剂的性质。含氧有机溶剂中氧的配位能力对其形成鎓盐的能力有很大影响。各种含氧有机溶剂形成鎓盐的能力按如下次序增强：醚＜醇＜酸＜酯＜酮＜醛，其萃取能力也按相同的次序增加。例如，用乙醚从 6~7 mol/L HCl 中萃取 Fe^{3+} 的分配比为 100，若用 MIBK 在同样条件下萃取，则分配比可达 9×10^3 左右。溶剂性质对萃取能力的影响很大，但对选择性的影响不大。

（2）酸度的影响。鎓盐萃取只能在高酸度条件下进行，一般酸度为 5~7 mol/L。

这是因为锌盐的稳定性比铵盐差,锌离子只有在酸度较高时才能形成。对于不同的溶剂和不同的金属离子,各有其最佳的酸度。对于硫氰酸盐体系,则酸度不宜太高。

（3）络阴离子性质。只有当金属的络阴离子亲水性不太强时才能被萃取。SO_4^{2-} 和 NO_3^- 形成的络阴离子亲水性太强,不能以锌盐形式被萃取。

3. 其他类型的大离子萃取

金属离子在水相中因为水化作用强,故难以被萃取。若设法使金属离子生成大体积的络离子,从配位层中除去水分子,提高其亲有机相的性质,则这种络离子就能与其电荷符号相反且难水化的离子缔合而被萃取。实现这种萃取可采取以下方法：

（1）使金属离子形成螯合阳离子。例如,Fe^{2+} 与邻二氮杂菲生成的螯合阳离子 $[Fe(\underset{N}{\underset{|}{\bigcirc}}\underset{N}{\underset{|}{\bigcirc}})_3]^{2+}$,可与大阴离子 ClO_4^- 等一起萃取到极性有机溶剂如 $CHCl_3$ 中。

（2）使金属离子形成螯合阴离子。例如,UO_2^{2+} 与铜铁灵形成的螯合阴离子 $UO_2[C_6H_5N(NO)O]_3^-$,可用四丁铵盐萃取。

（3）某些过渡金属与卤素离子或 SCN^- 形成的络阴离子与罗丹明 B、甲基紫等,可以形成 $[(C_{28}H_{31}O_3N_2)^+,(SbCl_6)^-]$、$[(C_{25}H_3OClN_3)^+,(SbCl_6)^-]$ 等离子对形式而被萃取。

（4）大体积的一价含氧酸根如 ReO_4^-、MnO_4^-、ClO_4^-、IO_3^- 等,可以和大阳离子四苯钾、四苯鏻、四苯锑等结合成离子对而被萃取。

影响这类萃取的主要因素有：

（1）形成离子对的正负离子都不应发生一次水化,二次水化能力应很弱。多价离子由于水化能力强,一般不易被萃取。

（2）离子体积越大,空腔效应大,越有利于萃取。

（3）用介电常数高的有机溶剂可以提高萃取率,但杂质的萃取也增加,选择性降低。

4. 王冠醚络合物萃取

大环聚醚,又称王冠醚,是近年来发展起来的一种新型萃取剂。这类化合物是由 3 个以上（ $-CH_2-O-CH_2-$ ）单元组成的环状化合物及其衍生物,如：

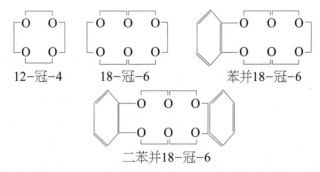

若醚环上有两个 O 原子被 N 原子取代，且有一条烃链或醚链将这两个 N 原子连接起来，则形成一种多环化合物，称为穴醚，如：

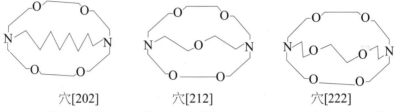

冠醚化合物有很强的络合能力，是能与碱金属离子生成稳定络合物的少数试剂之一。

迄今研究较多的是冠醚对碱金属和碱土金属离子的萃取。在萃取碱金属时，冠醚与碱金属离子形成络阳离子，若水相中有电子密度低的大阴离子（如苦味酸根、四苯硼酸根、ClO_4^-、MnO_4^- 等）存在时，二者可成对地被萃取入极性有机溶剂。例如，当苦味酸（三硝基酚，以 Pi 表示）根存在时，二苯并 18 - 冠醚 - 6（DBC）的硝基苯溶液萃取 K^+ 的反应可表示为

$$K^+ + Pi^- + DBC_{(o)} \rightleftharpoons [K(DBC)^+, Pi^-]_{(o)}$$

萃合物在有机相中存在离解平衡：

$$[K(DBC)^+, Pi^-]_{(o)} \rightleftharpoons K(DBC)^+_{(o)} + Pi^-_{(o)}$$

离解的程度随有机相的介电常数增加而增加。

冠醚萃取的重要特点是对某些离子存在孔径 - 直径效应，即当冠醚环的孔径和金属离子的直径相匹配时（如 DBC 的孔径为 2.6 ~ 3.2 Å，K^+ 的直径为 2.66 Å），二者形成的络离子很稳定，金属离子就很容易被萃取。若金属离子的直径与醚环的孔径不匹配时，则随着环径与直径的差别增加，生成的络离子的稳定性急剧降低，金属离子被萃取的能力也急剧降低。但迄今的研究结果表明，只有 18 - 冠 - 6 及其衍生物对碱金属、碱土金属和 Tl^+、Ag^+、Hg^{2+}、Pb^{2+} 等有明显的孔径 - 直径效应，其他冠醚络合物是否有这种效应仍然是有疑问的。

影响冠醚萃取能力的其他因素还有醚环上取代基的性质、冠醚溶剂的极

性、被萃取阴离子的性质等，这里不做讨论。

6.2.6 协同萃取

用两种或两种以上萃取剂的混合物萃取金属离子时，若金属离子的分配比比相同条件下用单个萃取剂时的分配比之和高，这种现象称为协同萃取。协同萃取效应的大小用协萃系数表示，若在相同水相条件下萃取 Mn^+，用萃取剂 S_1 时 Mn^+ 的分配比为 D_1，用萃取剂 S_2 时 Mn^+ 的分配比为 D_2，用混合萃取剂 $S_1 + S_2$ 时分配比为 D_s，则协萃系数 S 定义为

$$S = \frac{D_s}{D_1 + D_2} \tag{6.24a}$$

或

$$\lg S = \lg\left(\frac{D_s}{D_1 + D_2}\right) \tag{6.24b}$$

当 $S > 1$ 时为正协萃效应，即协萃效应；$S < 1$ 时称负协萃效应；$S = 1$ 时不存在协萃效应，是简单的加合萃取。

大多数协萃体系是由同类型或不同类型的两种萃取剂组成，一种称萃取剂，另一种称协萃剂。也有三协萃体系，如 HDEHP – TBP – R_3N 的煤油溶液从 H_2SO_4 溶液中萃取 UO_2^{2+}，但不多见。有些稀释剂也有协同效应，如硝酸四丁铵以 $CHCl_2$ 和苯的混合溶剂作稀释剂，从 HNO_3 溶液中萃取 Np^{4+} 时，也有协萃效应。

协萃效应的产生，是由于金属离子和两种或两种以上的萃取剂作用时，生成了一种新的、同时含有萃取剂和协萃剂的络合物，这种络合物更稳定，更易溶于有机相，因此产生了协萃效应。下面是协萃效应的几个例子。

（1）协萃剂取代萃合物中的配位水分子形成更亲有机相的络合物。例如，三辛胺和 TBP 从 HCl 或 HNO_3 溶液中萃取 Eu^{3+} 的协萃反应可能是

$$(R_3NH)_2EuCl_5 \cdot 2H_2O_{(o)} + TBP_{(o)} \rightleftharpoons$$
$$(R_3NH)_2EuCl_5 \cdot TBP \cdot H_2O_{(o)} + H_2O$$

或

$$(R_3NH)_2EuCl_5 \cdot 2H_2O_{(o)} + 2TBP_{(o)} \rightleftharpoons$$
$$(R_3NH)_2EuCl_5 \cdot 2TBP_{(o)} + 2H_2O$$

（2）螯合萃取剂与金属生成的萃合物中，其配位数虽已达到饱和，但加入协萃剂后将一个螯合环打开强行配位生成协萃络合物，如 PMBP 和 TBP 萃取 Th 就属这种协萃作用。

（3）螯合萃取中加入配位能力强的协萃剂后，协萃剂取代部分螯合剂生成协萃络合物：

$$Pm(TTA)_{4(o)} + NO_3^- + TBPO_{(o)} \rightleftharpoons$$
$$Pm(TTA)_3NO_3TBPO_{(o)} + TTA_{(o)}$$

其中，TBPO 为三丁基氧化膦。

协萃效应不仅可以大大提高分配比，而且由于同一协萃体系对不同金属离子的协萃效应不同，还可以改善萃取过程的分离系数，如表 6.5 所示。

萃取络合物 Th（PMBP）$_4$　　　协萃络合物 Th（PMBP）$_4$·TBP

协萃体系已用于工业生产。例如，从磷矿石中萃取铀比较困难，但若用协萃体系 0.5 mol/L HDEHP + 0.125 mol/L TOPO（三辛基氧化膦）则可以成功地萃取铀与 H_3PO_4 分离。

表 6.5　P-291 和不同中性磷萃取剂对 U 和 Zr 的协同萃取

（水相：c_U = 82.5mg/L，[HNO_3] = 3mol/L，c_{Zr} = 50~55 mg/L（按 ZrO_2 计）；

有机相：P-291-中性磷萃取剂-煤油）

协萃体系	分配比		分离系数
	D_U	D_{Zr}	a_{Zr}^U
0.4 mol/L P-291	3	0.04	75
0.4 mol/L P-291 + 0.2 mol/L TBP	3.02	0.013 7	220
0.4 mol/L P-291 + 0.4 mol/L P-350[(1)]	5.10	0.029 7	170
0.4 mol/L P291 + 0.4 mol/L TBPO	18.8	0.017 8	990

[(1)] P-291——二（2-异丁基甲基）膦酸；P-350——甲基膦酸二甲庚酯

6.2.7　萃取方法

单级萃取的分离效果是有限的，常常达不到预定的分离要求。采用多级萃取可以大大提高分离效果，常用的多级萃取方法有错流萃取、连续逆流萃取和分馏萃取。

1. 错流萃取

在错流萃取中，萃取平衡后的各级萃余水相在进入下一级后均用新鲜的有机相萃取，而有机相不再进入另一级萃取。错流萃取的流程如图 6.6 所示，图中每个方块表示一个萃取级。

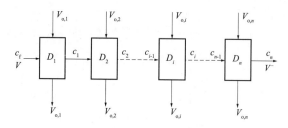

图 6.6　错流萃取流程示意图

若萃取过程中水相体积 V 不变，各级萃取所用的有机相体积分别为 $V_{o,1}$，$V_{o,2}$，$\cdots$，$V_{o,i}$，$\cdots$，$V_{o,n}$，相应的分配比为 D_1，D_2，$\cdots$，D_i，$\cdots$，D_n，相应的相比为 r_1，r_2，$\cdots$，r_i，$\cdots$，r_n。由式（6.6）可得，第一次萃取后水相中残留的溶质浓度为

$$c_1 = c_f \left(\frac{1}{1 + r_1 D_1} \right)$$

式中　c_f——料液浓度。

第二次萃取后水相中残留的溶质浓度为

$$c_2 = c_1 \left(\frac{1}{1 + r_2 D_2} \right) = c_f \left(\frac{1}{1 + r_1 D_1} \right) \left(\frac{1}{1 + r_2 D_2} \right)$$

以此类推，n 次萃取后水相中残留的溶质浓度为

$$c_n = c_f \prod_{i=1}^{n} \left(\frac{1}{1 + D_i r_i} \right) \tag{6.25a}$$

相应的萃取率 P_n 为

$$P_n = \frac{\prod_{i=1}^{n}(1 + r_i D_i) - 1}{\prod_{i=1}^{n}(1 + r_i D_i)} \times 100\% \tag{6.25b}$$

相比保持不变，$r_i = r$，且分配比为常数，$D_i = D$，则上式可化简为

$$c_n = c_f \left(\frac{1}{1 + rD} \right)^n \tag{6.26a}$$

$$P_n = \frac{(1 + rD)^n - 1}{(1 + rD)^n} \times 100\% \tag{6.26b}$$

错流萃取是提高萃取率的有效途径之一。例如，当 $r = 1$ 和 $D = 3$ 时，由式（6.26b）可以计算得到 $n = 1$ 时 $P_1 = 75\%$，$n = 2$ 时 $P_2 = 93.7\%$，$n = 3$ 时 $P_3 = 98.6\%$，$n = 5$ 时 $P_5 = 99.9\%$。

错流萃取的缺点：萃取剂用量大；多级萃取提高了溶质的萃取率，但同时增加了杂质的萃取量，因而降低了去污系数。

2. 连续逆流萃取

连续逆流萃取是两相液流向相反方向流动的多级萃取过程。如图 6.7 所示，在一个 n 级连续逆流萃取器中，流量为 F 的水相加到萃取器的第 1 级，流量为 F_o 的有机相加到萃取器的第 n 级。中间各萃取器中液流的走向是：第 i 级的水相流入第 $i+1$ 级，第 i 级的有机相流入 $i-1$ 级，两相向相反方向流动。当萃取系统达到稳态后，在每一级中，两相的体积和溶质浓度均保持不变。若各级的分配比为 $D_1, D_2, \cdots, D_i, \cdots, D_n$，当有机相的初始浓度 $c_o = 0$，料液浓度为 c_f 时，则由萃取平衡和物料衡算逐级计算可以得到水相中残留的溶质浓度 c_n 为

$$c_n = \frac{c_f}{1+A} \qquad (6.27)$$

式中，$A = 1 + D_1 r_1 + D_1 D_2 r_1 r_2 + \cdots + D_1 D_2 \cdots D_n r_1 r_2 \cdots r_n$。若各级的分配比和相比均相等，即 $D_i = D$，$r_i = r$，则上式可以化简为

$$c_n = \frac{Dr - 1}{(Dr)^{n+1} - 1} c_f \qquad (6.28)$$

上式可用来近似计算一定萃取条件下所需的萃取级数。

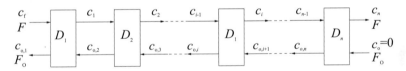

图 6.7 连续逆流萃取流程示意图

例如，已知料液中钍的含量为 17 g/L，$D_{Th} = 2.5$，相比 $r = 1$，求经逆流萃取后残液中 Th 含量小于 0.4 g/L 所需的萃取级数。

解：由题已知 $c_f = 17$ g/L，$c_n = 0.4$ g/L，$Dr = 2.5$，代入式（6.28）可得

$$\frac{0.4}{1.7} = \frac{2.5 - 1}{(2.5)^{n+1} - 1}$$

$$n \approx 3.6$$

需四级逆流萃取。

逆流萃取的特点：萃取剂用量比错流萃取少得多；逆流萃取中有机相的浓度比错流萃取中的高得多；逆流萃取可以得到很高的萃取率；对杂质的分离效率仍不高。

3. 分馏萃取

为了提高萃取过程中对杂质的去污系数，可在 n 级逆流萃取器的有机相出

口接一个 m 级的逆流洗涤器（一般 $m < n$），如图 6.8 所示，这种方法称为分馏萃取。图中 F 为水相料液流量，F_o 为有机相流量，F_s 为洗涤液流量，c_s 为洗涤液中被萃取溶质浓度。

在分馏萃取系统中，从萃取段出来的有机相在洗涤液中被洗去杂质。洗涤段流出的水相与料液合并作为萃取段的料液，以回收洗涤段水相中的有用组分。一个设计合理的分馏萃取系统，既能获得高的回收率，又能达到高的去污系数。因此，分馏萃取法在核燃料生产和水法冶金中都已得到广泛应用。

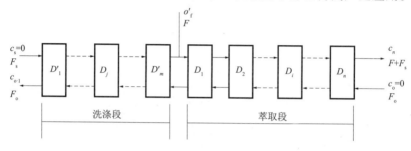

图 6.8　分馏萃取流程示意图

6.3　离子交换法

离子交换现象早就被人们发现，但由于当时的科学水平低，未能进一步发展。近几十年来，由于冶金、半导体和原子能工业的发展，对制备物质纯度提出了很高的要求，加上合成了各种性能优良的离子交换树脂，离子交换法已迅速发展为一种重要的分离技术。

离子交换法有许多特点：操作简便，选择性高；适应性强，既可用于常量物质的分离，又可用于微量物质的分离，从大体积样品中富集微量物质更有其独特的优点；适于远距离操作，易实现辐射防护。离子交换法在放射化学分离中占有重要地位，是研究超钚元素、分离裂变产物和其他放射性核素的重要手段。在核燃料工业中，离子交换法用于从矿浆浸出液中吸附铀，在后处理中用于净化铀、钚和钍。

6.3.1　离子交换树脂

1. 离子交换树脂的结构

目前广泛使用的离子交换树脂，是以苯乙烯和二乙烯苯的交联共聚体为骨

架的各种树脂。共聚体的结构为

$$\begin{bmatrix} -CH_2-CH-CH_2-CH-CH_2-CH-CH_2-CH-CH_2- \\ (\text{苯环}) \quad (\text{苯环}) \quad (\text{苯环}) \quad (\text{苯环}) \\ -CH_2-CH-CH_2-CH-CH_2-CH-CH_2-CH-CH_2- \\ (\text{苯环}) \quad (\text{苯环}) \end{bmatrix}_n$$

这种交联共聚体经不同的化学处理后,可以形成不同性能的离子交换剂。例如用浓 H_2SO_4 磺化后,可得磺酸型强酸性阳离子交换树脂:

$$-CH_2-CH-CH_2- \;+\; H_2SO_4 \longrightarrow \;-CH_2-CH-CH_2- \\ \quad\quad\quad\quad\quad\quad\quad\quad\quad\quad\quad\quad\quad\quad\quad\quad\quad\quad SO_3^-H^+$$

树脂上的 H^+ 在溶液中可与金属离子交换,这种树脂称为氢型阳离子交换树脂。若共聚体在 $AlCl_3$ 存在下先用氯甲醚处理,再用三甲胺胺化,则可得季铵型强碱性阴离子交换树脂:

$$-CH_2-CH-CH_2- \;+\; ClCH_2OCH_3 \xrightarrow{AlCl_3} -CH_2-CH-CH_2- \longrightarrow \\ \quad\quad\quad\quad\quad\quad\quad\quad\quad\quad\quad\quad\quad\quad\quad\quad\quad\quad CH_2Cl$$

$$\xrightarrow{N(CH_3)_3} -CH_2-CH-CH_2- \\ \quad\quad\quad\quad\quad\quad\quad\quad\quad\quad (CH_3)_3N^+Cl^-$$

树脂上的 Cl^- 在溶液中可与阴离子或金属的络阴离子交换,这种树脂称为氯型阴离子交换树脂。各种离子交换树脂的骨架和能团不同,性能和适用范围也不同。根据树脂上的功能团不同,常见离子交换树脂分为若干类型,如表 6.6 所示。

离子交换树脂的几何结构有 4 种类型:

(1) 微孔球型。这种树脂中布满了微孔,与溶液接触后,微孔被溶液充满,因此在树脂表面和微孔内部均可发生离子交换。这类树脂交换容量大,溶胀大,是无机化学和放射化学分离中最常使用的树脂。

(2) 大孔球型。这种树脂除布满微孔外,还有许多直径达上百埃的刚性大孔,可允许大离子进入这些大孔发生交换反应。这类树脂除可用于一般无机离子分离外，还可用于大的无机和有机离子的分离，以及非水溶剂中有机酸碱的分离。

（3）表面膜型。这种树脂是在一个惰性固体核（如玻璃微球）上涂一层离子交换剂。

（4）多孔表层型。这种树脂也有一个惰性固体核，在核表面上有一层由许多极细的微粒组成的多孔层，在细微粒表面有一薄层离子交换剂。

后两种树脂是近年来发展起来的新型离子交换色层填料，其特点是离子交换剂的膜层很薄，溶质在溶液和树脂相之间很快达到平衡，溶胀小，不易压缩，特别适用于高压色层。但这类树脂的容量小，范围在 $5\sim50\mu g$ 当量/L。

表6.6 常见的离子交换树脂

类型	结构	功能团	树脂离解 pH 值范围	近似容量 mEq/g	近似容量 mEq/mL	商品名称
强酸性	交联聚苯乙烯	$-SO_3H$	0～14	5.2	1.8	强酸 1-100 Dowex 50 Amberlite IR-120
中强酸性	交联聚苯乙烯	$-PO(OH)_2$	4～14	8		Duolitec-60
弱酸性	聚丙烯酸	$-COOH$	6～14	10	3.5	弱酸 101-200 Amberlite IRC-50
螯合树脂	交联聚苯乙烯	$H_2CCOONa$ | $-CH_2N$ | $H_2CCOONa$	6～14	3		螯合 501-600 Dowex IA-1
强碱性	交联聚苯乙烯	$-CH_2N(CH_3)_3$ | Cl	0～14	3.3	1.2	强碱 201-300 Dowex 1 Amberlite IRA-400
弱碱性	交联聚苯乙烯	H | $-CH_2N(CH_3)_2$ | OH	0～7	5.0	2.0	弱碱 301-400 Dowex 3 Amberlite IR-45
双功能团	酚醛聚合物	羧基和$-SO_3H$				华东强酸 42 Zookarb 215 Dowex 30
离子阻滞型	Dowex1 中捕集线状聚丙烯酸	$-COONa$ 和 $-CH_2N(NH_3)_3$ | Cl	5～14			Retardionlla A 8

2. 离子交换树脂的性质

1) 交联度

树脂中所含交联剂的重量百分数称为交联度。例如，在苯乙烯－二乙烯苯树脂中，所含交联剂二乙烯苯的重量百分数即为其交联度。商品树脂的交联度用"×"表示，如×4、×8 表示交联度分别为 4% 和 8%。树脂的交联度大，则其结构紧密，微孔孔径小，干树脂浸入水溶液后溶胀小，离子交换速率慢，对不同大小离子的选择性好；交联度小，则交换速率快，但溶胀大，选择性差。

2) 交换容量

单位重量（或体积）离子交换树脂中所含可交换离子量称为树脂的交换容量。若以每克干树脂中所含可交换离子的毫克当量数表示，则为重量容量 Q_W；以每毫升充分溶胀后的湿树脂所含可交换离子的毫克当量数表示，则为体积容量 Q_V。这样定义的交换容量是离子交换树脂的总交换容量。实际工作中，在一定操作条件下树脂实际达到的交换容量称为操作容量。操作容量随树脂类型、交联度、水溶液中被交换离子的性质和浓度、操作条件等不同而不同。例如，交联度大的树脂对体积大的离子的交换容量小；弱酸和弱碱型树脂的交换容量则随水相 pH 值的变化而变化。

3) 溶胀

干树脂浸入水中后吸收水分而引起的树脂体积的膨胀，称为溶胀。树脂的溶胀经历了如下的途径：树脂吸水后功能团发生离解，如磺酸型树脂发生如下的离解过程：

$$RSO_3H \rightleftharpoons RSO_3^- + H^+$$

其中，R 表示树脂骨架；—SO_3^- 是连接在骨架上不能自由移动的离子，称固定离子。与固定离子电荷符号相反的离子（如这里的 H^+）离解后进入溶液，这种离子称为反离子。吸了水的树脂粒类似于处在半透膜中的一滴浓的高分子电解质溶液，因为树脂内溶液的浓度高，固定离子又不能离开树脂，因此树脂将进一步吸收水来稀释树脂粒内的溶液，以降低相邻的固定离子之间的静电斥力，这就引起树脂进一步膨胀。此过程一直要进行到内部溶液的渗透压和由树脂骨架的弹性产生的收缩压相等时，树脂的溶胀才达到平衡。树脂的溶胀程度和树脂的交联度有关。交联度越大收缩压越大，树脂的溶胀度越小。

6.3.2 离子交换平衡

1. 离子交换平衡与选择系数

离子交换树脂浸泡在电解质溶液中后，树脂相和溶液相之间将发生可逆离子交换反应。以阳离子交换树脂为例，树脂相的 H^+ 和溶液中的 M^{n+} 离子交换反应可表示为

$$\overline{RH} + \frac{1}{n}M^{n+} \rightleftharpoons \frac{1}{n}\overline{R_nM} + H^+$$

上式中加横线的组分为树脂相的组分。此反应的热力学平衡常数为

$$K_H^{M/n} = \frac{\overline{[M^{n+}]}^{1/n}[H^+]}{[H^+][M^{n+}]^{1/n}} \cdot \frac{\overline{\gamma}^{1/n}\gamma_H}{\overline{\gamma}_H \cdot \gamma_H^{1/n}} \tag{6.29}$$

式中，加横线的浓度为树脂相的浓度，$\bar{\gamma}$ 为相应的活度系数。树脂相的离子浓度有两种表示方法：一种是以树脂吸入的水重为基础的离子摩尔浓度表示法，另一种是用树脂中离子的摩尔分数的表示法。本书采用后一种表示方法。

式（6.29）中右边第一个因子称为浓度交换系数，又称选择系数，用 $E_H^{M/n}$ 表示，并可改写为

$$E_H^{M/n} = \frac{\overline{[M]}^{1/n}}{[M]^{1/n}} \bigg/ \frac{\overline{[H]}}{[H]} \tag{6.30}$$

由上式可以看出，$E_H^{M/n}$ 表示以氢为基准时树脂对 M^{n+} 离子的相对吸附能力的大小。$E_H^{M/n}$ 值越大，树脂对 M^{n+} 的亲和力越大，在离子交换过程中树脂将优先吸附 M^{n+} 离子。表 6.7 和表 6.8 分别为某些阳离子和阴离子的选择系数。由表中的数据可以计算任何一对离子发生交换时的选择系数。例如，当 Cs^+ 和 Dowex 50×8 的 Na 型树脂交换时，其选择系数为

$$E_{Na}^{Cs} = E_H^{Cs}/E_H^{Na} = \frac{6.2}{1.8} = 3.44$$

上述树脂与 Ca^{2+} 交换时的选择系数为

$$E_{Na}^{Ca/2} = \frac{4.4}{1.8} = 2.44$$

或

$$E_{2Na}^{Ca} = \frac{\overline{[Ca]}}{[Ca]} \cdot \left(\frac{[Na]}{\overline{[Na]}}\right)^2 = 2.45^2 \approx 6$$

表 6.7 阳离子在 Dowex 50 树脂上的选择系数 $E_H^{M/n}$

（交联度：×8 ~ ×10；负载[1]：0.4）

一价离子		二价离子		三价离子	
阳离子	$E_H^{M/n}$	阳离子	$E_H^{M/n}$	阳离子	$E_H^{M/n}$
Li^+	1.2	UO_2^{2+}	3.2	Cr^{3+}	2.8
H^+	1.0	Mn^{2+}	3.3	Fe^{3+}	3.1
Na^+	1.8	Fe^{2+}	3.2	Ca^{3+}	3.3
K^+	4.4	Co^{2+}	3.3	Al^{3+}	3.7
Rb^+	4.9	Ni^{2+}	3.3	Y^{3+}	5.0
Cs^+	6.2	Cu^{2+}	3.0	La^{3+}	6.2
Ag^+	5.7	Zn^{2+}	2.9	Ce^{3+}	6.2
Tl^+	7.1	Cd^{2+}	2.6	四价离子	
		Hg^{2+}	2.9	阳离子	$E_H^{M/n}$
		Mg^{2+}	3.5	V^{4+}	1.8
		Ca^{2+}	4.4	Ti^{4+}	2.0
		Sr^{2+}	5.4	Zr^{4+}	10
		Ba^{2+}	8.1	Th^{4+}	7.4
		Pb^{2+}	4.4		

注：[1] 树脂上吸附的 M^{n+} 量占树脂总容量的分数

表 6.8 阴离子在 Dowex 1 和 Dowex 2 上的选择系数 E_{Cl}^A

（交联度：×8 ~ ×10；负载：0.2 ~ 0.7）

阴离子	E_{Cl}^A		阴离子	E_{Cl}^A	
	Dowex 1	Dowex 2		Dowex 1	Dowex 2
OH^-	0.09	0.65	NO_2^-	1.2	1.3
F^-	0.09	0.13	HSO_4^-	4.1	6.1
Cl^-	1.00	1.00	HSO_3^-	1.3	1.3
Br^-	2.8	2.3	HCO_3^-	0.32	0.53
I^-	8.7	7.3	$HCOO^-$	0.22	0.22
CN^-	1.6	1.3	CH_3COO^-	0.17	0.18
NO_3^-	3.8	3.3	BrO_3^-	—	0.00

2. 影响离子交换选择系数的因素

选择系数不是一个常数,其值可由实验测得。影响选择系数的因素比较复杂,但从大量的实验材料中可总结出一些经验规律。

1) 树脂的交联度和组成对选择系数的影响

树脂的交联度和树脂相组成对选择系数的影响可以概括为:①交联度越高,选择系数越高;②若 A 是优先吸附的离子,则随着树脂相$\overline{[A]}$增加,E_B^A降低。图 6.9 为 F^- 与 Br^- 在 Dowex 2 上的阴离子交换,它们与上述经验规律符合得很好。图 6.10 是 Na^+ 与 H^+ 在 Dowex 50 树脂上交换时,K_H^{Na} 随交联度和树脂相$\overline{[Na^+]}$变化的关系。图中的纵坐标 $K_H^{Na} = E_H^{Na} \cdot \dfrac{\gamma_{Na}}{\gamma_H}$。由图可见,在$\overline{[Na^+]}$的值不太高时,上述规律对于一价阳离子之间的交换基本上是适用的,但在$\overline{[Na^+]} > 0.67$ 后出现例外。

二价离子与一价离子交换时的情况更复杂一些。

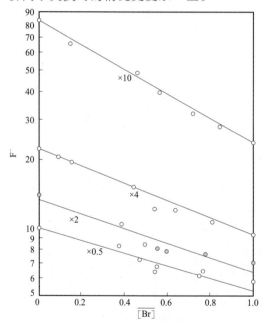

图 6.9　Dowex 2 上 $Br^- - F^-$ 交换的选择系数 (25℃)

2) 离子性质对选择系数的影响

离子性质对选择系数的影响可归纳为:①选择系数随离子电荷的增加而增加;②选择系数随离子水化半径的增加而减小;③选择系数随离子极化能力的增加而增加。表 6.7 和表 6.8 的数据以及图 6.11 都可以说明上述规律。图 6.11 是 $\lg K_H^M$ 与离子水化半径的关系。由图可以看出,碱金属和碱土金属都服从第二条规律,当离子的水化半径相同时,高价离子的选择系数比低价离子的高。

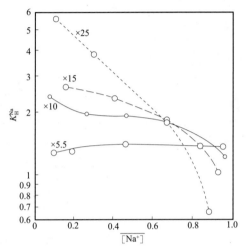

图 6.10　Dowex 50 树脂上 $Na^+ - H^+$ 交换的平衡常数(25℃)

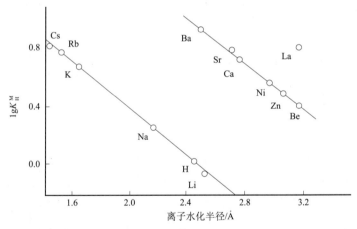

图 6.11　Dowex 50 树脂上选择系数与离子水化半径的关系

上述规律仅适用于稀溶液中的离子交换,而不适用于浓溶液和非水溶剂中的离子交换。例如,在浓溶液中碱金属离子的选择性次序与在稀溶液中的正好相反,Li^+ 的吸附最强,Cs^+ 的吸附最弱。这种现象可用离子水化的观点来解释。树脂中固定离子对反离子的吸附力属于库仑力的相互作用,吸附力的强弱取决于后者的电荷密度。在稀溶液中离子被充分水化,电荷密度取决于水合离子的半径与电荷,而碱金属的离子水化半径随原子序数的增加而减小,所以碱金属的吸附能力随原子序数的增加而增加,即 $Li^+ < Na^+ < K^+ < Rb^+ < Cs^+$。但在浓溶液中离子的水化程度急剧降低,这时离子的电荷密度取决于其真实半

径，原子序数增加，离子的真实半径增加，因此碱金属的吸附能力顺序为 Li > Na > K > Rb > Cs。

3. 离子交换过程的分配比

在离子交换分离中，常用分配比来表示交换平衡后组分的分配关系。分配比 D 定义为

$$D = \frac{\text{每克干树脂中 M 离子的摩尔数}}{\text{每毫升溶液中 M 离子的摩尔数}} = \frac{Q_\text{W} \overline{[\text{M}]}}{[\text{M}]} * \quad (6.31)$$

分配比的值可由实验测定。由式（6.30）可知分配比与选择系数的关系为

$$D = Q_\text{W} \left(E_\text{H}^{\text{M}/n} \cdot \frac{\overline{[\text{H}]}}{[\text{H}]} \right)^n \quad (6.32)$$

在分离放射性核素时，M 离子在树脂相的浓度很低，体系的性质主要由常量组分决定。如常量组分不变，D 也是不受溶液中 M^{n+} 浓度影响的定值，常用符号 K_d 来表示，即

$$K_\text{d} = Q_\text{W} \left(E_\text{H}^{\text{M}/n} \frac{\overline{[\text{H}]}}{[\text{H}]} \right)^n = \text{常数} \quad (6.33)$$

6.3.3 离子交换分离方法

离子交换分离有单级分离法和色层分离法两种类型。单级分离法是将待分离的溶液在适当条件下与树脂一起混合振摇，利用各组分选择系数的不同，平衡后将两相分开以实现组分的分离。单级分离法适用于分离选择系数相差很大的组分。若两种组分的选择系数差别不大，二者在树脂上都有不同程度的吸附，则一次吸附不能达到完全分离的目的，在这种情况下需用多次吸附－解吸法才能得到良好的效果，这一过程常在色层柱上实现，称为离子交换色层法。

离子交换色层分离方法是将离子交换剂装入色层柱中作为固定相，被分离的物质吸附在柱的上端，然后用适当的溶液作为流动相流过色层柱，让各种溶质在固定相和流动相之间实现多次吸附－解吸过程，以实现各种溶质的分离。常用的离子交换色层法有排代色层法和洗脱色层法两种。

---

① 对于多价离子，分配比 D 应为

$$D = \frac{Q_\text{W} \overline{[\text{M}]}}{[\text{M}]} \cdot \frac{1}{1-(1-n)\overline{[\text{M}]}}$$

其中，n 为 M 离子的电荷数。当 $\overline{[\text{M}]}$ 很低时，上式化简为式（6.31）。

排代色层法是将被分离组分在柱顶形成一定的吸附带以后,用吸附能力比被分离组分A、B、C、…都强的物质S的溶液(排代液)为流动相来分离各个组分的方法。若各组分的吸附能力次序是S > C > B > A,则在色层过程中B将置换A,C将置换B,S又将置换C,经过一定的排代距离后,各组分将依吸附能力的大小排列成稳定的组分带向下移动。例如,在Dowex 50树脂柱上,用0.5 M(NH_4)$_2$$SO_4$为排代剂分离$Li_2SO_4$和$Na_2SO_4$的混合物时,所得的排代曲线如图6.12所示。

洗脱色层法是将少量被分离物质(一般占柱容量的3%~5%以下)吸附在柱顶,形成一狭窄的吸附带,然后用吸附能力较弱的物质的溶液(洗脱液)为流动相将各组分洗脱分离。在离子交换柱中,由于被分离组分与树脂的吸附能力不同,它们在柱中移动的速度各不相同,经一定的洗脱时间后,可以形成彼此分开的组分带。溶质A和B在洗脱时的展开过程及在柱中相应的浓度分布如图6.13所示。

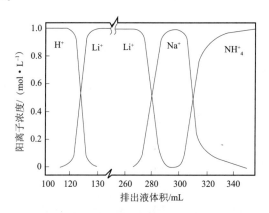

图6.12 排代色层法分离Li_2SO_4和Na_2SO_4时的排代曲线

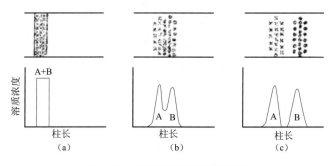

图6.13 洗脱色层中溶质的展开
(a)洗脱开始时;(b)洗脱一定时间后组分部分分离;(c)组分完全分开

排代色层法适用于常量物质的分离。由于相邻两组分带的交界处有相互重

叠，所以交界部分得不到分离，使纯物质的收率减小。洗脱色层适于少量物质的分离，可以得到完全分开的色层带，纯物质收率高，在放射化学分离和分析中应用很广，本书只讨论洗脱色层法。

6.3.4 洗脱色层的基本原理

1. 洗脱曲线

如果洗脱色层中溶质在两相的分配比为常数，则吸附等温线是直线，这种情况称为线性洗脱色层。在线性洗脱色层条件下，洗脱液中溶质的浓度随洗脱时间的分布曲线为一条接近于高斯分布的曲线（图6.14）。一般情况下吸附等温线不是直线；但若被分离的溶质量很少，由式（6.33）可知 K_d 为常数，所以亦可满足线性洗脱条件，得到高斯分布的洗脱曲线。

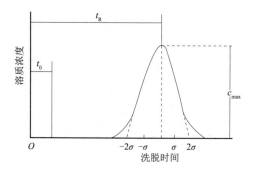

图 6.14 线性洗脱色层中溶质浓度的分布

在任意时刻 t 时，溶质在洗脱液中的浓度 c，可由高斯分布的密度函数得到：

$$c = \frac{1}{\sqrt{2\pi}\sigma} \exp\left\{-\frac{(t-t_R)^2}{2\sigma^2}\right\} \quad (6.34)$$

式中　t_R——洗脱液中溶质浓度达到最大值所经历的时间，称为峰位时间；

　　　σ——高斯分布的标准偏差。

式（6.34）说明，只要已知 t_R 和 σ，即可求得任意时刻 t 时洗脱液中溶质的浓度 c_o。与峰位时间 t_R 相对应的洗脱液体积 V_R 称为峰位体积。标准偏差 σ 表示色层过程中溶质浓度偏离中心值 c_{max} 的程度。σ 值越大，偏离中心值的溶质量越多，溶质扩展得越宽。下面讨论操作条件对色层分离的峰位体积和溶质带展宽的影响。

2. 溶质带的迁移速度

1) 峰位体积方程

如图 6.14 所示,设洗脱液的流量为 F mL/min,则峰位时间 t_R 和峰位体积 V_R 之间的关系为

$$V_R = Ft_R \tag{6.35}$$

图中 t_0 表示不被离子交换剂吸附的溶质通过柱的时间,它所对应的洗脱液体积 $V_0 = Ft_0$,是柱内树脂间隙中洗脱液的体积,称为间隙体积。在洗脱带的中心,溶质在两相间的分配接近平衡状态,若柱内树脂相中溶质的摩尔数为 $\bar{n}$,在间隙体积中的洗脱液所含的溶质摩尔数为 n,则间隙体积中溶质的摩尔分数 R 为

$$R = \frac{n}{\bar{n}+n} = \frac{1}{1+\bar{n}/n} = \frac{1}{1+k'} \tag{6.36}$$

其中,$k' = \bar{n}/n$,称为分配系数。显然,R 值越大,洗脱液中溶质的量越大,随洗脱液一起移动的溶质量也越多。令洗脱液在柱内的移动速度为 v cm/min,溶质带在柱内的平均移动速度为 v_R cm/min,柱长为 L,则 $v = L/t_0$,$v_R = L/t_R$。可以证明 $v_R = Rv$,所以

$$\frac{t_0}{t_R} = \frac{v_R}{v} = R$$

又因 $V_R = Ft_R$ 和 $V_0 = Ft_0$,故得

$$R = \frac{V_0}{V_R} \tag{6.37}$$

将上式代入式(6.36)可得

$$V_R = V_0(1+k') \tag{6.38}$$

k' 与 K_d 的关系为

$$k' = \frac{WQ_W}{V_0}\frac{\overline{[M]}}{[M]} = K_d\frac{W}{V_0} \tag{6.39}$$

故 V_R 又可表示为

$$V_R = WK_d + V_0 \tag{6.40}$$

式(6.39)和式(6.40)是色层分离中的重要方程,称为峰位体积方程。对于一定的色层柱,V_0 是一个常数,所以溶质的峰位体积 V_R 是分配系数 k' 或分配比 K_d 的线性函数。在分离过程中,K_d 小的溶质因 V_R 小,洗脱时将先从柱中洗出来,K_d 大的溶质因 V_R 大,洗脱时后被洗出,控制适当条件便可使 K_d 值不同的溶质得到分离。

2)影响峰位体积的因素

当用一价离子 M_E 的溶液洗脱树脂上 Z 价的 M 离子时,由式(6.33)和式(6.39)可得

$$k' = \left[E_{M_E}^{M/Z} \left(\frac{\overline{[M_E]}}{[M_E]} \right) \right]^Z \cdot \frac{WQ_W}{V_0}$$

代入式(6.38),并假定 $V_R \gg V_0$ 可得

$$V_R = WQ_W \left[E_{M_E}^{M/Z} \left(\frac{\overline{[M_E]}}{[M_E]} \right) \right]^Z \tag{6.41}$$

当 M 离子的量很少时,$\overline{[M_E]} \approx 1$。由式(6.41)可以看出:①M 离子的峰位体积与其选择系数的 Z 次方成正比;②$V_R \propto [M_E]^{-Z}$,即洗脱剂离子 M_E 的浓度越高,M 离子的峰位体积越小;③当存在两种微量组分 A^{Z_A} 和 B^{Z_B} 时,二者的分离系数 a 为

$$a = \frac{(K_d)_A}{(K_d)_B} = \frac{J_A}{J_B} [M_E]^{Z_B - Z_A}$$

其中,$J = E\overline{[M_E]}^Z$,是与洗脱剂浓度无关的常数。因此,分离不同价态的离子($Z_A \neq Z_B$)时,提高洗脱剂的浓度 $[M_S]$ 可以提高 A^{Z_A} 和 B^{Z_B} 的分离系数。

3. 溶质带的展宽

1)理论塔板数

由式(6.34)可知,洗脱曲线的位置取决于峰位时间 t_R,曲线的形状取决于标准偏差 σ_t,当 $t = t_R$ 时,$c = c = c_{max} = (\sigma_t \sqrt{2\pi})^{-1}$,因此 σ_t 越大,曲线越扁平。σ_t 越大意味着溶质中移动速度偏离 v_R 的溶质量越多,溶质带展开得越宽。显然对于一色层体系,σ 值越小,分离效率就越高。为了定量地表示一色层体系的效率,现定义一个量 N,它是峰位时间 t_R 与以时间为单位的标准偏差 σ_t 之比的平方:

$$N = \left(\frac{t_R}{\sigma_t} \right)^2 \tag{6.42a}$$

其中,N 称为理论塔板数,是表示色层分离柱效率的重要参数,其物理意义将在后面说明。同样,也可以用峰位体积 V_R 和以体积为单位的标准偏差 σ_V 来表示理论塔板数 N:

$$N = \left(\frac{V_R}{\sigma_V} \right)^2 \tag{6.42b}$$

为了计算方便,σ 值常用洗脱曲线的带宽来表示,因为带宽可由实验测得。3 种常用带宽的定义如下(图 6.15):由曲线两侧拐点处作切线与基线相

交，交点之间的距离称基线带宽 W_b；$c=\dfrac{1}{e}c_{max}$ 处的带宽称半峰高；带宽处的带宽称 $1/e$ 带宽 W_e。σ 与各种带宽之间的关系及相应的理论塔板数 N 的计算公式如表 6.9 所示。当洗脱曲线的对称性不太好时，用 $W_{1/2}$ 计算得到的 N 值比用其他方法计算的准确。

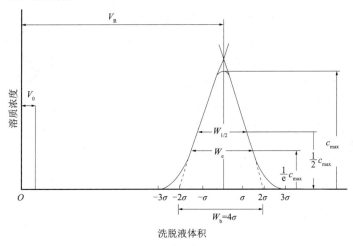

图 6.15　洗脱曲线的各种带宽

2）理论塔板当量高度

对于树脂层高度为 L 的柱子，则 L 除以理论塔板数 N 定义为理论塔板当量高度（HETP，简称理论板高或板高 H）：

$$H=\dfrac{L}{N} \tag{6.43}$$

H 也是衡量柱效率的重要参数，其物理意义是：在洗脱过程中，溶质在两相之间完成一次离子交换平衡所需的柱长。因此，N 的物理意义是在给定色层柱中溶质在两相之间完成的吸附–解吸次数。显然，对于柱长 L 一定的柱子，H 越小，N 越大，柱的效率也越高。

表 6.9　理论塔板数 N 的计算公式

测量 N 的参数	σ 与带宽的关系	理论塔板数 N 的计算公式
V_R 和 σ_V	—	$N=(V_R/\sigma_V)^2$
V_R 和 W_b	$\sigma=W_b/4$	$N=16(V_R/W_b)^2$
V_R 和 $W_{1/2}$	$\sigma=W_{1/2}/\sqrt{8\ln 2}$	$N=5.56(V_R/W_{1/2})^2$
V_R 和 W_e	$\sigma=W_e/\sqrt{8}$	$N=8(V_R/W_e)^2$

由式（6.42）可以得到

$$H = \frac{L}{N} = \left(\frac{\sigma_t}{t_R}\right)^2 \cdot L \text{ 或 } H = \left(\frac{\sigma_V}{V_R}\right)^2 \cdot L$$

即理论板高 H 和方差 σ^2 成正比，而方差 σ^2 具有加和性，它可表示为各种独立因素产生的方差的加和。因此，色层柱的理论板高 H 也可以表示成引起溶质带展宽的各种独立因素对板高贡献的总和。色层过程中引起溶质带展宽的因素有：①纵扩散——溶质在洗脱液中沿流动方向因浓度不同引起的扩散；②涡流扩散——洗脱液中的溶质由于通过树脂间不同大小的孔道和不同曲折程度的路径，因而在给定时间内溶质在柱的轴线方向上移动的距离不同所引起的溶质带展宽；③移动相扩散——在同一孔道中，位于中心部分的溶质与位于边缘部分的溶质的移动速度不同引起的溶质带展宽；④膜扩散——溶质穿过树脂相外面一层不动膜的扩散；⑤粒扩散——溶质在树脂相内的扩散。色层柱的理论板高 H 即为上述 5 种因素对板高贡献的总和。多孔球形树脂柱的理论板高 H 可以表示为

$$H = \left(\frac{1}{\lambda d_p} + \frac{D_m}{\Omega d_p^2 v}\right)^{-1} + \frac{qk'}{(1+k')^2} \cdot \frac{d_p^2 v}{D_s} + f(\varphi', k') \frac{d_p^2 v}{D_m} + 2\gamma \frac{D_m}{v} \quad (6.44)$$

$\qquad$ 涡流扩散 $\qquad$ 移动相扩散 $\qquad$ 粒扩散 $\qquad\qquad$ 膜扩散 $\qquad\qquad$ 纵扩散

式中 $\quad d_p$——树脂颗粒的直径；

$\quad v$——流动相的线速度；

D_m，D_s——溶质在移动相和固定相中的扩散系数；

k'——分配系数；

λ，Ω，q，φ'，γ——与填料结构和填充状况等有关的系数。

对于不同的色层柱，上述参数都不等，因此 H 的数值难以用式（6.44）计算，但可根据此式来讨论各种因素对理论板高的影响。

（1）树脂粒度。减小树脂粒度能大大加速膜扩散和粒扩散的传质过程，并且减小涡流扩散的影响，因此使用粒度小的树脂是非常有利的。但粒度减小后将使树脂床的阻力增加，流动相的流速减小。工业上常用的树脂粒度为 40～100 目，实验室中常用的为 100～120 目。若采用树脂粒度小于 50 μm 的细长柱，则需要在加压条件下工作。近年来发展起来的高效色层法可使用 5～10 μm 的树脂，分离效率大大提高。

（2）交联度。交联度大的树脂结构紧密，孔隙小，溶质在树脂中的扩散系数 D_s 小，对建立平衡不利，板高增大，但交联度大的树脂选择性好。因此，交联度的大小应根据具体情况决定。分离工作中常用的树脂交联度为 4%～8%。

（3）温度。提高温度使溶质的扩散系数 D_s 和 D_m 都增大，并使流动相的黏度下降，树脂和流动相之间的滞流边界层减薄，这些都对传质过程有利，使板高减小。

（4）流动相的流速。增加树脂和洗脱液的接触时间有利于平衡的建立，因此选择较低的流速有利于提高柱的效率。但降低流速将增加操作时间，且流速很低时纵向扩散的影响不可忽略，所以对于每一色层体系均有一最佳流速，这可由实验确定。此外，洗脱过程中不应使液流中断，否则除增大纵扩散影响外，还易使气泡进入柱中，影响柱效率和实验的再现性。

（5）柱直径。在树脂量和洗脱液流量一定的情况下，改变柱的长度与直径之比可改变洗脱液的线流速。提高溶液的线流速，可以增加溶液的湍流程度，使离子向颗粒表面的运动加快，因此增大柱长与直径的比例对改善膜扩散过程有利，通常选择柱长与直径之比为 15~50 为宜。

6.3.5　多组分色层分离

用洗脱色层法分离多种组分离，各组分之间分离的好坏，取决于各溶质洗脱带中心间的距离和各带的宽度。如图 6.16（a）中两组分的洗脱带部分重叠，分离不完全。若选择适当的条件使洗脱带之间的距离增大［图 6.16（b）］或使带变窄［图 6.16（c）］，都可以使两种组分完全分离。本节讨论如何选择实验条件实现多组分的完全分离。

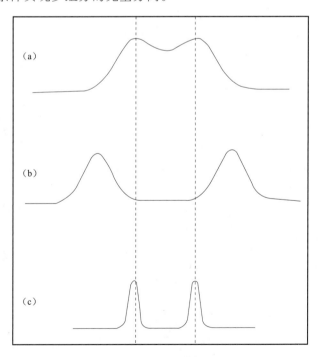

图 6.16　两组分分离的色层带

（a）分离不完全；（b）分离完全；（c）分离完全

1. 分辨率

两组分在色层过程中的分离程度用分辨率 R_s 表示。分辨率 R_s 的定义为：相邻两个带的峰位体积之差和它们的平均基线带宽之比，如图 6.17 所示，即

$$R_s = \frac{V_{R,2} - V_{R,1}}{\left(\dfrac{W_{b,2} + W_{b,1}}{2}\right)} \tag{6.45a}$$

若近似地认为相邻两个带的带宽相等，即 $W_{b,1} \approx W_{b,2} = W_b$，则上式可化简为

$$R_s = \frac{V_{R,2} - V_{R,1}}{W_b} = \frac{V_{R,2} - V_{R,1}}{4\sigma_u} \tag{6.45b}$$

分离两种组分时，在不同相对浓度和不同分辨率情况下得到的洗脱曲线如图 6.18 所示。图中黑点表示两种组分洗脱峰的位置；箭头所指的位置表示组分分开时，两种产品纯度相等的位置，称为等纯度切割点。箭头上所标的数值为产品的纯度。利用这样的图谱可以方便地估计达到一定分离要求所需的分辨率。

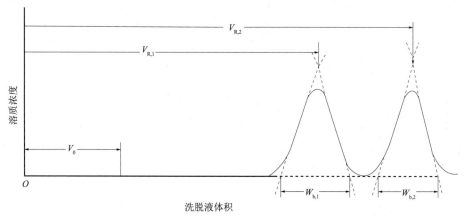

图 6.17　两组分分离的分辨率

下面讨论分离条件和分辨率的关系。设相邻两个溶质带的理论塔板数 $N_1 \approx N_2 \approx N$，可以导得分辨率的基本关系式：

$$R_s = \frac{\sqrt{N}}{4}\left(\frac{a-1}{a}\right)\left(\frac{k'_2}{1+k'_2}\right) \tag{6.46}$$

其中，k'_2 是第二个峰的分配系数，相邻两个峰近似地有 $k'_1 \approx k'_2 = k'$。式 (6.46) 右边的 3 个因子对分辨率的影响大致是相互独立的。第一个因子表明

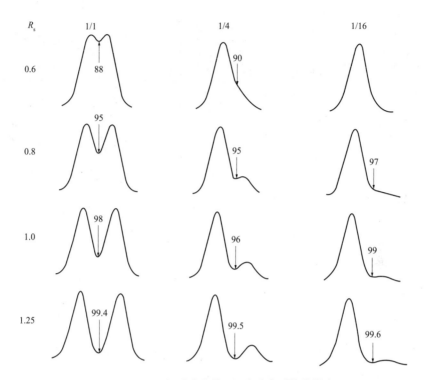

图 6.18　不同相对浓度的两组分分离时的分辨率

R_s 与 $\sqrt{N}$ 成正比，因此增加柱长 L，使理论塔板数 N 增加，可以提高分辨率 R_s。第二个因子是分离系数 a 的影响，如当 a 从 1.05 增到 1.10 时，R_s 可以提高近一倍，所以提高分离系数是提高分辨率的有效办法。第三个因子表示分配系数 k' 的影响，从式（6.46）可以看出，k' 增大 R_s 也增大，但 k' 过大，溶质难被洗脱，因此最佳 k' 值一般在 1~5。实际上当 k' 接近最佳值时，R_s 随 k' 变化不大。

2. 络阳离子色层

分离化学性质相近的阳离子时，用含络合剂的溶液作洗脱液常常可以提高分离系数 a 和分辨率而得到良好的分离结果。络合色层的原理如下。

假设阳离子 M^{n+} 和络合剂阴离子 A^{k-} 生成单一络合物 $MA_m^{(n-km)+}$。则用含 A^{k-} 的溶液洗脱吸附在铵型阳离子交换树脂上的 M^{n+} 离子时，将发生两种过程：

$$n\overline{RNH_4} + M^{n+} \underset{}{\overset{K}{\rightleftharpoons}} \overline{R_nM} + n\,NH_4^+ \quad （离子交换反应）$$

其交换平衡常数为（为简明起见，略去离子价数）

$$K = \frac{\overline{[R_nM]}\,[NH_4]^n}{\overline{[RNH_4]}^n\,[M]} = (E_{NH_4}^{M/n})^n$$

$$M^{n+} + mA^{k-} \underset{}{\overset{K_f}{\rightleftharpoons}} MA_m^{(n-mk)+} \quad （络合反应）$$

其络合平衡常数为

$$K_f = \frac{[MA_m]}{[M][A]^m}$$

M^{n+} 在两相的分配比 K_d 为

$$K_d = \frac{\bar{c}_M}{c_M} = \frac{Q_W \overline{[R_n M]}}{[MA_m] + [M]} = \frac{Q_W (E_{NH_4}^{M/n})^n}{1 + K_f [A]^m} \cdot \left(\frac{\overline{[RNH_4]}}{[NH_4]}\right)^n$$

式中 $\bar{c}_M, c_M$ ——M^{n+} 在树脂相和溶液中的总浓度。

一般 $K_f [A]^m \gg 1$，当 M^{n+} 的量很小时，$\overline{[RNH_4]} \approx 1$，故上式可以化简为

$$K_d \approx \frac{Q_W (E_{NH_4}^{M/n})^n}{K_f [NH_4]^n [A]^m}$$

两种同价离子 M_1^{n+} 和 M_2^{n+} 的分离系数为

$$a = \frac{K_{d,1}}{K_{d,2}} = \left(\frac{E_{NH_4}^{M_1/n}}{E_{NH_4}^{M_2/n}}\right)^n \cdot \frac{K_{f,2}}{F_{f,1}}$$

性质相近的阳离子，如相邻的三阶镧系或三价锕系元素的离子，其选择系数 E 非常接近，但它们与许多络合剂反应的络合稳定常数 K_f 有显著差别，因此上式可化简为

$$a = \frac{K_{f,2}}{K_{f,1}} \tag{6.47}$$

由以上讨论可以看出，在分离性质相近的阳离子时，使用不同的络合剂使 M_1^{n+} 和 M_2^{n+} 的络合物稳定常数有显著差别，就可以提高这些离子的分离系数 a，从而使这些离子得到良好的分离。常用的络合剂有乳酸、a-羟基异丁酸、柠檬酸和 EDTA 等，这类络合剂都是弱酸，其络合能力随 pH 值增高而增强。为了得到良好的分离效果，应选择适当的 pH 值和络合剂浓度。

图 6.19 是用络合色层法分离 660 MeV 质子轰击 Hf 产生的散裂产物中放射性稀土元素的例子。色层柱直径为 3 mm，长为 150 mm，树脂为 Dowex 50，洗脱剂为 0.4 mol/L 乳酸，流速为 0.4 mm/min，柱温为 90℃，洗脱重稀土元素（Lu-Dy）时 pH = 3.4，洗脱轻稀土元素时 pH = 3.7。

3. 络阴离子色层

许多金属离子可与无机酸根形成络阴离子，因此可用络阴离子交换色层法分离。由于不同金属离子和各种酸根形成的络阴离子的稳定性差别很大，所以控制水相条件（酸的种类和浓度）即可实现许多元素的分离。络阴离子交换

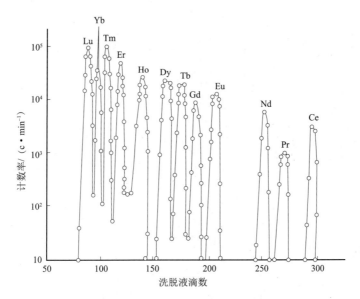

图 6.19　Hf 散裂产物中稀土元素分离的洗脱曲线

色层选择性很高，应用很广泛。

使用最多的络阴离子色层体系是 HCl 体系。不同金属离子的吸附行为差别很大，选择适当的 HCl 浓度即可实现许多金属离子的分离。易水解的高价离子如 Ti、Zr、Hf、Nb、Ta 和 Pa 等，常用 HCl–HF 体系分离。HNO_3 体系常用于轻锕系元素的分离。

4. 选择最佳柱长

色层分离体系决定后，要得到满意的分离，重要的问题就是确定最佳柱长。若使用的柱子太短，则不能达到完全分离；若柱太长，则将耗费过多的时间和试剂。由于不能直接计算得到色层柱的理论塔板数 N 或理论塔板高 H，所以通常是由初步实验测出有关参数，然后用计算法或图解法来确定最佳柱长。这里介绍一种简单的图解法。假设初步实验得到溶质 1 和溶质 2 的洗脱曲线如图 6.20 所示，两种溶质的洗脱带有部分重叠，分离不完全。设溶质 1 和溶质 2 的量分别为 m_1 和 m_2，则洗脱液在等纯度点 P 处切割时，两种组分的纯度 η 为

$$\eta = \frac{\Delta m_2}{m_1} = \frac{\Delta m_1}{m_2}$$

式中　Δm_1——溶质 2 中夹带溶质 1 的量；

Δm_2——溶质 1 中夹带溶质 2 的量。

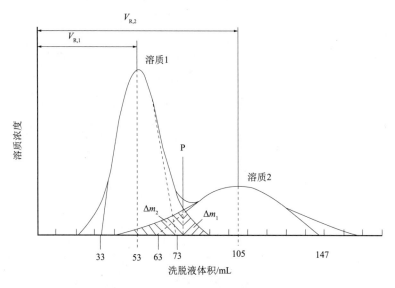

图 6.20 两组分分离的洗脱曲线

令两组分的峰位体积分别为 $V_{R,1}$ 和 $V_{R,2}$，其比值（称滞留比）a 为

$$a = \frac{V_{R,2}}{V_{R,1}}$$

由 m_1、m_2 和 a 的值，利用图 6.21 可以求出达到一定产品纯度 η 所需的理论塔板数 N，然后计算柱长。

例：两组分摩尔数之比为 $m_1/m_2 = 1.7$，若要求产品纯度为 99.9%，则色层柱的理论塔板数应为多少？

解：查得 $V_{R,1} = 53$，$W_{b,1} = 73 - 33 = 40$，$V_{R,2} = 105$，$W_{b,2} = 147 - 63 = 84$。由表 6.9 的公式可算得溶质 1 的理论塔板数 N_1 为

$$N_1 = 16\left(\frac{V_{R,1}}{W_{b,1}}\right)^2 = 16\left(\frac{53}{40}\right)^2 = 28$$

同样，溶质 2 的理论塔板数 N_2 为

$$N_2 = 16\left(\frac{V_{R,2}}{W_{b,2}}\right)^2 = 16\left(\frac{105}{84}\right)^2 = 25$$

平均理论塔板数 $\overline{N}$ 为

$$\overline{N} = \frac{N_1 + N_2}{2} = \frac{28 + 25}{2} = 26.5$$

又由 $a = V_{R,2}/V_{R,1} = 105/52 \approx 2$，$\eta = 10^{-3}$，$m_1/m_2 = 1.7$

$$\eta \cdot \frac{m_1^2 + m_2^2}{2 m_1 m_2} = \frac{10^{-3}}{2}\left(1.7 + \frac{1}{1.7}\right) = 1.1 \times 10^{-3}$$

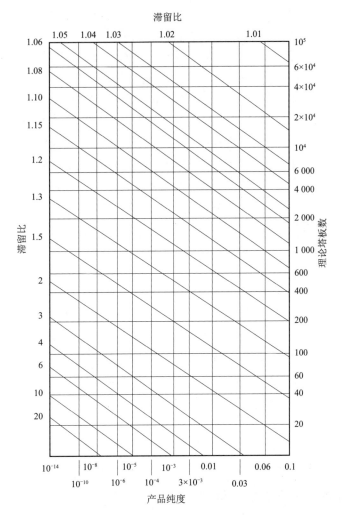

图 6.21　滞留比、理论塔板数与产品纯度的关系

查得 $N=80$，为原柱的平均塔板数 $\bar{N}$ 的 $80/26.5 \approx 3$ 倍，所以为达到所要求的产品纯度，在保持 H 不变的情况下，柱长应增加到原来的 3 倍。

6.3.6　多组分分离中的洗脱问题

用洗脱色层法分离多种组分时，使用一种洗脱剂很难使各种组分的分配系数 k' 值均处在最佳范围，因此难以得到理想的分离结果。图 6.22 表示用不同洗脱条件（a、b、c）分离 6 种组分时所得到的结果。在条件 a 时洗脱，组分 1 和 2 处于最佳分离条件，组分 3 和 4 需较长的分离时间，组分 5 和 6 的峰则展宽得很严重，而且需要很长的洗脱时间。在条件 b 时洗脱，组分 3 和 4 处于最佳分离条件，组分 5 和 6 的峰形有所改善，峰位也有所提前，但组分 1 和 2 分离不完全。在条件 c 时洗脱，组分 5 和 6 处于最佳分离条件，组分 3 和 4 不能完全分离，组分 1 和 2 则完全不能分离。为了使 6 种组分都能在尽可能短的时间内得到良好的分离，可先在条件 a 时洗脱组分 1 和 2，再在条件 b 时洗脱组分 3 和 4，最后在条件 c 时洗脱组分 5 和 6，如图 6.22 中的 d，这样各种组分均在其最佳的 k' 范围内被洗脱，从而使 6 种组分都得到良好的分离。在色层分离过程中改变 k' 值的方法有两种：一种是按一定的程序改变温度，称为程序变温法，主要用于气相色层；另一种是改变洗脱液的组成，这种方法在液相色层中应用很广。后一方法可使 k' 相差近千倍的组分得到良好的分离。改变洗脱液组成的方法有梯度洗脱和分步洗脱两种。

（1）梯度洗脱。洗脱时利用专门设计的装置，使洗脱液的组成按一定的程序随时间连续变化，让各种组分都在合适的 k' 范围内被洗脱下来，这种方法即梯度洗脱，又称溶剂程序法。

（2）分步洗脱。这种方法是在洗脱不同的组分时，使用不同的洗脱剂。即先用第 1 种洗脱剂洗脱第 1 种组分，待此种组分洗脱完后，换用第 2 种洗脱剂洗脱第 2 种组分，如此等等。例如，分离 U、Np、Pu 和其他三价锕系元素时，先将含这些元素的 9 mol/L HCl + 0.05 mol/L HNO_3 溶液在 50℃通过一支 0.25 cm × 2 cm × 3 cm 的 Dowex1 × 10（400 目）阴离子交换柱。在此条件下 Am 和其他三价锕系元素不被吸附，U、Np 和 Pu 以络阴离子形式吸附在柱上。用 9 mol/L HCl 洗去残留的三价锕系元素后，先用 9 mol/L HCl + 0.05 mol/L NH_4I 将 Pu（Ⅵ）还原为 Pu（Ⅲ）而把钚洗脱下来，再用 4 mol/L HCl + 0.1 mol/L HF 洗脱 Np，最后用 0.5 mol/L HCl + 1 mol/L HF 洗脱 U，即可使几种组分得到良好分离（图 6.23）。

6.3.7 高效离子交换色层

高效离子交换色层，又称高压离子交换色层（下面简称高效色层），是 20 世纪 60 年代末发展起来的一种新技术，其特点是使用粒度小于 50 μm 的离子交换剂，流动相用高压泵从柱顶压入并以较高的流速流过柱床。高效色层的原理与经典色层相同，其优点是效率高、分离时间短。在放射化学分离中，高效色层还有另外两个优点：①与溶质接触时间短，减轻了固定相的辐解效应，因此可用于对强放射性物质的分离；②在高压作用下辐解产生的气体易溶于液相，可避免柱中因产生气泡而引起液流不均匀，有利于保持良好的柱效率。

高效色层所用的压力一般为 70 kg/cm^2，高的可达 250～300 kg/cm^2。高效色层常用的离子交换剂有粒度约 10 μm 的全多孔型树脂（如国产 YWG – SO_3H 和 YWG – R_4NCl）和粒度 30～50 μm、膜厚约 1 μm 的薄膜球型树脂。下面简

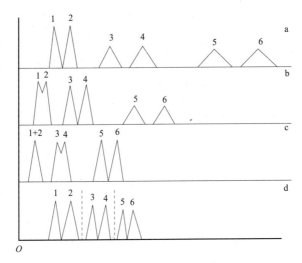

图 6.22　多组分色层分离的洗脱方法

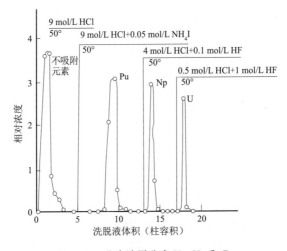

图 6.23　分步洗脱分离 U、Np 和 Pu

单讨论高效色层的效率与操作条件的关系。

对于给定的色层柱和洗脱液，理论板高 H 与洗脱液的线流速 v 的关系可用如下的经验公式来表示：

$$H = D'v^n \tag{6.48}$$

其中，D' 和 n 均为常数，一般 $0.3 \leqslant n \leqslant 0.6$。流速 v 与柱长 L 和压力 P 的关系可以表示为

$$v = \frac{K_P P}{L} \tag{6.49}$$

其中，K_P 为柱的透过系数。由式（6.49）、式（6.48）、式（6.46）和式

(6.43）可以导得

$$N = \left[\frac{K_P^{\frac{1-n}{2}}}{D'}\right] \cdot P^{\left(\frac{1-n}{2}\right)} t^{\left(\frac{1+n}{2}\right)} \left(\frac{1}{1+k'}\right)^{\frac{n+1}{2}} \quad (6.50)$$

其中，第一个因子称为柱性能参数 PF，与操作压力无关，是填料颗粒直径 d_P 的函数，当 $d_P \geq 5\ \mu m$ 时，PF 可近似地表示为

$$PF = K_P^{\frac{1-n}{2}} / D' = C' d_P^{-2n}$$

其中，C' 为常数，故式（6.50）成为

$$N = C' d_P^{-2n} P^{\left(\frac{1-n}{2}\right)} t^{\left(\frac{1+n}{2}\right)} \left(\frac{1}{1+k'}\right)^{\left(\frac{n+1}{2}\right)} \quad (6.51)$$

此式是表示高效色层的理论塔板数与填料颗粒直径及操作条件的重要关系式。

由式（6.46）可看出，当树脂和洗脱液组成一定时，a 和 k' 为常数，因此不同条件下 N 和 R_s 的关系为

$$\frac{R_{s,1}}{R_{s,2}} = \left(\frac{N_1}{N_2}\right)^{1/2}$$

对于给定的色层柱，D'、n 和 K_P 为常数，将式（6.43）、式（6.48）和式（6.49）代入上式可得

$$\frac{R_{s,1}}{R_{s,2}} = \left(\frac{L_1}{L_2}\right)^{\frac{n+1}{2}} \left(\frac{P_2}{P_2}\right)^{\frac{n}{2}} \quad (6.52)$$

又由式（6.49）及 $v = L/T$ 可得

$$\frac{P_1}{P_2} = \frac{t_2}{t_1} \left(\frac{L_1}{L_2}\right)^2 \quad (6.53)$$

以上各式表示操作压力 P、柱长 L、分离时间 t 和分辨率 R_s 的关系。借助这些关系式可以根据所要求达到的分辨率，找出适宜的操作条件。例如，表 6.10 列出了某一初步实验的操作条件和理论塔板数，若要求将 N 增加一倍，则各项操作参数应作相应的变化。

表 6.10　高效色层中增加理论塔板数 N 的方法

方法	L/cm	$P/(kg \cdot cm^{-2})$	t/s	$v/(cm \cdot s^{-1})$	H/cm	N
初步实验	100	70	150	2.0	0.156	640
L 不变，降低 P	100	12.6	833	0.36	0.078	1 280

续表

方法	L/cm	P/($kg \cdot cm^{-2}$)	t/s	v/($cm \cdot s^{-1}$)	H/cm	N
P 不变，增加 L	164	70	405	1.22	0.128	1 280
t 不变，增加 L 和 P	320	717	150	6.4	0.250	1 280

6.3.8 无机离子交换剂

天然无机离子交换剂（如黏土、沸石等）很早就被人们发现和利用了。但这类物质交换容量低，交换速率慢，化学稳定性差，其用途受到很大限制。有机离子交换树脂克服了这些缺点，得到了广泛的应用。但有机离子交换树脂也有两个缺点：①热稳定性差，在高温下会丢失交换基团；②在辐射作用下发生降解，不能用于从强放射性溶液中分离放射性核素。为了克服这些缺点，人们对合成性能优异的耐高温、耐辐照的无机离子交换剂进行了长期的研究，并取得了很大的进展。迄今研究过的合成无机离子交换剂可分为 6 类：水合氧化物、多价金属酸式盐、金属杂多酸盐、不溶性亚铁氰化物、硅铝酸盐和其他（如合成磷灰石、硫化物、碱土金属硫酸盐）。下面对部分合成无机离子交换剂的性能及其用途作一简单介绍。

1. 水合氧化物

这类化合物多数是无定形物质，其组成和性质与制备方法有密切关系。在水溶液中其离解平衡可表示为

$$M\text{—}OH \rightleftharpoons M^+ + OH^- \tag{6.54}$$

$$M\text{—}OH \rightleftharpoons MO^- + H^+ \tag{6.55}$$

其中，M 为中心原子。在酸性条件下水合氧化物按式（6.54）离解，它具有阴离子交换剂的作用；在碱性条件下按式（6.55）离解，具有阳离子交换剂作用。接近等电位点时，两种离解均可发生，阴、阳离子交换过程均可进行。

水合氧化物的交换机理比较复杂，随着使用的交换剂和使用条件的不同，除存在离子交换过程外，还可能同时存在吸附、共沉淀、离子排斥、电子交换等过程。

水合氧化物是研究和应用较多的一种无机离子交换剂。在核工业和放射化学分离中已得到应用，如水合 Fe_2O_3 能有效地从废水中除去 ^{35}S、^{32}P、$^{106}Ru^{3+}$、$^{106}RuNO^{2+}$、$^{131}I^-$、$^{137}Cs^+$ 等，水合 TiO_2 可从海水中吸附 U 及从含裂变产物的废液中吸附 Pu，$Sb_2O_5 \cdot nH_2O$ 可从裂变产物中分离 ^{90}Sr，$SnO_2 \cdot xH_2O$ 柱可从溶液中吸附 UO_2^{2+}。

2. 多价金属酸式盐

Zr（Ⅳ）、Th（Ⅳ）、Ti（Ⅳ）、Ce（Ⅳ）、Sn（Ⅳ）、Al（Ⅲ）、Fe（Ⅲ）、

Cr(III)等的阳离子和磷酸、砷酸、锑酸、钼酸、钨酸、碲酸、硅酸、草酸等的阴离子形成的酸式盐，都是阳离子交换剂，其中有些还具有电子交换剂的性质。组成为 M(IV)[M(V)O$_4$]·xH$_2$O，M(IV)为四价的 Zr、Th、Ti、Ce 等，M(V)为五价的 P、As、Sb 等的层状晶体，具有分子筛性质。这类物质有很高的化学稳定性和良好的耐高温耐辐照性能，在核工业和放射化学分离中也已得到应用。

典型的多价金属酸式盐是磷酸锆（简称 ZrP）。晶体 ZrP 的组成为 Zr(HPO$_4$)$_2$·xH$_2$O，其结构为两层 HPO$_4^{2-}$ 之间夹一层 Zr 原子。根据层间距离和结合方式不同，可分为 α–ZrP、β–ZrP 和 γ–ZrP 三种。晶体 ZrP 随溶液的 pH 值变化而有两种互变体：

$$\text{Zr}\begin{matrix}\text{HPO}_4\\ \text{H}_2\text{O}\end{matrix} \rightleftharpoons \text{Zr}\begin{matrix}\text{H}_2\text{PO}_4\\ \text{OH}\end{matrix}$$

。当 H$_2$PO$_4^-$ 上的两个 H$^+$ 都被置换时，交换容量为 6.64 mEq/mol。无定形 ZrP 中 P/Zr 比不定，当 P/Zr > 1.5 时，ZrP 是理想的阳离子交换剂，其交换容量随 P/Zr 增加而增加。一般来说，晶体 ZrP 对水解和高温的稳定性都比无定形 ZrP 的高。

ZrP 已用来净化反应堆冷却剂，从后处理溶液中分离 ^{137}Cs，以及分离超钚元素 Bk^{4+} 和 Cm^{3+} 等。其他酸式盐如无定形磷酸锡（P/Sn = 1.25 ~ 1.5）的耐辐照和耐高温性能都很好，已广泛用于从裂变产物中分离 Sr 和 Cs。

3. 金属杂多酸盐

这类物质的通式可表示为 H$_n$XY$_{12}$O$_{40}$·nH$_2$O（n = 3，4，5），X 为 P、As、Si、Ge 或 B，Y 为 Mo、W 或 V。这类化合物中研究得较多的是磷钼酸盐和磷钨酸盐。

磷钼酸铵（AMP）有两种形式：(NH$_4$)$_3$MP 和 (NH$_4$)$_2$HMP。固体 AMP 是由直径约 1 μm 的微晶堆积成的粒子，具有多孔性，可迅速进行离子交换。中性 AMP 的交换容量为 1.0 mEq/g。

AMP 对碱金属离子有很好的选择性，用它来分离 Na–K–Rb–Cs 混合物可得到很好的洗脱带。若用 Dowex 50 树脂，则要达到同样的分离效果所需的柱长将为 AMP 柱长的 250 倍。AMP 可用于从裂变产物中分离 ^{137}CS，也可用于对微量 Cs 的测定，如对雨水中和反应堆冷却剂中 Cs 的测定等。

磷钨酸的铵盐或吡啶盐等对 Cs 的吸附容量比 AMP 稍低，约 0.66 mEq/g；但它们有很高的选择性，从过量 128 倍的 Na$^+$ 和过量 8 倍以上的 K$^+$ 的溶液中回收 ^{137}Cs 时，回收率可达 99%。

4. 不溶性亚铁氰化物

组成为 M(Ⅱ)$_2$[Fe(CN)$_6$]、M(Ⅰ)$_2$M(Ⅱ)[Fe(CN)$_6$] 和 M(Ⅰ)$_2$M(Ⅱ)$_3$[Fe(CN)$_6$]$_2$ 的不溶性亚铁氰化物及其混合物具有离子交换性质，M(Ⅰ)是一价阳离子 H^+、Na^+、K^+、Ag^+ 等，M(Ⅱ)是二价阳离子 Zn^{2+}、Cd^{2+}、Cu^{2+}、Ni^{2+}、Co^{2+}、Pb^{2+}、Mn^{2+} 等。这类物质对重碱金属 Rb 和 Cs 有很高的亲和力，但交换机理比较复杂。不同亚铁氰化物的选择性、交换机理都不相同。

亚铁氰化钴可从裂变产物中大规模分离出 ^{137}Cs，Fe(Ⅲ) 的亚铁氰化物可从核素发生器 ^{137}Cs - ^{137m}Ba 中分离出 ^{137m}Ba。

合成硅铝酸盐中研究较多的是人工沸石。人工沸石主要用于气相色层和作有机反应的催化剂，在放射化学分离中应用较少。其他可作无机离子交换剂的物质，如不溶性硫化物、碱土金属硫酸盐等，迄今研究和应用还不多。

6.4 液 – 液色层

液 – 液色层是溶剂萃取与色层技术相结合的一种分离方法。色层柱中装填的是附着有某种液体（称固定相）的惰性粒子，这种粒子称为担体或支持体。流动相是与固定相液体不混溶的另一种液体。分离时先将待分离试样吸附在色层柱上部，然后让流动相通过填料层，各种溶质由于在两液相间的分配不同而得到分离，所以液 – 液色层又称为分配色层。液 – 液色层可分为两类：用极性强的水溶液作固定相、极性弱的有机溶液作流动相的分配色层称为常规分配色层；以有机溶液作固定相、水溶液作流动相的分配色层称反相分配色层或萃取色层。萃取色层是 20 世纪 50 年代末发展起来的，它是无机化学与放射化学中重要的分离方法。

液 – 液色层兼备了溶剂萃取和色层分离的主要特点，能完成许多复杂的分离。其主要优点是：可以选用的溶剂对很多，能得到选择性很高的分离体系；填料颗粒比表面大，两相平衡快，分离效率高；色层柱可重复使用，再现性好；可用于微量和超微量物质的分离。

6.4.1 液 – 液色层的原理

液 – 液色层的原理是溶质在两相的分配，其原理与溶剂萃取相同，因此可以根据溶剂萃取的知识来选择液 – 液萃取的溶剂对。类似于式（6.40），可以导出液 – 液色层中溶质的峰位体积 V_R 为

$$V_R = KV_s + V_0 \qquad (6.56)$$

其中，K 为溶质在两相中的分配比，在萃取色层中 $K = D$，在常规分配色层中 $K = 1/D$，D 值可由萃取实验测定；V_0 是色层柱的间隙体积；V_s 是担体表面上固定相的体积，可由结合在担体上的液体量来计算。对于给定的柱子，V_0 和 V_s 均为常数，因此各种溶质的分配比不同，其峰位体积也不同。

液-液色层柱的效率也可用理论塔板数 N 和理论塔板高 H 来表示，其意义和计算方法均与离子交换色层相同。式（6.44）中，粒扩散项中树脂粒直径 d_p 在液-液色层中应改为固定相液膜的厚度 d。离子交换色层中关于多组分分离、洗脱方法及高效色层等的讨论对于液-液色层也适用，这里不再重复。

6.4.2 液-液色层技术

液-液色层对担体的要求是：担体和流动相、固定相均没有化学作用，在两相中均不溶解，能吸附一定数量的固定相。多孔性担体吸附的液体量比实心担体的多，可达担体本身重量的 50% 左右。

液-液色层中使用的担体有两类：一类是无机物，如硅藻土、硅胶、玻璃微球等，多用于常规分配色层；另一类是有机物，如聚氯乙烯、聚三氟氯乙烯、聚四氟乙烯、苯乙烯-二乙烯苯共聚物等，多用于萃取色层。在萃取色层中若使用无机担体时，由于水与担体有较强的吸附能力，则用水溶液洗脱时，固定相常以小液滴形式从担体上解吸下来，造成固定相的损失。因此使用这类担体时应先将其硅烷化，以降低其亲水性。硅烷化的方法是：将担体置于浓 HNO_3 中，在水浴上加热 1~2 h，滤出担体并洗至中性，在 150℃ 干燥 1 h，然后用新配制并经蒸馏过的 5%~10% 二甲基二氯硅烷的甲苯溶液回流 1 h，再用甲醇洗涤，干燥备用。另一种方法是将担体放在密闭容器中用二甲基二氯硅烷的蒸气熏一定时间，保存备用。

将固定相负荷在担体上的常用方法有两种：

（1）蒸发法。将用作固定相的萃取剂溶于挥发性溶剂（如 CH_2Cl_2、$CHCl_3$ 等）中，再置于蒸发皿中，加入适量的担体，在缓慢搅拌下蒸去溶剂，得到可以自由流动的粉状料。

（2）直接涂层。取适量的担体浸泡在用作固定相的萃取剂溶液中，使担体表面被萃取剂溶液充分覆盖，然后将涂好的担体和溶液一起装入柱中，再用事先与萃取剂平衡过的流动相流经柱子，将多余的萃取剂从柱中置换出来。

在洗脱过程中，为了避免固定相从担体表面洗掉，流动相应事先用萃取剂饱和，这对互溶性较大的溶剂对特别重要。

6.4.3 液-液色层的应用

1. 常规分配色层

在亲水性担体上用水溶液作固定相的液-液色层法，在无机分离中应用较少。此法在放射化学分离中主要用于从大量铀或钍中分离微量杂质。例如，从高纯铀中分离 Cd 和稀土元素时，可以将 $UO_2(NO_3)_2$ 溶于乙醚中，然后将此溶液通过一纤维素色层柱，此时杂质浓集在柱上，而 $UO_2(NO_3)_2$ 通过。用这种方法处理 50 g 的 $UO_2(NO_3)_2$，只需一支直径为 1 cm、长为 25 cm 的柱子，即可达到分离要求。若用萃取色层法分离，则吸附相同质量的铀将需要大得多的柱子。常规分配色层的主要缺点是：①分离两个以上元素时，很难改变水相条件；②有机试剂的用量相当大；③从有机相中回收被分离物质需要反萃取。

2. 萃取色层

萃取色层在放射化学分离中应用很广，下面举两个例子。

1) ^{256}Md 的分离

沉积在 Pt 片上的 $7\sim14\mu g\ ^{253}Fm$ 用 64 MeV 的粒子轰击后，产生了 10^5 个 ^{256}Md 原子和 $20\sim30$ 裂变/min 的 ^{256}Fm。产物收集在 Pt 阴极片上，用 80 μL 的 0.35 mol/L HNO_3 或 HCl 溶液分 4 次将 ^{256}Md、^{256}Fm 和 ^{253}Es 从 Pt 片上溶解下来，并将其吸附在一支直径为 2 mm、高为 7 cm 的含 8.82% HDEHP 的硅藻土柱上，在 75℃ 用 0.98 mol/L HNO_3 洗脱，结果如图 6.24 所示。Md(Ⅲ)/Fm(Ⅲ) 的分离系数为 4.2 ± 0.2，Fm(Ⅲ)/Es(Ⅲ) 的分离系数为 2.1。

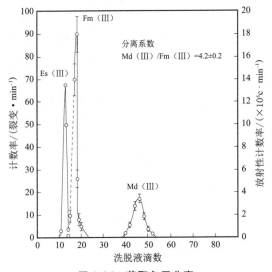

图 6.24 萃取色层分离

2) 铀的分析

用聚三氟氯乙烯粉作担体，TBP 作固定相，将含 UO_2^{2+} 和杂质的 5.5 mol/L HNO_3 溶液通过柱子，UO_2^{2+} 被定量吸附，大多数杂质如 Al、Ca、Cr（Ⅲ）、Cu（Ⅱ）、Fe（Ⅲ）、Mo（Ⅵ）、W（Ⅵ）和 Cl^-、柠檬酸根、硫酸根等均不被吸附。柱经洗涤后用水将铀洗下进行测定。柱子可重复使用。此法已用于铀生产的控制分析，效果良好。

6.5 纸色层和薄层色层

6.5.1 纸色层

纸色层是用纸作支持体的色层法。其实验方法是：将色层纸裁成一定尺寸的长条，在距纸条一端 2~3 cm 处滴上待分离试样（几微升至几十微升），晾干后将滴有试样的一端浸入适当的溶液（展开剂）中（试样不可浸入展开剂中）。随着展开剂的移动，试样中各组分逐渐分离为彼此分开的斑点。取出纸条晾干后，可用放射性自显影、测量放射性或显色等方法对组分进行鉴定。纸色层的特点是：分离效率高，方法简单，试样用量少，可同时分离若干试样，是分离微量物质的重要方法之一。

1. 纸色层的原理

色层纸由纤维素制成。纤维素是分子量达 5×10^5 的碳水化合物的聚合物。每根纤维都有一定的方向性，但一张色层纸上的纤维则是混乱地排列的。若从纸上每个微小的区域来看，则有些部分的纤维呈较规则的排列，这样的部分称为晶状区，另一些部分的纤维则杂乱地挤在一起，这样的部分称无定形区。色层纸被固定相液体浸润后，这两种区域的作用不同。固定相液体几乎全部集中在无定形区，晶状区仅仅起着将无定形区联结起来的"桥梁"的作用。因此，一条色层纸可以看作是由许多微小的晶状区联结许多微小的无定形区构成的纤维网。在这种网状结构中，纤维素是固定相的担体，纤维之间的毛细孔是展开剂流动的通道。纸条浸入展开剂后，由于毛细管的表面张力作用使液体沿纸条向上升（上行展开），直到表面张力与液体的重力达到平衡为止。

溶质在纸色层中分离的机理，随所用的色层纸的处理方法不同而不同。用纯纤维素纸分离时，纤维素与其表面吸附的水形成一种特殊的水-纤维素络合物，对溶质产生吸附和分配作用。此外，纤维素中还含有羧基，具有弱酸性阳离子交换剂的性质，其交换容量可达 0.3~0.4 mEg/100 g。因此用水溶液作展开剂时，吸附、分配和离子交换等过程均可发生。若用与水不混溶或部分混溶的有机溶剂作展开剂，则其机理与常规分配色层相同。若使用专门制造的加有离子交换剂细粉的色层纸，则色层分离是离子交换机理。若使用附着了萃取剂的色层纸进行分离，则其机理与萃取色层相同。

在纸色层中常用比移值 R_f 来表示各种组分的运动情况。R_f 的定义为：某组分在展开时的迁移速度 v_m 和展开剂前沿的迁移速度 v 之比，即

$$R_f = \frac{v_m}{v}$$

实际工作中 R_f 值由下式计算：

$$R_f = \frac{样斑中心至原点的距离}{展开剂前沿至原点的距离} \tag{6.57}$$

显然，不同组分的 R_f 值相差越大，它们彼此的分离越好。

纸色层的展开方式一般有上行法和下行法两种。上行法是将展开剂从色层纸的下端向上渗透，下行法则相反。分离复杂的组分还可以用双向法，即将试样滴在方形色层纸的一角，先在一种溶剂中展开一定距离后，将色层纸取出，转90°后再在另一种溶剂中展开。展开操作应在密闭容器中进行，使容器空间被展开剂充分饱和，才能得到再现性良好的结果。

2. 应用举例

例如，用纸色层分离锕系元素。将色层纸裁成 2 cm × 30 cm 的纸条，在 0.1 mol/L 三辛胺 – 甲苯溶液中浸 15 min 后取出晾干，制样。待试样晾干后，用 0.5 mol/L HNO_3 + 0.5 mol/L $LiNO_3$ 展开 15 cm。各种锕系元素的比移值 R_f 如下：Am 和 Cm 的为 1.0，Np（V）的为 0.85，U（Ⅵ）的为 0.70，Th（Ⅳ）的为 0.20，Pu（Ⅳ）和 Pa 的为 0。

6.5.2 薄层色层

薄层色层法（TLC），是在一平滑的玻璃板上均匀地涂一层物质作成固定相，用展开剂渗过固定相使试样分离的方法。薄层色层的主要优点是操作比柱色层简单，比纸色层容量大（可用于数十毫克溶质的制备分离），展开快，分离效率高，展开后的样斑比纸色层的样斑清晰。缺点是制作比纸色层复杂，再现性差。

TLC 中制作固定相所用的物质及其处理方法不同，则分离的机理也不同。

若以吸附剂如硅胶作固定相,其分离机理主要是吸附色层;若采用离子交换剂与担体的混合物,则其分离机理主要是离子交换作用;若担体上涂以萃取剂,则其分离机理是萃取色层。TLC 的分离效果也用比移值 R_f 表示,其定义和测量方法与纸色层法相同。

液-液色层中所用的各种担体,只要能制成小于 200 目的均匀粉末并黏附在玻璃上,均可用于 TLC。制备色层板时,为使担体能与玻璃牢固地粘在一起,常在担体中加入黏结剂如石膏、淀粉、胶棉或水玻璃等。制板时将担体和一定数量的黏结剂充分混合,调成糊状,然后均匀地涂在玻璃板上,在室温下干燥后保存备用。若用硅胶作吸附色层,则需加热活化。

TLC 的展开方法和纸色层法相同,还可以将板斜放着来展开。

TLC 的再现性不如纸色层好。若要得到良好的再现性,必须严格控制担体的选择、制板、置样、展开等各个环节。

用于 TLC 的担体粒子大小要均匀,粒度不超过 60 μm,涂层要均匀,厚度约 250 μm 为宜。

例如,用 TLC 分离裂变产物中 Mo、Tc、Ru。裂变产物溶液经阳离子交换后,以阴离子形式存在的裂变产物 MoO_4^{2-}、TcO_4^-、IO_3^-、I^- 和 RuO_4^- 留在溶液中,在碱性条件下用 TLC 可将这些阴离子分离。将上述溶液滴在含 5% 石膏的 Al_2O_3 TLC 板上,用 $H_2O-NH_3 \cdot H_2O$ 混合物展开,各种离子的比移值 R_f 如下:I^- 的为 0.92,TcO_4^- 的为 0.82,MoO_4^{2-} 的为 0.55,IO_3^- 的为 0.30,RuO_4^- 的为 0.00。在此条件下 RuO_4^- 还原为 RuO_2 沉淀,故留在原点。

6.6 电化学分离

6.6.1 电沉积法

微量放射性核素各有不同的临界沉积电势,因此用电解法分离微量放射性核素时,只有当电极电势等于或大于某一核素离子的临界沉积电势时,此种离子才会在阴极上析出。因此,选择适当的电解条件,即可分离共同存在的离子。例如,在醋酸溶液中电解 ^{210}Pb、^{210}Bi、^{210}Po 时,当电流密度 $i = 10^{-6}$ A/cm² 时,阴极上只有 Po 析出;当 $i = 10^{-5}$ A/cm² 时,Po 和 Bi 均析出;当 $i = 10^{-4}$ A/cm² 时,Po、Bi 和 Pb 均析出。电解时的电流密度、电解液组成、电极材料和电解温度等,均影响分离的效果。适宜的电解条件需通过实验来优化。

标准电极电势比氢低的金属离子，如锕系元素离子，不能从水溶液中还原为金属，但选择适当的 pH 值可使这些离子在电解过程中形成不溶性水解产物而沉积在阴极上，这种方法称为电解水解法。此法大大扩展了电沉积法的应用范围，对制备锕系元素的薄源有重要意义。

另一种电解方法是在非水溶液中高电压下电解，称分子电镀，如将 $UO_2(NO_3)_2 \cdot 2H_2O$ 溶于无水异丙醇中制成浓度小于 0.5 mg/mL 的溶液，用 Pt 丝作阳极，Al 作阴极，在 800～1 200 V 电压下电解 1 min，可得到厚度约 300 μg/cm² 的均匀致密的铀镀层。

电沉积法主要用来制备 α 放射性核素的薄源。

6.6.2 汞阴极电解法

汞阴极电解是分离沉积电势比 H^+ 负的金属离子的一种有效方法。H_2 在 Pb 和 Hg 上析出时有很大的超电势（η_{H_2}），如在 20℃、电流密度为 1 A/cm² 时，$\eta_{H_2}(Hg) = 1.415\ V$，$\eta_{H_2}(Pb) = 1.56\ V$，又因汞能与许多金属生成汞齐，所以许多活泼金属也能从水溶液中沉积在汞阴极上。一般情况下，标准电极电势比 Mn 大的金属都可以定量地沉积在汞阴极上，因此这种方法有广泛的用途。例如，汞阴极电解法可用于溶液中铀的提纯和铀中杂质的分析。方法是：125 mL 含铀 7～10 g 的硫酸溶液（游离 H_2SO_4 的量要足以保证 UO_2^{2+} 还原为 U^{4+} 的需要）用 Hg 作阴极，Pt 丝作阳极，在电压 10 V、电流约 0.8 A 下电解。在电解过程中，杂质在汞阴极上沉积，铀在阴极被还原：

$$UO_2^{2+} + 4H^+ + 2e \rightarrow U^{4+} + 2H_2O, \quad E^0 = +0.319\ V$$

$$U^{4+} + e \rightarrow U^{3+}, \quad E^0 = -0.596\ V$$

电解 1～2 h 后，大量的 UO_2^{2+} 还原成 U^{3+}，溶液呈红色，停止电解，此时许多杂质已收集在 Hg 中。在 N_2 气流中蒸去 Hg，分析残渣中的杂质。

6.6.3 电化学置换法

每种金属都有确定的标准电极电势。电极电势低的金属可以从溶液中将电极电势高的金属离子置换出来，使之与溶液中的其他离子分离，这种电化学置换法在放射化学分离中也常使用。

Po 在 Bi、Ag、Cu 等金属上的自镀是其重要特性，在 Po 的工业生产和微量分离中均得到广泛应用。例如，将含 Pu、U、Am、Mo 和 Po（IV）的 1 mol/L HCl 溶液加热到 80℃，浸入一个悬在 Pt 丝上的直径为 24 mm（中心 ϕ18 mm 为活化区）、厚为 0.5 mm 的紫铜片，在剧烈搅拌下自沉积 30 min，紫铜片用乙醇冲洗后晾干。这种方法分离得到的 Po 对杂质的分离系数如下：对 ^{239}PU 的分离系数≥3 000；对^{235}U≥120；对^{241}Am≥500；对^{90}Mo≈300。

6.6.4 区域电泳法

1. 电泳分离的原理

在电解质溶液中，带电物质在电场力作用下沿一定方向移动称为电泳。带电离子在单位电场梯度作用下运动的速度，称为该离子的淌度 U，即

$$U = \left(\frac{s}{t}\right) / \left(\frac{E}{L}\right) \tag{6.58}$$

式中 　E——距离为 L 的两点的电位差；

　　　s——离子在 t 时间内迁移的距离。

假定离子为球形，则根据斯托克斯（Stokes）定律，离子的淌度 U 可以表示为

$$U = \frac{q^{\pm}}{6\pi r \eta}$$

式中　$q^{\pm}$——离子的电荷；

　　　r——离子的半径；

　　　η——电解质溶液的黏度。

由以上两式可得

$$s = U \cdot \frac{E}{L} \cdot t = \frac{q^{\pm}}{6\pi r \eta} \cdot \frac{E}{L} \cdot t \tag{6.59}$$

由于各种离子的 $q^{\pm}/r$ 不同，所以在一定的电场梯度作用下经相同的电泳时间后，离子移动的距离不同。若 A 和 B 两种离子的淌度分别为 U_A 和 U_B，则在电场梯度 E/L 作用下，电泳时间 t 后，A 和 B 之间的距离 Δs 为

$$\Delta s = s_A - s_B = (U_A - U_B)\frac{E}{L}t$$

$$= \left(\frac{q_A^{\pm}}{r_A} - \frac{q_B^{\pm}}{r_B}\right) \cdot \frac{E}{L} \cdot \frac{t}{6\pi\eta} \tag{6.60}$$

对于一定的被分离离子，电解质溶液的黏度小，电场梯度大，电泳时间长，对分离有利。

若简单离子的淌度相近，电泳法不易分离，常可利用它们形成络离子或水解性质的不同，通过加入络合剂或控制溶液的 pH 值来增大被分离离子淌度的差别，使之易于分离。

2. 电泳分离的方法

若电泳在一 U 形管中进行，称为自由边界电泳。这种电泳方法设备复杂，

分离后的试样难以回收测量,因此应用不多。现在应用最多的电泳法,是将试液滴在一浸透了电解质溶液的纸条或其他支撑材料的中央,将支撑体两端浸入电解质溶液中,加直流电压进行电泳,这种电泳称为区域电泳,若用纸为支撑体,则称为纸上电泳。

电泳过程中会产生热量,为了避免电解质溶液温度升高,装置应加以冷却,同时电泳应在密闭容器中进行。支撑体上的电位梯度一般为 5~10 V/cm。电泳结束后,取下支撑体,把它晾干后再检测。

除纤维纸外,支撑体还可以用多孔醋酸纤维素纸、淀粉、琼脂、聚芳胺凝胶或 TLC 中使用的各种担体粉末。凝胶支撑体或粉末支撑体制作较复杂,但分离的试样量大,电泳时组分样斑的扩散小,分辨率高。

3. 应用举例

例如,用电泳法分离 Pu(Ⅳ)和 Am(Ⅲ)时,可将样品置于浸透了电解质溶液的 Whatman 1 号色层纸的中央,然后把纸条置于 0.2 mol/L 柠檬酸的电解质溶液中,在 16 V/cm 电场梯度下电泳 3 h 后,Pu(Ⅳ)向阴极移动了 50 mm,Am(Ⅲ)向阴极移动了 100 mm,二者得到良好的分离。

6.7 其他分离方法

1. 挥发法

利用物质的沸点或升华点的不同来实现分离的方法称为挥发法。此法可分为干挥发法和湿挥发法两种。在放射化学分离中,干挥发法的典型例子是辐照核燃料元件中铀、钚和裂变产物分离的氟化挥发过程。UF_6(升华点为 56.54℃)和 PuF_6(沸点为 62.16℃)都是挥发性氟化物。在核燃料氟化挥发过程中,用适当的氟化剂制得 UF_6-PuF_6,使其通过一填有 Al_2O_3 的反应器,99.9% 的 PuF_6 还原为 PuF_4 而沉积在 Al_2O_3 表面上。未被 Al_2O_3 吸附的 UF_6 和挥发性的裂变产物氟化物(如 TaF_5、NbF_5、RuF_5 和 TiF_4 等)再通过 NaF 塔,在 100℃ 时,将它们全部吸附在 NaF 上。然后在 400℃ 用 F_2 将 UF_6 解吸下来,此时大部分裂变产物仍留在 NaF 上,使铀得到净化。Al_2O_3 上的 PuF_4 用 F_2 重新氟化为 PuF_6,在另一个 NaF 或 MgF_2 塔上经过吸附-解吸循环以分离去除裂变产物。

湿挥发法是将溶液中待分离的核素转变为挥发性物质,用蒸馏法分离的方法。蒸馏分离一般都要使用载体。若要制备无载体核素，可使用惰性气体载带。蒸馏法可用于 I_2、Br_2、Ru、Os、Tc、As、Sb、Ge、At 等元素的分离。例如，铀裂变产物的溶液用 $HClO_4$ 或者 $KMnO_4$ 处理后，可将 Ru 转变成 RuO_4，将 RuO_4 蒸馏出来并吸收在 4 mol/L HCl 和 1% H_2O_2 的混合液中，最后得到 $RuCl_3$ 溶液。又如，蒸馏裂变产物的 HCl 溶液，可将其中易挥发的 $GeCl_4$、$AsCl_3$、$SeCl_4$ 等与其他氯化物分开。

2. 同位素交换法

将含放射性核素的溶液与另一相中含同种元素的非放射性物质接触，利用两相间的同位素交换，可以将放射性核素分离出来。

例如，在含 ^{106}Ag（I）的溶液中加入 187 mg 新制备的 AgBr 固体和 40 mL 0.005 mol/L $AgNO_3$ 溶液，在室温下混合 15 min 后，将 AgBr 过滤出来，有 97% 的 ^{106}Ag（I）交换到 AgBr 固体中被分离出来。

又如，将含放射性金属离子的溶液和同种金属的汞齐混合，利用同位素交换反应可将该金属的离子提取到汞齐中。这一原理已用于对 Cd、Zn、In、Bi 等的分离，在几分钟内便能从复杂的混合物中将这些元素的放射性同位素选择性地提取出来。

3. 放射性胶体分离法

虽然放射性胶体常给放射化学工作带来困难，但有时也可以利用放射性核素生成胶体的性质把它们分离出来。例如，从 $UO_2(NO_3)_2$ 溶液中分离无载体的 ^{234}Th 时，可先在溶液中加入 NaOH 使铀沉淀为 $Na_2U_2O_7$，此时 ^{234}Th 的氢氧化物也被载带下来。然后加入 H_2O_2 使 $Na_2U_2O_7$ 转变为 $Na_4U_2O_8$ 而溶解，^{234}Th 的过氧化物形成胶体。用玻璃滤器（或滤纸）过滤，则 ^{234}Th 的胶体完全吸附在滤板上，再用热 HCl 溶液将 ^{234}Th 解吸下来，即得到无载体的 ^{234}Th。

4. 核反冲法

在核反应或核衰变过程中，由于释放出高能粒子 m，原子核将获得一个大小相等方向相反的反冲动量，其反冲能 E_M 满足下式：

$$\frac{E_M}{E_m} = \frac{m}{M}$$

反冲能一般比化学键的能量大得多，因此反冲原子可使化学键破裂而从靶子物或母体化合物中逃逸出来。反冲原子由于在刚生成时电子壳层尚未充满，或者在反冲过程中和周围气体分子碰撞而成为带正电荷的离子，因此可在电场作用下收集这些反冲核。核反冲法在分离短寿命放射性核素方面是很重要的方法。

例1：反冲沉积法分离^{212}Pb和^{212}Bi。

如图6.25所示的装置中，瓷皿内盛有^{228}Th（OH）$_4$或Th（OH）$_4$，其衰变子体^{220}Rn在空间积聚。^{220}Rn的子体^{212}Pb和^{212}Bi因核反冲与容器中的气体分子碰撞而成带正电的离子，这些衰变产物可收集在阴极Pt片上。

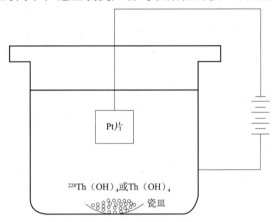

图6.25 反冲法收集^{212}Pb和^{212}Bi的装置

例2：反冲法在新核素发现中的应用。

反冲法在发现Md以后的元素中起着重要的作用。图6.26是发现102号元素No的实验装置示意图。用^{12}C轰击Cm靶发生Cm（C，xn）No反应，由于No原子在生成时电子壳层尚未完全充满而带正电荷，被靶后带负电的移动金属带收集。No原子经α衰变生成的Fm由于核反冲也带正电荷，被电位更负的金属箔A收集。根据金属带B移动的速度及收集箔A上Fm的分布，即可计算出No的半衰期。

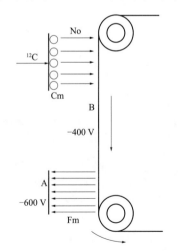

图6.26 发现No的实验装置示意图

6.8 快速化学分离

快速化学分离是适应研究短半衰期核素的需要而发展起来的。对分离方法的速度和选择性的要求，取决于研究对象的半衰期和研究的目的。若只是根据特征辐射来鉴别某种核素，则可采用选择性较差的方法；若要对核素的性质进行仔细的研究，则应采用选择性较高的分离方法。经典的化学分离方法，如吸附、溶剂萃取、离子交换、同位素交换等方法，经过适当的设计改造，均可成为快速化学分离方法。按操作方式的不同，快速化学分离方法可分为间歇快速分离和连续快速分离两种类型。

6.8.1 间歇快速分离法

间歇快速分离法一般用于从溶液中分离放射性核素，其基本过程是：将含靶子核素的溶液封在一玻璃或塑料的封管中，封管经照射后用气动装置迅速送入快速分离器。封管在分离器中被撞破，试样经特定的化学分离后，将待测核素送至测量系统进行测量鉴定。为了在很短时间内完成分离过程，所选用的方法应满足反应速率快、相分离快的要求。为了加速相分离，常用非均相同位素交换代替沉淀分离；在溶剂萃取中，则用立式高速离心或将萃取剂涂在塑料粉表面使溶液快速滤过的方法，以提高相分离的速度。挥发法的分离速度快，在快速分离中也常采用。性质相近的元素的快速分离，如镧系元素或重锕系元素的分离，常常采用高效液相色层法。在设计良好的分离系统中，可以用几秒钟的时间完成特定的分离，成功地鉴定半衰期为秒量级的核素，如表 6.11 所示。在快速化学分离中，要如此迅速而准确地完成各步操作，显然人工操作是难以胜任的，必须用电子程序控制来完成。

表 6.11 用间歇快速分离法分离某些放射性核素的例子

方法	元素 [反应]	分离体系	核素及测得的半衰期
溶剂萃取法	Zr [U+n] Mo [U, Pu+n] Tc [Pu, Cf+n] Ru [Pu, Cf+n]	TBP/7.5 mol/L HNO_3 戊醇/NH_4SCN $AS\phi_4Cl$/0.1 mol/L HNO_3 石油醚/5 mol/L $HClO_4$	^{101}Zr 2.0 s ^{107}Mo 3.5 s ^{110}Tc 1.0 s ^{112}Ru 3.6 s
离子交换法	Y [U+n] Ce [U+n]	阳离子交换树脂/1 mol/L αHIBA 阴离子交换树脂/PbO_2/9 mol/L HNO_3	^{97}Y 1.5 s ^{150}Ce 3.4 s

续表

方法	元素［反应］	分离体系	核素及测得的半衰期
同伴素交换法	Ag［Cf+n］ I［U+n］	$AgCl/Ag^+$ AgI/I^-	^{118}Ag 4.0 s ^{140}I 0.8 s
吸附法	Nb［Pu, Cf+n］	玻璃/10 mol/L HNO_3	^{104}Nb 0.8 s
挥发法	As［U+n］ Se［U+n］ Sb［U+n］ Te［U, Pu+n］ Sn［U, Pu+n］	AsH_3（由 HCl+Zn 产生） SeH_3（同上） SbH_3（同上） TeH_2（同上） SnH_4（由 HCl+$NaBH_4$ 产生）	^{80}As 0.9 s ^{88}Se 1.4 s ^{130}Sb 0.8 s ^{137}Te 3.5 s ^{132}Sn 39 s

下面是用间歇法从热中子辐照后的 ^{235}U 中快速分离 Nb 的例子。将 2 mL 含铀、SO_2（用于还原卤素）和酒石酸（TAc，用于络合 Sb）的 0.1 mol/L HNO_3 溶液封在一聚苯乙烯小管中，在反应堆中辐照后，用气动装置在约 0.5 s 时间内通过一条长 5 m 的管道送到如图 6.28 的分离装置中。小管在此装置中撞破后，溶液流经两个 AgCl 层去掉 Ag^+、Br^-、I^-。AgCl 层用 1 mL 0.1 mol/L HNO_3 洗涤，洗涤液和原始液一起收集在浓 HNO_3 中，然后流经一个玻璃纤维滤板，Nb 被吸附，其他元素随溶液一起收集在废液槽中。滤板用含酒石酸的 10 mol/L HNO_3 洗涤后，用气流推到一 Ce（Li）探测器中进行测量。从辐照结束到试样开始测量，整个分离过程仅需 2.2 s，Nb 回收率达 25%。用这种方法分离并用高分辨率 γ 谱仪测量，能鉴定半衰期为 0.8 s 的 Nb。

图 6.27 所示的装置可以完成许多化学分离操作。例如，将 AgCl 滤层和玻璃纤维滤板换成离子交换剂或涂有特定萃取剂的塑料粉末，便可以进行离子交换或萃取分离。

6.8.2　连续快速分离法

连续快速分离一般均采用核反冲法使反应产物从靶子中分离出来。在分离过程中，核反应产生的放射性核素不断反冲到连续流动的载带气体中，载带气体将反应产物通过一根细管迅速送至分离系统进行分离，分离后的产物被不断送到检测装置进行测量鉴定。由于核反应和分离过程是连续进行的，所以构成了一个在线分析系统，当整个系统运行稳定后，就可连续观测分离产物，从而大大提高了分析的准确性和灵敏度。因此，连续快速分离法是现代核化学研究中化学分离法的主要发展方向。

为了将反应产物有效地输送到几米外的分离系统中，载带气流中必须含有一定量的分子团粒，使反冲原子黏在它上面，以减少因输送管壁的吸附等造

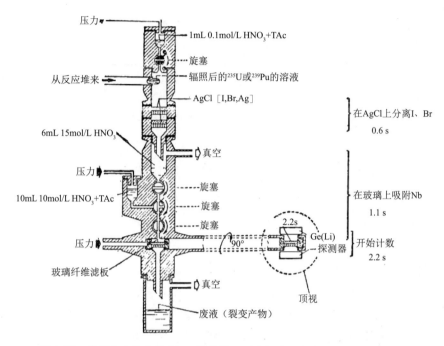

图 6.27 从裂变产物中分离 Nb 的装置（图右标出了各步分离的累计时间）

成反冲原子的丢失。使用纯 He 作载气时，由于纯 He 中难以形成团粒，因此输送效率很低，如表 6.12 所列。为了提高输送效率，常常在 He 气中加入某些易电离或易形成分子团粒的物质作为添加剂，如水、乙醇、三氯乙烯等。除 He 外，常用的载气还有 CO_2、乙烯、乙烷等，其输送效率如表 6.12 所列。用喷射载气输送核反应产物时，同一种载气对不同核素的输送效率差别不大。

表 6.12　各种载气输送核反应产物的平均效率

载气	添加剂	平均输送效率/%
He	—	<0.1
He	H_2O	21
He	三氯乙烯	29
He	乙醇	32
He	四氯乙烯	50
He	油	75
CO_2	—	30
乙烯	—	55

续表

载气	添加剂	平均输送效率/%
乙烷	—	70
"冷"He	—	40~70

下面是用溶剂萃取法从裂变产物中连续快速分离三价稀土元素的例子。热中子轰击 ^{235}U 靶产生的裂变产物用 1∶1.4 的乙烯和氮的混合气体慢化载带。载气通过一条直径 1mm、长 7m 的聚乙烯管将产物迅速送到图 6.28 所示的分离系统中。载气在混合器中与加热到 90℃、pH=1.4 的 HNO_3 溶液混合,使其中的裂变产物迅速溶解。溶解液在脱气装置中除去不凝结气体,再进入萃取器 C1,用 0.3 mol/L HDEHP–Shellsol–T 溶液萃取其中的 La、Pr 等三价稀土元素和 Zr、Nb、Mo 等,在萃取器 C1 的立式离心器中迅速分相后,有机相进入萃取器 C2,用含氧化剂的 1 mol/L HNO_3 溶液反萃 La、Pr 等三价稀土元素,Ce(Ⅳ)和其他元素仍留在有机相。将第二萃取器离心分离出来的水相送入探测器的液池中用 γ 谱仪测量。从裂变产物产生到测量开始,整个分离过程共需 10 s,其中在每个萃取器内停留的时间约 3 s。此系统在线运行 25 min 后,从 γ 谱仪上鉴定出了许多 La 和 Pr 的丰中子同位素,其中寿命最短的是 ^{150}Pr($T_{1/2}$=6.2 s)。

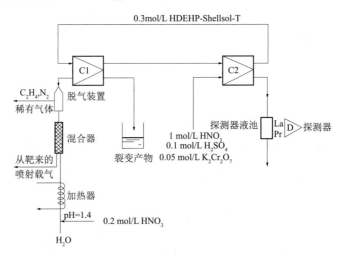

图 6.28 连续快速萃取分离三价稀土元素的装置示意图

快速化学分离与高分辨率射线谱仪结合,是研究短寿命核素的重要方法。化学分离法的主要优点是有较好的选择性,因此可以从大量干扰元素中鉴别出几个原子;缺点是目前还不能用于半衰期低于秒量级的核素。随着核化学的发展,快速化学分离成为放射化学分离研究的一个新领域。

第 7 章
放射性核素的生产

随着原子能科学技术的发展，放射性核素的应用已深入到人类生活的各个领域。如，医学领域广泛地使用着各种放射性核素。放射性核素分为天然放射性核素和人工放射性核素两大类。本章讨论常用于科学、医学、科技方面的人工放射性核素的生产，以及不同方法生产放射性核素应着重考虑的因素。先介绍原理，然后讲述研究短寿命放射性核素的先进技术。

7.1 人工放射性核素的生成途径

人工放射性核素主要是通过反应堆或加速器，利用中子、带电粒子轰击各种靶材料而生产的。然而，只有回旋加速器和反应堆产生的束流足够，才能够生产高活度的、实用的放射性核素。一般这两种产生方式不会产生相同的核素，它们相互补充。

在回旋加速器中，^1_1H、^2_1H、^4_2He 等带电粒子轰击靶核，发射一个或多个粒子，退激后生成放射性核素。一般来说，加速器生产放射性核素有两个重要特点：与稳定同位素相比，靶核俘获带电粒子随后放出中子，生成的放射性核素为缺中子核素；产物核和靶核通常是不同的元素，因此，化学分离后可以获得高活度、无载体的产物。如，回旋加速器生产 ^{22}Na（$T_{1/2} = 2.6$ a），即

$$^{24}_{12}Mg + ^2_1H \rightarrow ^4_2He + ^{22}_{11}Na$$

在核反应堆中，不同能量的中子可与靶核发生（n, γ）、（n, f）、（n, p）、（n, α）、（n, 2n）等核反应。（n, γ）、（n, f）反应是反应堆生产放射

性核素的主要方式。利用（n，γ）反应生产放射性核素时，中子轰击靶核生成复合核，然后发射γ射线退激，产生丰中子核素，常为放射性核素，是靶核的同位素。如，^{23}Na（n，γ）^{24}Na反应产生了另一个重要的同位素^{24}Na（$T_{1/2}$ = 15.0 h），被靶原子^{23}Na稀释。

在反应堆中另一种生产模式是裂变。大多数裂变产物是放射性的，其质量分布很宽并且其产额变化大。与中子俘获相反，通过分离可以得到高比活度的裂变产物。然而，从复杂裂变产物中分离出所需的放射性核素常需要相当长的分离流程。

放射性核素也可以从同位素发生器的母体核中获得，如 Mo-Tc 发生器。长寿命母体核素不断衰变产生子体核素，每隔一定时间，用化学法分离出子体核素。其母体可通过加速器或反应堆生产。

放射性核素还可通过诱发核反应和快速放射性衰变而获得。例如，^{238}U 进行（n，2n）反应生成^{237}U，迅速β^-衰变生成^{237}Np，即

$$^{238}U\ (n,\ 2n) \rightarrow ^{237}U \xrightarrow[6.75d]{\beta^-} ^{237}Np$$

该反应得到^{237}Np，作为锝化学研究的指示剂。

放射性核素的生产取决于以下几个因素：产生过程的时间、分离和纯化的时间、运输时间、衰变类型和活度。时间决定了选择核素的半衰期，其在运用中很有用。例如，在实验中需要钠示踪剂，必要的条件是至少使用几周，于是反应堆生产的^{24}Na被排除，而选用回旋加速器生产的^{22}Na。

在生产特殊用途的放射性核素时，考虑上述因素是很重要的，但是生产可能受到反应设施或反应截面的限制。如靶核设为$^{A}_{Z}$X，（n，γ）和（d，p）产生相同的核$^{A+1}_{Z}$X。选择哪种反应方式取决于适用的特殊核素、粒子入射能量以及合适的反应截面。

7.2 辐照产额

在反应堆或加速器中辐照产生放射性核素，可以用式（7.1）表示：

$$X_{target} + X_{proj.} \xrightarrow{k} X_1 \xrightarrow{\lambda_1} X_2 \xrightarrow{\lambda_2} X_3 \tag{7.1}$$

以 k 速度产生 X_1，假定 X_1 是放射性核素，单一衰变或连续衰变生成稳定核素。任意 t 时刻，产生的 X_1 总原子数与放射性衰变的原子数是不同的，它们与时间

dt 有关，导致了 t 时刻存在的 X_1 原子数 N_1 也不同。其方程如下：

$$dN_1 = k\,dt - \lambda_1 N_1 dt \tag{7.2}$$

假定在辐照开始时刻，没有放射性核素存在，对式（7.2）积分得

$$N_1 = (k/\lambda_1)(1 - e^{-\lambda_1 t_{irr}}) \tag{7.3}$$

N_1 随时间指数增加，当 $\lambda_1 t_{irr} \gg 1$ （$t_{irr} \gg T_{1/2}$）时，N_1 趋于最大值。

$$N_1(\max) = k/\lambda_1 = kT_{1/2}/0.693 \tag{7.4}$$

然而，当 $t_{irr} \ll T_{1/2}$ 时，式（7.3）写为

$$N_1 = kt_{irr}, \quad t_{irr} \ll T_{1/2} \tag{7.5}$$

如果辐照时间与半衰期比值为 a（$a = t_{irr}/T_{1/2}$），那么

$$N_1 = N_{1,\max}(1 - 2^{-a}) \tag{7.6}$$

式（7.6）显示辐照一个半衰期，产生量为最大值的 50%；辐照两个半衰期，产生量为最大值的 75%；以此类推。

辐照结束后，放射性核素按照自身半衰期继续衰变。将辐照后的衰变时间作为冷却时间 t_{cool}。

产生核素的量与辐照时间及冷却时间的关系如下：

$$N_1 = (k/\lambda_1)(1 - e^{-0.693 t_{irr}/T_{1/2}}) e^{-0.693 t_{cool}/T_{1/2}} \tag{7.7}$$

图 7.1 为两个样品核素的原子数与冷却时间的关系。

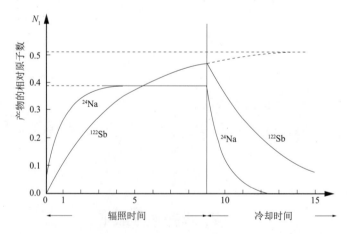

图 7.1　^{24}Na（$T_{1/2}=15.0$ h）和 ^{122}Sb（$T_{1/2}=2.7$ d）的原子数随辐照时间、冷却时间的变化

对于中子束流下的辐照靶，产率 k 为转换量，表示为

$$k = \phi \sigma N_t \tag{7.8a}$$

其中，ϕ 为中子注量率（n·cm^{-2}·s^{-1}），σ 为反应截面（cm^2），N_t 为靶原子数。在裂变产物产生过程中，$\phi \sigma N_t$ 为裂变率，则产率 k 为裂变率乘以核素 i 的

裂变产额 Y_i。

如果靶被带电荷数为 Z、电流为 I 的粒子轰击，则产率 k 为

$$k = 6.24 \times 10^{18} I\sigma N_v x Z^{-1} \qquad (7.8b)$$

其中，$N_v x$ 表示单位面积靶原子数。

式（7.8）成立的条件如下：

（1）相对于靶原子数而言，核反应的数量必须很少，以满足 N_t 或 N_v 为常数。

（2）入射粒子的能量稳定，以便反应截面为常数。

（3）通过靶核后束流不会减少。

根据辐照实际条件，成立条件中仅一个或两个能满足，对于不满足的条件必须进行更正。

通常测量衰变率 A_1，而不是原子数 N_1。根据 $A = \Delta N/\Delta t = \lambda N$，式（7.7）变为

$$A_1 = k \left(1 - e^{-0.693 t_{irr}/T_{1/2}}\right) e^{-0.693 t_{cool}/T_{1/2}} \qquad (7.9)$$

式（7.9）代表了放射性核素产生的基本关系，对于反应堆，k 按照式（7.8a）计算；对于加速器，k 按照式（7.8b）计算。

以反应堆和加速器产生放射性钠为例，介绍上述方程的运用。

在反应堆中辐照 Na_2CO_3（$M = 106$）产生 ^{24}Na，^{24}Na 半衰期为 14.66 h，衰变伴随 γ 射线。^{23}Na（天然丰度为 100%）的热中子反应截面为 0.53 b。对于 5 g 靶料，在热中子注量率 10^{12} n/（cm²·s）下辐照 60 h，则辐照结束时 ^{24}Na 的活度为

$$A = 10^{12} \times 0.53 \times 10^{-24} \times 2 \times 5 \times 6.02 \times 10^{23} (1 - e^{-0.693 \times 60/14.66})/106$$

$$= 2.8 \times 10^{10} \text{（Bq）}$$

在加速器上辐照镁通过 ^{26}Mg（d, α）^{24}Na 反应可以产生 ^{24}Na。用 22 MeV 的 D^+ 时反应截面为 25 mb。对于 0.1 mm 厚的镁箔（^{26}Mg 天然丰度为 11.0%，$M = 24.3$，$\rho = 1.74$ g/cm³），面积大于入射束流面积，在 100 μA 束流下辐照 2 h，辐照结束后 ^{24}Na 的活度为

$$A = 6.24 \times 10^{18} \times 100 \times 10^{-6} \times 25 \times 10^{-27} \times (0.11 \times (1.74/24.3) \times 6.02 \times 10^{23} \times 0.01) \times (1 - e^{-0.693 \times 2/14.66}) = 6.67 \times 10^7 \text{（Bq）}$$

7.3 次级反应

对于反应截面大、半衰期短、辐照时间长的反应，可能形成次级俘获产

物。如果一级产物是放射性的，那么任意时刻的活度取决于衰变常数、生成二级产物的反应截面、形成自身的反应截面。连续核反应及衰变可形成高质量数的核素，如图7.2所示。为了简化，假定诱发核反应仅包括单一中子俘获和 β^- 衰变。

对于（n，γ）和 β^- 衰变，图7.2中上层水平行代表连续形成高质量的靶元素的同位素（Z 为常数），垂直列代表同量异位素的衰变（A 为常数）。包含诱发转变和衰变的链在宇宙中元素形成、星球热核反应、超铀元素合成的理论中起着重要的作用。

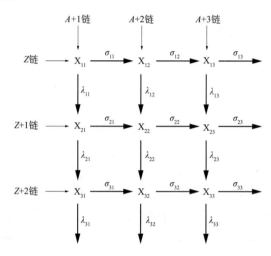

图7.2　通过多次中子俘获和相关衰变形成高质量核素的链

对于图7.2中的每个核素，随着辐照时间和衰变常数变化，可用不同方程式表示：

X_{11}：$dN_{11}/dt = -(\phi\sigma_{11} + \lambda_{11})N_{11} = \Lambda_{11}N_{11}$　　　　　　（7.10a）

X_{21}：$dN_{21}/dt = \lambda_{11}N_{11} - (\phi\sigma_{21} + \lambda_{21})N_{21} = \Lambda_{11}^*N_{11} - \Lambda_{21}N_{21}$　　（7.10b）

X_{31}：$dN_{31}/dt = \lambda_{21}N_{21} - (\phi\sigma_{31} + \lambda_{31})N_{31} = \Lambda_{21}^*N_{21} - \Lambda_{31}N_{31}$　　（7.10c）

　　　　　　　　……　　　　　　……

X_{12}：$dN_{12}/dt = \phi\sigma_{11}N_{11} - (\phi\sigma_{12} + \lambda_{12})N_{12} = \Lambda_{11}^*N_{11} - \Lambda_{12}N_{12}$　　（7.10d）

X_{13}：$dN_{13}/dt = \phi\sigma_{12}N_{12} - (\phi\sigma_{13} + \lambda_{13})N_{13} = \Lambda_{12}^*N_{12} - \Lambda_{13}N_{13}$　　（7.10e）

　　　　　　　　……　　　　　　……

X_{22}：$dN_{22}/dt = \lambda_{12}N_{12} + \phi\sigma_{21}N_{21} - (\phi\sigma_{22} + \lambda_{22})N_{22}$　　　　（7.10f）

下面介绍3种不同的实例。

1. 连续放射性衰变

连续放射性衰变发生在第一个放射性核素 X_{11}（母体）形成以后。因此只考虑左边的垂直链，假定 σ_{11}，σ_{12} 等为 0。在 $A+1$ 链中第二个下标为常数 1，被省去。连续放射性衰变对所有的天然衰变和裂变产物的衰变都是有效的。衰变链中的核素原子数可以用不同的方程来表示。

$$dN_i/dt = \lambda_{i-1}N_{i-1} - \lambda_i N_i, \quad i > 1 \tag{7.11}$$

对于多次连续放射性衰变，常采用与 Bateman 方程类似形式来表示：

$$N_n(t) = \lambda_1 \lambda_2 \cdots \lambda_{n-1} N_1^0 \sum_1^n C_i e^{-\lambda_i t} \tag{7.12a}$$

式中 $N_n(t)$——t 时间后第 n 个核素的原子数；

N_1^0——零时刻 X_1 的原子数；

t——衰变时间。

$$N_1 = N_1^0 e^{-\lambda t} \quad C_i = \prod_{j=1}^{j=n}(\lambda_j - \lambda_i)^{-1}, j \neq i \tag{7.12b}$$

当 $i=1$ 时，获得简单放射性衰变公式［式（2.41a）］。对于多个链，$t>0$，这就需要一系列 Bateman 公式结合在一起。若 $i=3$，当 $t=0$ 时，$N_2^0 = N_3^0 = 0$，则有

$$N_3(t) = \lambda_1 \lambda_2 N_1^0 (C_1 e^{-\lambda_1 t} + C_2 e^{-\lambda_2 t} + C_3 e^{-\lambda_3 t}) \tag{7.13}$$

其中，

$$C_1 = (\lambda_2 - \lambda_1)^{-1}(\lambda_3 - \lambda_1)^{-1}$$
$$C_2 = (\lambda_1 - \lambda_2)^{-1}(\lambda_3 - \lambda_2)^{-1}$$
$$C_3 = (\lambda_1 - \lambda_3)^{-1}(\lambda_2 - \lambda_3)^{-1}$$

2. 连续中子俘获

连续中子俘获指图 7.2 中 Z 链行。因为 Z 链中第一个下标为常数 1，被省去。在连续中子俘获中假定 λ_{11}、λ_{12} 等为 0。连续中子俘获适用于反应堆中长寿命的超铀元素形成。链中的核素原子数可用下式表示：

$$dN_i/dt = \phi\sigma_{i-1}N_{i-1} - \phi\sigma_i N_i \tag{7.14}$$

将 λ_i 代替 $\phi\sigma_i$，该式变为式（7.11）。于是通过式（7.12）计算连续中子俘获中核素的原子数，只是 t 为辐照时间。

3. 诱发转变和放射性衰变共存

考虑诱发转变和放射性衰变效应，需要对 Bateman 公式进行修正，引入新的因子，如式（7.15）、式（7.16）。

新公式如下：

$$\Lambda = \phi\sigma + \lambda \quad (7.15)$$

$$\Lambda^* = \phi\sigma^* + \lambda^* \quad (7.16)$$

式中　Λ_i——第 i 个核素的总消失因子；

Λ_i^*——由第 i 个核素形成第 $i+1$ 个核素的转变常数；

σ^*——第 i 个核素反应生成第 $i+1$ 个核素的截面；

λ^*——第 i 个核素衰变生成第 $i+1$ 个核素的衰变常数。

在一些情况下，σ、σ^*、λ、λ^* 可为 0。例如，在图 7.2 中左边 A+1 链中生成核素用缩写字母 X_{i1} 表示，为了简化，下标的第二位数字 1 省去，于是得到式（7.17）。

$$dN_i/dt = \lambda_{i-1}N_{i-1} - \Lambda_i N_i = \Lambda_{i-1}^* N_{i-1} - \Lambda_i N_i \quad (7.17)$$

类似地，获得 X_{1i} 核素原子数的方程。

$$dN_i/dt = \Phi\sigma_{i-1}N_{i-1} - \Lambda_i N_i = \Lambda_{i-1}^* N_{i-1} - \Lambda_i N_i \quad (7.18)$$

式（7.17）中 $\sigma^* = 0$，式（7.18）中 $\lambda^* = 0$，Bateman 方程修正为

$$N_n(t) = \Lambda_1\Lambda_2^*\cdots\Lambda_{n-1}^* N_1^0 \sum_1^n C_i e^{-\Lambda_i t} \quad (7.19a)$$

$$C_i = \prod_{j=1}^{j=n}(\Lambda_j - \Lambda_i)^{-1}, \quad j \neq i \quad (7.19b)$$

式中　t——辐照时间。

用实例说明方程式的运用。

在反应堆中辐照 Tb_2O_3 产生 ^{161}Tb，发生下列反应：

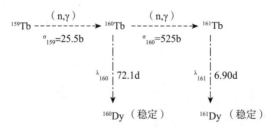

如果 1.0 mg Tb_2O_3 在热中子注量率 $1\times10^{14}\mathrm{n\cdot cm^{-2}\cdot s^{-1}}$ 下，辐照 30 天，求辐照结束后 ^{161}Tb 的原子数。

可用式（7.19）恰当地表示 ^{161}Tb 的形成：

$$\begin{aligned}N_{161} = \Lambda_{159}^*\Lambda_{160}^* N_{159}^0 [&e^{-\Lambda_{159}t}/\{(\Lambda_{160}-\Lambda_{159})(\Lambda_{161}-\Lambda_{159})\} + \\ &e^{-\Lambda_{160}t}/\{(\Lambda_{159}-\Lambda_{160})(\Lambda_{161}-\Lambda_{160})\} + \\ &e^{-\Lambda_{161}t}/\{(\Lambda_{159}-\Lambda_{161})(\Lambda_{160}-\Lambda_{161})\}]\end{aligned} \quad (7.20)$$

根据不同的路径，获得

$$\Lambda_1 = \Lambda_{159}^* = \Lambda_{159} = \phi\sigma_{159} = 10^{14} \times 25.5 \times 10^{-24} = 2.55 \times 10^{-9} \text{ (s}^{-1}\text{)}$$

$$\Lambda_2 = \Lambda_{160} = \phi\sigma_{160} + \lambda_{160} = 10^{14} \times 525 \times 10^{-24} + 0.693/$$
$$(72.1 \times 24 \times 3600) = 1.64 \times 10^{-7} \text{ (s}^{-1}\text{)}$$

$$\Lambda_3 = \Lambda_{161} = \lambda_{161} = 0.693/(6.9 \times 24 \times 3600) = 1.162 \times 10^{-6} \text{ (s}^{-1}\text{)}$$

$$\Lambda_2^* = \Lambda_{160}^* = \Phi\sigma_{160} = 10^{14} \times 525 \times 10^{-24} = 5.25 \times 10^{-8} \text{ (s}^{-1}\text{)}$$

$$N_1^0 = N_{159}^0 = (2/366) \times 6.02 \times 10^{23} \times 10^{-3} = 3.29 \times 10^{18} \text{ (atoms)}$$

$$t = t_{irr} = 30 \times 24 \times 3600 = 2.59 \times 10^6 \text{ (s)}$$

注：Λ_{159}^* 为 ^{160}Tb 的转变常数、Λ_{160}^* 为 ^{161}Tb 的转变常数，Λ_{159}、Λ_{160}、Λ_{161} 分别为 ^{159}Tb、^{160}Tb、^{161}Tb 的总消失因子。

利用式（7.20）计算 ^{161}Tb 的原子数，$N_{161} = 5.68 \times 10^{14}$ 原子，放射性活度 $\Lambda_{161} = \lambda_{161} N_{161} = 1.162 \times 10^{-6} \times 5.68 \times 10^{14} = 6.60 \times 10^8$ Bq

7.4 靶的特性

在反应堆或加速器中受照射的物质称为靶子物。靶子物可以是单质，也可以是无机或有机化合物。在靶子物中，进行核反应的元素称为靶子元素。在靶子元素中，与生产放射性核素有关的同位素称为靶核素。

辐照实验的成功很大程度上取决于靶子物。在许多核实验中，制靶所需的时间与其余实验的时间一样多。如果只是为了生产放射性示踪剂，本节的考虑因素是必要的，然而如果需要生产非常纯的、高比活度的、短寿命的放射性核素，那么必须运用特别的技术。

7.4.1 物理特性

入射粒子穿过薄靶后，其束流和能量不会改变。当入射粒子穿过厚靶后，认为其能量会改变，必须考虑入射粒子能量随穿靶厚度的变化和反应截面随入射粒子能量的变化，使得计算产额更复杂。

界定靶为薄靶的条件取决于实验，一般情况下，薄靶的面密度小于 10 mg/cm^2 或厚度小于 10 μm。面密度为 $x\rho$，其中 x 为靶厚度，ρ 为靶密度。用于加速器辐照的薄靶常为固体材料，由金属或化合物组成。为了获得足够的机械强度，常将靶子物附于铝这样的底衬上。底衬是固体靶料的支撑体，还具备散热功能。通过电沉积、真空蒸镀、质量收集器等将薄层靶料附于衬底上，制备成薄靶。

在反应堆中辐照时，为了得到高的产额通常采用厚靶。中子穿过厚靶时，中子能量降低少、反应截面变化小，与带电粒子不同。因此，中子辐照时厚靶常认为是薄靶。然而如果反应率值大，那么即使靶中心热中子能量变化小，中子束流可明显降低。

靶子物可为固、液、气3种。在反应堆中辐照时，常将靶子物放入聚丙烯容器中或中子俘获截面相对小的金属容器中。由于 $^{10}Be(n,\alpha)^7Li$ 的反应截面大、^{23}Na 中子俘获反应产生长寿命的 ^{24}Na（具有高能 γ 射线），因此耐热玻璃和普通玻璃不适合作容器材料。对于金属容器常采用 Al、Mg，虽然产生 ^{28}Al ($T_{1/2}$ = 2.24 min)、^{27}Mg ($T_{1/2}$ = 9.46 min) 具有高能 γ 射线，但是反应截面小且衰变快。对容器的主要要求是密封性好、散热效果好、力学性能好。

有时靶核素的消耗量比靶的薄厚更重要。如果辐照前靶的原子数为 N_{target}^0，t_{irr} 时靶的原子数为 N_{target}，那么靶核素剩余量可用式（7.21）计算：

$$N_{target} = N_{target}^0 (1 - \phi_{tot}\sigma_{tot}t_{irr}) \tag{7.21}$$

σ_{tot} 为引起靶原子数减少的所有截面之和。当 $\varphi\sigma_{tot}t_{irr} \ll 1$ 时，消耗量可以忽略。

7.4.2　化学特性

产生高纯放射性核素方法有两种：一种是采用非常纯的靶核素，反应路径唯一；另一种是在辐照结束后，对放射性核素进行纯化。

例1：在中子注量率 10^{13} n/(cm²·s) 下，辐照 10 g 锌 1 周，产生 7.1×10^9 Bq 的 ^{65}Zn ($T_{1/2}$ = 244 d) 产品。然而，如果锌靶中含有 0.1% 铜，那么除了产生 ^{65}Zn 外，还有 3.0×10^9 Bq 的 ^{64}Cu ($T_{1/2}$ = 12.7 h)。

例2：在 C 粒子轰击 Cm 靶的实验中，以为首次发现 102 号元素（No），然而后来发现观察到的放射性活度是靶中含有少量的杂质 Pb 生成产物的活度。类似地，在中子活化分析 Sm 时，Sm 靶中必须不含 Eu 杂质，因为 Eu 的反应截面大。

即使化学纯的靶也可能产生几种元素的产物，特别在回旋加速器上更为常见，常常有许多可能的反应路径。例如，用 D 轰击 Mg 时，发生下列反应：

$$^{24}Mg(79\%)(d,\alpha)^{22}Na, T_{1/2} = 2.6\ a$$
$$^{25}Mg(10\%)(d,n)^{26}Al, T_{1/2} = 7.2 \times 10^5\ a$$
$$^{26}Mg(11\%)(d,\alpha)^{24}Na, T_{1/2} = 14.66\ h$$

辐照后短时间内 ^{24}Na 的活度为主要活度；长时间冷却后 ^{24}Na 衰变完全，但 ^{22}Na 中仍含有 ^{26}Al 的沾污。在此情况下，需要化学分离以得到纯的 ^{22}Na 产品。

为生产高比活度的放射性核素，常选用靶子的稳定同位素的富集靶。例如，^{45}Ca（$T_{1/2}$ = 164 d）是钙放射性同位素中最有用的核素，通过^{44}Ca 中子俘获产生。但是，^{44}Ca 的天然丰度只有 2.1%。辐照天然钙产生^{45}Ca 的比活度约为 0.3 TBq/g，然而辐照富集的、高纯的^{44}Ca 产生^{45}Ca 的比活度约为 20 TBq/g。

若靶子物是化合物，那么应有较好的辐照稳定性。在反应堆强辐射场中不分解，不生成有害于反应堆的气体和毒物。像 NaCl 这样的无机化合物是稳定的，像 Na_2CO_3 这样的无机化合物，辐照分解的产物为 Na_2O 和 CO_2。

7.5 产物的特点

许多国家有一个或多个放射性核素的供应商，提供相关的产品目录。产品目录中包括放射性物质的类型、化合物的形式、产品的纯度、最大活度及比活度、衰变特性、精度、标记位点等。

放射性物质的包装方式很多，大多存于石英安瓿瓶中，然后包装于一个小铝罐中。为了降低高活度物质（> 10 MBq）的表面剂量，铝罐放入装有铅块的木箱中以便于运输。打开铝罐和石英安瓿瓶时，需要远距离操作。

1. 放化处理

从辐照设施中将靶取出与得到放化纯的物质常是一个较长的过程。为了生产放化纯的物质，分离流程是必需的。从化学角度来说分离流程是可通用的，与总放射性的强度无关。但是当放射性强需要屏蔽时，实验操作变得既笨拙又缓慢。

许多化学方法如沉淀、离子交换、溶剂萃取、电沉积、电泳、蒸馏等可用于放化处理，目的是消除放射性杂质、避免稳定同位素原子稀释放射性核素。如果放射性物质用于医药或生物行业中，那么放射性样品必须灭菌。

2. 比活度

在放射性核素应用中，如低溶解度物质的化学性质研究、微生物研究等，放射性核素的比活度或浓度（如单位质量浓度、摩尔浓度、体积浓度等）是非常重要的。

高比活度的放射性核素可通过加速器轰击或反应堆中辐照靶的次级反应产生。当放射性核素是元素唯一的同位素时，可获得最大比活度。通常反应堆中的中子俘获反应不可能获得高比活度物质。例如，反应堆生成^{24}Na 的比活度≤2 × 10^{11} Bq·g^{-1}，而加速器产生^{24}Na 的比活度可 > 10^{13} Bq·g^{-1}，但是总活度常相反。

无载体放射性样品常指放射性核素没有被同位素原子稀释。在反应堆中 ^{23}Na 生成 ^{24}Na，^{24}Na 被大量 ^{23}Na 原子稀释，不能得到无载体的 ^{24}Na。如果通过加速器等产生无载体的放射性核素，常需要纯化。由于放射性核素的浓度很低，不遵循常规的化学规律。通过加入微量的同位素载体或非同位素载体，采用合适化学纯化步骤载带放射性核素。

3. 标记

放射性标记化合物是指原化合物分子的一个或多个原子、化学基团，被易辨识的放射性原子、化学基团取代而得到的取代产物。以放射性核素原子或简单的放射性核素化合物为起始物，标记化合物的制备可能涉及较长的化学合成过程。大多数 ^{14}C 标记的有机物或生化复合物的合成采用常规方法，适当的修改便可含有标记物。标记的 $Ba^{14}CO_3$ 在酸中释放出 $^{14}CO_2$，其常作为合成的起始步骤。下面 3 个例子解释在分子的不同位置如何进行化合物标记。

（1）乙酸—2—^{14}C：

$$Ba^{14}CO_3 \xrightarrow{HCl} {}^{14}CO_2 \xrightarrow[\text{catalyst}]{H_2} {}^{14}CH_3OH \xrightarrow{PI_3} {}^{14}CH_3I \xrightarrow{KCN} {}^{14}CH_3CN \xrightarrow{H_2O} {}^{14}CH_3CO_2H$$

（2）乙酸—1—^{14}C：

$$Ba^{14}CO_3 \xrightarrow{HCl} {}^{14}CO_2 \xrightarrow{CH_3MgBr} CH_3{}^{14}CO_2H$$

（3）乙酸—1，2—^{14}C：

(a) $Ba^{14}CO_3 \xrightarrow[\text{heat}]{Mg} Ba^{14}C_2 \xrightarrow[\text{catalyst}]{H_2O} {}^{14}C_2H_2 \xrightarrow{H_2O} {}^{14}CH_3{}^{14}CHO \xrightarrow{[O]} {}^{14}CH_3{}^{14}CO_2H$

(b) $K^{14}CN \xrightarrow{{}^{14}CH_3I} {}^{14}CH_3{}^{14}CN \xrightarrow{H_2O} {}^{14}CH_3{}^{14}CO_2H$

在这些例子中，标记是特别的，因为化合物仅一个位置被放射性核素标记。相反，所有位置都被标记的情况很普通。复杂的有机化合物如青霉素可通过生物合成来标记。如果青霉素在含有 ^{35}S 的简单化合物中培养，^{35}S 进入青霉素中。由于其他含 ^{35}S 的产物也可生成，所以必须进行纯化，如溶剂萃取或纸色层法。

4. 放化纯度

在使用放射性核素时，放化纯度是重要考虑点之一。因为示踪剂中可能存在几种不同元素的放射性核素，其结果可能不准确并令人费解。在放化纯的样品中，所有放射性活度来自单一元素的多种放射性同位素。如果放射性活度来自单一同位素，那么可以称之为纯的放射性核素样品。

通过测量半衰期来确定放射性核素的纯度，显然这种方法只用于寿命较短的放射性核素跟踪测量，以便计算出可靠的半衰期。对于寿命较长的放射性核素，通过测量衰变的类型和能量、一步或多步元素特征的化学步骤进行示踪，推测放射性核素纯度。例如，在 ^{90}Sr（$T_{1/2}$ = 28.8 a）的应用中，样品通过大量 Sr 的特征反应。如果放射性核素遵循锶的化学行为，那么很确信放射性核素为 ^{90}Sr。化学检验不能排除样品中有几种同位素的可能性。但是，几种同位素的存在不会干扰元素化学性质示踪研究。

当用标记好的化合物研究分子的行为时，确定化合物的放化纯度、放射性核素纯度是必要的。可采用几种选择性的化学方法来确定，包括气相色谱、薄色层、纸色层、渗析、离子交换、溶剂萃取等方法。对于实验室制备的样品和商业样品，检验其放化纯度是必要的。例如，商业获得的标有 ^{14}C 的有机化合物是在不同的时间制备的，由于放射性衰变而产生辐解，使得样品中含有分解产物，导致分解产物常干扰标记的实验。在一些情况下，放射性样品储存过程中产生大量的放射性子体，放化纯度降低。因此，使用前必须分离除去子体。例如，用 ^{90}Sr 示踪剂研究 Sr 化学行为时，^{90}Sr 中常存在的 ^{90}Y 必须被除去。

7.6　靶的反冲分离

7.6.1　靶反冲产物

当入射粒子与靶原子反应时，由于粒子的发射，产物核得到一个反冲动量，它的大小与出射粒子的动量相等，方向相反。反冲产物的动能可通过动量与能量守恒定律计算。反冲原子与介质原子碰撞而逐步损失能量，最终停止运动。如果靶相对薄，那么产物的反冲射程可大于靶的厚度，于是反冲原子从靶中逃逸。在此情况下，反冲产物可被捕集到靶后的特制捕集箔上，捕集箔可是固定的或是移动的金属带、塑料带，甚至是气体清扫剂。

1940 年，美国的 E. McMillan 和 P. H. Abelson 利用反冲技术发现了第一个超铀元素——镎。用多层薄纸包裹薄铀片形成"夹层"靶，用热中子轰击薄铀片，观察到高能的裂变产物从薄片上反冲出来，捕集于多层纸中。但半衰期为 23 min 和 2.3 d 的两种放射性核素却留第一层纸中，这表明它们的反冲能相对低。分别被鉴定为 ^{239}U 和 93 号元素 ^{239}Np，^{239}Np 是 ^{239}U 衰变生成的，即

$$^{238}\text{U}（n,\gamma）^{239}\text{U} \xrightarrow{\beta^-} {}^{239}\text{Np}$$

在此情况下，靶核俘获一个中子后，中子的结合能以单一光子形式辐射，使复合核从靶中反冲出来，然后衰变成子体核（反冲能小）。在中子辐照过程中，这种现象是很普遍的，被称为（n，γ）反冲。

反冲技术已广泛用于合成高质量数的超铀元素。例如，103号元素Lr的生成过程，见图7.3。靶中^{252}Cf与入射核^{11}Be反应生成$_{103}$Lr，$_{103}$Lr从薄靶中反冲出来进入氦气中，与氦原子碰撞而停止运动。由于这些反冲物与气体原子碰撞失去电子而带正电荷，可被吸引到一个移动的、带负电的、金属包覆的塑料带上。表面吸附Lr原子的带被送入多个α粒子探测器（能量分辨率高）中，测量Lr的α衰变。根据塑料带移动的速度和测量的放射性活度，可确定产物核的半衰期和α粒子能量。将这些数据与理论预言数据比较，可确定核的质量数。

靶反冲也有不利的影响。在反应堆中辐照生物样测定示踪金属的浓度时，发现盛样品的容器材料发生（n，γ）反应，生成产物离开容器壁进入样品中，造成了样品沾污，采用含少量这种材质的容器可能减少这样的沾污。

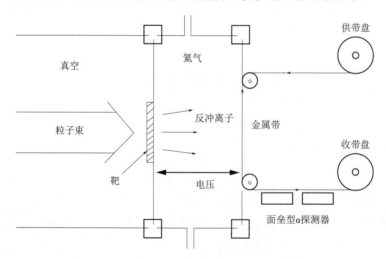

图7.3 收集反冲产物的示意图

7.6.2 热原子反应

在带电粒子或快中子引起的核反应中，给予产物核的反冲能足以打破束缚原子的化学键，从而反冲。类似地，通过释放α粒子、β粒子或γ射线等，给予子体核反冲能。

由于这些反冲原子的动能远超过了热平衡能量（~0.025 eV），因此被称为热原子。仅10^{-10}s内，热原子脱离束缚，移动几百倍直径的距离而停下来。

最初的热原子高度粒子化（如已观察到 Sn 离子的电荷高达 +20 个电荷）。在运动过程中热原子与大量的其他粒子碰撞产生自由基、离子、激发分子和原子，从而热原子的能量降到热平衡能量。此时，热原子可能是中性原子（特别是基体材料为金属时）、离子、不同氧化态（无机材料）、复合物（共价键基体）。

在气相、液相、固相中，热原子和诱发核反应的化学效应已被广泛研究。在固、液相中，小体积内的电荷中和和动能释放产生大量的自由基、离子、激发分子，反冲原子能量逐渐降低而形成稳定状态。

热原子反应常用来合成标记复合物，到目前为止，该技术主要用于 ^3H 和 ^{14}C 的标记。例如，气体丁醇与 ^3He 混合并被中子辐照，^3He 进行（n, p）反应产生 ^3H，拥有约 0.2 MeV 的动能。这些热原子氚与丁醇反应如下：

$$C_4H_9OH + ^3H^- \rightarrow C_4H_9O^3H + ^1H^-$$

本反应称为热原子交换反应。在另一种方法中，固体有机物与 Li_2CO_3 混合，用中子辐照，发生 ^6Li（n, α）$^3H^-$ 反应。热原子 $^3H^-$ 又与有机物化合物反应形成标记物。第三种简单的方法是有机物与 ^3H 简单混合，^3H 的 β^- 衰变促使激发和部分有机物被分解，有机自由基俘获 ^3H 而生成标记物。由于这类标记反应的选择性差，因此氚标记物必须提纯。气体标记常在分子中的几个位置标记。例如，在二甲苯中，9% 的标记在 CH_3 基团上，54% 在苯环的邻位，24% 在苯环的邻位，13% 在苯环的对位。

与 ^3H 标记类似，用 ^{14}N（n, p）反应产生的 ^{14}C 来标记也很成功。

7.6.3 齐拉-却尔曼斯效应

1934 年齐拉和却尔曼斯用热中子辐照碘乙烷 C_2H_5I 时，发现在 ^{127}I（n, γ）^{128}I 核反应过程中，得到的放射性 ^{128}I 大部分以元素态或无机离子态形式存在，而不是以原来的靶子化合物形式（C_2H_5I）存在。这说明在核反应过程中发生化学变化，引起了 C—I 之间的化学键断裂。其原因是 ^{127}I 俘获中子后生成激发核，激发核放出 γ 光子时，生成核 ^{128}I 获得反冲能，破坏了化学键。这种效应称为齐拉-却尔曼斯效应。

热中子辐照 C_2H_5I 的反应式如下：

$$C_2H_5^{127}I + n \rightarrow [C_2H_5^{128}I]^* \rightarrow C_2H_5 + ^{128}I^- + \gamma$$

$^{128}I^-$ 损失动能后形成稳定的碘原子或碘离子；也可能被 C_2H_5 自由基再次俘获，生成放射性的碘乙烷（$C_2H_5^{128}I$）。通过齐拉-却尔曼斯效应可获得高比活度的放射性物质，必须满足的条件：反冲原子具备足够能量以破坏化学键；反冲原子与起始原子处于不同的键合状态或不同价态；在热能状态下反冲原子

与靶原子之间交换缓慢，如放射性碘与 C_2H_5I 中的非放射性碘之间交换缓慢。

$$C_2H_5^{127}I + {}^{128}I \xrightleftharpoons{\text{慢}} C_2H_5^{128}I + {}^{127}I$$

打破束缚后，热原子也可代替 C_2H_5I 中的碘甚至 H，类似的热交换如下：

$$^{128}I^- + C_2H_5^{127}I \rightarrow C_2H_5^{128}I^- + {}^{127}I$$

导致放射性物质又滞留于有机物中，加入乙醇稀释 C_2H_5I 可以减少滞留，其原因是降低了热原子与 C_2H_5I 碰撞的机会，热原子与 C_2H_5I 的交换变慢。

有时发射 γ 射线的同质异能跃迁不能提供足够的反冲能破坏共价键。但是，在某些同质异能跃迁中，发射内转换电子的程度很大，导致内层电子轨道上出现空穴，当外层轨道电子填充空穴时，释放的能量使一些原子离子化，处于相对高的带电状态，打破束缚。例如，溴化烷基被热中子辐照引起的反应：

$$R^{79}Br+n \begin{cases} \xrightarrow{\sigma=2.4b} R + {}^{80m}Br \ (4.4h) \\ \qquad\qquad\qquad \downarrow IT \\ \xrightarrow{\sigma=10.23b} R + {}^{80}Br \ (18min) \end{cases}$$

用水洗涤溴化烷基得到含 ^{80}Br 和 ^{80m}Br 的水溶液样品。部分 ^{80}Br 和 ^{80m}Br 滞留于溴化烷基有机相中，如果 1h 内对有机相再洗涤，发现只有 ^{80}Br 存在于水中，^{80}Br 来源于下列反应：

$$R^{80m}Br \xrightarrow{IT} R + {}^{80}Br + \gamma$$

除了有机卤化物外，大量无机体系发生类似反应。从中子辐照后高锰酸钾的酸性、中性溶液中，以 MnO_2 形式除去 ^{56}Mn。从辐照后的卤酸盐、高卤酸盐固体或溶液中分离放射性卤化物时，回收率比较高。齐拉－却尔曼斯效应适用于 Te、Se、As、Cu 和几个Ⅷ族元素的体系，最大的优势是从大量的非放射性同位素靶中分离出相当少量的放射性物质。其次，由于滞留，可以标记靶物质。

7.7 快速的放化分离

快速放化分离的研究对象是短寿命放射性核素，这些核素主要出现在以下研究领域：

（1）核化学研究。包括各种各样的短寿命核反应产物的鉴定和研究。新核素、新元素的人工合成和鉴定是其中重要的课题，如锕系和超重元素。

（2）核衰变研究。包括短寿命放射性核素衰变过程的衰变粒子、能量、强度等的测定。

（3）核医学研究。提供一些疾病诊断、治疗的短寿命放射性核素。

短寿命核素也用于化学、工业研究，其优势之一是核素迅速消失，消除了放射性废物的处理问题。将半衰期小于 10 min 的核素称为短寿命核素。由于在有机化学和生物化学中，常关注的轻核大都缺乏长寿命的核素，因此对短寿命核素的生产特别感兴趣。对于超铀重核，随质量数增加，大多数同位素的半衰期变得越来越短。例如，𨧀（Db）的同位素中，最长的半衰期约 34s。因此，研究短寿命轻核和重核的生产成为焦点。显然，研究和运用这些短寿命核素需要特别技术，常常相当昂贵。

研究和生产特短寿命的核素所必需的连续程序如下：

（1）靶的制备和辐照。

（2）产物的初步提取（在辐照位置）。

（3）从辐照位置到核化学实验室的产物传输（如气动传输，传输速度高达 100 m/s）。

（4）所需产物的分离和标记。

（5）理化实验或医院、工业等领域的应用。

研究短寿命核素的基本条件是生产地与运用地相互很近。在 5~30s 内可快速完成手动分离，程序如下：

（1）靶的溶解。

（2）通过溶剂萃取－反萃或高温/高压离子交换等化学法分离放射性核素。

（3）沉淀或电沉积。

（4）测量。

在此程序中，化学研究常包含（2）和（3）。对于寿命特别短的核素，所有步骤必须自动化。在此过程中涉及大量非化学的技术，包括靶反冲物的飞行时间磁质谱分析技术及能量分辨率高的探测技术等，通过这些技术可检测半衰期低至 10^{-12} s 的核素。然而，更关心的是快化系统。下面讲述几种有代表性的类型。

7.7.1 ^{11}C 标记化合物的生产

许多感兴趣的正电子发射核素的半衰期非常短，需要快速合成。由于 ^{11}C（$T_{1/2} = 20.3$ min）几乎可标记所有的有机复合物，所以成为最常用的正电子发射体之一。因为葡萄糖是人类大脑的主要能量源，于是对葡萄糖的衍生物特别感兴趣。因此，葡萄糖累积的地方是生理活动最旺盛之处。葡萄糖衍生物合成也相对容易。用 ^{11}C-2DG 葡萄糖的合成来说明此技术，^{11}C-2DG 葡萄糖用于研究大脑中肿瘤的新陈代谢。

在 1 MPa 的压力下，用 20 MeV 质子轰击含有 95% N_2 和 5% H_2 混合气的圆筒（高 400 mm，直径 60 mm），产生 $^{11}CH_4$ 和 $^{13}N_2$。辐照 30~60 min 后气体与氨混合；在高温和 Pt 催化的条件下，反应生成 H^{11}CN（在 850℃下，转换率约为 80%）。^{11}C 产额为 5 GBq/μA。接下来的合成是一系列的优化步骤，在甲酸、镍铝合金存在下，Na^{11}CN 被具有活性的葡萄糖衍生物消化。通过几个离子交换柱纯化，最后收集于阴离子交换剂中。从辐照结束到合成完成的耗时约 1h，相对于 H^{11}CN 的总产率约为 80%。

一些文献中描述了许多快速标记 ^{11}C 的流程。由于 ^{11}C 标记物受其半衰期限制，不能从放化制药公司购买，只能在使用地生产和合成。

7.7.2 自动批量生成程序

图 7.4（a）为从 ^{252}Cf 自发裂变产物中自动批量生产镧系装置的示意图。在靶室用硝酸将稀土和其他裂变产物洗出，负载到高压液相 DHDECMP（二己基-N，N-二乙基甲酰胺基亚甲基膦酸酯）色谱柱上，从裂变产物中组分离出稀土元素，并负载到阳离子交换色层柱，在 95℃下用 α-羟基异丁酸（α-HIBA）解吸单个稀土。用此系统分离出了短寿命 ^{153,154,155}Pm、^{163}Gd、^{160}Eu 等核素，并测量了它们的半衰期或纲图。图 7.4（b）为典型的镧系元素淋洗曲线，全流程耗时 10 min。

图 7.5 显示一个更快回收裂变生成 Zr 同位素的程序，步骤如下：

（1）将 ^{235}U 溶液密封于塑料胶囊中，用热中子辐照，然后采用气动传输将辐照靶送入分离装置中。

（2）胶囊在分离装置中被撞破，溶液流经两个 AgCl 层，通过非均相交换快速除去 I 和 Br。向滤液中加入浓 HNO_3 和 $KBrO_3$，并通过固定 TBP 树脂（图中显示"可移动的过滤器"）。

（3）在 TBP 树脂的表面萃取 Zr。

（4）用 HNO_3 洗涤 TBP 树脂除去杂质，将含有 Zr 的过滤器气动传送到探测器（图的右边）。

（5）辐照 4 s 后开始测量。

图 7.5 中显示了操作步骤所需的时间，气动控制活塞，电磁控制阀门。Zr 的化学回收率约为 25%。本系统鉴定了半衰期为 1.8 s 的 ^{99}Zr。由于离子交换树脂分离时间长，要求核素的半衰期大于 20 s，所以本系统的一个改进是采用达姆施塔特的自动快化装置。

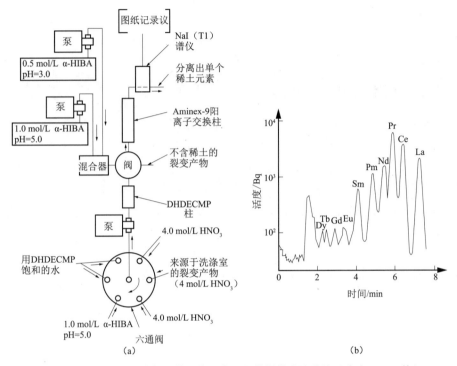

图 7.4 自动批量分离镧系装置的示意图和获得的淋洗曲线（来自 Baker 等）

（a）从 ^{252}Cf 自发裂变产物中自动批量生产镧系装置的示意图；

（b）典型的镧系元素淋洗曲线

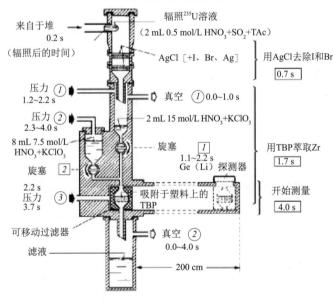

图 7.5 鉴定短寿命 Zr 同位素的自动批量分离系统（来自 Trautmann 等）

传统技术进行适当改进,可极大缩短分离时间。沉淀(制好的沉淀物非均相交换)、溶剂萃取(逆相色层)和离子交换(加热、加压)技术已运用于短半衰期的超铀元素(102号或以上元素)的研究和鉴定。

7.7.3 在线气相分离程序

带有气流喷射传输系统的反冲技术已经广泛用于研究短寿命核素。例如,103号元素Lr的形成。入射离子^{11}B轰击^{252}Cf形成^{103}Lr从薄靶中反冲出来进入氦气中,与氦原子发生碰撞而停止运动。由于与气体原子碰撞损失电子导致反冲物带正电荷,因此反冲物可能被吸附到一个可移动的、带负电的、金属包覆的塑料板上,将表面带有锘原子的塑料板送于α测量仪中,测量锘的α衰变(图7.3)。如果不用移动板收集离子,反冲物也可以被气体或气溶胶吹扫入化学分离装置中。

运用气体载带或气–固分离,让靶中的反应化合物或反冲物连续进入气相,可能实现分离。图7.6是溴与其他裂变产物分离的示意图,采用石英丝和棉丝上的气固反应进行分离。

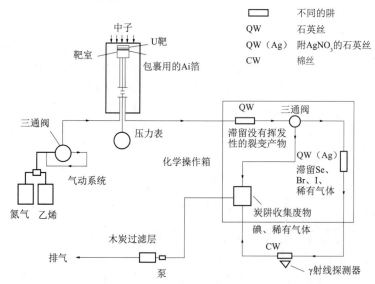

图7.6 在线气相分离溴产物的装置(来自Rengan等人)

图7.7展示了另一种技术——热色层技术,采用一根细长的热色层柱进行分离。

氮气中含有吸附裂变产物的KCl气溶胶。气溶胶气流通过装有一定选择性吸附剂(如石英粉、KCl、BaCl$_2$、K$_2$CrO$_4$)的管或柱。沿管壁的温度梯度导致了不同蒸气压的元素(或化合物)在不同位置沉积。虽然此技术对元素不是

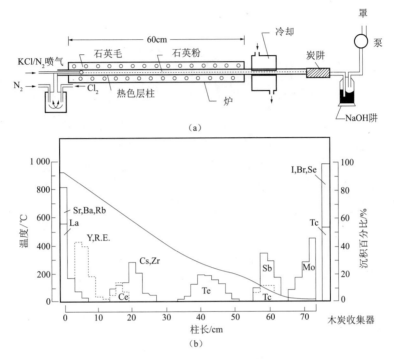

图 7.7　在线热层柱分离系统（来自 Hickmann 等）
（a）分离装置　　（b）分离结果

完全有效，但是相对选择性沉积是可以达到的。在散裂产物、裂变产物、超铀元素的鉴定中，已经测量了半衰期小于 0.1 s 的核素。例如，德国达姆施塔特的 OLGA（在线气相化学装置）系统用于确定 $^{263}_{105}$Ha。

7.7.4　在线溶剂萃取的分离程序

1974 年以来，瑞典、联邦德国等相继设计制造了一种命名为 SISAK 的高速萃取分离装置，专门用来研究短寿命的核素。SISAK 全称 Short-lived Isotopes Studied by the AKUFVE-technique（AKUFVE 是瑞典语的缩写），是基于数台高速旋转的 H 型离心机而建立起来的，具有滞留体积小、停留时间短（可达 0.05 s）、流速快等特点。图 7.8 显示了 SISAK 快速溶剂萃取系统。入射粒子轰击含有某种元素（如铀）的薄靶，同时含捕集粒子（如 C_2H_4 或 KCl）的气流不断地移走反冲产物。在静态混合器中喷入的气体与水溶液充分混合，并消气。含有放射性的水溶液通过一系列的快速和选择好的溶剂萃取循环，分离后的溶液通过含有特定吸附剂的吸收器，吸附感兴趣的核素，然后送探测系统测量。程序对特殊元素能提供高的选择性，从靶反冲物的载带到样品送入探测

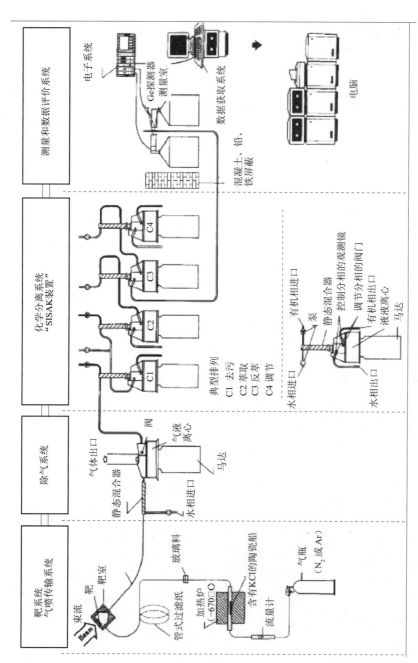

图7.8 SISAK快速溶剂萃取系统

系统的时间为 3s。SISAK 在线技术主要用于特别短寿命核素研究，如短寿命 ^{100}Zr（$T_{1/2}$ = 7.1s）和 ^{150}Pr（$T_{1/2}$ = 6.2s）裂变产物的核谱学研究、短寿命裂变产物的独立产额和累计产额研究。

7.7.5 在线同位素分离程序

从加速器靶室或反应堆靶子引出管道的一端，连接着立即进行分离和测量的质谱计，这种装置称为在线同位素分离器。在线同位素分离器（ISOL）成型于 20 世纪 50 年代。建造在高通量反应堆上的在线同位素分离器有美国的 TRISTAN、瑞典的 OSIRIS、法国的 LOHENGRIN 等；建造在不同加速器上的在线同位素分离器有德国的 ISOL、芬兰的 IGISOL、欧洲核子研究中心（CERN）的 ISOLDE、中国的 BRISOL 和 ISOLAN 等。

ISOLAN 是在欧洲核子研究中心 ISOLDE-2（图 7.9）的基础上，进行束

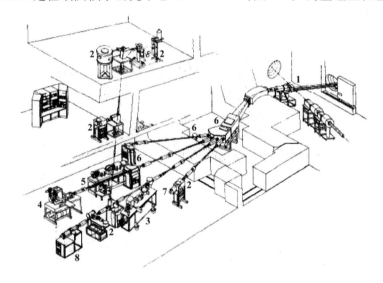

图 7.9 欧洲核子研究中心（CERN）ISOLDE-2 的全景图

1—靶子-离子源；
2—核能谱（α，β，γ）探测系统；
3—高分辨率质谱仪；
4—光泵浦和激光谱仪；
5—原子束磁共振仪；
6—离线工作的放射性产物收集器（固体中的超精细相互作用，X 射线能量变化的确定，核反应研究靶）；
7—β 缓发粒子探测器；
8—气相中离子的射程测量装置

放射化学

流光学改进设计而成的，可使质量分辨率和传输率得到较大的提高，能更好地满足核物理实验需要。

　　早期，用人工方法将靶中的核素转化为质谱计用的离子，至少需要几分钟到十几分钟的时间。目前已连续化，靶中的核素反冲或用气流传输到离子源，快速电离成离子，被质谱计的电磁场偏转分离，或者靶子直接放置于离子源灯丝内，轰击时生成核不断地被电离。电磁分离后不同质量数的核素，由不同探测器测量，这种先进的在线同位素分离器能连续不断地分离、测定半衰期很短的核素。

第 8 章
超铀元素化学

放射化学

自从 1932 年 Chadwich 发现中子以后，在罗马，由费米领导的工作小组为了研究通过（n,γ）反应引起的放射能，开始用中子轰击不同的元素。经中子辐照后铀的放射性衰变特性表明一些产物可能是超铀元素。其他的研究工作组也得到了相似的结论，如 1937 年，Meitner、Hahn 和 Strassman 在柏林建议进行如下反应/衰变系列（忽略质量数）：

$$^{92}U + n \longrightarrow {}^{92}U \xrightarrow[10\ s]{\beta} {}^{93}EkaRe \xrightarrow[2.2\ min]{\beta} {}^{94}EkaOs \xrightarrow[59\ min]{\beta} 其他$$

然而，就像 Ida Noddack、Irene Curie、Savitch 和其他人指出的那样，在这些超铀元素的化学性质中存在许多异常现象。

1939 年，在 Hahn 和 Strassman 指导下进行的一系列极为详细的化学研究，表明这些"超铀元素"实际上是周期表中一些诸如 Sr、La、Ba 等元素的同位素。后来，Meitner 和 Frisch 提供了对这个意外观察的解释，他们假定铀原子在热中子作用下引起了裂变，成为两个质量近乎相等的碎片（就像 Noddack 在许多年前假设的那样）。

进一步的研究表明是同位素 ^{235}U 发生了裂变，在这个过程中产生了大量的能量和释放了 2 个中子。许多科学家认为，如果其中至少 1 个中子能被其他的铀原子俘获引起进一步的裂变，一个链式反应就会发生，从而导致了核能和核武器的发展。

到目前为止，已经合成了 23 个超铀元素。已知的同位素总结在图 8.1 中，原子序数大于 114 的元素至今还未确定。

8.1 超铀元素

8.1.1 93号元素镎

1940年年初，McMillan和Abelson在美国合成并辨别出了一个原子序数为93的新元素，他们将它命名为镎。合成反应是

$$^{238}_{92}\text{U}(n,\gamma)\xrightarrow[23\ \min]{\beta^-} {}^{239}_{92}\text{U}\xrightarrow[2.3\ d]{\beta^-} {}^{239}_{93}\text{Np} \tag{8.1}$$

利用实验中的反冲技术可以从靶材料中分离出裂变产物和中子俘获产物。化学实验表明产物的半衰期是2.3 d，同时能被SO_2还原为较低的价态（大概为+4价），之后能以氟化物形式被沉淀（载体是LaF_3），据此可以实现该元素与铀的分离。该元素的氧化态（利用BrO_3^-作为氧化剂）呈现了与六价铀一样的化学性质。因为没有裂变产物有这种行为，因此证实了这个半衰期为2.3 d的元素是超铀的假设。最长寿命的同位素^{237}Np的半衰期是2.14×10^6 a，它可以通过如下的核反应产生：

$$^{238}_{92}\text{U}(n,2n)^{237}_{92}\text{U}\xrightarrow{\beta^-,\ 6.75\text{d}} {}^{237}_{93}\text{Np}\ (\approx 70\%) \tag{8.2a}$$

$$^{235}_{92}\text{U}(n,\gamma)^{236}_{92}\text{U}(n,\gamma)^{237}_{92}\text{U}\xrightarrow{\beta^-,\ 6.75\text{d}} {}^{237}_{93}\text{Np}\ (\approx 30\%) \tag{8.2b}$$

到目前为止，^{237}Np除了可以作为靶材料生产^{238}Pu外，还未发现任何别的实际应用。尽管^{237}Np的半衰期与地球年龄相比太短，不可能有天然存在的^{237}Np，但在其他星体上已经发现了它的光谱，因此可以推断该星体有相对年轻的年龄（$\leqslant 10^7$ a，参看下一节关于^{244}Pu的内容）。

8.1.2 94号元素钚

1940年年底，Seaborg，McMillan，Kennedy和Wahl等在回旋加速器上用氘核轰击铀合成了94号元素（钚）的一个同位素：

$$^{238}_{92}\text{U}(d,2n)^{238}_{93}\text{Np}\xrightarrow[2.1\ d]{\beta^-} {}^{238}_{94}\text{Pu}\xrightarrow[88y]{\alpha} \tag{8.3}$$

经鉴别它是一个新元素，它的氧化还原性质明显不同于铀和镎（如它的+3和+4价的氧化态更稳定）。之后很快从^{239}Npβ衰变子体的94号元素的

第二个同位素^{239}Pu，其半衰期是 24 000 a。

用^{239}Pu 的实验确定了理论预期：在热中子和快中子作用下^{239}Pu 有高的裂变能力。这意味着足够质量的^{239}Pu 也可以像^{235}U 那样引起瞬时的核爆炸反应。如果同时用中子轰击^{238}U 产生大量的钚是可行的，那么控制核裂变就能实现核反应。通过化学方法可以分离出^{239}Pu，这个方法比同位素分离获得纯^{235}U 的方法要简单。因此，生产^{239}Pu 成为美国在二战期间原子弹计划的主要工程。

尽管在宇宙扩张过程中产生了相当量的钚，寿命最长的同位素是^{244}Pu，半衰期只有 8.3×10^7 a，因此到现在，它们不可能在地球上存在。然而，在丰铈的稀土矿中发现了痕量的^{244}Pu。如果按照这个发现量推断矿石中富集的钚，1 g 地壳中含有 3×10^{-25} g 的^{244}Pu。这表明从地球起源至今仍有大约 10 g 天然的钚，在这个过程钚是以百万分之一的概率存在的。^{244}Pu 发生 α 衰变成为^{240}U（半衰期为 14.1 h，β$^-$）。

在地球发展的后来阶段，^{239}Pu 可以在天然铀反应堆中形成。在商业和军用反应堆中也已经合成了上千吨的钚；2000 年在核反应堆中^{239}Pu 的全球年产率是 1 000 t，这包含了在乏燃料中产生的钚元素。通过反应堆中中子辐照^{239}Pu 所产生的重元素和其同位素如图 8.2 和图 8.3 所示。欧共体国家累计生产了数以吨量级的^{237}Np、^{238}Pu 和^{241}Am，几百千克的^{244}Cm；美国和俄罗斯也有相同的量级。

8.1.3　95 号元素镅和 96 号元素锔

^{239}Pu 通过连续的中子俘获反应（正如在反应堆中那样）可以产生钚的同位素，这些同位素通过 β$^-$ 衰变可以产生原子序数为 95（镅）和 96（锔）的超铀元素（图 8.2）。反应顺序为

$$^{239}_{94}\text{Pu} \ (n, \gamma) \ ^{240}_{94}\text{Pu} \ (n, \gamma) \ ^{241}_{94}\text{Pu}$$
$$\downarrow \beta^-, 14.4 \text{ a}$$
$$^{241}_{95}\text{Am} \ (n, \gamma) \ ^{242}_{95}\text{Am} \quad\quad (8.4)$$
$$\downarrow \beta^-, 16.01 \text{ h}$$
$$^{242}_{96}\text{Cm}$$

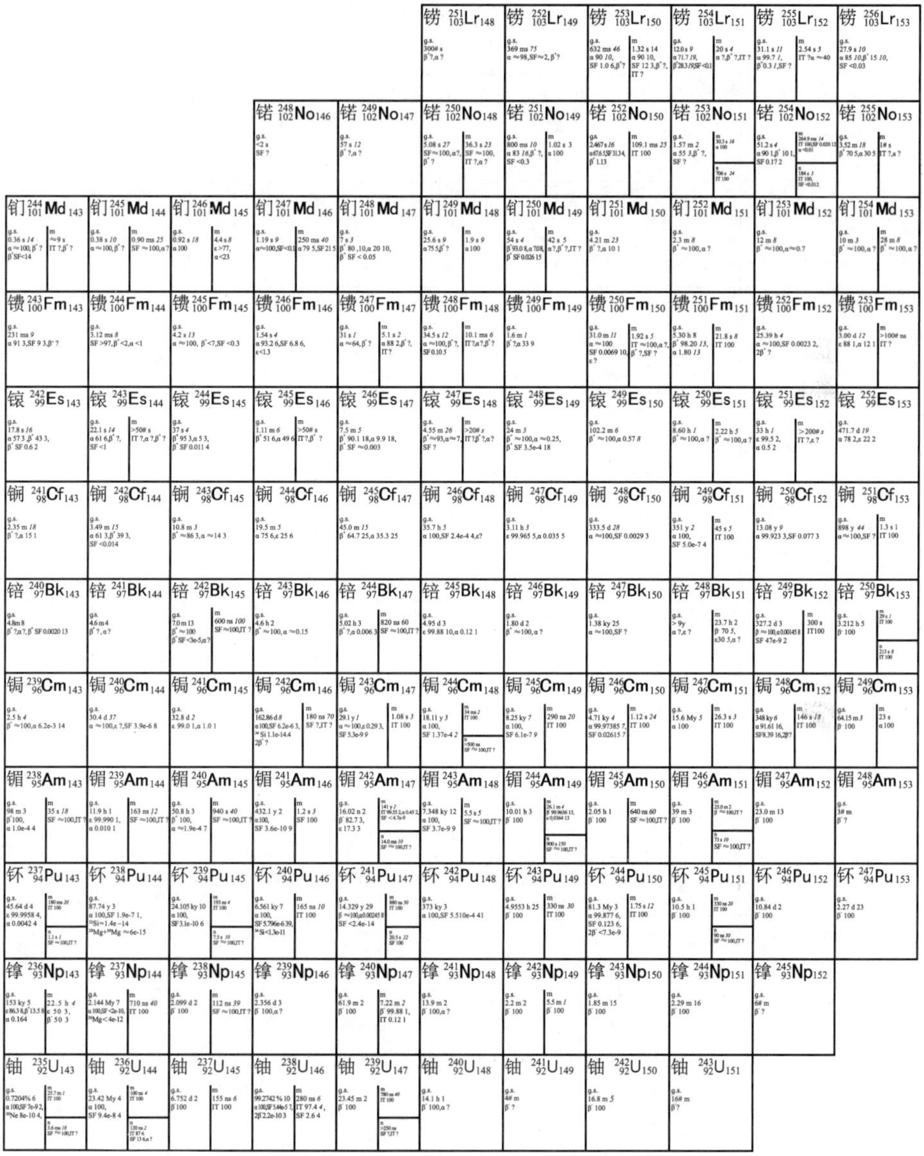

第 8 章 超铀元素化学

图 8.1 从 U-92 到 Mt-109 的部分同位素的核素图

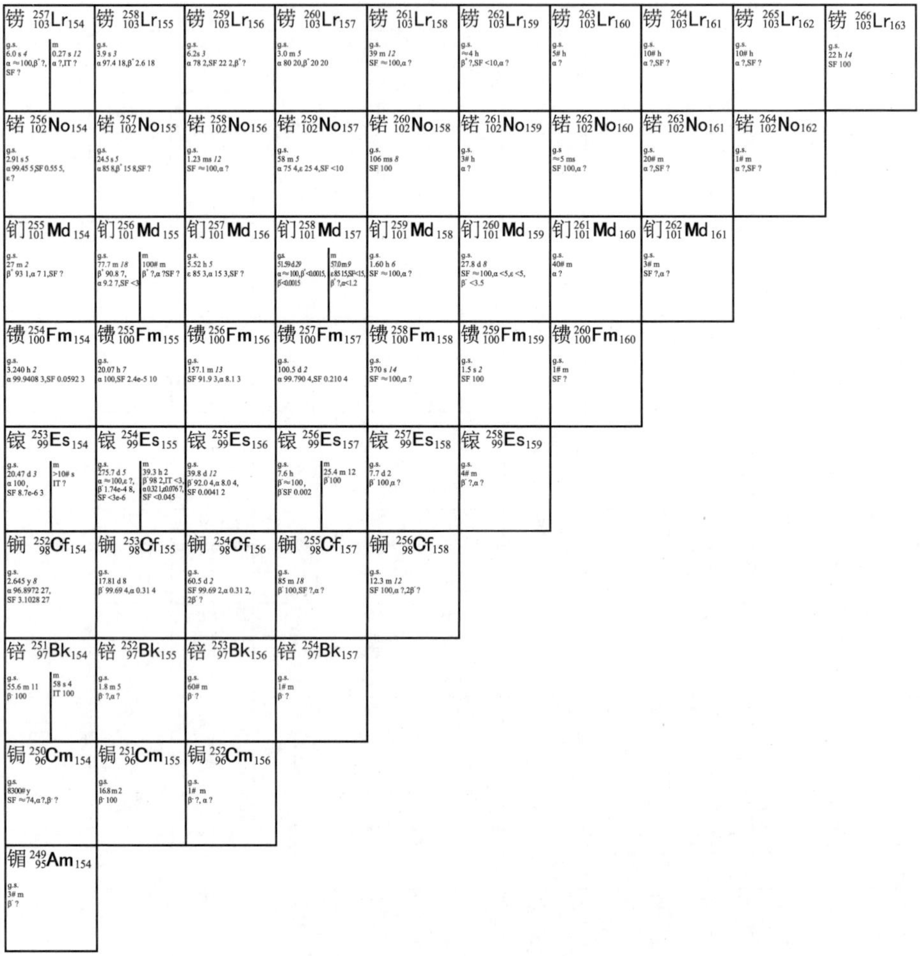

图 8.1　从 U－92 到 Mt－109 的部分同位素的核素图（续）

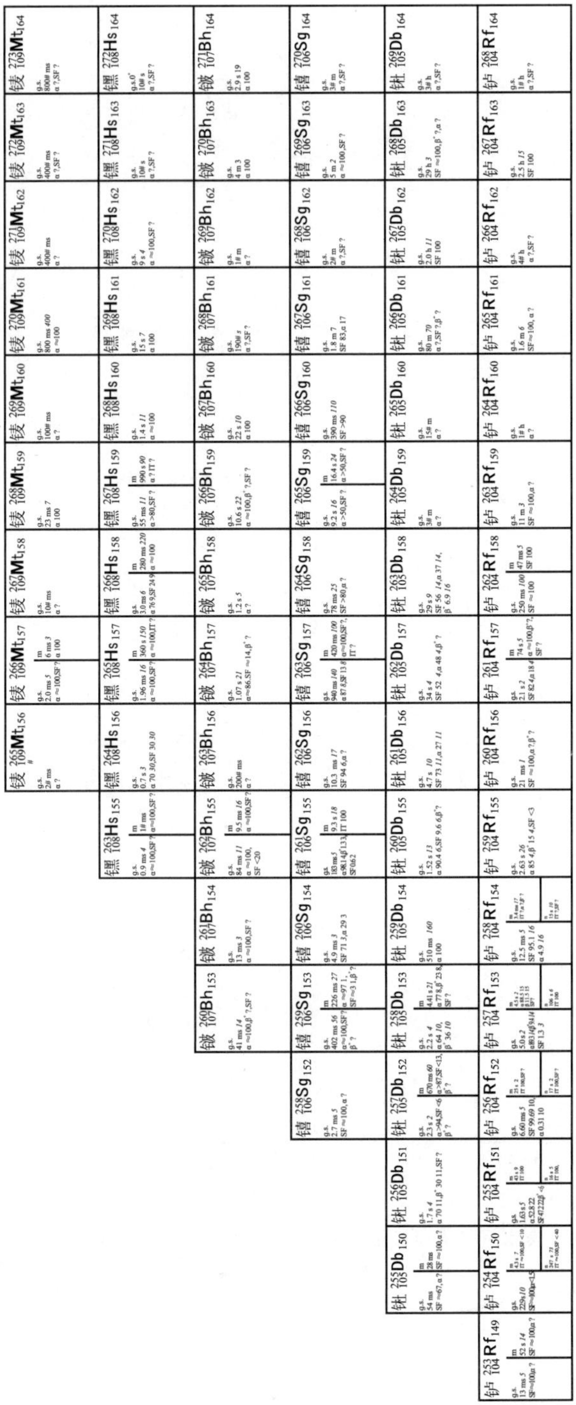

图8.1 从U-92到Mt-109的部分同位素的核素图（续）

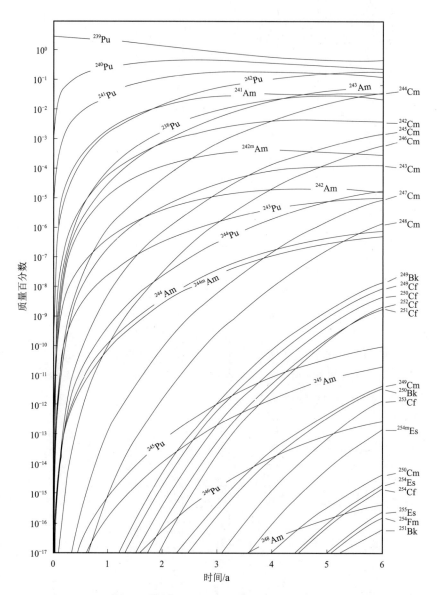

图 8.2 在沸水反应堆中辐照混合氧化物燃料（3% ^{239}Pu，其余为 U）后产生的较高锕系同位素

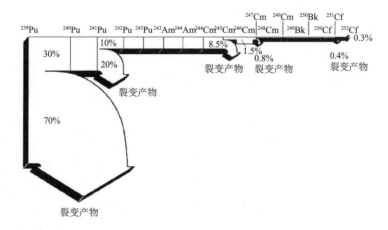

图 8.3　热反应堆中超铀元素产物的主要路径：裂变和中子俘获

Seaborg 和共同合作者于 1944—1945 年在美国发现了锔和镅，或是如式（8.4）通过在反应堆中用中子辐照钚元素，或是根据式（8.5）通过加速器用 α 粒子辐照钚元素：

$$^{239}_{94}\mathrm{Pu}\,(\alpha,\,n)\xrightarrow{\alpha,\,163\,\mathrm{d}}{}^{242}_{96}\mathrm{Cm} \qquad (8.5)$$

到目前为止提到的所有同位素对于通常的化学过程来说都有足够长的半衰期，尽管少量样品的获得需要特别的实验技术。

^{241}Am 和 ^{242}Cm 通过自发裂变进行衰变。其中最长寿命的同位素是 ^{243}Am（半衰期是 7 370 a）和 ^{247}Cm（半衰期是 1.56×10^{7} a），它们分别通过 α 衰变生成 ^{239}Np 和 ^{243}Pu（β^{-}，$T_{1/2}=5.0$ h）。

8.1.4　97 号元素锫和 98 号元素锎

到 1949 年，Seaborg 工作小组已经通过反应堆轰击钚元素合成了毫克量级的 ^{241}Am。以这个为靶材料在加速器上进行轰击，辐照后的靶经溶解后，样品用离子交换树脂柱进行分离，用柠檬酸铵作为淋洗液。一个半衰期为 4.5 h 的 α 放射性核素经鉴定是 97 号元素的同位素，它的质量数是 243，该元素被命名为锫。

之后，利用同样的技术以极微量的 ^{242}Cm 为靶子，发现了第一个锎元素（$Z=98$）的同位素。

$$^{241}_{95}\mathrm{Am}\,(\alpha,\,2n)\,{}^{243}_{97}\mathrm{Bk}\xrightarrow{\mathrm{EC},\,4.5\,\mathrm{h}} \qquad (8.6)$$

$$^{242}_{96}\mathrm{Cm}\,(\alpha,\,n)\,{}^{245}_{98}\mathrm{Cf}\xrightarrow{\alpha,\,44\,\mathrm{min}} \qquad (8.7)$$

最后的 4 个锕系元素（Am、Cm、Bk 和 Cf）在溶液中最稳定的价态是 +3

价，就如同稀土元素那样，它们的化学性质与镧系元素很相似。

在这些元素中最长寿命的同位素是 ^{247}Bk 和 ^{251}Cf，半衰期分别为 1 380 a 和 898 a，经 α 衰变得到 ^{243}Am 和 ^{247}Cm。

8.1.5　99 号元素锿和 100 号元素镄

1952 年，美国在太平洋的 Eniwetok 岛引爆了第一个试验热核炸弹（代号为"迈克"）。从"迈克"释放碎片的早期分析表明生成了重同位素 ^{244}Pu，是由 ^{238}U 经过多次中子俘获产生。从实验地点收集的一些放射性碎片经过化学纯化证明，在这次爆炸中产生了 99 号（锿）和 100 号（镄）元素。

在非常短的爆炸时间内中子通量很密集因而引起了 ^{238}U 俘获 17 个中子的反应，参看图 8.4。这个丰中子俘获反应终止于爆炸结束，然后伴随一系列的 β$^-$ 衰变反应。

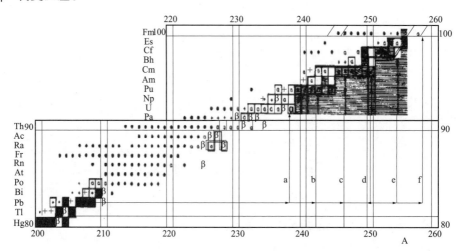

图 8.4　在铅（箭头）和铀（阴影区）中通过快速多中子俘获产生重锕系元素

在一年之内，通过加速器中氮对铀的轰击又合成了 99 号元素：

$$^{238}U + ^{14}N^{6+} \rightarrow\, _{99}Es \qquad (8.8)$$

几个月以后，元素 Fm 作为反应堆的辐照产物被分离了出来。在这个过程中，中子俘获反应是在很长的时间内发生的，β 衰变过程与中子俘获依赖于 β 衰变的半衰期和中子通量。反应的连续过程如图 8.4 中的阴影部分所示。以 ^{239}Pu 生成 ^{254}Fm 为例，经历的中间过程有 + 3 n，β$^-$，+ 8 n，2β$^-$，+ 4 n，β$^-$，+ n，β$^-$，+ n。图 8.2 和图 8.3 列出了热中子通量占主要成分的反应堆在经过一段时间的连续反应后在堆内产生的不同的核素。

8.1.6　101号元素钔，102号元素锘和103号元素铹

到1955年，用^{239}Pu在反应堆中照射已经产生了10^9个原子数的^{253}Es。将这些原子沉积在金靶上，用He离子轰击发生如下反应产生了101号元素：

$$^{253}_{99}\text{Es} + ^4_2\text{He} \rightarrow ^{256}_{101}\text{Md} + ^1_0\text{n} \tag{8.9}$$

利用一种新技术可以使^{256}Md原子从很薄的靶上反冲到"捕集"金属片上。采用α-羟基异丁酸为淋洗剂，快速分离阳离子交换树脂柱的Md，在9 h内得到了13个原子的^{256}Md ($T_{1/2}=1.3$ h)。淋洗过程表明产生了101号元素（由子核^{256}Fm确定）的5个原子和子核Fm的8个原子[反应见式（8.10）]。Choppin利用反冲-离子交换技术来鉴定101号元素，Seaborg、Harvey和Ghiorso等已经成功地应用该方法发现了其他重元素。

$$^{256}_{101}\text{Md} \xrightarrow{\text{EC, 1.3 h}} ^{256}_{100}\text{Fm} \xrightarrow{\text{SF, 2.6 h}} \tag{8.10}$$

截至目前，我们共介绍了两个产生重元素的方法：伴随β$^-$衰变的中子-辐照和由加速器引起的反应，如式（8.5）~式（8.9）反应所示。多次的中子俘获过程其局限性在于产额的连续减少，α反应通常产生了较短半衰期的核素，它们远离了质子数Z及相对应的中子数n的稳定区域。一般希望产生的元素中较重的同位素（如质量数更大，中子数也越丰）能更稳定（如有较长的半衰期）。然而，用诸如^{54}Cr的重离子轰击重元素靶所发生的反应中有如下优点：合成核的电荷是分很多步逐渐增加的，此时中子数也是增加的；同时，如果反应能是负的，提供了较少的激发合成核，就极有可能导致生成更重和更稳定的核。这种方法在今天通常用于生产最重的超铀元素。

1957年，Dubna Joint核科学研究院（现在的Flerov核反应实验室）的苏联科学家宣布通过用^{16}O离子轰击^{241}Pu已经合成了102号元素，是利用α能量在核乳剂上的显影过程进行测量的，如：

$$^{241}_{94}\text{Pu} + ^{16}_8\text{O} \rightarrow ^{252}_{102}\text{No} + 5^1_0\text{n} \tag{8.11}$$

他们产生的102号元素半衰期是2~40 s，发射的α能量是（8.8±0.5）MeV。然而，这个结果与美国劳伦斯-伯克利国家实验室科学家们形成了竞争，后者于1958年利用双反冲核技术产生并证明了102号元素的存在。这个反应的表达式为

$$^{246}_{96}\text{Cm} + ^{12}_6\text{C} \xrightarrow{\text{第一次反冲}} ^{254}_{102}\text{No} + 4^1_0\text{n}$$
$$\alpha \downarrow \text{第二次反冲}$$
$$^{250}_{100}\text{Fm} \tag{8.12}$$

103 号元素铹于 1961 年在伯克利实验室通过如下反应合成：

$$^{250,1,2}_{98}\text{Cf} + ^{10,11}_{5}\text{B} \rightarrow ^{258}_{103}\text{Lr} + (2-5)^{1}_{0}\text{n} \tag{8.13}$$

之后利用一个系统将反冲产物俘获于一个移动的带子上，并将该带子快速传输至一个能量灵敏的固态检测器。该产物的半衰期（后来测得大约为 4 s）太短以至于不能采用任何的化学方法。这是第一个用纯粹的仪器测量方法确定的锕系元素。

8.1.7　原子序数 $Z \geqslant 104$ 的超锕系元素

在实验初期，产生的太短半衰期和量很少的超锕系元素无法用化学手段进行确定。对于元素的种类通过核性质来确定的情况是比较少的，通常是依赖于对该元素系统趋势外推得到的相关的预计能量和半衰期。由于这种近似方法固有的不确定性，科学家们对已有的超铀元素的特征存有争论，如𬬻和铹元素。事实上，不论是在 Dubna 的苏联工作组还是在 Berkeley 的美国工作组，哪个工作组发现这些元素，至今也不能确定。毫无疑问，两个工作组都产生了 104~106 号元素的同位素。部分的不同在于他们使用了不同的技术。在 Dubna，相较于伯克利，轰击中通常用到的是较重的离子（^{50}Ti、^{51}V 等）。苏联工作组利用热色谱法和固体径迹探测器在一次分离中得到一个原子，而美国工作组利用快速的离子交换分离法和固态探测器的能量分辨功能。在 Dubna，确定某元素通常用测量某非专一自发裂变事件来获得，而 Berkeley 工作组则利用 α 衰变的半衰期和已知元素衰变链的 α 能量特征来确定；由 Berkeley 工作组在 1969 年宣布发现的 104 号和 105 号元素，在目前看来比 Dubna 结果更可信。在伯克利的技术中，新核素的衰变链直到一个长寿命的普通产物出现才会终止，这种确定性（质量数、元素和半衰期）在早期的实验中被完全地建立了。在两个实验室的核反应中，化合物核中减少了 4 个中子，这种方法已经被用于首次合成 104、105 号元素中，比如：

$$^{249}\text{Cf} + ^{12}\text{C} \rightarrow ^{257}104 + 4\text{ n} \tag{8.14}$$

和

$$^{249}\text{Cf} + ^{15}\text{N} \rightarrow ^{260}105 + 4\text{ n} \tag{8.15}$$

这一类型的反应在 Berkeley 实验室中也用于产生 106 号元素，而 Dubna 工作组则是利用包含了较轻靶元素和较重轰击离子发生反应产生了 106 号元素：

$$^{207,208}\text{Pb} + ^{54}\text{Cr} \rightarrow ^{259,260}106 + 2\text{ n} \tag{8.16}$$

在这些实验中，都是通过反冲核技术分离得到了产物的放射性活度。

早些时候的 80 个反应类型被在 Darmstadt 的 GSI 工作组成功地用于合成 107、108 和 109 号元素（108 号元素在 GSI 和 Dubna 进行了模拟合成）。核反应为

$$^{209}\text{Bi} + {}^{54}\text{Cr} \rightarrow {}^{262}107 + n \tag{8.17}$$

$$^{208}\text{Pb} + {}^{58}\text{Fe} \rightarrow {}^{265}108 + n \tag{8.18}$$

$$^{209}\text{Pb} + {}^{58}\text{Fe} \rightarrow {}^{266}109 + n \tag{8.19}$$

在 Darmstadt 这些元素的确定是利用速率过滤船（the velocity filter ship）设备，该设备提供了在飞行中分离重离子核反应碎片的功能。之后，该产物可以用 α 分光镜测量新元素和它们的衰变产物。在这一类型的反应中产物生成率非常低。截至目前，只观测到了 38 个原子的 107 号元素、3 个原子的 108 号元素和 3 个原子的 109 号元素。Darmstadt，Dubna 和 Berkeley 工作组正在试图通过同样类型的反应合成更重的元素。

Dubna 工作组和 Berkeley 工作组分别建议 104 号元素的命名为 Kurchatovium（Ku）和 Rutherfordium（Rf），以此强调他们的发现。目前国际纯粹与应用化学联合会（IUPAC）已经确定了如下的名字：104 号元素为 Rutherfordium（Rf），105 号元素为 Dubnium（Db），106 号元素为 Seaborgium（Sg），107 号元素为 Bohrium（Bh），108 号元素为 Hassium（Hs），109 号元素为 Meitnerium（Mt）。在元素周期表和核素图中通常表示为 ^{104}Rf、^{105}Db、^{106}Sg、^{107}Bh、^{108}Hs 和 ^{109}Mt。截至目前，对于新发现的 110、111、112、114、116 和 118 号元素还没有名字。

这些新发现元素都有非常短的半衰期，并且随着原子序数 Z 的增加，α 衰变的半衰期通常都是减短的。

许多年之前，科学家们依据中子模型通常认为在质子幻数 $Z = 82$ 之后的下一个幻数应该为 $N = 126$。然而，更为详细的理论研究表明质子层或许在 $Z = 112$ 时就关闭了。尽管一些计算表明中子幻数最大可能是 $N = 162$，但最有可能的是 $N = 184$。这些计算对于核势的状态和形状的精确性是灵敏的，因此对于中子数 184 来说质子幻数或许稍微小于或大于 112 同样是正确的。然而，似乎最能肯定的是在这个区域超重核 $^{296}112$ 是最稳定的。

图 8.5 表明了对 $^{298}114$ 号元素当核形状发生改变时对裂变势垒的计算，其中尤其关键的是在小的形变中存在很小的局部波动。在零形变处最小的 8 MeV 的变化抑制了核成为球形。由于包括穿越 8 MeV 势垒的隧道，因此在这种情况下自发裂变是个很慢的过程。在图 8.5 所示的势能曲线上这些局部波动是由增加的对于液滴模型壳层影响的修正引起的。形变的阻力联合关闭的壳层核，对于自发裂变来说，相较于期望的基于标准液滴模型的计算结果，产生了更长半

衰期。

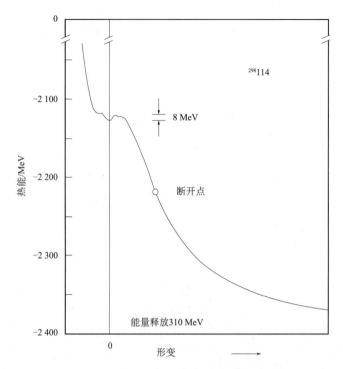

图 8.5 以 $^{298}114$ 号元素为例说明核形变过程中势能的变化（R. Nix）

人们预计一些超重元素可能有非常长的半衰期，人们已经在自然界中寻找证据。一些关于这些元素的假设证据的报告表明，除了极个别的例外，接下来的实验都是基于对已知元素观测的解释。试图用足够数量的中子轰击重离子靶来合成长寿命超重元素的方法，至今没有成功。

8.2 锕系元素的性质

8.2.1 锕系元素系列

早在 1923 年，N. Bohr 就提出在元素周期表的最后可能存在一个包含 15 个元素的元素组，它们的性质可能与 15 个镧系（"稀土"）元素相似。这个想法，结合随着超铀元素从原子序数 $Z=93$ 到 $Z=96$ 的增加，其 +3 价氧化态的稳定性也逐渐增加的性质，最终导致 Seaborg 得出了这些新元素组成了第二个以元素锕开始的系列的结论。随着原子序数从 90 开始逐渐增加，电子被填充到 5f 轨道，这与稀土系列中电子占据 4f 轨道的情况类似，参见表 8.1。这一系列在 103 号元素处终止，这与增加了 14 个电子完成了 5f 轨道的填充是一致的。

Seaborg 的锕类元素假设最初受到了相当大的异议，由于这类元素不同于镧系元素，从原子序数 $Z = 90$ 到 $Z = 94$，它们的三价氧化态在水溶液中不是最稳定价态。在溶液中最稳定氧化态分别为：钍为 +4 价，镤为 +5 价，铀为 +6 价，镎为 +5 价，钚为 +4 价，参看表 8.1 中的右边栏。从元素镅开始 +3 价在溶液中为最稳定价态。然而，Seaborg 把 Ac 作为锕类元素的首位元素（与 La 类似），同时把 Cm 作为锕类元素中的正中央元素（与 Gd 类似）。近期的研究表明锎和锿在溶液中有 +2 价态（有可能对锿来说是最稳定价态）。这与在镧系元素中测到的元素铕也是 +2 价态是相对应的。从原子序数 $Z = 90$ 到 $Z = 94$，5f 和 6d 轨道在能量上很接近，同时电子位置是可变的。

表 8.1 电子结构、半径和水溶液中的氧化态（在酸中，非配合物形式）

原子序数	元素	金属半径/pm	原子配置	有效离子半径		氧化态
				M^{3+}	M^{4+}	
89	Ac	188	$5f^0 6d 7s^2$	111.9		3
90	Th	180	$5f^0 6d^2 7s^2$	(108)	97.2	(3) 4
91	Pa	163	$5f^2 6d 7s^2$	(105)	93.5	(3) 4 5
92	U	156	$5f^3 6d 7s^2$	104.1	91.8	3 4 5 6
93	Np	155	$5f^4 6d 7s^2$	101.7	90.3	3 4 5 6 (7)
94	Pu	160	$5f^6 7s^2$	99.7	88.7	3 4 5 6 (7)
95	Am	174	$5f^7 7s^2$	98.2	87.8	3 4 5 6
96	Cm	175	$5f^7 6d 7s^2$	97.0	87.1	3 4
97	Bk		$5f^9 7s^2$	94.9	86.0	3 4
98	Cf		$5f^{10} 7s^2$	93.4	85.1	(2) 3
99	Es		$5f^{11} 7s^2$	92.5		(2) 3

续表

原子序数	元素	金属半径/pm	原子配置	有效离子半径		氧化态
				M^{3+}	M^{4+}	
100	Fm		$5f^{12}7s^2$			(2) 3
101	Md		$(5f^{13}7s^2)$	89.6		2 3
102	No		$(5f^{14}7s^2)$			2 3
103	Lr		$(5f^{14}6d7s^2)$	88.2		3

识别锕系和镧系元素之间化学性质的相似性在合成和分离超镄元素方面是有重大意义的。大部分采用化学方法鉴别超镄元素，是采用阳离子树脂交换柱上淋洗元素得到的。从树脂柱上模拟镧系元素的淋洗行为，使预知一个新锕系元素被淋洗时的精确位置（图 8.6）。在发现原子序数 97～101 元素实验中，该项技术成为最权威的化学验证实验。近来，这方面获得的结论已经通过光谱法得到了确定。

假定每个锕系元素在溶液中指定的氧化还原态下处于平衡状态。

元素 ^{89}Ac 的电子基态包括了 4 个全充满的内部电子壳层（主量子数 1，2，3 和 4，记为 K，L，M 和 N 层，分别包括 2，8，18 和 32 个电子）。接下来外部的第五，第六和第七壳层（分别记为"O""P"和"Q"壳层）中部分是空的。通常用电子层表示一个原子的电子结构时，全充满的壳层往往是被忽略的，这是因为它们对原子的化学性质（和相互作用）没有贡献。元素 ^{89}Ac 的电子层 $5s^2p^6d^{10}f^06s^2p^6d^17s^2$ 表明在第五壳层上次壳层 s，p，d 和 f 分别包含了 2，6，10 和 0 个电子；第六个次壳层包含了 s 层的 2 个电子，p 层的 6 个电子和 d 层的 1 个电子；最外层的第七壳层包含了 s 层的 2 个电子。需要记住的是，s，p，d 和 f 次壳层分别能容纳 2，6，10 和 14 个电子，这 4 个外壳层有部分是空的。不考虑全充满的次壳层，元素 Ac 的电子结构也可以写为 $5f^06d^17s^2$；尽管两个 7s 层电子可以不被考虑，但考虑到特殊的目的还是保留了它们。锕系原子的气态原子的电子结构列于表 8.1 中。这些电子结构已经用光谱的方法得到了确定。

从表 8.1 中可以明显地看到 5f，6d 和 7s 轨道之间有相互作用，结果就是它们的结合能很相似。由于这些部分空的外层轨道参与组成了化学键，因此这些锕系元素能表现出变化很大的化学性质。

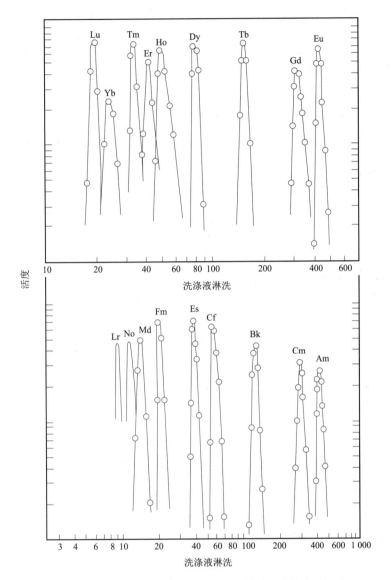

图 8.6 在 Dowex 50 离子交换树脂上，以 α-羟基异丁酸铵为洗涤液，+3 价镧系和锕系离子的淋洗曲线

从元素 ^{89}Ac 到 ^{103}Lr 电子结构的主要特征是连续地填充 5f 轨道的次壳层。这导致随着原子序数的增加，原子和离子的半径有轻微的收缩（锕系收缩），正如在许多柱子上看到的结果那样。然而，也有不规则现象，5f 次壳层（有 7 个电子）半充满状态特别稳定，这导致在 6d 电子层的不稳定。

接下来讲述这些电子层结构对锕系元素在氧化还原和化合的化学过程中的影响。

8.2.2 锕系元素的氧化态

在 6d 和 7s 次外层中的电子比起全充满的次外层电子和 5f 层电子有更宽松的跃迁范围。这些外壳层结合能在几个电子伏特范围内，如序列大小一样时有同样的化学键。因此，这就能理解元素 Ac 容易失去它的 $6d7s^2$ 层电子而成为 Ac^{3+} 离子，同时钍元素容易失去 $6d^27s^2$ 电子形成 Th^{4+} 离子。接下来的元素，从 Pa 到 Am，状态更复杂。有一些假设的原因指出可能是由于 f 次外层轨道的空间特征在某一个原子序数的位置突然发生了改变；也就是说，5f 层电子与 6d、7s 层电子相比，某些元素中可能 f 层电子受到了更强的保护。毫无疑问 5f 层电子存在于 Pa 元素之后的所有锕系元素中。

对于那些可以制备出微克量（$Z = 90 \sim 99$）的锕系元素，不含原子序数 $Z = 100 \sim 103$ 的元素，已经广泛地研究了它们的化学性质。表 8.1 列出了这些价态。图 8.7 给出了最重要的锕系元素的氧化还原图表，并给出了一些有用的氧化还原试剂的标准势能作为比较。利用合适的氧化剂和还原剂（表 8.2），可以得到任何特别价态的锕系元素。

五价态的锕系元素（除了 Pa 和 Np）没有其他价态稳定，通常在酸溶液中发生歧化反应。特别有趣的是钚元素不同价态的氧化态能在水溶液中共存（图 8.7，在 1 000 mV）。例如，25℃时，在 0.5 mol/L HCl、3×10^{-4} mol/L 钚浓度的溶液中初始是 50% Pu（Ⅳ）和 50% Pu（Ⅵ），在无阴离子配体时，经过几天的歧化反应，溶液中为 75% Pu（Ⅵ），20% Pu（Ⅳ），以及少量的 Pu（Ⅴ）和 Pu（Ⅲ）。

这些反应是

$$2PuO_2^+ + 4H^+ \rightleftharpoons Pu^{4+} + PuO_2^{2+} + 2H_2O \tag{8.20}$$

和

$$PuO_2^+ + Pu^{4+} \rightleftharpoons PuO_2^{2+} + Pu^{3+} \tag{8.21}$$

当浓度 $\geqslant 10^{-8}$ mol/L 时 Pu（Ⅴ）在酸溶液中容易发生歧化。由于钚在自然界和海水中可以生成稳定的重碳酸盐化合物，因此可观察到多种结构的状态。

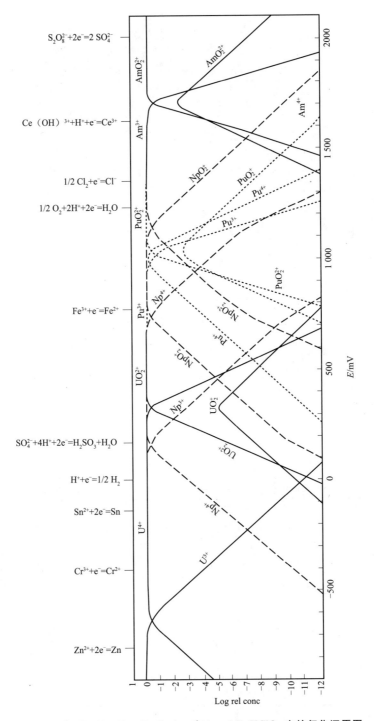

图 8.7　25℃下，U，Np，Pu 和 Am 在 1 mol/L HClO₄ 中的氧化还原图

表 8.2 水溶液中锕系离子的制备方法和稳定性

离子	稳定性和制备方法
U^{3+}	被水缓慢氧化，被空气快速氧化为 U^{4+}。可由电解还原法制备（Hg 为阴极）
Np^{3+}	在水中稳定，在空气中迅速被氧化为 Np^{4+}。可由电解还原法制备（Hg 为阴极）
Pu^{3+}	在水和空气中是稳定的。可由自身的 α 辐射行为氧化为 Pu^{4+}。在 Pt 作催化剂时，可由 SO_2, Zn, U^{4+} 或 H_2（g）还原制备
Md^{3+}	稳定，能被还原为 Md^{2+}
No^{3+}	不稳定，还原为 No^{2+}
Th^{4+}	稳定
Pa^{4+}	在水中稳定。在空气中快速被氧化为 Pa（V）。可由电解还原法（Hg 为阴极）和 HCl 介质中 Zn（Hg），Cr^{2+} 或 Ti^{3+} 制备
U^{4+}	在水中稳定。在空气中慢慢被氧化为 UO_2^{2+}。在硝酸盐介质中经紫外光催化可以被氧化。可由空气氧化 U^{3+}、电解还原 UO_2^{2+}（Hg 阴极）、用 Ni 催化、Zn 或 H_2（g）还原 UO_2^{2+} 来制备
Np^{4+}	在水中稳定。在空气中慢慢被氧化为 NpO_2^+。可由空气氧化 Np^{3+} 或用 Fe^{2+}, SO_2, I^- 或 H_2（g）（以 Pt 为催化剂）还原高氧化态镎
Pu^{4+}	在浓酸中稳定，例如在 6 mol/L HNO_3 中。在低酸中歧化为 Pu^{3+} 和 PuO_2^+。在酸溶液中可以用 BrO_3^-, Ce^{4+}, $Cr_2O_7^{2-}$, HIO_3 或 MmO_4^- 氧化 Pu^{3+} 来制备；或是在酸溶液中用 HNO_2, NH_3OH^+, I^-, 3 mol/L HI, 3 mol/L HNO_3, Fe^{2+}, $C_2O_4^{2-}$ 或 HCOOH 还原更高价的氧化态来制备
Am^{4+}	在水中不稳定
Bk^{4+}	在水中稳定。慢慢可被还原为 Bk^{3+}。可以用 $Cr_2O_7^{2-}$ 或 BrO_3^- 氧化 Bk^{3+} 来制备
PaO^{3+} or PaO_2^+	稳定。难以被还原
UO_2^+	歧化为 U^{4+} 和 UO_2^{2+}。在 pH = 2.5 时大部分是稳定的。可以用电解还原 UO_2^{2+}（Hg 阴极）和用 Zn（Hg）或 H_2（g）在 pH = 2.5 附近还原 UO_2^{2+} 来制备
NpO_2^+	稳定。仅在高酸中歧化。可以通过用 Cl_2 或 ClO_4^- 氧化较低氧化态来制备，或是用 NH_2NH_2, NH_2OH, HNO_2, H_2O_2/ HNO_3, Sn^{2+} 或 SO_2 还原更高价氧化态来制备
PuO_2^+	歧化为 Pu^{4+} 和 PuO_2^{2+}。在低酸中大部分是稳定的。在 pH = 2 时，可以用 I^- 或 SO_2 还原 PuO_2^{2+} 来制备
UO_2^{2+}	稳定。很难被还原
NpO_2^{2+}	稳定。容易被还原。可以用 Ce^{4+}, MnO_4^-, Ag^{2+}, Cl_2 或 BrO_3^- 氧化更低的氧化态来制备
PuO_2^{2+}	稳定。相当容易被还原。在自发 α 衰变过程中慢慢被还原。可以用 BiO_3^-, HOCl 或 Ag^{2+} 氧化更低的氧化态来制备
AmO_2^{2+}	稳定。在自发 α 衰变过程中相当快速地被还原。在 5 mol/L H_3PO_4 中，在有 Ag^+ 存在的 $S_2O_8^{2-}$ 溶液中或在 K_2CO_3 溶液中由 Ag^{2+} 电解氧化（Pt 为阳极）来制备

8.2.3 锕系元素的化合物

由于电子轨道不同时有不同的能量，这与化学键能是类似的。从一个化合物转化为另一个时，由于溶液中配体的存在，锕系元素最稳定的氧化态或许会发生改变，因此，对于锕系元素来说化合物的组成是其一个重要的特征。

不同价态的锕系元素化学性质是不同的（表 8.3），同样价态的锕系元素的化学性质彼此很近似。为了分离并提纯这些单个元素，已经对它们的性质进行了广泛的研究。

表 8.3　不同价态锕系离子与一些重要阴离子的特征反应

试剂	条件	沉淀离子	未沉淀离子
OH^-	$pH \geqslant 5$	M^{3+}，M^{4+}，MO_2^+，MO_2^{2+}	
F^-	4 mol/L H^+	M^{3+}，M^{4+}	MO_2^+，MO_2^{2+}
IO_3^-	0.1 mol/L H^+	M^{4+}（M^{3+}可能氧化）	MO_2^+，MO_2^{2+}
PO_4^{3-}	0.1 mol/L H^+	M^{4+}（部分 Ac^{3+}）	M^{3+}（Pu^{3+}和较高的 An）
CO_3^{2-}	$pH > 10$	M^{3+}，M^{4+}（氢氧化物）	MO_2^{2+}（阴离子络合物）
CH_3COO^-	0.1 mol/L H^+	MO_2^{2+}	M^{3+}，M^{4+}，MO_2^+
$C_2O_4^{2-}$	1 mol/L H^+	M^{3+}，M^{4+}	MO_2^+，MO_2^{2+}

锕系元素的离子半径随着原子序数的增加而减小（锕系收缩，表 8.1），因而锕系元素离子的电荷密度随着原子序数的增加是增大的，因此，随着原子序数的增加锕系元素化合物的水解趋势可能也是增加的。由于 α-羟基-异丁酸盐可以淋洗分子结构较大的化合物，因此随着阳离子半径的增加，较重的锕系元素在较轻的元素之前被淋洗下来，举例说明见图 8.6。

四价和六价的锕系稳定化合物离子半径随原子序数增加而减小，见表 8.1。

$$Th^{4+} < U^{4+} < Np^{4+} < Pu^{4+} \qquad (8.22)$$

$$UO_2^{2+} < NpO_2^{2+} < PuO_2^{2+} \qquad (8.23)$$

这也解释了 M^{4+}（锕系元素）离子的萃取行为，见图 8.8，Pu^{4+}比起 Th^{4+}更易被萃取；该图列出了从 HCl 和 HNO_3 溶液中用不同的试剂萃取一些锕系离子的萃取法。磷酸三丁酯（TBP），溶于煤油，可以萃取 M（Ⅵ），M（Ⅳ）和 M（Ⅲ）价离子分别成为 $MO_2(NO_3)_2(TBP)_2$，$M(NO_3)_4(TBP)_2$ 和 $M(NO_3)_3(TBP)_3$。

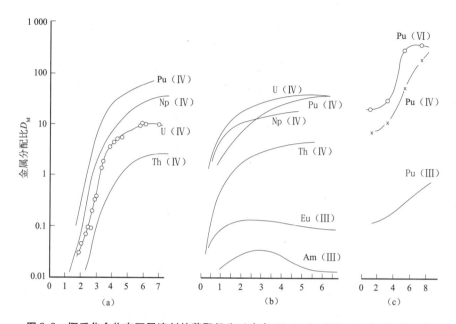

图 8.8 锕系化合物在不同溶剂的萃取行为（来自 Ahrland，Liljenzin 和 Rydberg）
(a) 100%二丁基卡必醇；(b) 30% TBP 溶于煤油中；(c) 0.1 mol·L^{-1} TOPO 溶于环己烷中

对于同样的元素，氧化态不同时化合物的稳定性也是不一样的：

$$M^{4+} \geqslant MO_2^{2+} > M^{3+} \geqslant MO_2^+ \tag{8.24}$$

离子 M^{3+} 和 MO_2^{2+} 之间的转化反应表明六价金属原子在线性基团 $[OMO]^{2+}$ 中被 2 个氧原子部分地屏蔽，因此金属离子 MO_2^{2+} 比 M^{3+} 有较高的电荷密度。在离子 MO_2^{2+} 中，有效电荷是 2.2 ± 0.1。这给了图 8.8 中的萃取分配比一个合理的解释，在后处理过程中，裂变产物 Cs，Sr，Ru 和 Zr 在体系中有低的分配比（$D_M \leqslant 0.01$），如图 8.8（b）所示。

三价锕系元素的萃取顺序通常如下：

$$Ac^{3+} < Am^{3+} < Cm^{3+} \tag{8.25}$$

例如，在较低的 pH 值下，Cm^{3+} 比 Am^{3+} 更容易被萃取，等等。这是由于按照这个顺序离子半径逐渐减小。

8.2.4 固态化合物

锕系元素的金属单质可以通过加热三价或四价氟化物，用碱土金属或碱金属还原来制备：

$$PuF_4 + 2\ Ca \rightarrow Pu + 2\ CaF_2 \tag{8.26}$$

这些金属同素异形的变化：在室温和熔点（铀是 1 130 ℃，钚是 640 ℃）

之间铀有三相变化，钚有六相变化（图8.9）。锕系金属在室温时的密度变化表明了它的不寻常：Th，11 800 kg/m³；Pa，15 400 kg/m³；U，19 100 kg/m³；Np，20 500 kg/m³；Pu，19 900 kg/m³；Am，13 700 kg/m³；Cm，13 500 kg/m³；Bk，14 800 kg/m³。

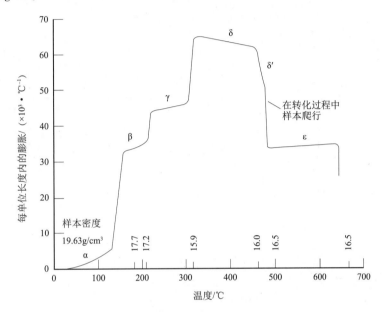

图8.9 高纯钚的密度和膨胀曲线

（来自 Waldron，Garstone，Lee，Mardon，Marples，Poole 和 Williamson）

所有的金属都具有还原性并易与水蒸气作用产生氢气。在空气和高温中它们可以被很慢地氧化；当以粉末形式存在时，它们是易燃的。当金属被加热时，在适当的气体中最容易制成氧化物、氮化物和卤化物。其中，氟化物是最重要的固体锕系化合物，因为它们是制备金属的化合物。蒸气压大的六氟化铀可以用于同位素富集。

8.3 锕系元素的利用

锕系元素的利用分为3个类别：①对于基础化学和元素周期表的理解；②作为大规模利用核能的产物；③各种方面的应用，特别是有价值的物理、化学或核性质方面。本节仅讨论结论性的内容，其他的在本书其他章节进行详细讨论。与超铀元素同位素实用性相关的实验列于表8.4中。

表 8.4 超铀元素材料的实用特征

核素	$T_{1/2}$	衰变模式	具体可用量	活度/$(Bq \cdot g^{-1})$
^{237}Np	2.14×10^6 a	α, SF (10^{-10}%)	kg	2.61×10^7
^{238}Pu	87.7 a	α, SF (10^{-7}%)	kg	6.33×10^{11}
^{239}Pu	2.41×10^4 a	α, SF (10^{-4}%)	kg	2.30×10^9
^{240}Pu	6.56×10^3 a	α, SF (10^{-6}%)	kg	8.40×10^{10}
^{241}Pu	14.4 a	β, α (10^{-3}%)	1~10 g	3.82×10^{12}
^{242}Pu	3.76×10^5 a	α, SF (10^{-3}%)	100 g	1.46×10^8
^{244}Pu	8.00×10^7 a	α, SF (10^{-1}%)	10~100 mg	6.52×10^5
^{241}Am	433 a	α, SF (10^{-10}%)	kg	1.27×10^{11}
^{243}Am	7.38×10^3 a	α, SF (10^{-8}%)	10~100 g	7.33×10^9
^{242}Cm	162.9 d	α, SF (10^{-5}%)	100 g	1.23×10^{14}
^{243}Cm	28.5 a	α, ε (0.2%)	10~100 mg	1.92×10^{12}
^{244}Cm	18.1 a	α, SF (10^{-4}%)	10~100 mg	3.00×10^{12}
^{248}Cm	3.40×10^5 a	α, SF (8.3%)	10~100 mg	1.57×10^8
^{249}Bk	320 d	β, α (10^{-3}%), SF (10^{-8}%)	10~50 mg	6.00×10^{10}
^{249}Cf	350.6 a	α, SF (10^{-7}%)	1~10 mg	1.52×10^{11}
^{250}Cf	13.1 a	α, SF (0.08%)	10 mg	4.00×10^{12}
^{252}Cf	2.6 a	α, SF (3.1%)	10~1 000 mg	2.00×10^{13}
^{254}Cf	60.5 d	SF, α (0.3%)	μg	3.17×10^{14}
^{253}Es	20.4 d	α, SF (10^{-5}%)	1~10 mg	9.33×10^{14}
^{254}Es	276 d	α	1~5 μg	6.83×10^{13}
^{257}Fm	100.5 d	α, SF (0.2%)	1 pg	1.83×10^{14}

通过 α 衰变和/或裂变进行的超铀元素的自发衰变的结果就是释放能量。由于非常少量的核素（如 ^{238}Pu、^{244}Cm、^{252}Cf）通过衰变或裂变放出能量，这些放射性核素可以用于小型的能量发生器中。

^{241}Am 释放 60 keV 的 γ 射线，可以作为 γ 射线源用于测量金属片和堆积金属料的厚度、土壤紧密度、流水中沉积物浓度以及在化学分析中能引起 X 射线荧光。^{241}Am 作为 α 粒子发射体与元素铍混合后可以作为密集中子源用于油井作业、测量土壤中的水容量和工厂的流水作业过程中。它通过对空气的电离作用广泛地用于消除电流的静电噪声和检测烟尘。

^{252}Cf（$T_{1/2}$ = 2.73 a）有许多可用之处。它有 3.1% 的衰变是自发裂变（主要的衰变模式是 α 发射形式），引起的中子发射率是 2.3×10^{15} n/(s·kg)（平均中子能量是 2.35 MeV），中子计量率是 22 kSv/(h·kg)。^{252}Cf 是唯一一种半衰期足够长、放出中子数足够多的中子源，热释放率（38.5 kW/kg）低，γ 辐射（最初是 1.3×10^{16} 光子/(s·kg) 产生的最初计量率是 1.6 kGy/(h·kg)；随着时间的变化，由于裂变产物的生成，γ 射线强度是增加的）和氦元素的累积（来自 α 衰变），^{252}Cf 源的构造简单、体积小，可以提供高中子通量，并且不需外部的动力和能量。1990 年美国橡树岭国家实验室（HFIR-TRU）^{252}Cf 的产生率大约是 500 mg/a。^{252}Cf 的应用如下：①过程控制中的多种在线非破坏分析技术；②医疗诊断中的活化分析；③在使用地点就地产生短寿命放射性同位素，避免了从其他地点的加速器和反应堆生产放射性同位素后在运输过程中发生衰变的情况；④工业中子照相技术，该技术适用于低密度材料特别是含氢材料的照相，这比 X 射线照相更佳；⑤用 ^{252}Cf 源可以治疗肿瘤，具有便携的优点；⑥石油和矿物的探测，简单便携的 ^{252}Cf 源设备可以对有价值的沉积物进行测试，特别是如深井和海底等难以接近的地方；⑦湿度测量；⑧水文研究中对水源的定位；⑨核安全检测，如对反应堆燃料储存区域的危险性控制和核材料鉴定（检测和防御可裂变材料；执行核协议）。

8.4 超锕系元素化学

超锕系元素化学性质的研究受到许多同位素半衰期短的限制（已知的 106 号和 107 号元素同位素的最长半衰期分别为 21 s 和 17 s，108 和 109 号元素同位素的半衰期范围从几秒到几毫秒不等），并且产物的反应截面非常小，因此面对只有几个原子数的化学研究必须是非常快速的过程。然而，这些元素提供了一个研究电子相对效应区域，该区域的 7 s、6 d 和 7 p 轨道价电子的稳定性会发生改变。这个结果导致元素的氧化态不是之前预料的在周期表中期望的位置。

104 号元素是质量数为 261、半衰期为 78 s 的同位素。已经用这个同位素研究 104 号元素的化学性质，该实验确定了其价态为四价。104 号元素是过渡元素，其性质更类似于 Zr（+4）和 Hf（+4），而不是 Th（+4），正如一个过渡元素。

经对半衰期为 35 s 的 105 号元素的研究，确定该元素的化学性质类似于第 V 族元素 Nb 和 Ta。例如，它的 +5 价是稳定的氧化态，这表明 105 号元素的天然价态是五价。然而，105 号元素（+5）的一些性质行为更类似于 Pa（+5），而不是 Ta（+5），这就不能简单地推断 105 号元素为第 V 族元素。

迄今为止，原子序数 $Z \geqslant 106$ 的元素还没有进行其水溶液的化学性质研究。然而，利用 OLGA，已进行了基于极端快速化学分离的实验。

第 9 章
环境中的放射性核素的行为

本章从化学方面考虑放射性释放的来源和环境中放射性核素的迁移。它们的化学性质以及水文地理学决定了它们从侵入点到供人们使用的水源随地下水移动的快慢，见图 9.1。本章特别讨论了锕系核素的行为。作为最危险的放射性核素，锕系核素可以在核燃料循环的不同阶段释放到环境中，特别是从核废物处置库中。

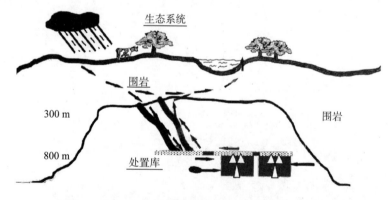

图 9.1　放射性核素从废物处置库到人类环境的迁移路径

9.1　放射性释放及可能的效应

放射性核素在环境中的释放主要来自采矿和选矿业务，尤其是铀矿石的开采、核燃料制造工艺、核反应堆的正常运行、乏燃料后处理、核武器生产和回收、核材料运输、核武器试验和事故以及核废料的储存。表 9.1 比较了核燃料循环中从采矿和选矿到核废料处理的各种活动对公众的估计的累计有效剂量,重要的公认的一点是铀的采矿作业是核燃料循环前端流出物公众剂量的主要贡献者,占相当大的比例。大气层核试验释放到大气中的放射性核素的总放射性的估算由表 9.2 给出,总释放量约为 2 600 EBq。为了对比,表 9.3 列出了从反应堆和后处理工厂排放的全球估计值。截至 1998 年,全球范围内,从反应堆排放的约为 3.9 EBq,从工厂排放的约为 3.4 EBq。主要的气态排放物是惰性气体、^{3}H 和 ^{14}C。超过 30 年的释放的 ^{14}C 总额小于来自宇宙射线产生的 ^{14}C 含量的 1%。

表 9.1 1995—1997 年核燃料循环流出物释放的放射性核素对公众的累计有效剂量（辐射科委 2000 年）

来源	标准的累计有效剂量/（人·Sv/GWey）
局部和区域影响	
采矿	0.19
磨矿	0.008
矿山和磨矿尾矿（释放超 5 年）	0.04
燃料制造	0.003
反应堆运行气态流出物	0.4
反应堆运行液态流出物	0.04
后处理气态流出物	0.04
后处理液态流出物	0.09
运输	<0.1
固废处置和全球影响	
矿山和磨矿尾矿氡的释放（超过 1 万年）	7.5
反应堆运行低放废物处置	0.000 05
反应堆运行中放废物处置	10.5
后处理产生的固废处置	0.05
全球范围内分散的放射性核素（1 万年内）	40

因此,核电站和后处理厂运行所释放的放射性仅占核武器试验释放放射性的小部分。为了进一步说明释放量的适当关系,切尔诺贝利事故在大气中释放总量的估算是 2 EBq（表 9.4）,而三哩岛反应堆（TMI）事故的估算是 10^{-6} EBq。

根据上述数据,联合国原子辐射效应科学委员会（辐射科委）估计 2000

年平均每人每年辐射剂量相应如下：

自然本底辐射　　2.4 mSv
医疗诊断　　　　0.4 mSv
核武器试验　　　0.005 mSv
切尔诺贝利事故　0.002 mSv
核燃料循环　　　0.000 2 mSv

表9.2　大气核试验中释放的放射性核素总放射性活度（辐射科委2000年）

放射性核素	半衰期	总放射性估算/EBq	放射性核素	半衰期	总放射性估算/EBq
^{3}H	12.33 a	186	^{125}Sb	2.73 a	0.741
^{14}C	5 730 a	0.213	^{131}I	8.02 d	675
^{54}Mn	312.3 d	3.98	^{137}Cs	30.07 a	0.948
^{55}Fe	2.73 a	1.53	^{140}Ba	12.75 d	759
^{89}Sr	50.53 d	117	^{141}Ce	32.50 d	263
^{90}Sr	28.78 a	0.622	^{144}Ce	284.9 d	30.7
^{91}Y	58.51 d	120	^{239}Pu	24 110 a	0.006 52
^{95}Zr	64.02 d	148	^{240}Pu	6 560 a	0.004 35
^{103}Ru	39.26 d	247	^{241}Pu	14.36 a	0.142
^{106}Ru	1.023 a	12.2			

表9.3　1998年以来核反应堆和后处理工厂放射性核素的全球释放量（辐射科委2000年）

放射性核素	反应堆释放量/PBq	后处理工厂释放量/PBq
稀有气体	3631	3190
^{3}H	269	144
^{14}C	1.97	0.44
^{90}Sr	—	6.6
^{106}Ru	—	19
^{129}I	—	0.014
^{131}I	0.046	0.004
^{137}Cs	—	40
粒子	0.121	—
其他	0.839	—
总计	约3 900	约3 400

表 9.4 切尔诺贝利事故中释放到大气中的放射性核素量和局部污染量

核素	半衰期	释放量 总放/EBq	释放量 %	核反应堆存量总放/EBq	污染量 空气/(Bq·m^{-3}) Stockholm	污染量 土壤/(kBq·m^{-2}) Gävle area
^{85}Kr	10.73 a	0.033	≈100	0.033		
^{89}Sr	50.5 d	0.094	4.0	2.4		
^{90}Sr	28.6 a	0.008 1	4.0	0.20		
^{95}Zr	64.0 d	0.16	3.2	5.0	0.6	5.9
^{103}Ru	39.4 d	0.14	2.9	4.8	6.4	14.6
^{106}Ru	368 d	0.059	2.9	2.0	1.8	4.0
^{131}I	8.04 d	0.67	20	3.3	15	179
^{133}Xe	5.24 d	1.7	≈100	1.7		
^{134}Cs	2.07 a	0.019	10	0.19	2.4	14.4
^{136}Cs	13.2 d				0.7	6.0
^{137}Cs	30.2 a	0.037	13	0.28	4.5	24.7
^{140}Ba	12.8 d	0.28	5.6	5.0	25.6	2.1
^{141}Ce	32.5 d	0.13	2.3	5.6	0.5	5.9
^{144}Ce	284 d	0.088	2.8	3.1	0.3	3.7
^{239}Np	2.36 d	0.97	3.2	30		2.7
^{238}Pu	87.7 a	3.0×10^{-5}	3	0.001		
^{239}Pu	24 100 a	2.6×10^{-5}	3	0.000 9		
^{240}Pu	6 570 a	3.7×10^{-5}	3	0.001 2		
^{241}Pu	14.4 a			0.170		

9.2 人工放射性核素的环境问题

核试验、核事故和正常的核燃料循环产生的大多数放射性核素是短寿命的。这些系统中更长寿命的裂变产物和活化产物列于表 9.3 中,这些是公众主要的关注对象,其中排除了 10 a 后对环境贡献微小的核素。

此外,一些重放射性核素通过中子俘获反应及其衰变链形成,如铀 236、镎 237、钚 238~242、镅 241 等。

为评估这些放射性核素损害人类的潜力，必须对它们的地球化学和生物学行为进行评估。例如，由于氪是一种化学惰性气体元素，它对人影响不大，空气中的量很少，人吸入并立即呼出。相比之下，其他高比活度的核素，如 ^{90}Sr - ^{90}Y 和 ^{137}Cs - ^{137m}Ba，具有活泼的地质和生物学行为，应引起更多的关注。当然在正常运作中，这些核素被释放的量微不足道。在人们关注的水平上重元素（锕、钚、镅）不会被正常操作释放。

我们已经指出，核设施正常运行产生的一些低水平释放是环保部门所允许的，他们也一直监测这些水平。在后处理厂流出物中，相对长寿命核素如 ^{3}H、^{14}C、^{85}Kr、^{99}Tc、^{129}I 是关注的主要问题。由核电厂和后处理厂排放的液体流出物大约同等地对核发电产生的全球集体剂量负责（即约 0.8 人·Sv/GWey，总的约 2.5 人·Sv）。

9.3 切尔诺贝利事故的泄漏

1986 年 4 月 26 日，在乌克兰（当时的苏联）的切尔诺贝利核电站一个反应堆正在进行低功耗技术试验。反应堆不稳定，从而导致热爆炸和火灾，对其反应堆和建筑造成严重的破坏。以后 10 天放射性物质被释放，直到大火被扑灭，反应堆被掩埋在混凝土中。被释放的放射性物质以气体和尘粒的形式开始被风吹向北方。在苏联以外，事故通过放射性水平的上涨在 Forsmark 核电厂被首先探测出来。Forsmark 核电厂位于瑞典斯德哥尔摩以北约 110 km 处，在那里引起了被认为来自瑞典工厂的放射性报警。随后，切尔诺贝利核电站释放的放射性物质向西部和西南部蔓延。

对于切尔诺贝利附近白俄罗斯地区的暴露人口，事故后的第一年估计平均增加的剂量大致等同于年度背景辐射剂量。在欧洲北部和东部，一般而言，第一年增加的受照剂量是本底水平的 25%～75%。最高剂量在欧洲东南部，估计到 2020 年为 1.2 mSv，相比较同一时期的自然本底辐射约为 70 mSv。表 9.4 给出了释放的核心放射性份额以及在瑞典两个地点空中和地面的各种核素污染。

结果表明，切尔诺贝利事故引起的较大的空气中颗粒组成与反应堆燃料非常类似。这些"热粒子"与该反应堆的燃料组成的比较在表 9.5 中给出。大约这些热粒子的 1/10 有高浓度的 ^{103}Ru 和 ^{106}Ru，而另一些在钌裂变产物中被耗尽。钌富集的粒子可能来自这样的反应堆部位，这些地方燃烧石墨产生一氧化碳，一氧化碳还原钌成为非挥发性金属钌。在其他部分，发生氧化反应，形成挥发性 RuO_3 和/或 RuO_4，它们从粒子中汽化。

表 9.5　来自切尔诺贝利的"热粒子"的核素成分和燃烧 3 年后的
反应堆燃料中裂变产物成分

核素	"热粒子"/%	反应堆燃料/%
^{95}Zr	17.9	17.6
^{95}Nb	20.7	19.3
^{103}Ru	14.2	15.0
^{106}Ru（Rh）	3.5	2.4
^{140}Ba（La）	12.6	11.1
^{141}Ce	15.8	14.3
^{144}Ce（Pr）	15.8	14.4

与较大的颗粒相比，较小的颗粒组成变化很大并且分布在更大的距离上。其他测量反映了来自切尔诺贝利辐射尘的变化。例如，在英国被测量的来自切尔诺贝利的 70% 的铯 137 是水溶性的。相比之下，在布拉格测量的铯 137 更接近事故现场，只有 30% 是水溶性的。对在切尔诺贝利尘埃中的各种物种进一步深入分析，发现雨水期和干旱期放射性核素的沉积数据不同，占铯 134、铯 137、钌 103、钌 106 和碲 132 总沉积的 70%～80% 在梅雨期，而干旱期更重要的沉积为碘 131。

这些观测表明，大气中的放射性核素物种依赖其来源以及产生机制和特定环境的性质。有些物种是气态，其他的与粒子特性和悬浮时间相关，很大程度上取决于颗粒的大小和密度。

9.4　超铀核素在环境中的注入

核活动释放到环境中的人工放射性核素，超铀（TRU）是一个主要关注问题。这种关注源于一系列核素的长半衰期及其高辐射毒性。虽然反应堆操作和乏燃料后处理释放了少量的超铀核素到环境中，但是核武器试验已释放了相当大的数量。自从 1945 年在美国新墨西哥州第一次核试验爆炸以后，大约有 3 500 kg 的钚已在大气层核爆炸中释放，另外 100 kg 钚在地下核试验中释放，这相当于约 11 PBq $^{239+240}$Pu 喷射到大气中。此外，1964 年

SNAP-9卫星动力源在高空爆炸造成 0.6 PBq 的 ^{238}Pu 被释放南太平洋之上。相比之下，1971—1999 年共有约 0.58 PBq 的 $^{239+240}$Pu 钚从塞拉菲尔德（英国）后处理厂被释放到爱尔兰海，大部分是 1985 年之前释放的。核试验产生的 ^{241}Pu 衰变成 ^{241}Am，约 37 kg 的 ^{241}Am 存在于环境中。

表 9.6 比较了大气核试验与后处理厂（从塞拉菲尔德厂到爱尔兰海，从 LaHague 厂到英吉利海峡）释放的超铀核素。乏燃料后处理量的增加对环境中总钚的贡献在一个较长的时间内可能变得更加显著。无论钚和其他锕系来源如何，对其在生物圈中的滞留和/或迁移所涉及的相关因素的理解非常重要。对试验排放物的环境行为的研究可以提供所需要的数据，用以理解和预测核电厂行业的较少排放物的行为。因此，下面我们将集中讨论锕系元素在环境中的行为，尤其是钚的流动性。

表 9.6 来自大气层核试验和后处理厂的超铀核素的释放量（UNSCEAR2000，英国核燃料和 COGEMA）

核素	核试验/TBq 1945—1980	塞拉菲尔德/TBq			LaHague/TBq 2000
		1971—1984	1985—1994	1995—1999	
^{237}Np	—	—	0	0.23	
^{239}Pu	6 520	559	15	0.92	
^{240}Pu	4 350	559	15	0.92	
^{241}Pu	142 000	—	—	21.8	0.039
^{241}Am	—	442	9	0.31	
^{242}Cm	—	—	—	0.052	
$^{243+244}$Cm	—	—	0.024		

大气层核武器试验产生的大部分钚最初进入平流层。大气层核试验钚弹爆炸时残留下的钚会形成高温氧化物，沉积到地表后保持不溶。在一个相当短的时间内这种不溶性微粒会沉没进入湖泊、河流、海洋底部沉积物中，或将纳入地表层以下的土壤中。然而，在大多数铀弹爆炸中可观量的钚在爆炸中通过 ^{238}U(n，γ) 产生，随后伴有产物 ^{239}U、^{240}U、^{241}U 等的 β$^-$ 衰变。总之，释放钚的约 2/3 以这种方式产生。(n，γ) 反应产生的核素以单个原子存在，因此从未形成高热氧化物。从这个形成路径产生的钚是可溶性的，因此更活泼，它的行为将更加类似于从核反应堆和后处理工厂释放出的钚。

9.5 目前生物圈中超铀核素的水平

2000年,联合国原子辐射效应科学委员会报告了大气核武器试验总全球平均核素沉积数据:^{89}Sr, 11 kBq/m^2;^{90}Sr, 1.2 kBq/m^2;^{95}Zr, 19 kBq/m^2;^{106}Ru, 12 kBq/m^2;^{137}Cs, 1.8 kBq/m^2;^{239}Pu, 0.013 kBq/m^2;^{240}Pu, 0.009 kBq/m^2;^{241}Pu, 0.278 kBq/m^2。1980年的大气核试验后,其中的一些放射性核素因其半衰期短而耗光,几乎所有的^{241}Pu都衰变成^{241}Am。

在后处理设施、试验地点附近,钚在土壤中和水中的浓度远远高于远离相应地点的浓度。一般而言,绝大多数的钚存在于表层土壤中或水的沉积物或悬浮微粒中。例如,把植被、动物、垃圾和土壤进行比较,超过99%的钚存在于土壤中。同样,在浅层水体中,超过96%的钚被发现在沉积物中。然而,钚是通过可溶性的物质或依附于水中胶体或微粒物质在环境中迁移的。纵向分析切尔诺贝利附近和东欧土壤中的钚的迁移表明,有显著腐殖酸含量的土壤中大部分钚停留在距表面0.5cm范围内。在这些土壤中,钚主要与不溶性钙腐殖质的份额有关。在非腐殖质的碳酸盐丰富的土壤中,钚已向下迁移了几厘米。腐殖质土壤中的迁移率≤0.1 cm/a。碳酸盐富集的土壤中迁移率为1~10 cm/a。大概是由于钚与土壤中的腐殖质材料相互作用阻滞了迁移。

在美国洛斯·阿拉莫斯国家实验室地下有氧土壤中,钚是相对易移动的,主要靠25~450 μm大小范围的胶体运移,并且钚被这些胶体强吸附,从它们上面解吸钚十分缓慢。相反,在塞拉菲尔德附近潮湿缺氧土壤中,大多数钚迅速被固定在沉积物上,只有一小部分是可移动的。钚五价和钚四价氧化态的差异以及在土壤中腐殖酸含量可能能解释这些流动性的差异。表9.7列出了一些自然水域表层的过滤(0.45 μm)后钚的浓度。奥克弗诺基河较高的浓度可以反映腐殖酸材料的络合作用。含钚海水样中加腐殖质物质1个月后可增加钚溶解度达5个数量级证实了这一点。

表9.7 自然水域表层的经过过滤的钚的浓度

水	Pu 浓度/(mol·L^{-1})
密西根湖	2.0×10^{-17}
加拿大,大奴湖	1.5×10^{-17}
佛罗里达州,奥克弗诺基河	1.5×10^{-16}

续表

水	Pu 浓度/(mol·L^{-1})
纽约，哈德逊河	1.0×10^{-17}
爱尔兰海	
1 km 处风力等级	1.6×10^{-14}
110 km 风力等级	1.1×10^{-15}
地中海	2.6×10^{-18}
北太平洋（表面）	3.0×10^{-17}
南太平洋（表面）	1.0×10^{-17}
样品通过 0.45 μm 的过滤器	

很难获得天然水生系统的可靠的钚浓度值，因为它是非常低的，大约每升海水 1.67×10^{-5} Bq。此外，与悬浮颗粒关联的钚可能比真正溶液中的高一个量级。来自地中海的水在测试中发现，过滤（0.45 μm）后水中钚的浓度降低到 1/25。在实验室测试中，过滤 1 个月后海水中钚的总浓度为 1.3×10^{-11} mol/L，但只有 40%（5×10^{-12} mol/L）以离子形式存在于溶液中，其他 60% 可能以胶体形式存在。在水柱中钚平均滞留时间与颗粒物浓度成正比。因此，超过 90% 的钚迅速从沿海水域移去，而在中部海水中的微粒浓度较低，停留时间更长。

9.6 生物圈中锕系化学

9.6.1 氧化还原性质

在进行更详细的环境中锕系行为的讨论之前，复习它们的一些化学性质是有益的。锕系溶液化学的一般性讨论已在 8.2 节中给出。在这里，重点讨论的是 pH = 5~9 的水溶液中锕系元素的行为，pH = 5~9 是自然水域的 pH 值范围（如海水 pH = 8.2）。按照多价阳离子正常的模式，更高的酸性条件下，较低氧化态更稳定，而在碱性溶液中越高的氧化态越稳定。当然，此概括可以被其他因素否定，如络合可能导致不同氧化态相对稳定性顺序的逆转。四价锕系阳离子络合能力比三价锕系阳离子更大，可显著提高四价锕系物质表观氧化还原稳定性。四价钚的更大的水解趋势导致酸溶液中稳定的三价钚被氧化成四价。第

8 章讨论过五价锕易歧化，在自然水域中 pH 值较高且锕的浓度非常低，在锕的氧化还原行为中歧化不是一个主要的因素。

锕系元素特定氧化态（如 Th（Ⅳ）、U（Ⅳ）、Pu（Ⅳ）、Np（Ⅳ）、Am（Ⅳ））有类似的行为。然而，它们的氧化还原行为是完全不同的。pH 值明显影响还原反应。图 9.2 比较了 pH = 0、8 和 14 时 U、Np 和 Pu 的氧化还原电位。

Am（Ⅲ）是最稳定的氧化态，而在水溶液中 Pu（Ⅲ）和 Np（Ⅲ）存在于还原的条件下（如缺氧水域中）。对于元素 Th，Th（Ⅳ）是常见的和稳定的价态。U（Ⅳ）和 Np（Ⅳ）不与水反应，但在有氧体系中能被 O_2 氧化。在酸性溶液中低浓度的 Pu（Ⅳ）稳定，但 Pu(OH)$_4$ 溶度积非常低。

除在高酸度和高浓度条件下发生歧化反应外，NpO_2^+ 是稳定的。pH 值增大，UO_2^+ 和 PuO_2^+ 的稳定性增加。在溶液中 U、Np 和 Pu 形成的 AnO_2^{2+} 离子的稳定性降低的顺序：U > Pu > Np。天然水中 UO_2^{2+} 是最稳定的铀物质。

自然水域显著的次生效应可诱导锕系离子发生氧化还原反应。由于存在高水平辐射（如锕系的 α 发射，裂变产物的 β、γ 射线）分解产物，如自由基、过氧化氢等，也将引起氧化还原变化。

氧化还原性质往往借助于 E_h - pH（或 Pourbaix）图进行描述，如图 9.3 所示。图 9.3 中阴影部分代表典型的在花岗岩岩石中的地下水，含有铁矿物；此水域通常是还原性的，即 E_h 值低于 0。天然地下水（包括海洋、湖泊、河流等），落在被封闭的虚线包围的区域；由于大气中的氧气，它们可以有相当高的 E_h 值，同时与碳酸盐接触具有相当的碱性。倾斜线遵循能斯特方程。

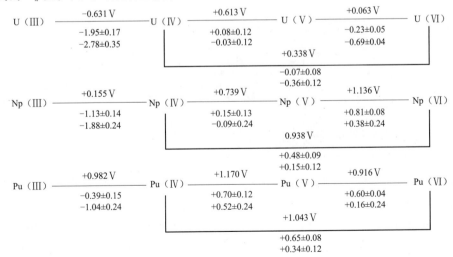

图 9.2　U、Np、Pu 的氧化还原电位图

（图中所示的还原电位 pH 值为：pH = 0；pH = 8；pH = 14）

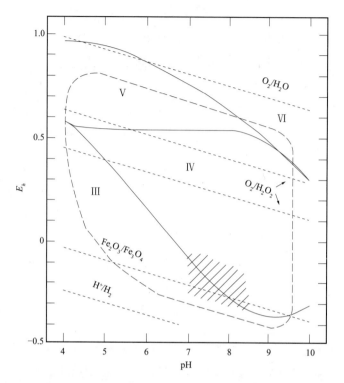

图 9.3 Pu（Ⅲ）、Pu（Ⅳ）、Pu（Ⅴ）和 Pu（Ⅵ）在 E_h–pH 图中的稳定区域

9.6.2 水解

在自然水域中，pH 值足够高，水解是锕系元素的一个重要行为，水解反应式如下：

$$An^{n+} + mH_2O = An(OH)_m^{(m-n)+} + mH^+ \tag{9.1}$$

随着 pH 值增加，水解趋势如下：

$$An^{4+} > AnO_2^{2+} > An^{3+} > AnO_2^+ \tag{9.2}$$

图 9.4 显示了三~六价钚自由（非水解）阳离子浓度随 pH 值的变化。这些曲线是基于水解常数估算出的，但是具有足够的精度预测水解的 pH 值（例如：6~8 为 Pu^{3+}，≤0 为 Pu^{4+}，9~10 为 PuO_2^+，4~5 为 PuO_2^{2+}）。

一旦简单的单核水解物开始形成，钚的低聚物和聚合物也开始形成，使钚的水解研究更加复杂。单体/低聚物的相对浓度依赖于钚的浓度。例如，钚的总浓度为 0.1 mol/L 时 $(PuO_2)_2(OH)_2^{2+}$ 和 $PuO_2(OH)^+$ 的比是 200；钚的总浓度为 10^{-4} mol/L 时，比下降到 5.6；10^{-8} mol/L 时比只有 0.05。Pu^{4+} 的水解会导致形成聚合物，此聚合物转换回到简单物是非常困难的。一般来说，这种聚合反应需要钚的总浓度大于 10^{-6} mol/L。但当稀释到 10^{-6} mol/L

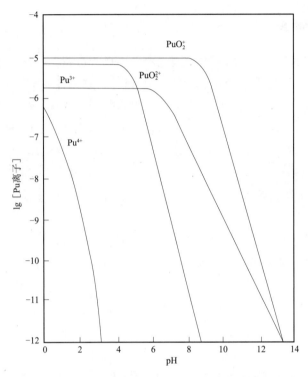

图 9.4　在不同 pH 值的溶液中，不同氧化态游离钚离子的浓度

以下时，聚合物形成的不可逆转性阻碍了聚合物的分解。形成后不久，在溶液中的聚合体可以酸化分解为简单的物质或氧化成六价钚变成简单的物质。然而，由于聚合物形成后的时间加长，解聚过程需要更猛烈的处理措施。此老化过程的合理模式是，起初以羟基桥形成集合体，随着时间的推移，转换成以氧桥结构形成的集合体，即

$$\begin{array}{c}\text{Pu—O(H)—Pu—O(H)—Pu} \\ \xrightarrow{-H^+} \text{Pu—O—Pu—O—Pu}\end{array}$$

氧桥相对百分比大概决定了聚合物的相对惰性。随 pH 值的增加，聚合物聚集尺寸明显增加。在 pH = 4 时，聚合物足够小，一个星期后基本上所有的钚仍然悬浮在溶液中；在 pH = 5 时小于 10% 的钚仍然存在于溶液中；在 pH = 6 时，只有 0.1% 的钚仍然存在于溶液中。

9.6.3 溶解度

在海洋和自然水域，限制溶解度的物质是碳酸盐或氢氧化物，这通常取决于氧化状态、pH 值和碳酸盐浓度。例如，对 Am^{3+}，据报道在非常低离子强度下结晶的 $Am(OH)_3(c)$ 的溶度积是 -26.6，结晶的 $Am(OH)(CO_3)(c)$ 的溶度积为 -22.6。在 pH = 6 时，如果 $[CO_3^{2-}] > 10^{-12}$ mol/L 和在 pH = 8 时，如果 $[CO_3^{2-}] > 10^{-8}$ mol/L，镅的溶解度受限于 $Am(OH)(CO_3)$ 的形成。

在海洋和自然水域中钚的溶解度受限于 $Pu(OH)_4(am)$（无定形型）或 $PuO_2(c)$（结晶型）的形成。这些物质的 K_{s0} 很难测量，部分原因是聚合物形成的问题。$Pu(OH)_4(am)$ 的一个测量值 $\lg K_{s0} = -56$。此值限制了钚的存在量，即使 Pu(V) 或 Pu(Ⅳ) 在溶液相是较稳定的价态。此外，Pu(Ⅳ) 水解产物可吸附在胶体和悬浮物质上，包括无机的和生物的。

NpO_2^+ 络合和水解倾向相对弱，镎强烈形成 NpO_2^+ 的倾向导致在许多地理化学条件下溶解度大到 10^{-4} mol/L。然而，在深层大型花岗岩还原环境中发现四价镎是占主导地位的氧化状态。与钚的一样，在所有氧化态中镎溶解度似乎受限于 $Np(OH)_4(am)$ 和 $NpO_2(c)$ 的低溶解度。

在有氧水域中，铀以六价存在，并与碳酸盐强烈结合。例如，10^{-8} mol/L 的铀在海水中以 $UO_2(CO_3)_3^{4-}$ 的形式存在。在某些水域中铀溶解度受限于铀酰硅酸盐物质的形成。

9.7 种态的计算

废物库安全分析的一个重要步骤是预测在实际水中形成什么化学物质。例如，海水中铀的相对较高的溶解度是由于碳酸盐强烈的络合作用，形成 $UO_2(CO_3)_3^{4-}$。图 9.5 显示了在常压大气中 CO_2 的分压下（$P_{CO_2} \approx 3.2 \times 10^{-4}$；$\lg[CO_3^{2-}] = 2\text{pH} - 18.1 + \lg P_{CO_2}$）地表水铀种态的变化。这些种态变化图由每个种态平衡常数加上质量平衡方程计算出来。本节描述如何利用平衡常数模拟天然水中的种态。假设反应式 $M + nX = MX_n$，其中 X 是 OH^-、CO_3^{2-}，$n = 1, 2, 3$。平衡常数表示为 β，则

$$\beta_n = [MX_n]/[M][X]^n \tag{9.3}$$

三价镅水解和碳酸根络合平衡常数列于表 9.8。考虑三价镅被释放到环境中的情况。第一步，重新整理上述方程，表达配合物与金属自由离子的比例，如（省略离子电荷）

$$[AmX]/[Am] = \beta_1[X] \qquad (9.4)$$

$$[AmX_2]/[Am] = \beta_2[X]^2 \qquad (9.5)$$

质量平衡方程为

$$[Am]_T = [Am] + [AmX] + [AmX_2] + \cdots \qquad (9.6)$$

其中，$[Am]_T$ 是镅总分析浓度集。除以 $[Am]$ 得出

$$[Am]_T/[Am] = [Am]/[Am] + [AmX]/[Am] + [AmX_2]/[Am] + \cdots \qquad (9.7)$$

$$[Am]_T/[Am] = 1 + \beta_1[X] + \beta_2[X]^2 + \cdots \qquad (9.8)$$

和

$$\alpha_n = \beta_n[X]^n ([Am]/[Am]_T) \qquad (9.9)$$

其中，α_n 为以 AmX_n 形态存在的镅的份额。这些方程里，知道 β_n 和给定的 $[Am]_T$ 的值，我们可以计算出任何 $[X]$ 值的每个种态的浓度。图 9.6 显示了作为三价镅的氢氧化物和碳酸盐化合物随 pH 值变化的情况。碳酸根浓度是根据大气分压（32.424Pa）和自然水中不同 pH 值的二氧化碳的总浓度计算出的。

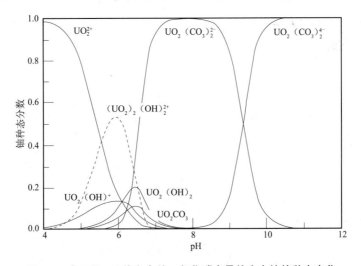

图 9.5　在不同 pH 值和自然二氧化碳含量的水中铀的种态变化

表 9.8　三价镅的平衡常数

氢氧化物	$\lg\beta_n$	碳酸盐化合物	$\lg\beta_n$
$Am(OH)^{2+}$	6.44	$Am(CO_3)^+$	5.08

续表

氢氧化物	$\lg\beta_n$	碳酸盐化合物	$\lg\beta_n$
$Am(OH)_2^+$	13.80	$Am(CO_3)_2^-$	9.27
$Am(OH)_3$	17.86	$Am(CO_3)_3^{3-}$	12.12

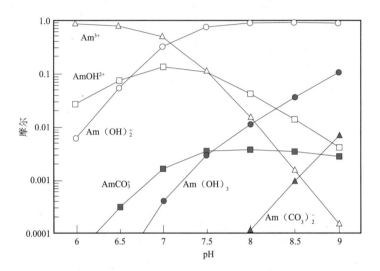

图 9.6 天然水分 Am(Ⅲ)的形态计算结果

如果溶解度受限制于一个 K_{s0} 已知的固相，每个物质实际值可以通过假设没有过度饱和预算出来。可通过质量平衡方程预测总最低溶解度。对于 $Am(OH)_3$，假定 $\lg K = -28.9$。图 9.7 显示了图 9.6 系统中的镅溶解度的一个计算结果，但现在包括 $Am(OH)_3$ 的溶解度限制的影响。

我们已经指出，Pu(Ⅴ)，作为 PuO_2^+，是占主导地位的溶解的种态，而 $Pu(OH)_4$ 是限制溶解度的沉淀。氧化还原反应可写为

$$PuO_2^+ + 4H^+ + e^- = Pu^{4+} + 2H_2O \tag{9.10}$$

Ⅳ/Ⅴ 电对的 $E°$ 值是 1.17V。利用能斯特方程平衡表达，假定淡水湖泊的氧化还原电位是 0.4V，我们获得在 pH=7 时的比：

$$[PuO_2^+]/[Pu^{4+}] \approx 10^{15}$$

对 $Pu(OH)_4$(am) 从数据 $\lg K_{s0} = -56$，可以计算在 pH=7 的溶液中接触固体 $Pu(OH)_4$ 时 $[Pu^{4+}]$ 的浓度是 10^{-28} mol/L。溶液中 PuO_2^+ 的预期浓度为 10^{-13} mol/L。

一些地球化学模型程序已经被开发使用，利用这种种态和溶解度平衡方程计算金属离子的不同浓度及其在各个水域的净溶解度（公用程序如 PHREEQE 和 EQ3/6）。这种计算出来的结果，实际上相当于计算中的平衡常数和热力学

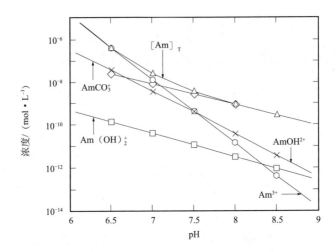

图 9.7 Am（Ⅲ）在自然水中的形态计算结果（考虑 Am（OH）$_3$的低溶解度）

数值。此外，最重要的是，计算必须包括溶液中所有物质和所有固体的平衡方程，溶液中所有物质决定溶液相中的浓度，所有固体可提供溶液中物质溶解度的限制。此外，为了计算出切合实际的形态，每个固相的过饱和程度必须预先规定。

这些建模代码目前基于这样的假设，即自然体系都处于平衡态，而实际上可能是不真实的。许多体系是受动力学控制的，而且往往处于恒稳状态，但不是真正的平衡态。这种情况也许是大多数系统的情况，平衡模型程序并不能很好地描述实际情况，但可能会提供一套限制种态相对浓度和近似净溶解度基准。在评估胶体和吸附的作用时，问题会更复杂，对于最不可溶固形物吸附作用可降低其水溶性部分物种的浓度使其低于估计值。另外，吸附于悬浮胶体上也可以增加总浓度（溶解的加在胶体上的量，如海水中的钚）。一般情况下，通过假设没有过饱和，平衡程序计算可以很容易地计算出最高溶解度下限值。这种计算方法对废物管理的风险评估是有意义的，因为如果从平衡计算出的下限溶解度远远低于公认的安全限制，甚至在过饱和程度的合理假设的情况下，很可能实际的总浓度也将低于可接受的范围内，参照图 9.9 和表 9.10。

自然水域中锕系反应的多样性示意图见图 9.8。阴离子，如氢氧根、碳酸盐、磷酸盐、腐殖质等的络合作用决定溶液中的种态。在胶体和悬浮物质上的吸附增加了锕系在水中的浓度，而氢氧化物、磷酸盐、碳酸盐岩的沉降和/或矿物和生物材料上的吸附限制了溶液中的量。

在自然有氧水域，镅以三价存在，钍以四价存在而铀是六价的，即 UO_2^{2+}。大西洋和太平洋表面海水中铀和钍总浓度为（1.1~1.5）×10^{-8} mol/L 和约

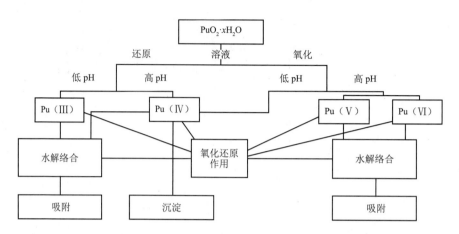

图 9.8　研究钚的环境行为时所考虑的反应范围的形态图

2.5×10^{-12} mol/L。水中与颗粒物关联的铀的数量是较少的。相比之下，对于四价钍232（来自钍矿物），约50%被约束在硅酸铝粒子上，50%被溶解（如穿过1 μm 过滤物）。对于钍228和钍230（放射性衰变产物），约90%在溶液中。

钍234示踪剂的吸附是一个可逆过程，可能是因为随粒子年龄增长，有机材料表面涂层使吸附增加。在这些研究中，溶解度定义为通过 0.45 μm 过滤器的物质的量。形态计算表明钍通常作为一个水解物发生，而存在于地表水中的铀种态通常为 $UO_2(CO_3)_2^{2-}$ 和 $UO_2(CO_3)_3^{4-}$。在碳酸盐含量非常低的中性水域中，种态计算表明，铀总浓度低至 10^{-7} mol/L 时铀酰离子水解形成低聚物。

在有氧水域中，镎以五价存在。pH ≥ 8 时水合阳离子成为优势种态，除非自由碳酸盐浓度超过大约 10^{-4} mol/L，在这种情况下，$NpO_2(CO_3)_n^{1-2n}$ 是较常见的。

在 pH = 8 时，表明钚在有氧水域中可能存在一个以上的氧化状态。在 pH = 8 时，Pu(Ⅲ)/Pu(Ⅳ) 电对的还原电位预示，没有还原剂的情况下 Pu(Ⅲ) 是不可能存在于有氧水域中的，但可存在于缺氧水域中。由于钚的每个氧化状态具有不同的化学行为，所以模拟钚的地球化学行为必须包含存在于某一特定系统中的钚的正确的氧化状态。

原则上，计算钚的氧化态需要了解水相的氧化还原电位，即 E_h。然而，特殊电极测量的 E_h 可能不适合钚反应的特别氧化还原电对电位，原因之一就是 E_h 电极通常催化其具体的氧化还原电对的反应速率。例如，在表面的海水中，测量 E_h 约为 0.8 V，这是由于存在 O_2/H_2O 电对的原因。

在 $\lg E_h$ – pH 相图（图9.4）中，不同的氧化态钚存在的区域，包括水解和碳酸盐络合的影响，被标记为罗马数字。可以看出，Pu(Ⅵ) 在海洋溶液中将成为占主导地位的价态。事实上，优势物质是 Pu(Ⅴ)。表9.9总结了一些自然系统中报道的氧化态分布。

表9.9 天然水中钚的氧化态

状态	Pu(Ⅲ+Ⅳ)/%	Pu(Ⅴ)/%	Pu(Ⅵ)/%
雨水	34	66	
地中海	42	58	
爱尔兰海	23	77	0
太平洋(Ⅰ)	39	52	9
太平洋(Ⅱ)	40	46	14
密歇根湖	13	87	0

像 NpO_2^+、PuO_2^+，水解和络合倾向低，被吸附在固体表面和胶体粒子上的可能性比钚的其他氧化态种态小得多。因此，可以预计五价氧化态钚迁移最迅速。总溶解度受限于难溶性的 $Pu(OH)_4$ 的形成。在中性水中水解的 Pu(IV) 在矿物上和有机涂层表面上的吸附归因于溶解钚的低浓度，即使在没有 $Pu(OH)_4$(am) 和 PuO_2(c) 的情况下。只有通过强有力的配合剂和/或氧化还原试剂才能完成解吸。例如，柠檬酸从土壤中提取少量钚，而柠檬酸和氧化还原剂二亚硫酸钠结合可导致良好的提取。$Pu(OH)_4$ 的难处理性和强烈的表面吸附趋势往往占主导地位，而且控制着钚的地球化学特征。

存在于天然水中的硅酸盐和腐殖质可形成与锕系发生反应的胶体和假胶体。在地下水中的腐殖质所形成的假胶体已被证明是锔和钚的有效的清除剂。

9.8 天然类比

基于平衡数据测量的地球化学模型计算对于核废物地质处置库的安全评估是非常重要的（并且对其他废物库也应该是重要的）。对这种评估另一种有用的工具，是来自天然类比研究的数据。

模型计算使用了过去几十年在实验室和现场研究取得的数据。这些数据被用于预测物质的溶解度和核素迁移，这些物质可能从核库被释放出来达数千年，甚至几十万年。对模型准确性的严格证明是不可能的，因为它们可能简化了自然系统，使用了不正确的数据。然而，对模型计算中的模型和数据的一些验证可以通过仔细比较计算值与适当地质场所的实测值来实现，此地质场所称为天然类比场所。

天然类比场所是铀矿已存在地质时段时的场所。在大多数情况下，这些天然类比场所还没有受到人类活动的影响。因此，地质长期影响的记录保存完好。在世界各地大量这样的天然类比场所正被研究，这里对不同特征的几个天然类比场所的研究进行回顾。

从花岗岩场所的研究中，在流体迁移中裂隙和裂缝的主导作用已令人信服地被证明。任何花岗岩场所的水模型必须包括在裂隙和裂缝中占主要的对流，以及在高度蚀变岩（"改建轮缘"）区中重要的扩散。在黏土中，质量运移似乎主要由离子和分子扩散形式发生，虽然有些流体质量运移以不连续性的形式发生。

通常情况下，许多元素的流动（如铀，但不是钍，在结晶岩中）是与氧化水的流动相联系的。铀的流动和固定涉及络合氧化还原和矿物上的通过吸附和离子交换产生的滞留。在黏土介质中，如果存在大量的有机物质，氧化还原电位会被强烈缓冲。

波苏斯迪卡尔达斯（巴西）构成的地域，大多数钍和稀土以及较少的铀，与针铁矿粒子相关联，有机胶体的运输并不重要。这一区域正在减少，这说明了 Fe（Ⅱ）的存在。然而，在此构成的另一个地区，钍和稀土元素有更高的流动性且和有机胶体相关。在苏格兰的一个天然类比场所，从矿石流出的流体已经进入泥炭沼泽中，在那里铀主要与腐殖质相关，而钍滞留在铁/铝的氢氧化合物胶体和微粒上。在许多黏土沉积物中，有机物质在维持还原电位方面是最重要的，还原电位限制锕系迁移并提供了流动部分的吸附源。

9.9 奥克洛核反应堆

奥克洛天然反应堆的分析显示，它们应当已持续了 100 000 ~ 500 000 a。它们可能消耗了约 12 t 的铀 235，释放出的总能量为 2 ~ 3 GWy，功率水平可能为约 10 kW。1.0 ~ 1.5 t 的钚 239 通过铀 238 的中子俘获形成，但钚 239 的半衰期远小于铀 235，导致钚 239 全部衰变为铀 235。由于几个铀 235（大概是由于这种衰变）富集的样品被发现，人们认为，奥克洛天然反应堆的形成条件可能在一些地方存在。在反应堆的运行期间内衰变的裂变产物估计有 10^{28} β、γ 衰变。反应堆区平均能量释放约为 50 W/m²，比存放废物地质处置库计划的大好几倍。因此，据估计，在奥克洛核反应堆矿物颗粒内含的流体温度达到 450 ~ 600 ℃，远高于地质处置库的预计值。有证据表明，距离主反应堆区 30 m 的连续的驱动流通流体以及矿物的显著溶解和改变是由于热和辐射条件。一些元素的再分布，是由于热液体传送性对流。

铀矿物似乎都保持相对稳定，尽管有这个加热过程。铀和镧系元素的证据表明了一些小程度的本地化再分配，但大多保留在反应堆区。相比之下，裂变产物稀有气体、卤素、钼、碱和碱土金属元素从反应堆区迁移了显著的距离。一般来说，似乎元素再分配经历了一段 0.5 ~ 1 000 000 a 的时期，而该地区是热的（在核临界期及以后）。据估计，多达 10^{12} L 热水流经反应堆区。离开了反应堆区的水有 5×10^{-3} g/m^3 的铀和约 10^{-10} mol/L 浓度的锝、钌和 Nd。锝和钌被氧化成 TcO_4^- 和 RuO_4^-，这些可溶性阴离子随水流动造成在反应堆区这些元素显著减少（25% ~ 35%）。钕较不可溶，显然，在这个热期间迁移更少。对 Tc 和 Ru，在 5 m/a 的移动水中迁移率似乎已经达到约 10^{-5} m/a。

一个非常重要的观测证据证明在奥克洛反应堆中所产生的钚在其形成后没有移动。

总之，基本上是 100% 的钚、85% ~ 100% 的钕、75% ~ 90% 的钌和 60% ~ 85% 的锝被保留在反应堆区。迁移的裂变产物被熔化在几十米范围内。依赖温度的溶解度的热力学计算表明，裂变产物元素损失是受扩散控制的，而在围岩中的滞留是由于随温度变化的从水溶液中的沉积。

尽管奥克洛条件在一些方面与预测的地质处置库条件有差异，它们常常明显不利于保留放射性核素，但锕系没有迁移，锝的释放很缓慢，这些与实验室研究的预测一致，说明其在地质处置库安全确认上的价值。

9.10　废物库的性能评价

本章给出了一些资料，研究某些裂变产物和锕系元素的环境行为，表明实验数据可用于形态计算预测溶解度等。我们回顾了天然类比研究获得的知识，如奥克洛自然反应堆场址。所有这些类型的研究报告和数据用于核废物地质处置库能力的评估，在放射性衰变所需的数千年时期内以保护公众。最常见的设计目标是，在未来 1 000 a 内应没有放射性从这些库中释放，期后的泄漏预计小以至不会对生物物种构成危险（根据辐射防护委员会的预测辐射剂量效应）。美国环境保护署（EPA）的标准要求放射性核素废物释放造成的癌症患者 10 000 a 应不超过 1 000 人。

反应堆乏燃料放射性元素包括锕系、裂变产物和活化产物。如前所述，中等寿命的裂变产物（如锶 90、铯 137）和超铀元素（如钚 238、钚 241、锔 244）是放射性的主要贡献者。然而性能评价强烈表明，废物形式基体和近场工程障碍（如回填黏土等），可以成功地保留并防止任何到远场环境的迁移，达几千年甚至更长时间（$>10^4$ a）。经过几千年，长寿命核素（如裂变产物碘 129、铯 135、锡 126、锝 99 和硒 79）和锕系核素（如铀 234、铀 236、镎 237、钚 239、钚 240 以及镅 241）成为关注的主要核素。

9.10.1 释放情景

性能评价从库中释放放射性核素的情况，有两种主要的释放情景。一种设想评估通常发生的预计的全过程，该库区可能影响释放和迁移的速度。在这种情况下，地下水渗透过废物包装体并浸出放射性核素使其可以迁移出去。图 9.9 中 R1、R2 等代表了数学模型，此模型描述一个特定放射性核素在这一特定的区域的迁移。

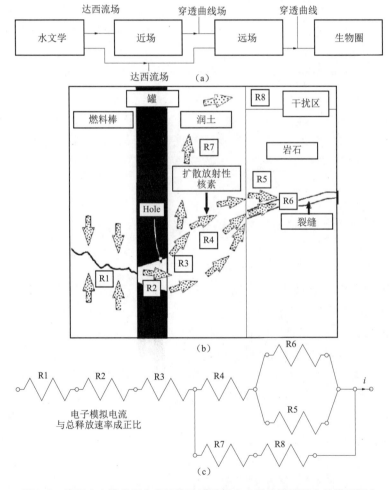

图 9.9 膨润土充填岩洞中燃料棒和罐泄漏安全评价模型链中的模型耦合

为了评估这种情况下的释放，有必要评估核素从包装体释放出的速率、地下水的流量、不同放射性核素形态和溶解度及其扩散（转移）速率。

第二种情景，包括"扰动"的情况，此情况是归因于地质事件，如地震、火山活动和水文条件的变化。这个情景还包括"人类入侵"的影响，其中人类的后代不知不觉地侵入储存库并通过地下水系统释放部分放射性物质到地球表面。例如，释放可能是钻井作业的结果。此类事件假定在处置库的历史期间可以发生，包括一些很早的时期（小于1 000 a）。在这种情况下溶解度不是决定潜在释放的主要因素，占主导地位的贡献将来自超铀元素（主要是钚239、钚240、镅241），有一些贡献来自裂变产物。

9.10.2 储存罐溶解

最常见的罐材料是铜和铁。岩石中，地下水是还原性的（如在加拿大和斯堪的纳维亚半岛），铜是难溶的，如环境中几百万年的自然铜矿的存在所表明的。详细的研究表明，渗透到废物包装体对铜的溶解有非常小的影响。因此，预计50 mm厚的铜罐将完整保存至少100万年。铁或钢，可以预料溶解得更加迅速，尤其是在氧化地下水中。然而，罐周围将被Fe（Ⅱ）饱和，从而导致还原性介质，这对于限制废料核素迁移将是重要的。

如果金属封装被溶解或破裂，废物（UO_2或玻璃）中的放射性核素将主要以基质（全等溶解）溶出的速率被释放。暴露玻璃表面的合理的溶出速率估计为2×10^{-3} g/（$m^2 \cdot d$），假设关于溶度积（即无限水量）没有限制，这相当于玻璃表面的腐蚀速率约为2.7×10^{-4} mm/a。经验表明，这一速率迅速随着时间而减少。因此，锶释放率在15 a里减少为原来的10^{-6}。图9.10显示从乏燃料释放的铯份额的测量随与模拟地下水接触时间的变化。到时，燃料基质将转换成水合氧化物。改变的分数已经在不同条件下测定，并在图9.11中外推到很长的时间。这些结果表明，即使周围的屏障罐破裂，泄漏到近场的核素也将是非常少的。

罐包装和废物基质溶出速率受限于溶解度。如上所述，最危险的锕系元素——钚，很可能以四价存在，形成非常难溶的氢氧化物。这在铁罐溶解产生二价铁的环境中是正确的。表9.10给出了还原和氧化地下水中限制溶解度和重要的废物元素的相。图9.12显示了从最初缺陷罐到近场的泄漏率，并外推到很长时间；预计泄漏出来的速度超过1 Bq/a的所有核素都列入图中。在此预测中，9.10节所提到的规定得到满足。

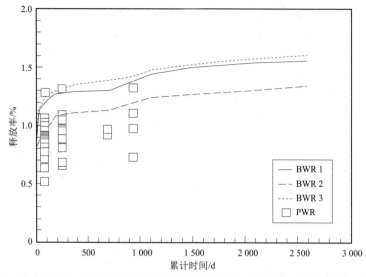

图 9.10　沸水堆和压水堆燃料在不同水域中释放铯的比例与接触时间的关系（SKB91）

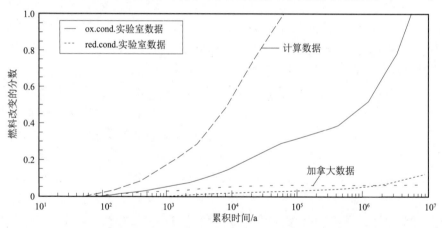

图 9.11　地下水中燃料改变的分数与累计时间的关系（假定燃料从堆中卸出 40 年为起点）

表 9.10　还原和氧化地下水中限制溶解度和重要的废物元素的相

元素	还原条件		氧化条件	
	溶解度/（mol·L^{-1}）	废物元素的相	溶解度/（mol·L^{-1}）	废物元素的相
Se	非常小	M_xSe_y	高	—
Sr	1×10^{-3}	碳锶矿	1×10^{-3}	碳锶矿
Zr	2×10^{-11}	ZrO_2	2×10^{-11}	ZrO_2
Tc	2×10^{-8}	TcO_2	高	—
Pd	2×10^{-6}	$Pd(OH)_2$	2×10^{-6}	$Pd(OH)_2$
Sn	3×10^{-8}	SnO_2	3×10^{-8}	SnO_2

续表

元素	还原条件		氧化条件	
	溶解度/(mol·L^{-1})	废物元素的相	溶解度/(mol·L^{-1})	废物元素的相
I	高	—	高	—
Cs	高	—	高	—
Sm	$2×10^{-4}$	$Sm_2(CO_3)_3$	$2×10^{-4}$	$Sm_2(CO_3)_3$
Am	$2×10^{-8}$	$AmOHCO_3$	$2×10^{-8}$	$AmOHCO_3$
Pu	$2×10^{-8}$	$Pu(OH)_4$	$3×10^{-9}$	$Pu(OH)_4$
Pa	$4×10^{-7}$	Pa_2O_5	$4×10^{-7}$	Pa_2O_5

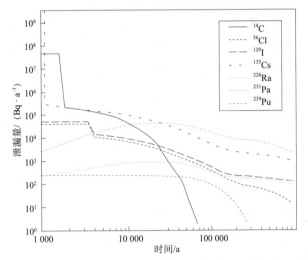

图 9.12　从最初缺陷罐到近场的泄漏率，并外推到很长时间；预计泄漏出来的速度超过 1 Bq/a 的所有核素

9.10.3　由沥青和混凝土包装的释放

低放和中放废物将被封装在沥青、混凝土或玻璃中。沥青高度耐水，但随着时间的推移在 10～20 a 内开始失去强度。必须发展特殊沥青材料确保废物存放 50 a 之久。沥青桶通常都储存在一个包装建筑物内，如混凝土。

由于钠和钾离子的泄漏，混凝土周围地下水迅速变成强碱性，pH＞13。在后一阶段，钙离子开始泄漏，pH 值降低，约 10.5。因此核素通过混凝土迁移遇到非常碱性的介质，从而对大多数多价离子形成不溶性氢氧化物，包括所有锕系元素。从混凝土中浸出钙离子导致其失去机械强度，并开始恶化。依靠适当的添加剂，恶化可以被延迟，在 pH＜10 时混凝土能稳定很长的时间。但是，LLW 和 MLW 的混凝土容器不具有无限的寿命，因此有必要进一步遏制。

9.10.4　从处置库中的迁移

释放到近场后,放射性核素迁移只能通过水路运输路径(图9.9)。寿命长、易溶于水、低吸附的放射性核素,将发生远场迁移。在处置库中水被局限于裂隙和孔隙区,锕系核素相比于裂变产物溶解度低,易吸附。由于吸附-解吸平衡吸附的核素比地下水移动慢。

因此,^{129}I和^{99}Tc被认为是放射性释放到环境中的主要贡献者,因为它们吸附很差。^{14}C也是这样的,因为它是以溶解二氧化碳的形式运输的(图9.12)。

放射性衰变释放的能量产生的高温影响必须被列入对近场迁移和释放的评价中(即在处置库范围内)。高温下可能会改变地质学以及释放核素的化学形态和溶解度。如果温度超过地下水的沸点,会导致处置库干燥,减少或停止释放和移徙。

当花岗岩或黏土与含有溶解阳离子的水接触时,吸附或固-液相间离子交换可以被观测到。例如,蒙脱土拥有如此高的交换容量以致被用来作为一种天然离子交换剂,如用于水净化。但离子交换洗脱曲线不依赖于吸附能力,而是吸附强度和溶液络合。吸附强度取决于离子电荷(高电荷物种吸附更强烈)、离子的大小(小离子吸附更强烈)等,而溶液络合则取决于配体的性质以及阳离子属性。

所有地面/土壤/岩石材料都吸附离子,但吸附分配系数(定义为k_d)取决于许多因素,因此,它们可以被看作是地点特定化的,即依赖于释放离子、近场基质组成(缓冲材料、溶解罐等)、地下水的成分和岩石矿物成分。然而,黏土和花岗岩在类似地下水中具有大致相同的k_d值。

分配系数k_d,定义如下:

$$k_d = \frac{\text{每千克土壤、岩石等放射性核素的浓度}}{\text{每立方米水中放射性核素的浓度}} \tag{9.11}$$

典型的k_d值列于表9.11中。从k_d值与土壤和地下水的性能,可计算放射性核素保留时间。放射性核素保留因子(RF)的定义是

$$RF = v_w/v_n = 1 + k_d \delta (1-\varepsilon)/\varepsilon \tag{9.12}$$

式中　v_w——地下水速度(在花岗岩中通常为0.1m/a);

v_n——核素的运输速度(通常小于v_w);

δ——土壤密度(1 500~2 500 kg/m³);

ε——土壤孔隙度(0.01~0.05)。

观测的瑞典花岗岩k_d值由表9.11给出。在花岗岩中典型的保留时间,铯约为400 a,锶为1 500 a,镧系(Ⅲ)为200 000 a,锕系(Ⅳ)为40 000 a。

而类似（在因子 10 以内）的值已发现于其他的地质构成，如美国新墨西哥州的凝灰岩、爱达荷州的玄武岩和来自伊利诺伊州的石灰石。随水运输几年时间高保留值导致锶 90、铯 137，大多数钚、镅和镉同位素的滞留超过它们的寿命。

表 9.11　花岗岩远场放射性核素分布值

元素	$k_d/(m^3 \cdot kg^{-1})$	元素	$k_d/(m^3 \cdot kg^{-1})$
Zr	1	C	0.001
Ra	0.15	Cl	0
Pa	1	Pd	0.001
Th	2	Se	0.001
U	2	Sr	0.015
Np	2	Cs	0.15
Pu	0.2	I	0
		Tc	1

条件：$0.1 m^3$ 岩石中比表面积为 $0.1 m^2$，相当于每 $1\,000 m^3$ 水中比表面积为 $1\,000 m^2$；基质扩散系数为 $3.2 \times 10^{-6} m^2/a$；岩石基质中的扩散孔隙度为 0.005。

忽略水通过黏土的流速，扩散是主导的迁移过程。据估计，渗透穿过 0.4 m 膨润土，铯将需要 700 a，锶为 1 800 a，镭为 22 000 a，钚为 8 000 a。在这段时间，大部分这些放射性核素已经下降到微不足道的量。在新墨西哥州的盐岩处置库（WIPP）的研究表明，处置库释放的所有核素中仅有 ^{14}C、^{99}Tc、^{129}I 在衰变完之前可以到达地面。因此，风险评估中场所对放射性核素的保留发挥重要作用。

核素溶出速率和迁移速率取决于地下水中配位体的存在，包括 Cl^-、F^-、SO_4^{2-}、HPO_4^{2-}、CO_3^{2-} 和有机阴离子（如腐殖酸）。与这些负离子配合，在大多数情况下，增加溶解度以及通过形成少量带正电荷的金属物质减小保留的因子。因此，地下水条件在评价废物库危险中发挥中心作用。由于这些条件各不相同，必须针对每个场址进行评估。这一点可以通过美国马克塞单位设施来说明，在那里发现了放射性核素从一个储存流域更加迅速地通过土壤，比以上方程预计的快得多。这被认为是由于添加了强的金属螯合配位体造成的，如 DTPA。DTPA 配体带负电荷，从而降低 k_d 值（通常约为 1）。这说明为了对储存场进行适当的安全评价，必须充分详细了解有关废物和储存场的化学性质。

图 9.13 显示了安全分析的结果，表示随地下水从乏燃料处置库到接受者释放的放射性的量和不考虑保留的预期剂量。滞留会造成镭 ^{226}Ra 和 ^{231}Pa 在 10 000 a

前达到零值。

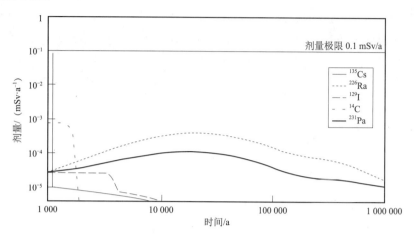

图 9.13 随地下水从乏燃料处置库到接受者释放的放射性的量和不考虑保留的预期剂量

在处置 100 a 和 100 000 a 后个人剂量计算和反应堆乏燃料中核素侵入花岗岩处置库的风险计算列于表 9.12 中。这些计算基于非常广泛的模型（参见图 9.9），产生于欧洲经营 30 a 的 20 万 kW 反应堆的废物的释放和吸收的模拟，包括后处理厂和 LLW 的储存、ILW 的地面设施和高放废物，要么以乏燃料元素的形式，要么以地下花岗岩库中高放射性废液的固化体形式。为了模拟放射性核素溶解及其在地下的迁移，选定了实际环境中的现有设施。同样，使用了实际的摄取食物链（作物、鱼类等和饮食习惯）。乏燃料的数量，假设为 1.8 万 t IHM。该 LLW 和 ILW 库假定开始时刻泄漏为 0，被溶解的放射性核素迁移到实际的土壤中，到达溪流和水井，同时假定乏燃料元件或高放废物玻璃体 1 000 a 后开始泄漏。放射性核素在各种保留条件下随地下水的迁移，依赖于水文地质条件和化学特性。暴露人口分为 4 组：设施周围的关键组、该国的人口、在欧洲的人口和世界人口。该模型还包括一个使用钻井概率的入侵场景，300 多年后开始（主要情况），因为预计控制将能持续那么长的时间。据推测，岩芯一旦从废物库取出，将立即予以证实；这意味着岩芯的高剂量将只被钻探和实验室的个人收到。100 a 后的入侵风险计算出是 8.1×10^{-7}/a，100 万年后的是 2.1×10^{-9}/a。相比之下，环境中从乏燃料元素排放和迁移的"正常"情况下计算的风险为 5×10^{-5}/a。此外，来自固体废物处理处置的个人风险的所有的最大低于辐射防护委员会建议的限额为 10^{-5} Sv/a。对于高放废物玻璃固化体和乏核燃料的处置，入侵情景的计算剂量非常高，但发生的概率很低，因此入侵的风险低于核素随地下水迁移的风险。固体废物处置迁移情景的最大个人剂量预计在关闭废物库超过 10 000 a 后将升高。

表 9.12 在花岗岩处置库中未处理的废轻水反应堆的个人剂量和入侵的风险

放射性核素	100 a		100 000 a	
	风险计算剂量 $(Sv \cdot a^{-1})$	(a^{-1})	风险计算剂量 $(Sv \cdot a^{-1})$	(a^{-1})
^{99}Tc	5.0×10^{-6}	1.5×10^{-14}	1.9×10^{-9}	2.5×10^{-14}
^{129}I	1.8×10^{-6}	5.4×10^{-16}	3.2×10^{-10}	4.2×10^{-15}
^{135}Cs	2.4×10^{-6}	7.0×10^{-15}	1.3×10^{-7}	1.7×10^{-12}
^{137}Cs	1.5	1.8×10^{-7}	—	—
^{234}U	7.3×10^{-4}	2.1×10^{-12}	5.0×10^{-7}	6.5×10^{-11}
^{235}U	1.8×10^{-5}	5.1×10^{-14}	1.4×10^{-6}	1.9×10^{-11}
^{236}U	1.9×10^{-4}	5.4×10^{-13}	5.9×10^{-7}	3.7×10^{-12}
^{238}U	2.0×10^{-4}	5.4×10^{-13}	5.9×10^{-7}	7.7×10^{-12}
^{237}Np	1.1×10^{-3}	3.1×10^{-12}	3.6×10^{-6}	4.7×10^{-11}
^{238}Pu	3.6	1.8×10^{-7}	5.1×10^{-6}	6.7×10^{-11}
^{239}Pu	1.0	1.8×10^{-7}	1.2×10^{-4}	1.5×10^{-9}
^{240}Pu	1.5	1.8×10^{-7}	3.1×10^{-7}	4.0×10^{-12}
^{241}Pu	1.0×10^{1}	1.8×10^{-7}	9.2×10^{-6}	1.2×10^{-9}
^{242}Pu	5.4×10^{-3}	1.6×10^{-11}	8.9×10^{-6}	1.2×10^{-10}
^{241}Pm	2.0	1.6×10^{-7}	1.8×10^{-6}	2.4×10^{-11}
^{243}Am	6.4×10^{-2}	1.9×10^{-10}	3.4×10^{-6}	4.4×10^{-11}
^{244}Cm	8.7×10^{-2}	2.5×10^{-10}	4.7×10^{-9}	6.2×10^{-14}
^{245}Cm	4.8×10^{-4}	1.4×10^{-12}	7.3×10^{-9}	9.6×10^{-14}
Total	2.1×10^{1}	1.8×10^{7}	1.6×10^{-4}	2.1×10^{-9}

这些值表明，释放和迁移应更加被关注，尽管这种情况下，目前计算的地质处置风险对未来几代人非常小。

9.11 结论

相当大量的核裂变产物和锕系元素已被释放到环境中，主要来自核武器试验、意外的或有意的排放、核反应堆运行和核燃料后处理。对这些释放的放射性核素的研究表明，长寿命锕系核素形成不溶性物种或相当强烈易吸附物，而在天然体系中碘 129 和锝 99 有相对较高的迁移。最活跃的中等寿命的物质（锶 90、铯 137）在生态系统中也有更强的流动性。

　　这些结论被天然类比场所的放射性核素行为的调查结果所证实。更为重要的结果来自奥克洛地区的自然反应堆。

　　实地研究数据被预选核废料处置库的性能评价所确认。"入侵"的情景被计算出有一个比非扰动自然滤出和迁移情景更低的风险。后者定性地与奥克洛数据一致，表明在精心挑选和设计的地质处置库存放有适当包装材料的核废料没有不可接受的风险。

第 10 章
辐射化学

辐射化学研究在电离辐射与物质相互作用的过程中物质所发生的化学变化，它的发展与放射化学、核工艺、辐射防护的研究有密切联系。现在它已形成一门独立的学科。辐射化学的研究成果对其他领域的理论研究作出了重要贡献，它丰富了自由基化学的内容，促进了微观及快速反应动力学研究的发展。辐射化学应用脉冲辐照技术，确证了水化电子的存在，并研究了其系列反应，这对电化学、光化学及生物化学中的单电子还原作用的研究等起着重要的作用。

辐射化学的研究成果应用于国民经济领域，已取得了一定的经济效益，一种新的工艺——辐射加工或辐射工艺正逐步形成。

10.1 辐射化学效应与放射性核素的状态、行为的关系

放射化学研究的对象都是带有放射性的，它们总是处在自身产生的或其他放射性核素产生的辐射场中，辐射的作用对放射性物质的状态、行为会产生种种影响。例如，气体状态下的放射性核素，由于其辐射的作用而容易形成气溶胶。在固体状态下，晶格中的放射性核素衰变，会产生晶格缺陷；在 γ 射线作用下，CaF_2 晶体中掺入的 Np（Ⅲ）和 Pu（Ⅲ）可分别被氧化为 Np（Ⅳ）和 Pu（Ⅳ），而掺入的 Am（Ⅲ）则被还原为 Am（Ⅱ）。

在水溶液中，水辐解产生的氧化性和还原性产物会引起放射性核素的状态和行为变化。例如，在 Am（Ⅴ）、Am（Ⅵ）、Cm（Ⅳ）和 Bk（Ⅳ）的 α 射线作用下形成水的辐射产物，会将这些金属离子本身迅速还原为三价。在 α 和 γ 射线的作用

下，Pu（Ⅵ）可还原为 Pu（Ⅳ），而在 1 mol/L HClO + 0.1 mol/L Br⁻ 溶液中或在 8 mol/L HNO₃ 溶液中，Pu（Ⅳ）可以缓慢地氧化为 Pu（Ⅵ）。因此在处理强放射性物质（如从废核燃料元件中回收 U 和 Pu）时，必须考虑辐射化学效应对放射性物质（如 Pu）的状态和行为的影响。

10.2 辐射化学的基本过程

体系因吸收辐射能而发生的辐射化学过程，按其发生的时阈可以分为 3 个阶段。第一阶段为物理阶段，一般发生在 $10^{-18} \sim 10^{-16}$ s 的时间内。在这一阶段，随着辐射能在体系内的消失，能量传递到介质中，在介质中产生正离子、激发分子、次级电子等初级产物。第二阶段为物理化学阶段，一般发生在 $10^{-14} \sim 10^{-11}$ s 的时间内。在这一阶段发生的过程有能量传递、解离以及离子分子反应等，结果在径迹中形成许多自由基和分子产物，这些产物称为原初产物。第三阶段为化学阶段，一般发生在 10^{-11} s 以后。这一阶段发生的过程有径迹中未起反应的自由基和分子产物扩散离开径迹，与介质中其他组分反应生成最终产物。

在第一阶段，若辐射粒子是带电粒子（α 射线或 β 射线），它主要与物质分子中的电子相互作用，使分子中的电子激发到较高的能态，形成激发分子，或者使分子电离，形成离子和自由电子。如果辐射粒子是 γ 光子，它在与物质相互作用时，以 3 种方式损失能量：光电效应、康普顿散射和生成电子对。这 3 种过程都产生快速电子，这些电子引起的辐射化学作用和用快速电子流直接照射物质时引起的作用是相似的。因此，不管电离辐射的种类如何，辐射粒子与物质相互作用的结果都是沿辐射粒子的径迹产生激发的分子和离子。这类过程可以表示为

$$M \rightsquigarrow M^* \text{ 或 } M^{**} \tag{10.1}$$

$$M \rightsquigarrow M^+ + e^- \tag{10.2}$$

$$M \rightsquigarrow (M^+)^* + e^- \tag{10.3}$$

符号 * 表示分子或离子处在激发状态，**表示分子处于能量更高的激发状态。如果式（10.2）和式（10.3）中的次级电子 e^- 有足够的能量，可以使物质进一步激发和电离，形成自己的径迹，则这类次级电子称为 δ 射线，其作用与具有相同能量的电子一样。

虽然各种电离辐射的效应在性质上是相似的，但不同的辐射在物质中的能量损失速度却不同，因此产生的激发粒子和离子沿入射粒子的径迹分布也不同。图

10.1 为一个快速电子通过凝聚相介质时径迹中离子和激发分子分布的示意图。在主径迹上有单次电离、小团迹、群团和短径迹，每个团迹平均含有 2 或 3 个离子对和若干激发分子，团迹是由能量低于 100 eV 的次级电子形成的。当次级电子的能量在 0.5~5 keV 时，可形成短径迹，能量大于 5 keV 时，形成分支径迹。在 γ 射线的次级电子产生的径迹中，团迹间的距离比较远。在电离密度高的 α 射线径迹中，团迹等互相重叠形成一个连续径迹。

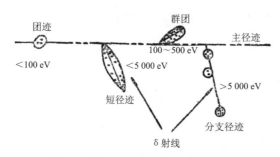

图 10.1　离子和激发分子在快速电子径迹中的分布（小圆圈表示正离子）

电离辐射通过物质时，损失能量的速度可用辐射粒子在单位径迹长度中损失能量的多少来表示，称为传能线密度，以 LET 表示。在不同种类的射线中，α 粒子的 LET 值很高，产生的电离密度很大，β 粒子和 γ 射线的 LET 值要小得多。表 10.1 列出了不同辐射的 LET 值。

在第二阶段，体系中形成的初级产物（离子、激发分子）很快地相互作用生成各种分子产物和自由基产物，主要反应如 10.2.1~10.2.3 节所述。

表 10.1　各种射线在水中的初始 LET 值

射线种类	射线能量/MeV	LET 值/（keV·μm^{-1}）
^{60}Co γ 射线	平均能量 1.25	0.2
β 射线	平均能量 0.046	0.7
X 射线	最大能量 0.250	1.0
X 射线	最大能量 0.01	2.0
电子	1	0.2
电子	0.01	2.3
质子	10	4.67
质子	5	8.16
中子	20	4.5

续表

射线种类	射线能量/MeV	LET 值/ (keV·μm^{-1})
中子	8	10
He^{2+}	38	22
He^{2+}	12	50
^{210}Po α 射线	5.3	88

10.2.1 激发分子的反应

1. 物理去激过程

（1）辐射或无辐射转换至基态的去激过程（无化学反应发生），即

$$M^* \longrightarrow M \tag{10.4}$$

（2）无辐射的能量传递去激过程，即

$$M^* + P \longrightarrow M + P^* \tag{10.5}$$

2. 激发分子分解

（1）激发分子在共价键处破裂生成 2 个自由基，即

$$M^* \longrightarrow P\cdot + Q\cdot \tag{10.6}$$

（2）激发分子分解为 2 个分子产物，即

$$M^* \longrightarrow P + Q \tag{10.7}$$

3. 双分子反应

（1）电子转移的双分子反应，即

$$M^* + P \longrightarrow M^+ + P^- \text{（或 } M^- + P^+\text{）} \tag{10.8}$$

（2）氢提取反应，即

$$M^* + RH \longrightarrow MH\cdot + R\cdot \tag{10.9}$$

（3）加成反应，即

$$M^* + P \longrightarrow MP \tag{10.10}$$

（4）Stern-Volmer 反应，即激发分子与非激发分子间发生原子交换的反应，如

$$M^* + B \longrightarrow P + Q \tag{10.11}$$

10.2.2 离子反应

1. 离子复合反应

（1）离子与电子中和产生单重或三重激发态，即
$$M^+ + e^- \longrightarrow M^* \text{ 或 } M^{**} \tag{10.12}$$

（2）正离子与负离子中和反应，即
$$M^+ + M^- \longrightarrow M^* + M \tag{10.13}$$

（3）络合物与电子中和，同时发生分解反应，即
$$M \cdot N^+ + e^- \longrightarrow P + Q \tag{10.14}$$

2. 离子分解

（1）激发离子分解为离子和分子，即
$$(M^+)^* \longrightarrow P^+ + Q \tag{10.15}$$

（2）激发离子分解为自由基离子和自由基，即
$$(M^+)^* \longrightarrow R^+ \cdot + S \cdot \tag{10.16}$$

3. 电荷转移的离子反应

$$M^+ + N \longrightarrow M + N^+ \tag{10.17}$$

4. 离子分子反应

$$M^+ + N \longrightarrow P^+ + Q \tag{10.18}$$

5. 电子加成反应

（1）形成负离子的反应，即
$$M + e^- \longrightarrow M^- \tag{10.19}$$

（2）电子俘获同时分解，即
$$M + e^- \longrightarrow P^- + Q \tag{10.20}$$

10.2.3 自由基反应

1. 自由基离解反应

$$PQ \cdot \longrightarrow P \cdot + Q \tag{10.21}$$

2. 自由基加成反应

$$R\cdot + {>}C{=}C{<} \longrightarrow -\underset{|}{\overset{R}{C}}-\underset{|}{C}\cdot$$

$$R\cdot + O_2 \longrightarrow R-O-O\cdot \qquad (10.22)$$

$$R\cdot + O_2 \longrightarrow R-O-O\cdot \qquad (10.23)$$

3. 抽取反应

$$R\cdot + AB \longrightarrow RA + B\cdot \qquad (10.24)$$

4. 重排反应

$$PQ\cdot \longrightarrow QP\cdot \qquad (10.25)$$

以几种过程使自由基消失:

(1) 自由基-自由基结合反应,即

$$P\cdot + Q\cdot \longrightarrow PQ \qquad (10.26)$$

(2) 自由基歧化反应,即

$$2RH\cdot \longrightarrow RH_2 + R \qquad (10.27)$$

(3) 电子转移反应,即

$$M^{n+} + R\cdot \longrightarrow M^{(n+1)+} + R^- \qquad (10.28)$$

激发分子、离子和自由基在径迹中的反应与这些活性粒子在径迹中的浓度有密切关系。在高 LET 值辐射的径迹中,激发分子、离子和自由基的浓度高,它们之间相互作用的概率就大;反之,在低 LET 值辐射的径迹中,这些产物的浓度低,它们之间相互作用的概率就小。但第二阶段的化学过程同时还受介质状态的影响。当介质为气体时,第一阶段形成的初级产物容易扩散离开径迹,因而不同射线产生的辐解产物的产额差别不大。在凝聚相中,第一阶段形成的初级产物紧挨在一起,它们在径迹中反应概率高。因此第二阶段的原初产物的产额与辐射类型关系很大。例如,水蒸气和水在辐射作用下,它们的原初产物产额的差异(表 10.2)清楚地表明了这种情况。

表 10.2　水蒸气和水受辐照时自由基和分子产物的产额

辐照条件	pH	$G(-H_2O)$	$G(H_2)$	$G(H_2O_2)$	$G(e^-_{水化})$	$G(H)$	$G(OH)$	$G(HO_2)$
水蒸气								
X 或 γ 射线，电子		8.2	0.5	0	$G_{e^-}=3.0$	7.2	8.2	
液态水								
γ 射线和快速电子（能量为 0.1～20 MeV）	0.46	4.45	0.40	0.78	0	3.65	2.90	0.008
	3-13	4.08	0.45	0.68	2.63	0.55	2.72	0.026
氚的 β 射线（平均能量5.7 keV）	1	3.97	0.53	0.97	0	2.91	2.0	
He^{2+}（32 MeV）	约7	3.01	0.96	1.00	0.72	0.42	0.91	0.05
He^{2+}（12 MeV）	约7	2.84	1.11	1.08	0.42	0.27	0.54	0.07
^{210}Po 的 α 射线（5.3 MeV）	0.46	3.62	1.57	1.45	0	0.60	0.50	0.11
$^{10}B(n,\alpha)^7Li$ 反冲核	0.46	3.55	1.65	1.55	0	0.25	0.45	
LET 无限大的粒子（根据加速的 ^{12}C 和 ^{14}N 离子的结果外推得到）	0.46	约2.9	约1.45	约1.45	0	0	0	

第二阶段产生的原初产物接着扩散进入溶液，与溶剂或溶质分子作用，得到第三阶段的产物，也就是最终辐解产物。

在辐射化学中，产额一般以 G 值表示。G 值的定义为：体系中每吸收 100 eV 能量所引起的分子变化数（形成或破坏）。$G(X)$ 表示体系每吸收 100 eV 辐射能时生成产物 X 的分子数，$G(-Y)$ 表示体系每吸收 100 eV 辐射能时物质 Y 分解的分子数。原初产物的产额用带下角标的 G 表示，如 G_H、$G_{H_2O_2}$ 等。G 值与体系吸收的剂量关系如下：

$$G = \frac{N}{D} \times 100$$

式中　N——1 cm^3 物质中变化的分子数；

　　　D——吸收剂量，eV/cm^3。

G 值的大小与被辐照物质的结构、体系的性质、化学反应的类型、辐射的

LET 值等有关。一般 G 值都很小，只有在辐射引起链式反应的情况下，才可能有较大的 G 值（表 10.3）。

表 10.3 γ 辐射时某些物质的 G 值

被辐照物质	G 值
乙苯	1.57
异丙苯	1.8
联（二）苯	约 0.007
乙烯（室温，常压）	45
$C_6H_6 + Cl_2$	约 10^8

10.3 水和水溶液的辐射化学

在水溶液的辐射化学过程中，溶质和溶剂都能吸收辐射能，但在稀溶液（小于 0.1 mol/L）中，辐射能几乎全被溶剂吸收，辐射和溶质的直接作用很小，辐射化学效应主要是溶剂的辐解产物和溶质间的化学反应。因此，在讨论水溶液的辐射化学之前，将先讨论水的辐射化学。

10.3.1 水的辐射化学

辐射作用引起水分子的电离和激发，即

$$H_2O \rightsquigarrow H_2O^+ + e^- \tag{10.29}$$

$$H_2O \rightsquigarrow H_2O^* \tag{10.30}$$

不同类型的辐射与水作用时，水吸收的能量在团迹、群团和短径迹中的分配不同。一般来说，LET 值越大，储存在短径迹中的能量越多。例如，^{60}Co 的 γ 射线与水作用时，水吸收能量的 64% 储存在团迹中，11% 储存在群团中，25% 储存在短径迹中；^{3}H 的 β 射线与水作用时，则水吸收能量的分布为：短径迹中为 74.4%，团迹中为 7.6%，群团中为 18%。水的激发、电离产物都分布在团迹、群团和短径迹中，因此团迹、群团和短径迹的形式可以用下式表示：

$$H_2O \rightsquigarrow [H_2O^+, H_2O^*, e^-] \tag{10.31}$$

式中的方括号表示粒子是紧挨在一起的。在团迹、群团和短径迹扩散消失之前，一些快速过程可在其中发生，主要有：

（1）离子分子反应，即

$$H_2O^+ + H_2O \longrightarrow H_3O^+ + OH \tag{10.32}$$

（2）激发分子分解，即

$$H_2O^* \longrightarrow H + OH \tag{10.33}$$

$$H_2O^* \longrightarrow H_2 + O \tag{10.34}$$

（3）电子水化后一部分 $e^-_{水化}$ 与正离子中和，即

$$e^-_{水化} + H_3O^+ （或 H_3O^+_{水化}）\longrightarrow H + H_2O \tag{10.35}$$

此外，一些激发产物可将激发能传递给周围水分子而不引起化学变化。这些过程总的结果是在径迹中产生相当高的自由基浓度（约 1 mol/L）。在最初阶段，条件有利于自由基相互反应，并产生分子产物 H_2 和 H_2O_2，如

$$H + OH \longrightarrow H_2O \tag{10.36}$$

$$H + H \longrightarrow H_2 \tag{10.37}$$

$$OH + OH \longrightarrow H_2O_2 \tag{10.38}$$

$$e^-_{水化} + OH \longrightarrow OH^- \tag{10.39}$$

$$e^-_{水化} + e^-_{水化} \longrightarrow H_2 + 2OH^- \tag{10.40}$$

$$e^-_{水化} + H \longrightarrow H_2 + OH^- \tag{10.41}$$

以后，径迹逐渐扩散，反应的分子产物和未反应的自由基扩散进入液体，并在其中均匀分布。因此，水的辐射化学过程可概括为

$$H_2O \rightsquigarrow H_2, H_2O_2, e^-_{水化}, H, OH, H_3O^+ \tag{10.42}$$

各产物的 G 值列于表 10.2，$G_{H_2O^+} = G_{e^-_{水化}}$。

在低 pH 值时，水化电子能迅速与 H^+ 反应生成氢原子：

$$e^-_{水化} + H^+ \longrightarrow H \tag{10.43}$$

在 pH > 11 时，OH 自由基和 H_2O_2 离解：

$$OH \rightleftharpoons O^- + H^+, \quad pH = 11.9 \tag{10.44}$$

$$H_2O_2 \rightleftharpoons HO_2^- + H^+, \quad pH = 11.6 \tag{10.45}$$

在不同 pH 值条件下水辐解的原初产物产额如图 10.2 所示。

影响水辐解的原初产物产额的主要因素有：

（1）LET 值高，有利于自由基生成分子产物的反应，因此分子产物产额高，自由基产额低。

（2）H^+ 离子是水化电子的有效清除剂，它与水化电子反应生成氢原子，与 OH 自由基不反应，对分子产物的产额影响不大。因此增加氢离子浓度能使

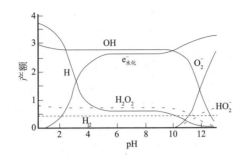

图 10.2　pH 值对水辐解原初产物产额的影响

（辐照条件：0.1~20 MeV 的 γ 射线和快速电子）

自由基产额和水的分解产额增加。

（3）温度升高，径迹中自由基扩散加快，因此分子产额降低，自由基产额增加。

（4）剂量率超过 10^7 Gy/s 时，团迹重叠的概率增加，有利于分子产物的生成，因此分子产物产额增加。

10.3.2　水溶液的辐射化学

当稀水溶液（小于 0.1 mol/L）受辐照时，辐射能主要被水分子吸收。体系的化学变化由水的辐解产物与溶质反应引起，辐射与溶质的直接作用可以忽略不计。水的辐解产物可以分为还原性产物（$e^-_{水化}$、H 和 H_2）和氧化性产物（OH、HO_2 和 H_2O_2）两大类，它们在溶液中能与溶质发生不同的化学反应，这些反应是决定稀水溶液中溶质辐射化学效应的基本反应。表 10.4 为水辐解产物的标准电极电势。

1. 还原性产物

1960 年以前一般认为水的辐解产物中，氢原子是主要的还原性产物。其后许多研究证实了水化电子的存在，并对其性质进行了大量研究。现在水化电子可能是研究得最多的自由基产物。水化电子是在电子电场作用下而呈一定取向的小水分子群所俘获的电子。如表 10.4 所示，水化电子的还原能力比氢原子略高，它的反应是单电子转移过程，可表示为

$$e^-_{水化} + S^{n+} \longrightarrow S^{(n-1)+} \tag{10.46}$$

例如，

$$e^-_{水化} + Cu^{2+} \longrightarrow Cu^+ \tag{10.47}$$

水化电子很易和 H^+ 或 H_3O^+ 结合给出氢原子〔式（10.35）和式（10.43）〕，

因此在酸性条件下绝大部分$e^-_{水化}$被H^+清除，只有在碱性和中性条件下$e^-_{水化}$产生的反应才是重要的，水化电子和H_2O分子发生如下反应：

$$e^-_{水化} + H_2O \longrightarrow H + OH^- \qquad (10.48)$$

此反应的速率常数为16 L/(mol·s)，利用此值可以估算出$e^-_{水化}$在水中半衰期的上限值为7.8×10^{-4} s。水化电子和溶质反应生成的负离子常常分裂形成一个稳定的负离子，如式（10.48）和式（10.49）所示。

表10.4 标准电极电势

反应	E^2/V	
酸性溶液		
$e^- + H_2O \rightleftharpoons e^-_{水化}$	-2.77	$e^-_{水化}$起还原反应
$H^+ + e^- \rightleftharpoons H_{水化}$	-2.31	H 起还原反应
$OH + H^+ + e^- \rightleftharpoons H_2O$	2.8	OH 起氧化反应
$O_2 + H^+ + e^- \rightleftharpoons HO_2$	-0.3	HO_2 起还原反应
$HO_2 + H^+ + e^- \rightleftharpoons H_2O_2$	1.5	HO_2 起氧化反应
$HO_2 + 2H^+ + 2e^- \rightleftharpoons H_2O + OH$	1.35	HO_2 起氧化反应
$O_2 + 2H^+ + 2e^- \rightleftharpoons H_2O_2$	0.68	H_2O_2 起还原反应
$H_2O_2 + 2H^+ + 2e^- \rightleftharpoons 2H_2O$	1.78	H_2O_2 起氧化反应
$H_2O_2 + H^+ + e^- \rightleftharpoons H_2O + OH$	0.72	H_2O_2 起氧化反应
碱性溶液		
$OH + e^- \rightleftharpoons OH^-$	1.4	OH 起氧化反应
$O_2 + e^- \rightleftharpoons O_2^-$	-0.56	HO_2 起还原反应
$O_2^- + H_2O_2 + e^- \rightleftharpoons HO_2^- + OH^-$	0.4	HO_2 起氧化反应
$O_2 + 2H_2O + 2e^- \rightleftharpoons H_2O_2 + 2OH^-$	-0.15	H_2O_2 起还原反应
$O_2 + H_2O + 2e^- \rightleftharpoons HO_2^- + OH$	-0.08	H_2O_2 起还原反应
$HO_2^- + H_2O + 2e^- \rightleftharpoons 3OH^-$	0.87	H_2O_2 起氧化反应
$HO_2^- + H_2O + e^- \rightleftharpoons 2OH^- + OH$	-2.4	H_2O_2 起氧化反应

$$e^-_{水化} + H_2O_2 \longrightarrow OH^- + OH \qquad (10.49)$$

$$e^-_{水化} + H_2S \longrightarrow HS^- + H \qquad (10.50)$$

水化电子可与四硝基甲烷反应产生有色的阴离子：

$$e^-_{水化} + C(NO_2)_4 \longrightarrow C(NO_2)_3^- + NO_2 \qquad (10.51)$$

利用这一反应可用分光光度法测定$e^-_{水化}$。在水的辐解产物中，氢原子是另一个重要的还原性产物，其还原能力比水化电子稍弱（$E_0 = -2.31$ V）。氢原子可与带有未配对电子的物质加合，如

$$H + OH \longrightarrow H_2O \tag{10.52}$$

$$H + O_2 \longrightarrow HO_2 \tag{10.53}$$

后一反应是在 O_2 存在下的辐射化学过程的一个重要反应。

在强碱溶液中氢原子可以与 OH^- 反应生成水化电子：

$$H + OH^- \longrightarrow H_2O + e^-_{水化} \tag{10.54}$$

氢原子可与不饱和的有机化合物发生加成反应，如

$$H + CH_3-C\equiv N \longrightarrow CH_3-CH=\dot{N} \text{（或 } CH_3\dot{C}=NH) \tag{10.55}$$

氢原子与饱和有机化合物作用，则从化合物抽取氢生成氢分子和自由基，如

$$H + CH_3OH \longrightarrow H_2 + \cdot CH_2OH \tag{10.56}$$

氢分子也是水辐解产生的还原性物质，但 H_2 在水中的溶解度很小，而且 H_2 的还原能力比 H 和 $e^-_{水化}$ 低得多，所以它在水溶液的辐射化学中所起的作用不大。

2. 氧化性产物

OH 自由基是水辐解产生的主要氧化性产物。OH 是弱酸，在溶液中与其阴离子 O^- 处于平衡状态，但因其 pH 值很高，实际上 O^- 只有在强碱性溶液中才能存在。

OH 在溶液中是氧化剂，反应时发生电子转移生成 OH^-，如

$$OH + Fe^{2+} \longrightarrow OH^- + Fe^{3+} \tag{10.57}$$

$$OH + CO_3^{2-} \longrightarrow OH^- + CO_3^- \tag{10.58}$$

OH 和自由基（如 H 和 HO_2）发生快速加合反应，也可以与不饱和有机物或芳烃加成，如

$$OH + CH_2=CH_2 \longrightarrow HOCH_2-\dot{C}H_2 \tag{10.59}$$

$$OH + \underset{}{\bigcirc} \longrightarrow \underset{}{\bigcirc}\!\!\begin{smallmatrix}OH\\H\end{smallmatrix} \tag{10.60}$$

OH 与饱和有机化合物反应时，则从分子中抽取氢：

$$OH + CH_3COCH_3 \longrightarrow H_2O + \cdot CH_2COCH_3 \tag{10.61}$$

另一种水辐解的氧化性产物是 HO_2 自由基，它只有在氧存在时才有较高的产额。因为氧是 $e^-_{水化}$ 和氢原子的有效清除剂，当体系中存在氧时，大量 $e^-_{水化}$ 和 H 均生成 HO_2 和 O_2^-：

$$H + O_2 \longrightarrow HO_2 \tag{10.62}$$

$$e^-_{水化} + O_2 \longrightarrow O_2^- \tag{10.63}$$

对于高 LET 值的辐射,由于径迹中原初产物浓度高,也能产生少量 HO_2:

$$OH + H_2O_2 \longrightarrow H_2O + HO_2 \tag{10.64}$$

HO_2 也是一种弱酸,在溶液中与 O_2^- 成平衡。它的氧化能力不如 OH,对不同的溶质,它可以是氧化剂,也可以是还原剂,如

$$HO_2 + Fe^{2+} \longrightarrow Fe^{3+} + HO_2^- \xrightarrow{+H^+} H_2O_2 \tag{10.65}$$

$$HO_2 + Ce^{4+} \longrightarrow Ce^{3+} + O_2 + H^+ \tag{10.66}$$

HO_2 自由基可自相结合生成 H_2O_2:

$$2HO_2 \longrightarrow H_2O_2 + O_2 \tag{10.67}$$

$$2O_2^- + 2H_2O \longrightarrow H_2O_2 + O_2 + 2OH^- \tag{10.68}$$

H_2O_2 与 HO_2 一样,既能起氧化作用也能起还原作用,如

$$H_2O_2 + Fe^{2+} \longrightarrow Fe^{3+} + OH^- + OH \tag{10.69}$$

$$H_2O_2 + Ce^{4+} \longrightarrow Ce^{3+} + HO_2 + H^+ \tag{10.70}$$

下面以硫酸亚铁水溶液为例,说明水溶液的辐射化学过程。在辐射作用下,硫酸亚铁溶液中被氧化的亚铁离子的量与溶液吸收的剂量成正比。空气的和/或充氧的硫酸亚铁体系是广泛使用的一种化学剂量计,称为弗里克(Fricke)剂量计。一般使用的条件是:$0.4 \text{ mol/L } H_2SO_4$(pH = 0.46),$[FeSO_4] = 4 \times 10^{-5} \sim 4 \times 10^{-2}$ mol/L。其辐解机理如下。

水辐解生成的氧化性产物把 Fe^{2+} 氧化为 Fe^{3+}:

$$OH + Fe^{2+} \longrightarrow Fe^{3+} + OH^- \tag{10.71}$$

$$H_2O_2 + Fe^{2+} \longrightarrow Fe^{3+} + OH^- + OH \tag{10.72}$$

由于存在 H^+ 和 O_2,还原性产物 $e^-_{水化}$ 和氢分别按下列各式反应:

$$e^-_{水化} + H^+ \longrightarrow H \tag{10.73}$$

$$H + O_2 \longrightarrow HO_2 \tag{10.74}$$

$$HO_2 + Fe^{2+} \longrightarrow Fe^{3+} + HO_2^- \tag{10.75}$$

$$HO_2^- + H^+ \longrightarrow H_2O_2 \tag{10.76}$$

因此 Fe^{3+} 的产额可表示为

$$G(Fe^{3+}) = G_{OH} + 2G_{H_2O_2} + 3(G_{e^-_{水化}} + G_H + G_{HO_2}) \tag{10.77}$$

其中,G_{HO_2} 取 0.026,其余各项可从表 10.2 中得到,由此可以算得在 γ 射线和快速电子照射时,空气的和/或充氧的 Fricke 计量体系的 $G(Fe^{3+})$ 为 15.5。

一些影响水辐解原初产物产额的因素都将影响 $G(Fe^{3+})$ 值，如 pH 值、LET、剂量率以及杂质等。不同辐射作用下的 $G(Fe^{3+})$ 见表 10.5。

表 10.5　硫酸亚铁剂量计的 $G(Fe^{3+})$ 值

辐射	$G(Fe^{3+})$ 值
160 MeV 质子	16.5 ± 1
1~30 MeV 电子	15.7 ± 0.6
^{50}Co γ 射线（1.25 MeV）	15.5 ± 0.2
^{137}Cs γ 射线（0.66 MeV）	15.3 ± 0.3
250 kV X 射线（E 平均为 48 keV）	14.3 ± 0.3
50 kV X 射线（E 平均为 25 keV）	13.7 ± 0.3
^{3}H β 射线（E 平均为 5.7 keV）	12.9 ± 0.3
12 MeV 氘核	9.81
14.3 MeV 中子	9.6 ± 0.6
$^{10}B(n,α)^{7}Li$ 反冲核	4.22 ± 0.08
^{235}U 裂变碎片	3.0 ± 0.9
LET 值无限大时的极限产额（从加速的 ^{12}C、^{16}O 和 ^{14}N 离子的结果外推得到）	2.9

放射化学实验常在硝酸盐和卤化物溶液中进行。在稀溶液条件下，这些溶液中发生的辐射化学效应主要是由水的辐解产物与溶质的化学反应引起的。

在稀硝酸盐溶液中，NO_3^- 被水的辐解产物氢原子还原，生成 NO_2 和 HNO_2：

$$NO_3^- + H \longrightarrow NO_2 + OH^-$$
$$2NO_2 + H_2O \longrightarrow HNO_2 + HNO_3$$

在稀的卤化物溶液中，卤素离子 X^- 与 $e_{水化}^-$ 和氢原子不起反应，但可被 OH 迅速氧化为 X 和 X_2^-（Cl_2^-、Br_2^-、I_2^-），例如

$$OH + Cl^- + H^+ \longrightarrow Cl + H_2O$$
$$Cl + Cl^- \longrightarrow Cl_2^-$$

氯原子和 Cl_2^- 都是活泼的氧化性产物，能迅速与溶质反应。

10.4　萃取剂和离子交换树脂的辐射效应

溶剂萃取法和离子交换法是放射化学研究和锕系元素生产中最常使用的两

种分离方法。通常，有机物对辐射都比较敏感，因此有机萃取剂和离子交换树脂在强辐射场中长期使用将会变质，性能变坏。辐射对萃取过程的主要影响是降低分离过程的去污系数和使溶剂乳化；对离子交换过程的主要影响是降低树脂的交换容量，以及当剂量很大时，树脂生成凝聚物使吸附的物质难以洗脱。

10.4.1 辐射对萃取剂的影响

萃取剂种类很多，这里以常用的萃取剂磷酸三丁酯（TBP）为例，说明辐射对萃取剂的影响。TBP 在辐射作用下会发生降解和聚合，主要产物有磷酸二丁酯（DBP）、磷酸一丁酯（MBP）、丁醇、氢气和聚合物等。聚合物中除 TBP 的二聚物和三聚物外，还有一种不能用碱溶液洗去的未知酸性物质，以及某种长链中性磷酸酯。TBP 降解产物的产额与稀释剂的性质和水相的性质有关，如表 10.6 所示。

在实际工艺体系中，如后处理工艺中的 TBP–煤油–硝酸溶液体系，引起体系降解的因素比较复杂，其中既有辐射引起的降解，也有化学作用和温度引起的降解。产物中除上述 TBP 的各种降解物质外，还有饱和烃、不饱和烃等稀释剂降解产物和硝基化合物、亚硝基化合物、羧酸、羰基化合物、羟肟酸等。其中影响分离过程去污系数的主要产物是 DBP、MBP 和羟肟酸。在后处理工艺中用 30% TBP–煤油从 HNO_3 溶液中回收 U 和 Pu 时，降解产物的允许最高浓度是：DBP 为 1×10^{-4} mol/L；MBP 为 8×10^{-5} mol/L；羟肟酸为 3×10^{-7} mol/L。当 30% TBP–煤油溶液吸收的能量为 3.6×10^4 J/L 时，就会造成萃取体系严重乳化。

表 10.6　^{60}Co γ 射线辐照 TBP 引起的降解产物产额

（吸收的能量为 $7.2 \times 10^3 \sim 7.2 \times 10^5$ J/L）

体系	条件	产额（体系吸收每 3.6×10^3 J 能量生成产物的克数）		
		DBP	MBP	丁醇
TBP	未与水平衡的	0.14	0.015	0.02
	产额（体系吸收每 3.6×10^3 J 能量生成产物的克数）			
		DBP	MBP	丁醇
TBP	与水平衡过的	0.090	0.015	0.01
30% TBP + 烷烃	未与水平衡的	0.14	0.025	0.02
	与水平衡过的	0.10	0.024	

续表

体系	条件	产额（体系吸收每 3.6×10^3 J 能量生成产物的克数）		
		DBP	MBP	丁醇
50%TBP+苯	未与水平衡的	0.54	0.005	
	与水平衡过的	0.043		
30%TBP+CCl_4	—	约1		

长链脂肪胺耐辐射的稳定性比 TBP 稍差，但是这类萃取剂的辐解产物对萃取过程的去污系数没有明显的影响。例如，当三辛胺、苯基二月桂胺、环己基二月桂胺的 5%（体积）煤油-月桂醇溶液经 ^{60}Co 的 γ 射线辐照（2.58×10^4 C/kg）后，再用来对铀、钚裂变产物的 HNO_3 溶液萃取，与未经辐照的实验结果相比，锕系元素和裂变产物的行为和选择性都无明显变化。而用 30% TBP-煤油溶液经辐照（约 516 C/kg）后，从 HNO_3 溶液中萃取铀和钚时，钌的去污系数降为原来值（未经辐照处理的实验值）的 1/3。

10.4.2　辐射对离子交换树脂的影响

离子交换树脂受辐照时，首先表现为交换容量发生变化。在干树脂受辐照情况下，树脂交换容量随吸收剂量的增加而迅速下降，如磺酸型阳离子交换树脂 Dowex 50 的交换容量在吸收剂量为 3.6×10^6 Gy 时降低 15%~30%。交换容量的损失还与剂量率和树脂的交联度有关。季胺型阴离子交换树脂 Dowex 1 的辐射稳定性较差，树脂的吸收剂量为 3.6×10^6 Gy 时，交换容量损失 40%。在实际使用中，由于水辐解产物如 OH、HO_2 等的作用，湿树脂耐辐照的性能比干树脂差。一般每升湿的苯乙烯型树脂最多只能吸收 3.6×10^5 J/L 的辐射能量。实验表明，从 HNO_3 体系回收 ^{238}Pu 和 ^{237}Np 时，Dowex 1 型树脂吸收 1.8×10^6 J/L 辐射能后，将产生大量凝聚物，使钚的洗脱发生困难。此外，在辐照过程中产生的大量气体（如 H_2、O_2、NO_2 等）将增加离子交换柱的阻力，造成操作上的困难。

10.5　辐射工艺进展概况

随着辐射化学的应用，20 世纪 70 年代已发展形成了一种新的工艺——辐射工艺（或称辐射加工）。

辐射工艺就是用核辐射（通常为γ射线）或加速电子作为手段生产优质化工材料，储存、保鲜食品，灭菌消毒及处理"三废"等工艺过程。

当前国外辐射工艺发展较快。1980 年统计，电子束装置的总功率已达 15 MW，^{60}Co 总功率为 10 MW。

辐射工艺与一般生产方法比较，在加工成本和能量消耗方面均有大幅降低。例如，涂层固化用热工艺的费用若为 1，辐射工艺的费用只需 1/6，同时能量消耗也降为原来的 1.18% ~ 5%。

辐射工艺还能用于某些特殊工艺和合成某些特殊材料，如含氟高分子材料的接枝和乙烯与三氟氯乙烯辐射共聚合等。

现就国内外常见的辐射工艺的应用作一简介。

1. 辐射高分子产品

从 20 世纪 60 年代开始，辐射化学的应用主要是在高分子领域，特别在交联、聚合、固化或硫化、改性等方面。

（1）电线及电缆绝缘材料的辐射交联。辐射交联的电线、电缆主要用途是作为机器的泛用配线材料。例如，汽车马达装置用的聚氯乙烯线要求能耐热、耐油、耐燃，电子仪器用的聚氯乙烯保护线要求耐焊接和具有良好的高频特性。

（2）聚乙烯泡沫塑料。交联聚乙烯泡沫塑料加工性能良好，同时又有小而均匀的多孔结构，控制交联聚乙烯泡沫塑料的孔径大小，可以生产出各种规格的光滑薄板，用途很广。其生产流程为

$$\begin{matrix}聚乙烯 \searrow \\ 发泡剂 \nearrow\end{matrix} 混合 \rightarrow 压片 \rightarrow 辐照 \rightarrow 发泡 \rightarrow 产品$$

常用发泡剂为偶氮甲酰胺。用 500 keV 电子束可照射 2 mm 片材。

辐射还用于使表面涂层固化和生产热收缩材料。

2. 核辐射在食品保鲜和储藏方面的应用

核辐射在食品保鲜和储藏方面的应用主要有：

（1）利用辐射来延长食品的储存时间，如消灭谷物和豆类中的害虫，抑制发芽，推迟植物成熟期，延长水果、蔬菜的存放时间。

（2）利用辐射改善食品卫生、杀菌和降低微生物负荷量。

（3）利用辐射改进食品制造工艺。其优点是节省能源，保存的食物新鲜，避免和减少了对健康有害的化学防腐物质的使用。

大量实验结果表明,辐照时食品发生的化学变化是均匀的、可以预测的。用吸收剂量为 1×10^4 Gy 的食品饲养动物,经遗传试验证明这种食品是无毒的,并保持了食品的主要营养。但用较大照射量辐照过的食品,应对其中的辐解产物作定性、定量的估计,将它与普通食品成分进行对比并作毒理试验。

3. 辐射在环境保护中的应用

目前许多国家都在开展辐射处理废气、废水及污泥的研究,但工业规模的应用还不多。辐射处理法有不少优点,如能分解常规方法难以除去的某些化合物(偶氮、蒽醌染料、木质素、酚等)。一些污泥经辐射处理后可改变其沉降和过滤性能或达到灭菌的目的。辐射处理法也可与常规法结合进行,如聚乙烯醇在缺氧条件下进行低照射量辐照后,很易与 $Fe(OH)_3$ 一起沉淀而被除去。

4. 辐射在生物医学工程中的应用

这是近期发展并受到重视的新领域,主要应用有:

(1) 用辐射法进行生物材料的合成或改性。生物材料是指一系列用作医学器材的材料,如体外器官人工肾、植入体内的人造血管等。辐射法合成这些材料(大多数为高分子化合物)的优点在于合成方法简单,不需加化学引发剂,并能在低温下合成,这就避免了外界污染,在合成的同时还可起消毒作用。

(2) 用于生物酶(生物催化剂)、药物和抗生素的固定,如:

$$\left.\begin{array}{l}\text{酶(或微生物细胞等)}\\ \text{单体}\end{array}\right\} \xrightarrow[\text{聚合}]{\text{在低温下辐照}} \text{固定化酶}$$

固定化酶的优点是适用于连续生产,延长生物酶的寿命,保护酶免受产物的抑制,降低酶的生产成本等,并可设计成各种形式的固定酶以满足各种用途和要求。

第 11 章
热原子化学

放射化学

热原子化学研究核反应过程和核衰变过程中所产生的激发原子与周围环境作用引起的化学效应。它是现代放射化学的一个重要领域。

1934年齐拉和却尔曼斯用中子照射碘乙烷（C_2H_5I）时，发现了一个重要的现象：用$^{127}I(n,\gamma)^{128}I$核反应制得的放射性^{128}I，大部分以单质或离子状态存在，而并不以原来的靶化合物C_2H_5I形式存在。这证明在核反应过程中，碳和碘之间的化学键发生了断裂，引起了化学变化。这种现象称为齐拉－却尔曼斯效应。这个效应具有实用价值，因为它使得原来比较复杂的同位素分离的问题，简化为用普通化学方法分离两种不同化合物（$C_2H_5{}^{127}I$和^{128}I）的问题。

齐拉－却尔曼斯效应的起因是由于^{127}I俘获中子后，激发核放出γ光子，产核^{128}I得到巨大的反冲能量使得化学键断裂。根据计算，上述^{128}I反冲原子具有约67 eV的能量，而热平衡能量是0.025 eV，前者的能量比后者的要高出3个数量级，而一般分子的化学键能只有2～5 eV，它比反冲能量低得多。因此，化学键容易因原子的反冲而被破坏。

在核转变过程中受到反冲作用的激发原子具有很高的能量（可达几兆电子伏特或更高），这种原子称为热原子（hot atom）。这里的"热"指的是高能状态，以区别于粒子作热运动的低能状态。处于热运动能量区域的原子称为热能原子（thermal atom）。热原子与热能原子具有不同的能量和行为。

实际上，这种具有高反冲能量的热原子往往还伴随着电离激发，带有许多正电荷。因此，热原子不仅包括具有高反冲能量的原子，也包括高度电离激发的粒子。因此，核过程引起的化学键的断裂，有的主要是由于反冲能量的作用，有的则主要是由于电离激发的作用。

热原子化学除了可以用于富集放射性同位素外，还能用于直接合成复杂的标记化合物。更重要的是，在理论研究方面，它提供了一种能产生高能粒子的手段，并通过这种粒子来研究特殊化学反应的规律。例如，利用$^{12}C(\gamma,n)^{11}C$反应能生成自由碳原子，根据^{11}C生成的反应产物可以探讨自由碳原子参与化学反应的规律，丰富了对高能化学反应的认识。

11.1 核过程中热原子的形成

在核衰变过程中，处于高能态的母体原子核会自发转变为低能态的子体核。在核反应过程中，靶原子核受入射粒子轰击生成激发态的复核以后，也会通过适当途径自发转变为低能态的产核。这些过程释放的能量，一部分分配给出射粒子，一部分分配给发生核转变的原子，使它获得动能，产生电离和电子激发，这就使原子处于激发状态。下面分别讨论在核转变过程中原子激发的几种主要方式。

11.1.1 原子的反冲

核转变过程都包含有粒子的发射过程。由于粒子的发射，子体核或产核得到一个反冲动量，它的大小与出射粒子的动量相等，而方向相反。反冲能可通过动量守恒原理算得：

$$E_M = \frac{1}{2}MV^2 = \frac{P_M^2}{2M} = \frac{P^2}{2M} \tag{11.1}$$

式中　E_M——反冲能；

　　　M——反冲核的质量；

　　　V——反冲核的速度；

　　　P_M——反冲核的动量；

　　　P——出射粒子的动量。

下面讨论几种常见的核变化过程的反冲情况。

1. 发射 α 粒子

因为 α 粒子运动速度不大，式（11.1）可表达为

$$E_M = \frac{P^2}{2M} = \frac{M_\alpha^2 V^2}{2M} = \frac{M_\alpha}{M}E_\alpha \tag{11.2}$$

式中　M_α, V——α 粒子的质量和速度；

E_α —— α粒子的能量。

例如，^{222}Ru 经过 α 衰变生成 ^{218}Po，发射的 α 粒子能量 $E_\alpha = 5.489\text{MeV}$（99.9%），因此 ^{218}Po 得到的反冲能量为

$$E_M = \frac{4}{218} \times 5.489 \approx 0.1 \text{ MeV}$$

2. 发射电子

对于高速度运动的电子，在计算其动量时要考虑相对论效应。当发射单能电子时，可以导得

$$E_M = \frac{E_e^2}{2Mc^2} + \frac{M_e}{M}E_e \tag{11.3}$$

式中　E_e —— 电子动能；
　　　c —— 光速；
　　　M_e —— 电子静止质量。

当 E_e 用 MeV 单位，M_e、M 用原子质量单位时，可得

$$E_M = 536\frac{E_e^2}{M} + 548\frac{E_e}{M} \text{ (eV)} \tag{11.4}$$

上述计算适用于发射内转换电子过程。β衰变时，在发射高能电子的同时还发射出中微子，因此 β 粒子谱是连续能谱，式（11.4）可用于计算 β 衰变过程的最大反冲能量。

3. 发射 γ 光子

在（n, γ）反应和同质异能跃迁过程中发射粒子为 γ 光子，光子的动量为 $P_v = \frac{E_v}{c}$，代入式（11.1）可得

$$E_M = 536\frac{E_\gamma^2}{M} \text{ (eV)} \tag{11.5}$$

式中　E_γ —— γ 光子能量。

4. 核反应引起的反冲

在核反应中，原子核同时受入射粒子的撞击和出射粒子引起的反冲作用而获得动能，从动量与能量守恒定律可以导得反冲能公式如下：

$$E_M = \bar{E}_M - A\cos\theta \tag{11.6}$$

式中　$\bar{E}_M$ —— 平均反冲能量；

θ——入射粒子与出射粒子之间的夹角；

A——系数。

$\bar{E}_M$ 和 A 的表达式比较长，计算较烦琐，对于某些特定条件下的核反应，式（11.6）可作简化。

（1）若入射粒子 E_i 的能量低到可以忽略不计，如慢中子引发的（n, p），（n, α）反应，式（11.6）可简化为

$$E_M = \frac{M_f}{M + M_f} Q \tag{11.7}$$

式中　M_f——出射粒子的质量；

　　　Q——反应能。

（2）若反冲核的质量比入射粒子和出射粒子的质量（M_i，M_f）都大得多，则式（11.6）可简化为

$$\bar{E}_M = (E_i + Q) \frac{M_f}{M} + E_i \frac{M_i}{M} \tag{11.8}$$

式中　E_i——入射粒子能量。

当 γ 能量较低时，由 γ 光子激发的核反应如（γ, n）反应的反冲能量可近似地使用下式计算：

$$E_M = (E_\gamma + Q) \frac{M_f}{M + M_t} \tag{11.9}$$

由于反冲的原子是与分子的其余部分相联结的，因此反冲原子将带着整个分子一起运动。核反冲的能量一部分作用于分子中联结反冲原子的化学键上，一部分作用于整个分子，增加分子的平动能。设反冲动量为 P_M 的反冲原子质量为 M，分子其余部分的质量为 M_1，则反冲原子的反冲能为

$$E_M = \frac{P_M^2}{2M}$$

整个分子的反冲能为

$$E_{M+M_1} = \frac{P_M^2}{2(M + M_1)}$$

两者的差值构成分子的激发能 E^* 为

$$E^* = E_M - E_{M+M_1} = \frac{M_1 P_M^2}{2M(M + M_1)} = E_M \frac{M_1}{M + M_1} \tag{11.10}$$

由式（11.10）可知，E^* 与分子其余部分的质量 M_1 有关。当 $M_1 \gg M$ 时，反冲能几乎全部用于分子的激发；$M_1 \ll M$ 时，反冲能几乎全部转变为整个分子的平动能。表 11.1 列出了在卤化氢和卤代烷的（n, γ）反应中，核反冲作

用于化学键的能量。由表可见，在卤代烷和HCl中，E^* 均大于化学键能，可使化学键断裂；而在 HBr、HI 中，E^* 则不足以断裂化学键。实际过程比上述情况要复杂些，分子激发能 E^* 的一部分引起分子转动，另一部分引起分子振动，只有振动能才是用于破坏化学键的主要有效能量。

表 11.1　(n, γ) 反应中卤化氢和卤代烷的 E^* 值

元素	俘获 γ 光子能量/MeV	HX		C_2H_5X	
		键能/eV	E^*/eV	键能/eV	E^*/eV
Cl	6.2	4.4	14.5	3.1	235
Br	5.1	3.7	2.2	2.6	45
I	4.8	3.0	0.8	2.0	18

各种核变化过程中所引起的反冲能见表 11.2。

表 11.2　各种核变化过程中所引起的反冲能

核变化过程	反冲能范围/eV
β^- 衰变	$10^{-1} \sim 10^2$
β^+ 衰变	$10^{-1} \sim 10^2$
α 衰变	约 10^5
同质异能跃迁	$10^{-1} \sim 1$
电子俘获	$10^{-1} \sim 10^1$
(n, γ) 反应，(热中子)	约 10^2
(n, p) 反应	约 10^5

11.1.2　空穴串级引起的激发

如果核过程在电子壳层的内层引起电离（如电子俘获或内转换），则 K 层或 L 层会因失去电子而形成空穴。随后俄歇过程引起外层的电子填充入空穴，并引起更多的光子及由光子击出的电子的发射，形成空穴串级。结果是原子高度电离，其正电荷数可达 10 以上。图 11.1 为碘在 L 层的空穴引起空穴串级的示意图。

空穴串级过程的时间是 $10^{-16} \sim 10^{-15}$ s，比分子振动（$10^{-14} \sim 10^{-12}$ s）的时间要短得多，激发原子积聚的正电荷在分子内部进行电荷的再分布，使分子内荷正电的部分之间产生强烈的库仑斥力，从而引起分子爆炸。图 11.2 为气相 CH_3I 的库仑爆炸示意图。

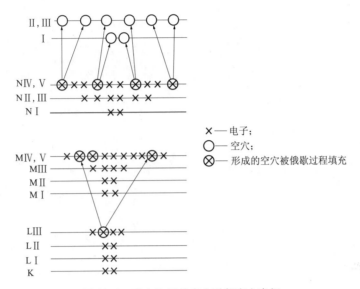

图 11.1　碘在 L 层的空穴引起空穴串级

11.1.3　电子震脱引起的激发电离

在原子序数 Z 发生变化的核过程中,核外电子壳层也会发生变化。当 $\Delta Z>0$ 时核的电场强度增大,会引起电子壳层收缩;$\Delta Z<0$ 时电子壳层扩展,如果电子壳层的重排比核过程慢,则会引起电子激发而产生电离,这一过程称为电子震脱。电子震脱主要发生在外层的电子。实验证明,α 衰变时子体原子常因震脱效应而呈中性或带少量正电荷。β^- 衰变时,主要形成 +1 价的产物,也形成一定份额的电子震脱产物。如 $^{85}\text{Kr} \xrightarrow{\beta^-} {}^{85}\text{Rb}$,初级产物中 +1 价的产物占 79%,+2 价的占 11%,+6 价的占 0.7%。

原子序数的突然变化还使子体原子发生电子激发。例如,$^3\text{H} \xrightarrow{\beta^-} {}^3\text{He}^+$ 和 $^6\text{He} \xrightarrow{\beta^-} {}^6\text{Li}^+$ 子体原子的激发能分布,有 67%~70% 的子体原子处于基态,25% 的 $^3\text{He}^+$ 具有 20.5 eV 的激发能,17% 的 $^6\text{Li}^+$ 具有约 60 eV 的激发能。

综上所述,核转变过程能使发生核反应的原子得到反冲动能,发生电离和激发而成为高能的反冲粒子。对于不同的核过程,反冲粒子所具有的动能、电离程度和激发能有很大的差别。

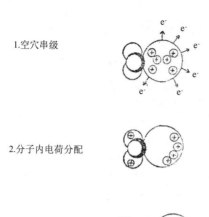

1. 空穴串级
2. 分子内电荷分配
3. 库仑排斥
4. 电荷交换和能量损失
5. 过剩能量失去前的热原子反应
6. 热能化的离子-分子反应

图 11.2　气相 CH_3I 的库仑爆炸示意图

11.2　反冲粒子的次级反应

11.2.1　反冲粒子的能量耗散过程

核过程产生的高能反冲粒子在介质中高速度运动，并与介质相互作用而逐步丧失能量并改变荷电状态。它所经历的过程与反冲粒子所带的能量有关，这种过程大体上可分为以下几个阶段。

(1) 反冲粒子具有很高的能量，且其速度大于被碰撞原子的外层电子速度 V_e 时，主要引起介质电离和激发，同时耗散本身的能量。

(2) 反冲粒子的速度与 V_e 相近时，反冲粒子与介质的碰撞会使反冲粒子发生多次反复地俘获与丢失电子，因此它带的电荷是波动的。当反冲粒子的能量降低到几千电子伏特以下时，反冲粒子即被中和，以低激发态的中性原子存在。例如，反冲氢原子在氢气中从 300 keV 慢化到 9 keV，大约要经过 2 000 次电荷交换循环，在能量大于 100 keV 时，它主要以 H^+ 的状态存在，能量降到接近 10 keV 时，中性氢原子占 90%，H^+ 降低到 10%。

(3) 反冲粒子的速度降低到比 V_e 小很多时，则反冲粒子不能再使介质电离，主要通过弹性与非弹性碰撞传递能量。

因此，各种核过程的初级产物在随后的能量耗散过程中所发生的变化，与反冲能大小有关。对于发射重粒子的核过程如（γ，n）、（n，2n）、（n，p）反应，由于反冲能高，反冲粒子最初发生电离，以后在慢化过程中，它被中和为基态和低激发态的原子。对于反冲能仅几百电子伏特的（n，γ）反应，则反冲粒子常常不易发生电荷中和。

对于高能反冲粒子，从上述慢化特性可知，尽管核反应不同，反冲粒子的初始状态（能量，电荷）也不同，但慢化后导致的结果是相同的，即生成中性的反冲原子。这就为研究高能原子的化学行为提供了简便的方法。

11.2.2 次级反应及保留值

高能的反冲粒子在丢失了大部分能量后，与介质可发生两种作用：一种是仅仅发生能量传递，另一种是发生次级化学反应，形成核转变过程中多种多样的化学产物。实验证明，反冲粒子只有在丢失了绝大部分的能量以后，也就是处在能量分布谱的末梢时，才能发生次级化学反应。

中子照射碘甲烷、二溴甲烷、三溴甲烷和氯苯后，生成的放射性卤素原子一部分以无机物状态进入水相；另一部分以原始化合物形式以及二碘甲烷、三溴甲烷、四溴甲烷、二氯苯等形式存在于有机相。二碘甲烷等产物便是次级化学反应的结果。在核转变过程中，一部分放射性同位素未能从靶子化合物中分离出来，这种现象称为保留，通常以 R 来表示保留值：

$$R = \frac{N^* - n^*}{N^*} \times 100\% \qquad (11.11)$$

式中　n^*——分离出来的放射性原子数；

　　　N^*——照射后生成的放射性原子总数。

保留可分为真保留和表观保留。真保留是以原始化合物形式存在的保留，表观保留则与所采用的分离方法有关，包括以原始化合物形式的保留和与它性质相近的化合物（新产物）形式的保留。表 11.3 列出了部分有机卤化物（n，γ）反应的保留值。

表 11.3　部分有机卤化物（n，γ）反应的保留值

靶子化合物	水相产额/%	表观保留值/%	真保留值/%	新产物产额/%
CH_3I	43	57	46	11（CH_2I_2）
CH_2Br_2	43	57	43	14（$CHBr_3$）

续表

靶子化合物	水相产额/%	表观保留值/%	真保留值/%	新产物产额/%
$CHBr_3$	44	56	37	19（CBr_4）
C_5H_5Cl	50	50	35	15（$C_6H_4Cl_2$）

也有人将保留分为一级保留和二级保留。一级保留是指化学键未断裂而引起的保留。二级保留是指发生了化学键断裂以后，反冲原子再与周围介质中其他分子发生反应而形成的保留。化学键未发生断裂的原因是多方面的，有可能是分配于化学键上的反冲能量小于化学键能（如 β 衰变），也有可能是因同时发射方向相反的 γ 光子，能量相互抵消而不足以破坏化学键等。实际情况是，发生一级保留的情况不多，多数情况是二级保留。

影响保留的因素：

（1）反冲能的影响（能量效应）。表 11.4 列出了不同核反应生成 ^{18}F 的保留值。

表 11.4　不同核反应生成 ^{18}F 的保留值

靶子化合物	^{18}F 真保留值/%	
	（γ，n）反应	（n，2n）反应
C_6H_5F	19.4	14.5
4 mol·L^{-1} C_6H_5F 乙醇溶液	4.7	4.3
p-$FC_6H_4CH_3$	20.4	17.0
p-FC_6H_4COOH	15.2	20.0

（γ，n）核反应的反冲能约 1 MeV，（n，2n）反应的反冲能约 0.1 MeV，二者相差一个数量级，但保留值相差无几，其他一些体系的实验也有类似结果。这说明决定产物最终化学状态的热原子反应，是在高能反冲原子丢失了大部分过剩能量以后才进行的。不同核反应的反冲能量对最终化学状态贡献不大。

（2）聚集态的影响（相效应）。各种状态的保留值一般有如下顺序：固态＞液态＞气态。表 11.5 为不同聚集态对保留值的影响。

（3）温度影响。实验室中几百摄氏度的温度变化对热反应的影响是微不足道的。例如，气相 CH_4 中的 $^6Li(n, α)^3H$ 反应，高能的反冲氚取代 CH_4 中的氢，在 22℃ 和 220℃ 时测得的保留值分别为 30.6% 和 31.2%，基本没有差别。但在热能反应区，由于反冲原子已与整个体系达到了热平衡，温度对产额有明显影响。温度对固相反应的影响最大，升温能使保留值上升，这种现象称为退火（annealing）。

表 11.5 不同聚集态对保留值的影响

靶子化合物	核过程	保留值/%		
		固态	液态	气态
C_2H_5Br	$^{81}Br(n,\gamma)^{82}Br$		75	4.5
C_3H_7Br	$^{81}Br(n,\gamma)^{82}Br$	88.4	39.2	
CH_2Br-CH_2Br	$^{81}Br(n,\gamma)^{82}Br$		31	6.9
K_2ReBr_6	$^{80m}Br \xrightarrow{IT^{80}} Br$	100	10	
$NaBF_4$	$^{19}F(\gamma,n)^{18}F$	88	0	

11.2.3 次级反应的机理

反冲粒子的能量耗散和次级反应的机理可以用里比刚球弹性碰撞模型和超热能区模型来描述。

1. 里比刚球弹性碰撞模型

1947年里比用刚球弹性碰撞理论来描述反冲原子的能量损失过程，他把反冲原子和被撞击的原子都看成刚性弹子球，它们之间的碰撞为弹性碰撞，每经一次碰撞反冲原子丢失的能量为

$$\frac{E_{失}}{E_{原}}=\left[\frac{4MM_1}{(M+M_1)^2}\right]\cos\theta \qquad (11.12)$$

式中　M——反冲原子的质量；

　　　M_1——被撞击原子的质量；

　　　θ——碰撞后两原子运动方向的夹角；

　　　$E_{失}$,$E_{原}$——反冲原子在弹性碰撞后失去的能量和碰撞前的能量。

对于在弹性碰撞中耗散了动能的原子的行为，里比用反应笼理论来描述。反应笼是指在反冲原子碰撞产生的分子碎片附近，由介质分子生成的自由基组成的小空间区域。反冲原子的碰撞过程大致可分为下面两种情况（以反冲卤素原子为例）：

（1）若反冲的卤素原子与有机分子 RX 中轻质量的原子（如碳、氢等原子）相碰撞，或者和其他卤素原子作侧面碰撞，即 $\cos\theta \neq 1$，反冲原子仅仅失去一部分能量，因此它往往还有足够的能量从反应笼中逃逸出来。例如，^{128}I与氢原子作迎头碰撞，它只损失约3%的动能，剩余的能量足以使它逃出反

应笼。

（2）若反冲的卤素原子与一个有机分子 RX 中的卤素原子迎头碰撞，即 $\cos\theta = 1$，根据式（11.12），它将几乎丢失它的全部能量。与此同时高能的反冲卤素原子与介质中的有机分子作无序的碰撞，有机分子的卤素原子被撞掉，形成一个含有自由基 R· 的反应笼。这时，几乎丢失了全部能量的反冲卤素原子已不可能逃出这个反应笼。最后，有机基团 R· 能与被冷却的反冲卤素原子结合，形成一个带有放射性卤素原子的 RX^* 有机分子。

反冲原子在碰撞后，其能量在 $0 \sim E_原$ 是均匀分布的。设 ε 表示反冲原子从反应笼中逃逸所需要的能量，则反冲原子在碰撞后其能量在 $0 \sim \varepsilon$ 的概率是 $\varepsilon/E_原$。它也就是反冲原子俘获在反应笼中，并最后重新结合成母体分子的概率。若卤素原子的键能为 v，同理可得反冲原子能量降低到键能以下的概率应为 $v/E_原$。一部分反冲原子在碰撞后其能量小于化学键能 v，但大于从反应笼中逃逸的能量 ε，它们的存在概率应为 $(v-\varepsilon)/E_原$，这些反冲原子已不能再使化学键断裂，也不能再与分子碎片重新结合，最后以自由原子或简单的无机离子状态存在。因此，反冲原子最后以 RX 形式存在的保留值为

$$R = \frac{\varepsilon}{v} \times 100\% \tag{11.13}$$

2. 里比的超热能区模型

里比的刚球弹性碰撞模型只能解释液相体系中生成原子化合物中的分子保留机制，但无法解释其他有机分子产物的生成。

1952 年里比和福克斯（M. Fox）提出了改进模型，引入超热能反应的概念：当反冲原子的能量降低到 $5 \sim 20$ eV（为化学键能的 $2 \sim 3$ 倍）时，这种超热能原子与有机分子作非弹性碰撞而将能量转移给整个分子，使分子受到振动激发而断键，生成一些有机自由基。这时反冲原子已没有足够能量逃逸出反应笼，结果与自由基结合成新的化合物。卤素单质在烃类化合物中形成卤代烃产物，以及在卤代物中形成非母体有机产物的反应，均可用超热能区模型来解释。例如：

$$I^* + C_3H_8 \longrightarrow C_3H_7I^* + H$$
$$Br^* + C_6H_5Br \longrightarrow C_6H_4BrBr^* + H$$

刚球-超热能模型是根据一些液相热原子化学实验结果提出的，后来里比等人也用此解释固体的一些实验现象。在固相中，反冲原子在只有几百个原子的很小体积中传递能量，在它周围形成一个高温的灼热区。如 $^{14}N(n, p)^{14}C$ 反应，灼热区的温度可达 $10^7 K$ 量级。灼热区的温度散失到足够低时，反冲原

子便能发生化学反应。

里比模型仅是一个着重定性描述的反应模型，有一定的局限性，此后他人也提出过一些模型，但迄今还只能处理一些简单的体系。

11.2.4 反冲原子次级反应能区的划分

在里比模型及改进模型基础上，总结大量实验结果，可将反冲原子的次级反应分为两个反应能区：

（1）热反应区（hot reaction zone）或称高能反应区。这一能区的热反应过程包括两种，一种是弹性碰撞引起的热反应，另一种是非弹性碰撞产生的超热能反应。

（2）热能反应区（thermal reaction zone）。这一能区的反应是反冲原子慢化到热能时发生的反应，介质中的热能原子在扩散过程中遇上自由基，结合成为分子。

鉴别热反应和热能反应对于了解反应机制是很必要的，常用的方法是依据添加剂效应进行鉴别。

1939 年我国科学家卢嘉锡等最早使用苯胺等有机物作添加剂，把它与靶子化合物液体卤代烷一起照射，发现苯胺等添加剂能使反冲卤素原子的保留值明显降低。对于苯胺降低保留值的原因曾用门舒特金反应作了正确解释：

$$C_6H_5NH_2 + R\cdot + X^*\cdot \longrightarrow C_6H_5NH_2R^+ + X^{*-} \quad (11.14)$$

$$C_6H_5NH_2 + H\cdot + X^*\cdot \longrightarrow C_6H_5NH_3X^* \quad (11.15)$$

反应式（11.14）表示苯胺是一种自由基清除剂，反应式（11.15）表示苯胺能和反冲的 $X^*\cdot$ 形成季铵盐，使 X^* 进入水相，上述两种过程均能降低保留值。

在以后的几十年中，不论在液相热原子化学，或在气相热原子化学的研究中，都广泛使用添加剂。添加剂按其功能分为两类：一类是能起化学反应的自由基清除剂，另一类是能传递能量的慢化剂。因此，使用添加剂研究热原子反应机理的方法也可分为两种。

（1）自由基清除剂法。上述苯胺的门舒特金反应是最典型的自由基清除反应。其他胺类的添加剂，也有类似的作用。

例如，$^{79}Br(\gamma, n)^{78}Br$ 反应，当用苯肼作自由基清除剂时，保留值与苯肼浓度的关系如图 11.3 所示。

当加入少量苯肼时，保留值急剧下降，随着苯肼浓度增加，保留值下降趋于平缓，这是清除剂曲线的典型形式。因为苯肼能有效地清除自由基和热能化

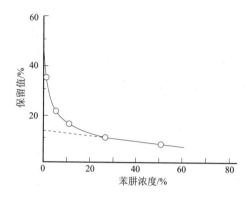

图 11.3 苯肼浓度与 ^{78}Br 保留值的关系

的反冲原子，使热能原子的扩散复合反应受到抑制，所以保留值急剧下降。而高能反冲原子对清除剂却是不敏感的，因此将清除剂曲线的平直部分作直线外推到苯肼浓度为零，可以将高能反应区的保留值和热能反应区的保留值区分开来。图 11.3 中直线外推到苯肼浓度为零时，保留值为 13%，可视为高能反应引起的保留值，在纵坐标上从 13% 至 55%（不加清除剂时的总保留）的差值 42% 为热能反应引起的保留值。

（2）慢化剂法。鉴别热原子反应最有效的方法是向体系中加入化学惰性的慢化剂。慢化剂并不影响热能反应，但能降低热原子与反应物的碰撞频率，使热反应概率减少甚至消除。通常使用惰性气体为慢化剂，它与热原子的碰撞属于弹性碰撞，采用质量相近的惰性气体，其慢化效率最好。例如，在氚-丙烷体系中，当加入过量慢化剂 He 时，各种氚反应产物都降到零，表明这些产物都是热反应产生的。而在 ^{11}C-乙烯体系中，当加入过量慢化剂 Ne 时，有一些产物虽然产额减小，但不能完全消除，表明这些产物是由热反应和热能反应两种途径生成的。

11.3 热反应的动力学理论

1960 年埃斯楚普（Estrup）和沃夫根（Wolfgang）用动力学分析方法对气相热反应进行研究，提出了定量描述热反应的理论公式，这就是埃斯楚普-沃夫根（E-W）理论，它提供了一个分析反冲热原子化学的有用方法，对后来的热原子化学研究起到了推动作用。

E-W 理论假定一个起始能量为 E_0 的热原子，由于弹性碰撞而损失能量，

当能量降低到 $E_2 \sim E_1$ 范围时，它与介质分子碰撞可能引起热反应，E_1 是发生热反应所需的最小能量，即热反应的能量下限，E_2 是发生热反应的能量上限，超过此能量，表示碰撞能太大，热原子无法与介质结合。E-W 理论假设的几个条件是：

（1）热原子与介质分子间作弹性碰撞。

（2）热原子的初始能量 $E_0 \gg E_2$，在热原子的能量降低到 E_2 以前服从统计分布。

（3）反应能阈值的下限 E_1 大于热能。

设热原子与体系中组分 j 的碰撞概率为 f_j，与组分 j 每次碰撞的反应概率为 $p_j(E)$，$n(E)\mathrm{d}E$ 是在能量 $E \sim E+\mathrm{d}E$ 的碰撞次数。则在 $E_2 \sim E_1$ 能量范围内的每个热原子与组分 j 发生反应的有效碰撞概率 P_j 为

$$P_j = \int_{E_1}^{E_2} f_j p_j(E) n(E) \mathrm{d}E \tag{11.16}$$

式（11.16）对 j 求和，得每个热原子发生反应的总概率 $P = \sum_j p_j$，因此可得

$$P = \sum_j \int_{E_1}^{E_2} f_j p_j(E) n(E) \mathrm{d}E \tag{11.17}$$

令 N_h 为发生反应的热原子数，N_s 为热原子总数，则 $P = N_h/N_s$，故得

$$N_h = N_s \cdot P = N_s \sum_j \int_{E_1}^{E_2} f_j p_j(E) n(E) \mathrm{d}E \tag{11.18}$$

上式为 E-W 模型的基本表示式。

设 α 为热原子在每次碰撞后的平均对数能量损失。在多组分体系中 α 的平均值由下式计算：

$$\alpha = \sum_j f_j \alpha_j \tag{11.19}$$

式中，α_j 由下式算得：

$$\alpha_j = 1 - \frac{(M_j - M)^2}{2M_j M} \ln \left| \frac{M_j + M}{M_j - M} \right| \tag{11.20}$$

式中 M——热原子质量；

M_j——组分 j 的质量。

可以证明 $n(E)$ 满足如下关系：

$$n(E) = \frac{1}{\alpha E} \exp\left[-\sum_j \int_{E_1}^{E_2} \frac{f_j p_j(E)}{\alpha E} \mathrm{d}E \right] \tag{11.21}$$

代入式（11.18）可得

$$\frac{N_h}{N_s} = \sum_j \int_{E_1}^{E_2} \frac{f_j p_j(E)}{\alpha E} \exp\left[-\sum_j \int_{E_1}^{E_2} \frac{f_j p_j(E)}{\alpha E} \mathrm{d}E \right] \mathrm{d}E \tag{11.22}$$

式（11.22）为热原子反应的总产额的表示式，它也可用于表示个别热反应产物的产额。

当体系中只有一种反应物 r 时，由式（11.22）可以推导出单个热反应产物 i 的产额的近似公式：

$$\frac{N_i}{N_s} = \frac{f_r}{\alpha} I_i - \frac{f_r^2}{\alpha^2} K_i$$

或

$$\frac{\alpha}{f_r} \cdot \frac{N_i}{N_s} = I_i - \frac{f_r}{\alpha} K_i \qquad (11.23)$$

其中：$I_i \int_{E_1}^{E_k} \frac{p_i(E)}{E} dE, K_i = \int_{E_1}^{E_k} \frac{p_i(E)}{E} \left[\int_{E_1}^{E_k} \frac{p_r(E)}{E} dE \right] dE$

式中 f_r——反应物分子 r 与热原子的碰撞概率；

I_i—— i 产物的反应性积分；

K_i—— I_i 的校正因子。

f_r 可用下式计算：

$$f_r = \frac{x_r s_r}{\sum_i x_i s_i} \qquad (11.24)$$

式中 x_i, x_r——产物 i 和反应物分子 r 的摩尔分数；

s_i, s_r——热原子与产物 i 和反应物分子 r 的碰撞截面。

从式（11.23），以 $\frac{\alpha}{f_r} \cdot \frac{N_i}{N_s}$ 对 $\frac{f_r}{\alpha}$ 作图，可近似得直线关系。

以热氚原子与 CH_4 气体的反应为例。实验是在含有不同种类和不同浓度的惰性气体的情况下进行的。f_r 按式（11.24）计算，此时 x_r 为反应混合物中 CH_4 分子所占的摩尔分数；s_r 为热氚原子与 CH_4 的碰撞截面。在计算 s 值时采用如下直径值：T 为 1.1 Å；CH_4 为 4.2 Å；He 为 2.2 Å；Ne 为 2.6 Å；Ar 为 3.6 Å；Xe 为 4.9 Å。α 值通过式（11.19）、式（11.20）计算求得。

对于热反应产物 CH_3T，用实验测得的放射性活度 A_{CH_3T} 代替 N_{CH_3T}，A_s 代替 N_s，以 $\frac{\alpha}{f_r} \cdot \frac{A_{CH_3T}}{A_s}$ 对 $\frac{f_r}{\alpha}$ 作图，结果如图 11.4 所示。

由图 11.4 可见，不论用哪种惰性气体作为慢化剂，实验点都落在一条直线上，实验结果与理论模型相符。用最小二乘法分析得 $I_{CH_3T} = 0.27$，$K_{CH_3T} = 0.055$。

E-W 理论在反冲氚和一些反冲卤素原子的体系中均得到了成功的应用。但 E-W 理论也有许多缺点，主要是它没有考虑分子激发过程的作用，而激发过程对于产物的分布影响很大。按 E-W 理论，α 是能量 E 的函数，但计算时把它看成常数，有时这和实际情况偏离较大。因此，E-W 理论的应用有相当的局限性，现在已有许多新的理论在发展中。

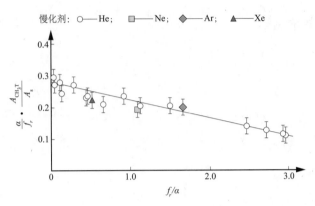

图 11.4　标记产物 CH_3T 的 $\dfrac{\alpha}{f_r} \cdot \dfrac{A_{CH,T}}{A_s}$ 与 $\dfrac{f_r}{\alpha}$ 的关系

11.4　氚的反冲化学

11.4.1　反冲氚反应的基本类型

研究反冲氚的反应不仅制备氚标记化合物时需要，而且具有重要的理论意义。研究反冲氚的反应机理，同时可以为了解其他反冲原子提供模式反应机理。

氚很容易通过热中子引起的 ^{3}He（n，p）^{3}H 和 ^{6}Li（n，α）^{3}H 核反应制得。前一反应常用于氚的气相反应的研究，氚的反冲能量为 192 keV；后一反应用于液相和固相反应的研究，氚的反冲能量为 2.73 MeV。

在实验中，通常加入少量添加剂如 Br_2、I_2、O_2、NO_2 等作为清除剂。这些少量的添加剂能有效地清除热能氚原子及自由基，使所得到的氚标记有机化合物都是热反应引起的反应产物。

分离气相的氚标记物，多采用气－液色层法，配以气流计数器或电离室进行放射性测量。近年来，在实验技术上有所更新，制造了专用于测定氚的软 β 射线的内流气正比计数管，并采用了内部标准源，用 ^{60}Co 源或者用贴在计数管内壁的含氚高聚物作为比较源。在液相反应中，产物多用高效的液体闪烁计数器进行测量。

氚与各种有机物的化学反应，按反应机制可归纳为 7 种基本类型。

1. 氢的提取反应

在反冲氚的反应中，HT 是最主要的反应产物。例如，在反冲氚与甲烷的气相反应中：

$$CH_4 + T \longrightarrow HT + CH_3^*$$

这一反应是热氚原子最主要的反应之一。在上述体系中若加入清除剂 Br_2，则 HT 的产额有所减少，说明一部分氢的提取反应是由热能氚原子引起的。

2. 氢的置换反应

例如，氚与丁烷反应：

$$T + CH_3CH_2CH_2CH_3 \longrightarrow \begin{cases} CH_3CH_2CH_2CH_2T + H \\ CH_3CH_2CHTCH_3 + H \end{cases}$$

反应产物是氚标记的原始化合物。置换反应是热氚原子的另一个主要反应，反应概率与氢提取反应相当。热能的氚原子不能产生置换反应。与置换原子相连接的碳如果是不对称的碳原子，反应产物能保持起始化合物的空间构型，不发生华尔登转位，这是氢置换反应的重要特征。

3. 激发 – 分解反应

例如，氚与乙醇反应：

$$T + CH_3CH_2OH \longrightarrow [CH_3CHTOH]^* + H\cdot$$
$$\downarrow$$
$$CH_3CTO + 2H\cdot$$

反应过程中先形成一个激发态的复合分子，然后复合分子再分解生成醛。

又如螺戊烷与氚反应：

$$\begin{matrix} H_2C \\ | \\ H_2C \end{matrix} C \begin{matrix} CH_2 \\ CH_2 \end{matrix} + T \longrightarrow [C_5H_7T]^* \longrightarrow$$

$$\begin{cases} H_2C=CH_2 + CH_2=C=CHT \\ H_2C=CHT + CH_2=C=CH_2 \end{cases}$$

先形成激发态 $[C_5H_7T]^*$，然后分解成不饱和的乙烯和丙二烯。

4. 烷基置换反应

氚与丁烷的反应除了有氢提取反应和氢置换反应外，还有 C—C 键断裂的烷基置换反应：

$$CH_3-CH_2\overset{1}{|}CH_2\overset{2}{|}-CH_3+T \longrightarrow \begin{cases} CH_3T+CH_3CH_2CH_2\cdot \\ CH_2TCH_2CH_3+CH_3\cdot \\ CH_2TCH_3+CH_3CH_2\cdot \end{cases}$$

1，2 表示不同的断裂位置。

5. 重原子或官能团的置换反应

例如，氚与苯甲酸的衍生物反应：

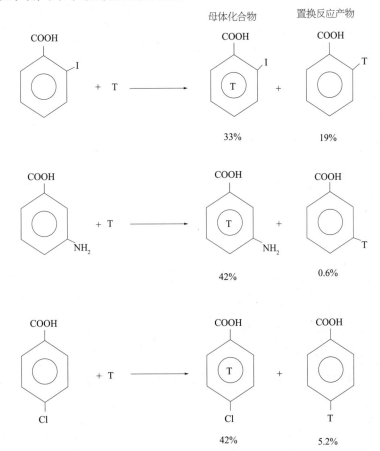

6. 热自由基生成反应

例如，氚与乙烷和丁烷反应：

$$CH_3-CH_3 + T \longrightarrow \begin{cases} [CH_2T\cdot]^* + CH_3\cdot + H\cdot \\ [CH_3\dot{C}HT]^* + 2H\cdot \end{cases}$$

$$CH_3CH_2CH_2CH_3 + T \longrightarrow \begin{cases} [CH_3CH_2CH_2\dot{C}HT]^* + 2H \\ [CH_3CH_2\dot{C}HT]^* + CH_3\cdot + H\cdot \end{cases}$$

反应特征是氚取代出两个氢原子或取代出一个甲基和一个氢原子。反应生成的激发态的自由基，将进一步分解或退激，再被清除剂所俘获。

7. 双键加成反应

反冲氚与烯烃发生加成反应，先形成一个过渡的热自由基，再分解成氚标记的烯烃化合物和一个自由基。例如，氚和丁烯的反应：

$$CH_3CH_2CH=CH_2 + T \longrightarrow \begin{cases} [CH_3CH_2\dot{C}HCH_2T]^* \longrightarrow \\ CH_2=CHCH_2T + CH_3\cdot \\ [CH_3CH_2CHTCH_2\cdot]^* \longrightarrow \\ CHT=CH_2 + CH_3CH_2\cdot \end{cases}$$

上述 7 类反应总结于表 11.6。

表 11.6　反冲氚原子的化学反应

反应类型	反应式
氢的提取反应	$RH + T \longrightarrow TH + R\cdot$
氢的置换反应	$RH + T \longrightarrow RT + H\cdot$
激发 – 分解反应	$RH+T \longrightarrow [RT]^* \longrightarrow$ 退激 $\longrightarrow$ 重排或分解
烷基置换反应	$R-R' + T \longrightarrow RT + R'\cdot$
重原子或官能团的置换反应	$R-X + T \longrightarrow RT + X\cdot$
热自由基生成反应	$R-R' + T \longrightarrow [RT\cdot]^* + R'\cdot + H\cdot$
双键加成反应	$R_2C=CR_2 + T \longrightarrow [R_2CT-\dot{C}R]^*$ $\longrightarrow$ 含氚烯烃 + 自由基

11.4.2 氚反应的模型和机理

1. 撞击模型

在原子与分子碰撞的过程中，如果原子运动的速度较慢，碰撞的作用时间长，则碰撞时转移的能量可以通过化学键的振动传递给整个分子。但是热氚原子的能量高、质量小，热氚原子与分子碰撞的持续时间很短，当氚的能量为 1 eV 时，持续时间约 10^{-14} s，这一时间与化学键振动的弛豫时间属同一数量级（$10^{-14} \sim 10^{13}$ s），因此热氚原子与分子的碰撞属于快速局部事件，热氚原子主要作用于直接撞击的一两个原子，而没有足够的时间将能量传递到分子的其余部分。因此，热氚反应的特点是绝大多数反应引起分子中一两处化学键的断裂，键的断裂只取决于氚撞击键位置和方向，与键的强度无关。同时，由于分子的激发能不大，因此不会出现分子广泛的碎裂和异构化。

2. 空间效应

由于热氚原子撞击是快速局部事件，所以撞击的位置和方向等空间因素（即空间效应）对反应的进行有重要影响。热氚原子的两种主要反应——置换反应和提取反应，可以设想有 4 种方式，如图 11.5 所示。

由于空间位阻的缘故，显然 C—C 键和叔碳原子上的 C—H 键的置换反应要比伯碳原子上的 C—H 键的置换反应困难得多。

3. 惯性效应

热氚反应还表现出受惯性效应的影响。构型保持现象便是惯性效应的一种表现形式，在复杂分子中，氚的置换反应不能按照图 11.5 中构型翻转的方式进行。这是因为碳原子上连接的重原子团发生构型翻转所需要的弛豫时间比较长（10^{-13} s），所以在氚原子撞击的短暂时间间隔（10^{-14} s）内，没有空轨道能结合氚原子，氚原子也就不能被俘获而离去。图 11.5 中第二种方式的置换反应，因为不涉及原子团的运动所以不存在这种限制。

惯性效应也表现在其他方面。例如，当氚与新戊烷（CH_3）$_3CCH_3$ 反应时，氚优先与 CH_3 结合，CH_3T 的产额远大于（CH_3）$_3CT$。其原因可能是：氚原子撞击分子而发生 C—C 键断裂后，分子的碎片因受到激发而发生旋转运动，可使碎片转到适宜的方向与氚结合，质量轻的 CH_3 的转动速度快，所以与氚结合的概率要比转动慢的 C（CH_3）$_3$ 大得多。

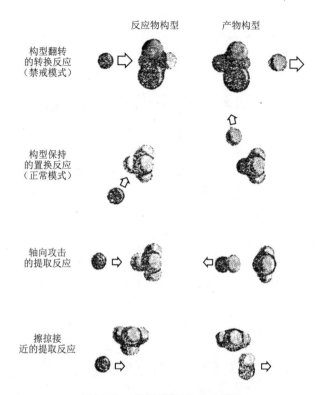

图 11.5 反冲氚原子的反应模型

11.5 碳的反冲化学

11.5.1 ^{14}C 的反冲化学

^{14}C 可通过热中子引起的 $^{14}N(n,p)^{14}C$ 核反应产生,反冲能为 0.045 MeV。

反冲 ^{14}C 与有机化合物反应能生成大量 ^{14}C 标记的放射性产物,在同一种产物分子中,^{14}C 可以标记在不同的位置。为了探讨 ^{14}C 在化合物中的分布规律,通常将它与统计置换进行比较。例如,^{14}C 原子与正戊烷($n-C_5H_{12}$)的反应,若 ^{14}C 能以相同的概率与任一碳原子和氢原子置换,那么生成戊烷与己烷的产额比应等于 5∶12,而且在 1-、2-、3-碳位上的氢原子被 ^{14}C 置换的产额比应为 6∶4∶2。但实验结果表明,产物中戊烷与己烷的产额比值大约是统计置换比值的一半,这表明 ^{14}C 对氢的置换比碳的置换要容易进行。另一方面,产物正己烷（正戊烷中 1 位的氢被置换的产物）、2 - 甲基和 3 - 甲基戊烷间的产额比值与统计比值很接近，而且正己烷中 ^{14}C 标记在首端位置的占 97%，3 - 甲基戊烷中 ^{14}C 标记在支链位置的也占 97%，这表明 ^{14}C 置换氢的规律是服从统计置换规律的。

反冲 ^{14}C 与甲苯的反应也服从统计置换规律。^{14}C 置换碳则生成标记的甲苯，置换氢分别生成邻 - 、间 - 、对 - 二甲苯和乙苯。实验观察到 ^{14}C 标记的甲苯，邻 - 、间 - 、对 - 二甲苯和乙苯产额的比与统计比 7∶2∶2∶1∶3 很接近，而且甲苯中 ^{14}C 标记在苯环上的产物占 89%，与统计比 86% 接近，乙苯中 ^{14}C 处于端点位置的占 86%，也与统计比相近。

反冲 ^{14}C 的统计置换规律表明，与反冲氚反应一样，反冲 ^{14}C 与分子碰撞是局部事件。

也有一些体系与统计置换规律有较大的偏离。就正戊烷体系或甲苯体系来说，也还有一些非置换反应的产物生成。

反冲 ^{14}C 的反应可用于制备 ^{14}C 标记化合物，其优点是能在复杂化合物中一步引入 ^{14}C 标记原子；缺点是生成的产物复杂，需要对产物进行分离和纯化，所以有时这一方法并不比合成法简单。

11.5.2 ^{11}C 的反冲化学

用 ^{14}C 来研究碳的反冲化学有很大缺点，因为 ^{14}C 的半衰期长，为了获得一定强度的 ^{14}C，需要在反应堆中进行长时间的照射，因此化合物的辐射分解比较严重，另外 ^{14}C 的反冲能较低，所以现在一般都用 ^{11}C 来研究。

^{11}C 可通过 ^{12}C$(\gamma, n)^{11}$C、^{12}C$(n, 2n)^{11}$C、^{12}C$(p, pn)^{11}$C 等核反应制得，半衰期为 20 min，反冲能量约 0.1 MeV。热能化的碳原子是化学上很活泼的粒子，它与 O_2 迅速反应生成 ^{11}CO：

$$^{11}C + O_2 \longrightarrow [^{11}COO]^* \longrightarrow {^{11}CO} + O$$

在有机化合物中即使有痕量的氧，也能发生这一反应。

反冲 ^{11}C 与烷烃 RH 反应生成的产物主要为 C_2H_2，其次为 C_2H_4 和 RCH_3。与烯烃反应除了上述产物外，还有碳原子在双键上的加成产物。表 11.7 列出了 ^{11}C 与 C_3H_8 反应的产物分布。

表 11.7　^{11}C 与 C_3H_8 反应的产物分布（加有 0.6% 的 O_2）

产物	产额/%	产物	产额/%
CO	16	n - C_4H_{10}	4

续表

产物	产额/%	产物	产额/%
C_2H_2	26	i-C_4H_{10}	1.6
C_2H_4	14	C_4H_8	4
C_3H_8	6	其他	1

反冲 ^{11}C 与有机化合物反应主要有以下几种。

1. 生成乙炔的反应

乙炔是由反冲 ^{11}C 嵌入 C—H 键中形成的，反应首先生成激发的双自由基 $[R-CH_2-C-H]^*$，如果起始的碳原子是处在低激发的三重态（3p），双自由基的两个电子便是平行自旋，这时可按下式分解成乙炔：

$$[R-CH_2-\overset{\uparrow\uparrow}{^{11}C}-H]^* \longrightarrow R\cdot + \left[\begin{matrix}H\\H\end{matrix}\right.\!\!\!\!> C=^{11}CH\Big]^* $$
$$\longrightarrow HC\equiv^{11}CH + H^+$$

2. 生成烯烃的反应

烯烃是由：^{11}CH 与烃类化合物按以下反应生成的：

$$R-\overset{H}{\underset{H}{C}}-H + :^{11}CH \longrightarrow \left[R-\overset{H}{\underset{H}{C}}-\overset{H}{\underset{}{^{11}\dot{C}}}-H\right]^* \longrightarrow$$

$$\overset{H}{\underset{H}{>}}C=^{11}C\overset{H}{\underset{H}{<}} + R\cdot$$

3. 合成反应

合成反应是指反应产物的碳原子数比反应起始物的碳原子数多的反应。这类反应中，以加入 $^{11}CH_2$ 基的化合物的产额为最大，反应式如下：

$$R-H + :^{11}CH_2 \longrightarrow R^{11}CH_3$$

4. 双键上的反应

反冲 ^{11}C 可以与烯烃发生双键加成反应，形成环状化合物，如反冲 ^{11}C 与乙烯反应可形成单重态的加成物，并很快分解成丙二烯：

$$:^{11}C: + CH_2 = CH_2 \longrightarrow \left[\begin{array}{c} ^{11}C \\ H_2C \diagup \diagdown CH_2 \end{array} \right]^* \longrightarrow CH_2 = {}^{11}C = CH_2$$

11.6　卤素的反冲化学

反冲卤素原子的化学行为比反冲氟的行为要复杂得多，有些问题尚在研究中。

卤素的质量比氚的质量大得多，因此它们的热反应与氚的热反应有很大的不同。以最轻的氟原子为例，当反冲氟原子能量为 1eV 时，它通过 1Å 距离的时间约为 2×10^{-13} s，这样的原子运动速度与分子的振动频率相比是比较慢的，因此反冲氟原子与分子的碰撞是一个缓慢事件。在这种情况下，分子的一部分活化能就可能转化为分子的激发能，使产物处于高激发态，并进而分解成碎裂产物。反冲卤素原子的反应还表现出位阻效应和惯性效应的影响。例如，由（γ，n）反应生成的 ^{18}F 或 ^{39}Cl 与 CH_4、CH_3X、CH_2X_2、CHX_3、CX_4 等分子反应时，随着分子中卤素取代基数目增多而置换能力降低，这是由于卤素原子的空间位阻的结果。另一方面，在同一分子内反冲卤素原子置换卤素的反应优先于置换氢的反应，这是惯性效应造成的。例如，^{18}F 与 CH_3F 在质心体系中碰撞，它们开始以高速度互相接近，碰撞后 ^{18}F 和 CH_3F 的运动都受到制动作用，但 CH_3F 分子内的氟原子和氢原子因惯性作用将按原方向继续运动，这引起 C—F 和 C—H 键拉长而使键能减弱。氟原子的惯性效应比氢原子要大得多，因此 C—F 键的减弱程度要比 C—H 键的强得多，结果使氟原子优先断裂。

在液相中，由于反冲卤素原子与介质分子碰撞次数增多，每次碰撞间隔时间短，激发分子可以因碰撞而快速退激，因此激发分解概率降低。同时由于反应笼效应，反冲卤素原子与自由基结合概率增强，有机反应产物的产额显著提高。

11.6.1　氟的反冲化学

研究氟的反冲化学一般均利用 ^{18}F（$T_{1/2}$ = 109.7min），它可以由 ^{19}F（n，2n）^{18}F 和 ^{19}F（γ，n）^{18}F 反应产生或由 ^{16}O（α，d）^{18}F 和 ^{16}O（t，n）^{18}F 反应产生。

^{18}F 与 CF_3CH_3 的反应是 ^{18}F 的典型反应。用全氟丙烯作热能化 ^{18}F 的清除剂时，反冲 ^{18}F 的初级反应有如表 11.8 所列的几种方式，有机总产额为 26.1%。

表 11.8　^{18}F 的各种初级反应的反应产物

反应方式	反应产物及其相对产额	
氢提取反应	$H^{18}F$	51%
氟提取反应	$F^{18}F$	5.4%
氢置换反应	$CF_2 \cdot CH_2^{18}F$	8.2%
氟置换反应	$CF_2^{18}FCH_3$	3.6%
CH_3 置换反应	$CF_3^{18}F$	5.8%
CF_3 置换反应	$CH_3^{18}F$	8.2%

表中所列的初级产物中有许多是处于高激发态，它们迅速分解为自由基。若不用清除剂，则可以观测到热能化 ^{18}F 的反应，反应产物是 $H^{18}F$，所占份额为 17%。

反冲 ^{18}F 与乙烯可以发生置换反应，直接生成 $CH_2=CH^{18}F$，它处于高激发态，很容易分解：CH_2 和 $\cdot CH_2^{18}F$。也可以发生加成反应生成激发态的 $[\cdot CH_2CH_2^{18}F]^*$，并通过 C—H 键和 C—C 键断裂，分解成：CH_2、$\cdot CH_2^{18}F$、$CH_2=CH^{18}F$ 等产物。如果体系中存在过量的 SF_6 或 CF_4 慢化剂，则热能化的 ^{18}F 与乙烯发生加成反应，生成 $[\cdot CH_2CH_2^{18}F]^*$，它带有的激发能要低得多，只能通过 C—H 键的断裂而分解：$[\cdot CH_2CH_2^{18}F]^* \longrightarrow CH_2=CH^{18}F + H\cdot$，或者通过碰撞生成稳定的 $\cdot CH_2CH_2^{18}F$ 自由基。当体系中存在含氢的分子如 HI 时，则生成 $CH_3CH_2^{18}F$。

^{18}F 与乙炔主要发生热能化的加成反应，很少发生产物为 $HC≡CH^{18}F$ 的热置换反应。热能化的 ^{18}F 与乙炔进行加成反应生成 $\cdot CH=CH^{18}F$，若体系中有 HI 时，则生成 $CH_2=C^{18}F$。由于这一反应很易进行，故乙炔常用作热能化 ^{18}F 的清除剂。

11.6.2　氯的反冲化学

反冲氯可通过 $^{35}Cl(n,\gamma)^{36}Cl$、$^{35}Cl(\gamma,n)^{34m}Cl$ 及 $^{40}Ar(\gamma,p)^{39}Cl$ 等核反应生成。

氯的分子质量比氟和氚的都大，在反冲能相同情况下，氯的反冲速度要低得多，它与分子碰撞的持续时间更长，平动能转变为分子振动能的份额增加，产物因激发而分解的概率增大，因此气相热反应的有机产额减少。例如，反冲氯与气相甲烷和乙烷的热反应的总反应产额约为 8%，其中 CH_3Cl 为 6.4%，$\cdot CH_2Cl$ 为 1.3%。液相反应中有机产额要高一些，标记氯代烷的产额约为 20%。

在反冲氯与氯代烷的反应中，由于惯性效应，反冲氯置换氯代烷中的氯要比置换氢容易。例如，反冲 ^{38}Cl 与气相 CH_3Cl 反应，生成 $CH_2Cl^{38}Cl$ 与 $CH_3^{38}Cl$ 的产额比为 1:5，说明反冲 ^{38}Cl 置换 CH_3Cl 中的氯的产额比置换氢的产额高 5 倍。

用氯苯在（n，γ）反应中生成的反冲氯与烷烃反应得到如下的结果：反应的有机物产额与烷烃的种类无关（乙烷、庚烷、壬烷、环己烷均得到相同的结果），但随体系中烷烃的摩尔分数增加而迅速降低。纯氯苯时有机物产额为 60%，加入烷烃后有机物产额下降，极限值为 16%~17%，如图 11.6 所示。其中烷烃起着清除剂的作用，但对热能原子的清除不完全。如果在体系中加入 2% 的 I_2 清除剂，则有机物产额降到 10%。这说明 60% 为总有机产额，其中热能反应的有机物产额占 50%，热反应的有机物产额占 10%。

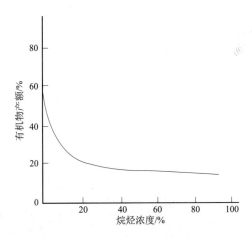

图 11.6 氯苯－烷烃体系的有机物产额

在氯苯与苯的反应体系中，有机物产额随苯浓度的变化是另一种类型，如图 11.7 所示。随着苯的摩尔分数增加，有机物产额缓慢下降，苯的摩尔分数增加到 0.8 以后，产额急剧下降。如果体系中加入清除剂，则有机物产额的变化改变为图 11.6 所示的形状，这说明在苯体系中，有机物产额增高的部分是由热能反应产生的。氯苯与热能化的反冲氯可能首先形成松弛的 π 络合物，然后通过同位素交换生成 ^{38}Cl 标记的氯苯而使有机物产额增加。

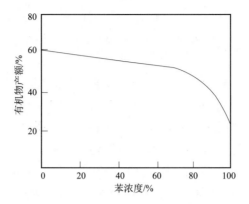

图 11.7　氯苯-苯体系的有机物产额

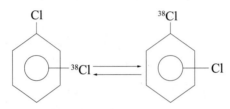

当有烷烃或 I_2 清除剂存在时，它们可以从 π 络合物中将结合松弛的 ^{38}Cl 提取出来，所以有机物产额相应降低。

11.6.3　溴的反冲化学

溴的两个稳定同位素 ^{79}Br 和 ^{81}Br，在热中子照射后能生成 ^{80m}Br、^{80}Br 和 ^{82m}Br、^{82}Br：

$$^{79}Br(n,\gamma)\xrightarrow{\sigma=2.9}{}^{80m}Br(4.4h)\xrightarrow{IT}{}^{80m}Br(7.4ns)\xrightarrow{IT}{}^{80}Br(17.6min)$$
$$\sigma=8.5$$

$$^{81}Br(n,\gamma)\xrightarrow{\sigma=3.0}{}^{82m}Br(6.1min)\xrightarrow{IT}{}^{82}Br(35.5h)$$
$$\sigma=0.2$$

研究反冲溴的行为，需要将 (n, γ) 过程和 (IT) 过程分开，这可以采用两种方法来实现：一种是用高通量中子照射溴引起核反应，并很快对其进行分析，这时可观测到由 ^{79}Br 直接生成的基态 ^{80}Br 的行为；另一种方法是在核反应后将产物放置一段时间，让起始生成的 ^{80}Br 衰变掉，然后观测 ^{80m}Br 的行为。

反冲溴还可以通过 $^{79}Br(n,2n)$ ^{78}Br 和 $^{81}Br(n,2n)$ ^{80m}Br 核反应制得。

由 (n, γ) 反应生成的 ^{80}Br 和 ^{80m}Br(IT) ^{80}Br 生成的 ^{80}Br 与烷烃和卤代烷在气相中反应的有机物产额列于表 11.9 中。

表 11.9 反冲 ^{80}Br 的有机物产额

反应物[1]	^{80}Br 的有机物产额[2]/%	
	(n, γ) 反应	IT 过程
CH_4	12.0	6.8
CD_4	6.4	4.5
C_2H_6	10.0	4.5
C_2D_6	9.0	—
CH_2F_2	3.2	1.5
CHF_3	1.5	0.8
CF_4	0.4	0.3
CH_3Br	2.8	2.4

注：(1) 反应物的分压约 600 mmHg。
(2) 有机物产额是将 Br_2 浓度外推至零的值。

(n, γ) 反应产生的 ^{80}Br 与 CH_4 的反应有显著的同应素效应，反冲 ^{80}Br 与 CH_4 反应的有机物产额几乎为 CH_4 的一倍。由 IT 过程生成的 ^{80}Br 与 CH_4 反应，同位素效应不明显。同位素效应与加入的慢化剂数量无关，这表明产额的差异不是由于 CH_4 和 CD_4 对反冲溴原子慢化能力不同而引起的，而是由于它们具有不同的反应能力的结果。

不同核过程产生的反冲 Br 与卤代烷反应，它们的化学过程是不同的，由 (n, γ) 反应产生的反冲溴与卤代烷优先发生氢置换反应，而 IT 过程产生的溴则引起卤代烷的 C—C 键断裂。例如，中子照射 C_2H_5Br 时，生成 ^{80}Br 和 ^{82}Br 标记的有机物产额比如表 11.10 所列。

表 11.10 中子照射溴乙烷的有机物产额比值

产物	^{80}Br 标记的产额/^{82}Br 标记的产额
C_2H_5Br	1.03
CH_3Br	2.15
CH_2Br_2	1.76
$CHBr_3$	1.08
CH_2BrCH_2Br	0.72
CH_3CHBr_2	0.80
$CH_2BrCHBr_2$	0.46

放射化学

在研究溴代烷的（n，γ）反应时，发现在以 Br_2 作为清除剂时，不但能区分热反应和热能反应，还能区分出一种热斑反应，这有助于进一步了解反应的机理。热斑是在反冲原子径迹周围形成的一个瞬时高热区域，它是在反冲原子碰撞慢化时，在局部介质中释放大量能量而产生的。热斑的高温作用使分子发生分解，因此热斑中自由基浓度很高，反冲原子与自由基的反应称为热斑反应。因为热斑中的自由基和热能化溴分布在径迹所在的局部介质中，所以它们对溴清除剂是不敏感的，只有当径迹中有足够量的溴清除剂时，热斑反应的有机物产额才会降低。图 11.8 是 CH_3Br、CH_2Br_2、$CHBr_3$ 和 C_2H_5Br 分别受中子照射后，其有机物产额与清除剂 Br_2 浓度的关系图，从图中可以看出反应，产物可以分为 3 组（即图中的 A、B、C 组）。

在 A 组中，清除剂 Br_2 的浓度在 1%～100% 范围内变化时，有机物产额不变，因此这些产物是热反应产物。在 B 组中，随清除剂 Br_2 浓度增大，有机物产额线性下降，Br_2 浓度为 100% 时，有机物产额为 0，因此这是热斑反应的产物。在 C 组中，随 Br_2 浓度增大，产额线性下降，但最后不能降低到 0。因此，这些产物中包括热反应、热斑反应和热能反应的产物。由上述分析得到的溴代烷各类反应产物的产额列于表 11.11。

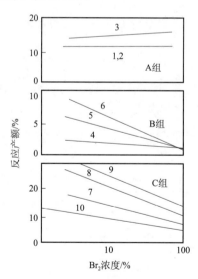

图 11.8　溴代烷反应的有机物产额与清除剂 Br_2 浓度的关系

A 组（高溴产物组）：1—二、三、四溴甲烷（一溴甲烷的产物），
2—三、四溴甲烷（二溴甲烷的产物），3—四溴甲烷（三溴甲烷的产物）；
B 组（A 组以外的所有非母体产物）：4—溴甲烷，5—二溴甲烷，6—溴乙烷；
C 组（母体产物组）：7—溴甲烷，8—二溴甲烷，9—三溴甲烷，10—溴乙烷。

表 11.11 溴代烷反应的有机物产额

化合物	母体产物/%			非母体产物/%	
	热反应	热斑反应	热能反应[1]	热反应	热斑反应
CH_3Br	5.4	16	43	13[2]	2.5[3]
CH_2Br_2	9.4	21	15	13[2]	6[3]
$CHBr_3$	14.3	20	5–10	14[2]	9[3]
C_2H_5Br	3	9	7	—	—

注：(1) 热能反应的产额是由不加慢化剂时的产额减去热反应和热斑反应产额得到的，图11.8中未表示出来；
(2) 为高溴产物；
(3) 为溴乙烷和低溴产物

11.6.4 碘的反冲化学

反冲碘可由 $^{127}I(n,\gamma)^{128}I$、$^{129}I(n,\gamma)^{130}I$、$^{127}I(n,2n)^{126}I$ 和 $^{127}I(d,p)^{128}I$ 等核反应产生。

(n,γ) 反应产生的 ^{128}I 与 CH_4 反应时，反冲碘可以高能原子（或离子）形式、I^+ 离子形式或者激发原子形式参与反应。实验表明，在有 I_2 清除剂存在下若不加慢化剂，产物 $CH_3^{128}I$ 的产额为 54%，若使用 Ne、Ar、Kr 作慢化剂，极限产额可降到 36%，这表明有 18%（即 54%~36%）的产额是由热反应引起的。若使用 Xe 作慢化剂，极限产额降到 11%；使用 NO、CH_3I 作慢化剂，极限产额降到 0。这是由于 Xe 的电离势比 I^+（$^1D_2$）低（表 11.12），Xe 除了能起慢化作用外，还能与 I^+（$^1D_2$）发生电荷转移反应：

表 11.12 若干原子和分子的电离势

物质	电离势/eV	物质	电离势/eV
I^+（$^1D_2$）	12.156	Xe	12.13
I^+（$^3P_1$）	11.333	NO	9.25
I^+（$^3P_0$）	11.25	CH_4	12.6
I^+（$^3P_2$）	10.454	C_2H_6	11.5
Ne	21.56	C_3H_8	11.1
Ar	15.76	$n\text{-}C_4H_{10}$	10.6
Kr	14.00	CH_3I	9.5

$$I^+(^1D_2) + Xe \longrightarrow Xe^+ + I$$

所以反应产物中有 25%（36%～11%）是由 $I^+(^1D_2)$ 形成的。NO、CH_3I 的电离势比 $I^+(^3P)$ 还低，加入 NO、CH_3I 能使极限产额降为零，故 11% 的产额是由 $I^+(^3P)$ 或者激发态的碘原子引起的。

由电子俘获产生的 ^{125}I（$^{125}Xe \xrightarrow{EC} {}^{125}I$）与 CH_4 反应是另一种情况。反应的有机物产额为 58%，加入 Ne 与 Ar 慢化剂对产额无影响，但体系中加入 Kr 或 Xe 后，产额降到 18%。这表明在这一体系中没有热反应产物，40% 的有机物产额是由 $I^+(^1S_0)$ 产生的，其余 18% 的有机物产额是由 $I^+(^3P)$ 或激发态原子产生的。

反冲 ^{128}I 与其他烷烃的气相反应的有机物产额要比与 CH_4 反应的产额低得多，如表 11.13 所示。

表 11.13 反冲 ^{128}I 与烷烃的有机物产额

烷烃	有机产额/%
C_2H_6	4
C_3H_8	4
n-C_4H_{10}	5
n-C_5H_{12}	4
n-C_6H_{14}	3

因为 C_2H_6 和其他烷烃的电离势要比 CH_4 低（表 11.12），这些烷烃可以与 $I^+(^1D_2)$ 或 $I^+(^3P)$ 发生电荷转移反应：

$$I^+(^1D_2 \text{ 或} {}^3P) + C_nH_{2n+2} \longrightarrow C_nH_{2n+2}^+ + I(^2P_{3/2} \text{ 或} {}^2P_{1/2})$$

所以抑制了 I^+ 与烷烃的反应。

在反冲碘反应的体系中也可以观察到热反应产物的激发－分解现象。例如，反冲 ^{128}I 与丁烷的气相反应，其热反应产额为 1.02%，各有机物产物的相对组成列于表 11.14。

表 11.14 ^{128}I 与丁烷反应的热反应产物的相对组成

热反应	CH_2I_2	CH_3I	C_2H_5I	C_2H_3I	C_3H_7I	$C_5H_{11}I$
相对含量/%	31	22	21	13	9	4

由表可见，产物中不含 C_4H_9I，大量的是小分子碘化物，另有少量的 $C_5H_{11}I$，这表明这些产物是激发态的初级产物分解所引起的。其反应过程可能

是 ^{128}I 与丁烷首先生成激发态的 CH_3I^*、$C_2H_5I^*$ 和 $C_3H_7I^*$：

$$I + C_4H_{10} \longrightarrow \begin{cases} CH_3I^* + \cdot C_3H_7 \\ C_2H_5I^* + \cdot C_2H_5 \\ C_3H_7I^* + \cdot CH_3 \end{cases}$$

随后，分子退激生成 CH_3I、C_2H_5I、C_3H_7I，或者发生如下的分解反应：

$$CH_3I^* \longrightarrow \cdot CH_3 + I \cdot$$

$$CH_3I^* \longrightarrow H \cdot + \cdot CH_2I \begin{array}{l} \xrightarrow{I_2} CH_2I_2 \\ \xrightarrow{C_4H_{10}} C_5H_{11}I + H \cdot \end{array}$$

$$C_2H_5I^* \longrightarrow \cdot C_2H_5 + I \cdot$$

$$C_2H_5I^* \longrightarrow C_2H_3I + 2H \cdot$$

$$C_2H_5I^* \longrightarrow CH_3I + :CH_2$$

反冲碘与烷烃在液相中的反应产额要比气相中的产额高。例如，^{128}I 与丁烷的液相反应，热反应的总产额为 26%，其中 C_4H_9I 的相对含量占 51%，其余为 CH_3I、C_2H_5I、C_3H_7I、CH_2I_2 等产物。反应机理可能是反冲 ^{128}I 与丁烷的置换反应，以及反冲 ^{128}I 与自辐解产生的自由基发生反应。

11.7 无机含氧酸盐和络合物的热原子化学

对周期表中第 Ⅴ、Ⅵ、Ⅶ 族元素的含氧酸盐，在（n，γ）反应中的化学效应作过较详细的研究。磷酸盐、铬酸盐、锰酸盐、碘酸盐等在中子照射后，都有一部分产物是非母体化合物形式。

磷酸盐是一个典型例子，因为磷的各种含氧酸盐可以在水溶液中同时存在，且相互间不发生交换反应，所以核反应产生的各种产物可以一一加以分离鉴定。如中子照射 Na_2HPO_4 后用纸上电泳法分析，得到的色谱图有 9 个峰，如图 11.9 所示，其中 8 个峰经过鉴定，结果列于表 11.15。

其他元素的含氧酸盐在经中子照射后，能从其水溶液中分离出来的产物要少得多，这是因为一些生成物与水发生了反应，或者生成物间相互发生了反应。

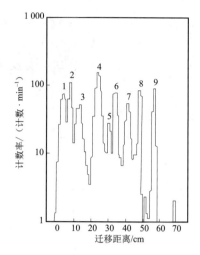

图 11.9 中子照射 Na_2HPO_4 后产物的纸上电泳谱

1—三聚磷酸盐；2—焦磷酸盐；3—未知物；4—异连二磷酸盐；
5—连二磷酸盐；6—正磷酸盐；7—双亚磷酸盐；8—亚磷酸盐；9—次磷酸盐

表 11.15 中子照射 Na_2HPO_4 后的产物

产物	化学式	磷的骨架
正磷酸盐	PO_4^{3-}	P（V）
亚磷酸盐	HPO_3^{2-}	P（Ⅲ）
次磷酸盐	$H_2PO_2^-$	P（Ⅰ）
焦磷酸盐	$[O_3POPO_3]^{4-}$	P（V）-O-P（V）
异连二磷酸盐	$[O_3POP(H)O_2]^{3-}$	P（V）-O-P（Ⅲ）
三聚磷酸盐	$[O_3POP(O_2)OPO_3]^{5-}$	P（V）-O-P（V）-O-P（V）
连二磷酸盐	$[O_3P \cdot PO_3]^{4-}$	P（Ⅳ）-P（Ⅳ）
双亚磷酸盐	$[O_3PP(H)O_2]^{3-}$	P（Ⅳ）-P（Ⅱ）

研究照射溶液组成变化对结果的影响常常可对反应有更多的了解。例如，中子照射碘酸盐溶液，起始化合物形式的产额为20%，与溶液pH值无关。若在照射前向碘酸盐溶液中加入还原性物质如 I^- 或 CH_3OH，则起始化合物形式的产额降至6%；若加入高碘酸盐，则起始化合物形式的产额可上升到40%。已知亚碘酸 IO_2^- 可以进行如下的反应：

$$IO_2^- + I^- \longrightarrow 2IO^-$$

$$IO_2^- + CH_3OH \longrightarrow I^- + 其他产物$$

$$IO_2^- + IO_4^- + \longrightarrow 2IO_3^-$$

因此可以推测出碘酸盐经中子照射后的最初产物中 IO^- 占 36%，IO_2^- 占 34%，I^- 或者 IO^- 占 60%。

络合物的 (n, γ) 反应也是研究得较多的一类反应。早期常利用络合物在核反应中发生化学键断裂的性质，富集放射性同位素。例如，用中子照射钴氰化钠后，用 α-亚硝基-β-萘酚可将反冲断裂的 Co 沉淀出来，得到高放射性比活度的 ^{60}Co。

络合物照射后生成的放射性产物是很复杂的，常常会得到配位体被不同程度置换的络合物的混合物。例如，中子照射 $Na_2^{191}IrCl_6 \cdot 6H_2O$ 后，用纸上电泳法分离反应产物，可得到 12～13 个峰，它们是 $^{192}IrCl_6^{2-}$、$^{192}IrCl_6^{3-}$、$^{192}IrCl_5(H_2O)^{2-}$、$^{192}IrCl_4(H_2O)_2^-$、…、$^{192}IrCl_4Cl(H_2O)_5^{2+}$ 及羟基络合物。

具有空间异构体的络合物，其 (n, γ) 反应的产物一般都有保留原有构型的特点，例如，$d-[Co(en)_3](NO_3)_3 \cdot 3H_2O$（en 代表乙二胺）在室温下经中子照射，生成 ^{60}Co 的产物，其中 d 型的产额为 4.6%，l 型的为 0.6%。顺式与反式的 $[Co(en)_2Cl_2]NO_3$ 在 (n, γ) 反应中也能保持构型，它们在干冰温度下照射的结果如表 11.16 所示。

表 11.16 $[Co(en)_2Cl_2]NO_3$ 经 (n, γ) 反应后的构型

化合物的形式	^{60}Co 的产额/%		^{38}Cl 的产额/%	
	顺式	反式	顺式	反式
顺式的	3.1	0.1	12.5	0.4
反式的	0.2	7.3	0.6	15.5

11.8　核衰变过程的化学效应

11.8.1　α 衰变的化学效应

α 衰变的子体具有很高的反冲能，一般在 0.1 MeV 量级，远远大于化学键能，因此必然使化学键断裂。

α 衰变时，α 粒子的发射速度往往小于 K 层电子的速度，因此可将 α 粒子的发射看作一个绝热的慢过程，它并不丢失原子的内层电子，也不发生随之而来的空穴串级或使原子带上若干正电荷。单纯的 α 衰变，只使原子带上两个负电荷。

但实际上，由于子体原子在高反冲能量作用下运动，以及外层电子因震脱效应而失落，这些过程能使原子带上少量正电荷，实验测得 ^{222}Rn 的子体 ^{218}Po 的最可几正电荷是 $+2$，^{210}Po 和 ^{241}Am 的 α 衰变子体的最可几正电荷是 $+1$。

与其他的核转变过程相比，对 α 衰变的化学研究较少，有人曾研究过处于苯甲酰丙酮铀酰络合物和二苯甲酰甲烷铀酰络合物中的 ^{238}U 经 α 衰变后子体 ^{234}Th 的保留值，用湿的 $BaCO_3$ 吸附 Th^{4+} 的方法，测得固态时的保留值为 $80\% \sim 90\%$，丙酮溶液中的保留值为 $20\% \sim 65\%$。用穆斯堡尔谱法测定了 ^{241}Am 的 α 衰变子体 ^{237}Np 的价态。在固态 $^{241}Am_2O_3$、$^{241}AmO_2$ α 衰变时，子体 ^{237}Np 呈 $+4$、$+5$ 价；固态 $^{241}AmF_3$、$^{241}AmCl_3$、$^{241}Am(OH)_4$ 衰变时，子体 ^{237}Np 呈 $+3$ 价。对 ^{212}Bi 的 α 衰变子体 ^{208}Tl 的状态也作过一些研究，由于子体 ^{208}Tl 有一个内转换系数很高的 $39.85 keV$ γ 跃迁，它能造成子体原子高度荷电，使研究结果复杂化。

11.8.2 β衰变的化学效应

β 衰变时子体的最大反冲能一般为几电子伏到几十电子伏，平均反冲能量约等于最大反冲能的一半。许多 β 衰变过程生成激发态的子体核，所以还同时发射 γ 光子，由于各种粒子引起的反冲一部分相互抵消，所以在反冲能的分布上，低能反冲粒子所占的份额较高。

β 衰变产物的电荷状态主要由下述因素决定：当发射 β^- 粒子时，子体原子的氧化数应比母体原子的增加一个单位，发射 β^+ 粒子时，子体原子的氧化数应减小一个单位；电子俘获时，子体原子的氧化数不变。此外，由于电子震脱和俄歇效应会引起附加的电子丢失。一般在纯 β^- 和 β^+ 衰变中，这些附加的电子丢失效应不大，受影响的子体原子只占 $10\% \sim 20\%$ 或更少。如 T 是纯 β^- 放射体，T_2 分子或 HT 分子经 β^- 衰变后，用质谱仪分析子体产物的分布，结果列于表 11.17。

表 11.17 T_2、HT 的 β^- 衰变产物分布

衰变物	产物	产额/%
T_2	$(T \cdot {}^3He)^+$	94.5 ± 0.6
	$T^+ + {}^3He^+$	5.5 ± 0.6
HT	$(H \cdot {}^3He)^+$	89.5 ± 1.1
	${}^3He^+$	8.2 ± 1.0
	H^+	2.3 ± 0.4

由表 11.17 可以看到，T_2 或 HT 经 β^- 衰变产生的直接产物 $(T \cdot {}^3He)^+$ 及

$(H \cdot {}^3He)^+$ 占绝大部分，离解产物 $T^+ + {}^3He^+$、${}^3He^+$、H^+ 仅占百分之几。

氚标记的 C_2H_5T 经 β 衰变后，它的初级产物分布列于表 11.18。

由表 11.18 可看出，C_2H_5T 的直接衰变产物 $(C_2H_5{}^3He)^+$ 极少，这是因为 $(C_2H_5{}^3He)^+$ 很不稳定，一旦生成立即发生 C—He 键的断裂，裂解成 $C_2H_5^+$ 和 He，因此，$C_2H_5^+$ 的产额最高。具有过剩内能的 $C_2H_5^+$ 进一步分解成 $C_2H_4^+$、$C_2H_3^+$ 等离子。

表 11.18　C_2H_5T 的 $β^-$ 衰变产物分布

衰变产物	产额/%
$C_2H_5{}^3He^+ + C_2H_5T^+$	< 0.2
$C_2H_5^+$	78 ± 2
$C_2H_4^+$	< 0.5
$C_2H_3^+$	6.5 ± 0.7
$C_2H_2^+$	6.9 ± 0.7
C_2H^+	4.1 ± 0.4
C_2^+	1.7 ± 0.2

${}^{132}Te$ 经 $β^-$ 衰变后生成 ${}^{132}I$。在 ${}^{132}TeO_3^{2-}$ 或 ${}^{132}TeO_4^{2-}$ 溶液中生成的 ${}^{132}I$ 有 70% 以 IO^-、I_2、I^- 形式存在，15% 以 IO_2^- 存在，其余以 IO_3^- 和 IO_4^-（TeO_3^{2-} 不生成 IO_4^-）存在。从衰变过程推断，${}^{132}TeO_3^{2-}$ 和 ${}^{132}TeO_4^{2-}$ 衰变后应生成 IO_3^- 和 IO_4^-，但实际得到的是大量的 IO^-、I_2、I^-。这说明生成的初级产物处于激发态，它们通过失去氧而退激，生成上述多种还原态产物。

在有些体系中，测得 β 衰变子体产物的价态与预期的价态是一致的。如 ${}^{90}Sr^{2+}$ 的水溶液中，${}^{90}Y$ 以 ${}^{90}Y^{3+}$ 形式存在，又如固体 $Cs^{51}MnO_4$ 经 $β^+$ 衰变后溶于水得 ${}^{51}CrO_4^{2-}$，都与预期的结果一致：

$$^{90}Sr^{2+} \xrightarrow{\beta^-} {}^{90}Y^{3+}$$

$$^{51}MnO_4^- \xrightarrow{\beta^+} {}^{50}CrO_4^{2-}$$

实际上这两个衰变过程仍然是复杂过程，${}^{90}Sr^{2+}$ 衰变因受电子震脱的影响，能产生少量带高电荷的钇离子；Mn 衰变引起的反冲能量为 72 eV，${}^{51}Mn$ 衰变也能产生一些其他产物，不过这些初级产物化学性质很活泼，在水溶液中，最后都转变成稳定的 Y^{3+} 和 CrO_4^{2-}。

${}^{57}Ni$ 标记的 $[Ni(NH_3)_6]X_2$（X 为 $S_2O_8^{2-}$、ClO_4^-、NO_3^-、I^- 等）在 $β^+$ 衰变或电子俘获时，${}^{57}Co$（Ⅲ）的产额受到外层阴离子 X 的氧化能力的影响。外层络合

阴离子的氧化能力$S_2O_8^{2-}$ > ClO_4^- > NO_3^- > I^-，^{57}Co（Ⅲ）的产额分别为41.8%、36.6%、34.8%、29.6%。说明^{57}Co在退激过程中与外层络合阴离子有相互作用。

11.8.3 同质异能跃迁的化学效应

高激发态的同质异能核素可通过放出γ光子或内转换电子而到达基态。寿命较长的激发核的衰变能都比较低，因此反冲能都很小。例如，E_r为0.1 MeV、质量为100的核，发射γ光子的反冲能为0.054 eV，发射内转换电子的反冲能要大一些，但也仅有0.50 eV，都比一般的化学键能小，因此同质异能跃迁的反冲能通常不足以使化学键破裂，但是内转换引起的俄歇效应产生空穴串级，可使原子获得高电荷，这些电荷在分子内重新分布，最后库仑斥力使分子爆炸。例如，气相$CH_3^{80m}Br$经同质异能跃迁后，产生各种价态的溴离子，其电荷谱如图11.10所示。子体溴离子最高能带+13个电荷，平均电荷数为+6.4，并生成CH_3Br^+、CH_3^+、CH_2^+、C^+、H_2^+、H^+、C_2^+、C_3^+等离子。

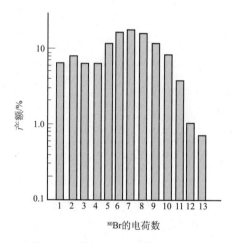

图11.10 ^{80m}Br衰变时^{80}Br的电荷谱

同质异能跃迁的内转换系数的大小对化学效应的影响很大。例如，^{69m}Zn和^{127m}Te、^{129m}Te的衰变能分别为0.44 MeV、0.089 MeV、0.106 MeV，^{69m}Zn的衰变能大于^{127m}Te和^{129m}Te的衰变能；^{69m}Zn、^{127m}Te和^{129m}Te的内转换系数分别为5%、97.5%、100%，^{127m}Te和^{129m}Te的内转换系数大于^{69m}Zn的内转换系数。将^{69m}Zn、^{127m}Te和^{129m}Te标记的二乙基化合物，在110℃气相下保存一段时间待同质异能核素衰变，结果在容器壁上沉积有^{127}Te和^{129}Te（Te—C键破裂而产生），而没有^{69}Zn沉积。这说明引起化学键断裂的主要因素是内转换系数，而不在于反冲能的大小。

Br 的两个同质异能素 ^{80m}Br 和 ^{82m}Br，由于其衰变方式不同，在化学行为上有一定的差异。例如，^{80m}Br 和 ^{82m}Br 分子与 CH_4 反应，产生标记的 CH_3Br 和 CH_2Br_2，其产额列于表 11.19。

表 11.19 Br 同位素标记的 CH_3Br 和 CH_2Br_2 产额

核素	CH_3Br 产额/%	CH_2Br_2 产额/%
^{80m}Br	3.5	1.1
^{82m}Br	5.0	1.1

若在体系中加入足够量的 Ar 慢化剂，CH_3Br 的产额均降到 0.5%，但 CH_2Br_2 的产额不变。这说明在 ^{80m}Br 和 ^{82m}Br 的体系中分别有 3% 和 4.5% 的 CH_3Br 产物是由热反应产生的，0.5% 的 CH_3Br 和 1.1% 的 CH_2Br_2 可能是热能化的 Br^+ 进行离子-分子反应而生成的：

$$Br^+ + CH_4 \longrightarrow CH_3Br + H^+$$

$$Br^+ + CH_4 \longrightarrow CH_4Br^+$$

$$CH_4Br^+ \xrightarrow{\text{中和，离解}} \begin{array}{l} \longrightarrow CH_3Br \\ \longrightarrow \cdot CH_2Br \xrightarrow{Br_2} CH_2Br_2 + Br \end{array}$$

在溶液中，^{80m}Br 标记的溴代烷衰变后产生大量的有机结合的 ^{80}Br 化合物。例如，n-$C_3H_7^{80m}$Br 衰变后产生 20 余种产物，有 n-$C_3H_7^{80}$Br、1-n-$C_3H_7^{80}$Br、1,2-n-$C_3H_6Br^{80}$Br、1,3-n-$C_3H_6Br^{80}$Br、溴乙烷、二溴乙烷以及碳链较长的溴化物。说明参与化学反应的能量相当大，反应是相当剧烈的。

在 ^{80m}Br 标记的 $[M(NH_3)_5{}^{80m}Br]X_2$（M 为 Co、Rh、Ir 等；X 为 NO_3^-、ClO_4^-、NO_2^-、$S_2O_6^{2-}$、$C_2O_4^{2-}$ 等）的衰变产物中，游离的 $^{80}Br^-$ 的产额随阴离子不同而不同，氧化性阴离子（如 ClO_4^-、NO_2^-）的络合物生成 Br^- 的产额比还原性阴离子（如 $S_2O_6^{2-}$、$C_2O_4^{2-}$）络合物生成 Br^- 的高。这是由于还原性的阴离子向带正电荷的 ^{80}Br 提供了电子，从而使 $[M(NH_3)_5{}^{80}Br]^{2-}$ 稳定，降低了 $^{80}Br^-$ 产额。

11.9 退火效应

固态母体化合物经核转变过程（核反应或核衰变）而发生的化学变化，将随着对这些固体作某种处理（如热处理或辐射处理）而部分或全部地消失，并恢复母体化合物的形式,这种现象称为退火效应。例如,热中子照射 $K_2Cr_2O_7$ 后,母体形式的产额为 60%～70%,若照射后在 150 ℃下加热 8 h,则母体产额比原来的增加 18%;如果用 1.8 MeV 的电子辐照,总剂量 1 MGy,母体产额比原来的增加 9%。固体物质在中子照射下,引起的密度、杨氏模量、电阻率等物理性质的变化,也具有退火效应。这两类退火过程很相似,因此研究退火过程中标记母体产额的变化,既可以深入认识核反应过程中化学变化的机理,也有助于了解辐照固体退火效应的一般规律。

受热退火与温度有密切关系。图 11.11 是 K_2CrO_4 的受热退火等温曲线。等温退火时,随着加热时间的增长,母体产额的变化开始增加很快,然后变得平缓,出现一个"假坪"区,最后趋于一极限产额值 $Y\infty$。$Y\infty$ 值随温度升高而增大。

有时在中子照射过程中即已发生退火过程。例如,$KMnO_4$ 在室温下照射,母体产额为 22%,而在液态空气温度下照射,母体产额为 3%,当温度升高到干冰温度时,可观察到退火过程开始加快,到室温时则过程迅速进行。

有些体系的退火反应随温度的变化是按一定顺序进行的。例如,KIO_4 经中子射照后 ^{128}I 的退火按以下顺序进行:

$$IO、I^-、I_2 \longrightarrow IO_3^- \longrightarrow IO_4^-$$

在 100 ℃以下退火,IO、I^-、I_2 转变为 IO_3^-,而 IO_4^- 的产额不变,若在 100～124 ℃退火,则 IO_3^- 变为 IO_4^-。又如,三苯基胂退火时,As 与苯基的结合也是按一定顺序进行的,依次形成一苯基胂、二苯基胂、三苯基胂。

辐射退火可以采用 ^{60}Co 的 γ 射线、X 射线和快速电子辐照,通常剂量要达 10 kGy 时才能产生明显的退火效应。此外,压力、紫外线等也能引起退火效应。

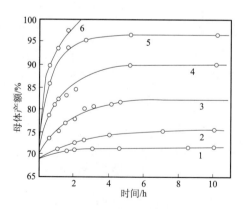

图 11.11　K_2CrO_4 的受热退火曲线

1—435 K;2—459 K;3—468 K;4—508 K;5—540 K;6—550 K

晶体损伤与退火效应有密切关系。例如，K_2CrO_4 晶体经压碎处理，能使受热退火过程加快。又如，在中子照射前将晶体加热到 500～900℃，然后在液氮中迅速冷却，这时晶体发生损伤，亦能使受热退火过程加快。在晶格中渗入高价阳离子也能引起损伤，如 K_2CrO_4 晶体中渗入少量 Ca^{2+}，这时在晶体中产生阳离子空位，随着 Ca^{2+} 浓度增加，受热退火速度增大。

11.10　热原子化学的应用

利用齐拉-却尔曼斯效应可以制备高比活度的放射性核素，但此法存在不少缺点。首先，辐解及核反冲造成母体化合物的分解，使得游离状态的放射性核素浓集系数不高。其次，产物体系复杂，为了得到浓集的放射性核素，需要分离和纯化。现在，利用高通量反应堆及加速器，可很方便地生产高比活度的放射性核素，因此利用热原子化学方法来制备高比活度的放射性核素已显得不很重要，但是在一些特殊领域里热原子化学仍发挥着它的作用。

1. 合成放射性医用药物

在放射性同位素的临床诊断应用中，短寿命放射性核素占有非常重要的地位，因为它们在人体内存在的时间短，患者接受的放射性剂量小，使用安全。最重要的短寿命核素有 ^{11}C、^{13}N、^{15}O 等，它们都是在加速器中利用反冲原子反应先制成一些简单的化合物，再用它们为起始物质合成更复杂的标记化合物。

例如，合成 ^{11}C 标记的医用药物，常用 ^{11}C-氰化物和 ^{11}CO、$^{11}CO_2$ 为起始物质。用 25 MeV 的氘照射 95% N_2～5% H_2 的高压混合气体，可制得 $H^{11}CN$。用 7 MeV 的氘轰击固体 B_2O_3，可以生成 ^{11}CO 和 $^{11}CO_2$，这两种产物容易用化学方法分离，它们除可用于标记化合物的合成外，还可直接用于临床。

^{13}N 标记的 $^{13}NH_3$ 可通过氘轰击甲烷而得到。当用氘照射甲烷和氮的混合气体时，由碳原子产生的 ^{13}N 与氮反应，则可得到标记的氮分子 ^{13}NN。

^{15}O 标记的 O_2 气可用于对呼吸系统的诊断。可以通过氘照射 N_2 和 O_2 的混合气体，得到 97.5% 的标记氧分子 ^{15}OO，也可用 6 MeV 氘轰击含有 0.02% 的氮的氧气而生成含有 ^{19}OO 和 ^{15}OO 的氧气。

2. 合成新的化合物

利用 β 衰变可制备不平常氧化态的化合物。例如，高溴酸盐-溴酸盐电对的标准电势正值很高,要将溴酸盐氧化成高溴酸盐很困难,后来通过 $^{83}\text{SeO}_4^{2-} \xrightarrow{\beta^-}$ $^{83}\text{BrO}_4^-$ 成功地制备了过去认为不存在的 Br(Ⅶ)化合物。

利用 β 衰变可合成惰性气体化合物。例如,KTF_2 晶体在 β 衰变后能生成 HeF_2 的化合物。曾将 7.4×10^{11} Bq T 标记的 KTF_2 放 4~5 月,得到了足够用于光谱分析的 10 μmol 的 HeF_2。^{129}I 标记的碘化物 β^- 衰变可以制得 Xe 化合物:

$$\text{K}^{129}\text{ICl}_4 \xrightarrow{\beta^-} {}^{129}\text{XeCl}_4$$

利用裂片法也可合成有机化合物。裂变产生的裂片核素具有巨大的动能,它在非均相体系中也能进行标记反应。例如,将 U_3O_8 与二茂化物 $(\text{C}_5\text{F}_5)_2\text{Fe}$ 或 $\text{Cr}(\text{CO})_6$ 的混合物作为靶子化合物,用中子轰击使铀发生裂变,可以制得标记的 $^{103}\text{Ru}(\text{C}_5\text{H}_5)_2$ 或 $^{99}\text{Mo}(\text{CO})_6$,产物用挥发法分离,产额为 40%~60%。

热原子化学这种特殊的合成方法有可能合成更多的用通常方法难以得到的新化合物。

第 12 章
放射性核素在化学中的应用

放射性核素的大规模生产和应用为人类认识和改造世界提供了重要的新手段，对整个科学技术领域的发展起到了有力的推动作用。同位素能源、材料的辐射合成与改性、辐射育种、同位素诊断和治疗等都是放射性核素应用的突出成就。现在在地质、冶金、石油、化工等生产技术部门和化学、生物、基础医学、环境保护等学科领域都广泛使用放射性核素，它在经济建设、国防建设和科学技术现代化的事业中有极其广阔的发展前景。

放射性核素在化学上的应用分为两个方面：一是用作电离辐射源；二是用作放射性原子。前者属于辐射化学的内容，已在本书第8章中讨论。本章介绍放射性核素示踪法的基本原理及在化学中的应用，内容包括放射性核素示踪法、标记化合物的制备、放射性示踪原子在化学研究中的应用、放射性核素计时、同位素稀释法、活化分析、正电子素Ps及其应用。

12.1 放射性核素示踪法

12.1.1 放射性核素示踪法的类型

示踪剂是一种带有特殊标记的物质。把它加到研究对象中后，可以根据它的标记对研究对象的运动情况进行跟踪。由于放射性核素在衰变时放出核辐射，它很容易被射线仪器探测到，因此用它作示踪剂，不但灵敏度高，且使用方便，更重要的是它能跟踪给定元素在化学过程和生化过程中的运动规律，这是其他方法所不能代替的。放射性核素示踪法大致可分成三类。

1. 简单示踪法

最简单的示踪方法是将放射性核素附着在研究的对象上，然后根据对射线的测量来判断研究对象的变化情况。

例如，炼铁的高炉，温度常在 1 700 ℃ 左右，炉膛内壁虽然用耐火砖层敷贴，但在熔炼过程中仍然剥蚀很快，为了及时了解耐火砖层腐蚀的情况，可以在炉壁内不同位置上安放 ^{60}Co 作为监测炉壁厚度变化的示踪剂。这样，只要在炉壁外面监测各处 ^{60}Co 的 γ 射线的变化，就可以及时了解炉壁被腐蚀掉的厚度，这对于及时维修高炉、保障安全生产可以起到良好的作用。

此外，利用放射性浮标测定封闭容器中的液面高度；在动物、昆虫和鱼类的身上附以放射性物质，考察它们活动的习性和活动规律。

2. 物理混合示踪法

将放射性示踪剂和研究对象均匀地物理混合，然后根据测量结果了解研究对象的行为和性质。

例如，稀释测定法便是典型的例子。正常人体内的体液重量约占体重的 60%，它是身体健康状况的重要指标之一。体液量过多，反映人体浮肿；体液量过少，是脱水的表现。为了了解体液的准确量，可以将 ^{24}Na 标记的盐水溶液注入人体，经 2 h 后，盐水均匀分布于体内，与原有体液完全混合，然后抽取体液样品，测定其中 ^{24}Na 的含量，根据注入时 ^{24}Na 标记的盐水的放射性浓度和体液的放射性浓度，即可计算出病人体内体液的总量。

喷漆的厚度及其均匀性是评价喷涂工艺水平的重要指标，用物理混合示踪法可以迅速并准确地测出产品中喷漆层的厚度和漆层的均匀性。要做到这一点，只需把放射性核素预先加入漆料中，调和均匀，再进行喷涂即可。然后，对产品表面漆层中的放射性进行测定，根据辐射的强弱可确定漆层的厚度和均匀性。

3. 标记化合物示踪法

这是最重要也是应用最广泛的示踪方法。它依据的原理是同位素原子在化学上的一致性。方法是先合成与被研究化合物相同但含有放射性核素的化合物，这种化合物称为标记化合物，然后将标记化合物加到体系中与被研究化合物均匀混合，由于放射性原子与普通原子化学性质相同，因此用测定放射性的方法研究标记化合物的变化即可得知被研究化合物的变化情况。

放射性核素示踪法作为一种重要的科学研究手段已广泛用于化学反应和生物化学过程的研究，它对于认识复杂化学反应的机理、体内细胞的理化过程，阐明生命活动的物质基础如蛋白质的生物合成、核酸结构和代谢过程等重要研究起着重大的作用，有力地推动了化学和生物化学的发展。

12.1.2 放射性示踪剂的选择

应用放射性示踪法时，首先确定选用哪一种示踪法，然后选择一种适宜的放射性核素作示踪剂。如果采用简单示踪法和物理混合示踪法，则可作放射性示踪剂的放射性核素有很多，在选择示踪剂时，只要考虑测量方便、使用安全即可。如果采用标记化合物示踪法，就需根据实验目的选用示踪剂。

周期表中的绝大多数化学元素都有适宜作示踪剂的放射性同位素，但是有几个轻元素，如 Ne、N、O、Mg、Al 等没有适合作示踪剂的放射性同位素，要对这些元素的化学变化进行示踪研究，则可以采用稳定同位素示踪法或活化示踪法。

选择示踪剂还要考虑以下因素。

1. 半衰期

在示踪实验中，要根据实验目的和实验周期长短来选择半衰期适当的放射性核素作示踪剂。核素的半衰期太短，则在实验过程中，核素的迅速衰变使样品的放射性活度变化很大，引起较大的放射性测量误差；核素的半衰期太长，又难以制得比活度高的样品，同样会给测量带来困难。一般选用半衰期为几小时至 100 d 之间的放射性核素作示踪剂比较合适。例如，利用同位素示踪法来研究碳的变化规律时，^{11}C 和 ^{14}C 都可用作示踪剂。如果整个示踪实验的周期超过 3 h，就不宜采用 ^{11}C 作示踪剂，因为 ^{11}C 的半衰期只有 20.4 min，3 h 后，示踪剂的放射性活度就衰减到只有原来的 0.1% 了，这时便应采用寿命长的 ^{14}C 作为示踪剂。然而在研究一些生理功能的实验中，如用放射性碳示踪测定血容量时，整个实验只需要几分钟就可完成，这时选用 ^{11}C 作示踪剂就合适。

从安全防护的角度考虑，寿命短的放射性核素有对人体危害小和废物容易处理等优点，因此在保证实验精度的前提下，应该尽可能地选用半衰期短的放射性核素。

2. 辐射类型和能量

在示踪实验中用作示踪剂的核素主要是发射 β 和 γ 射线的放射性核素，因为这两种核辐射具有穿透力大和易于探测的优点。对于 β 能量较低的核素，

如 ^3H 的 $E_\beta = 0.0186$ MeV，可采用流气式正比计数器或液体闪烁计数器测量。如果实验时，需要在较厚的物体外测量射线，如体外探测，则必须选用 γ 放射性核素。

3. 放射性比活度

在示踪实验中，放射性示踪剂与被示踪物均匀混合，而受到不同程度的稀释，因此示踪剂的比活度要足够高，才能在测量稀释后的样品时得到准确的结果。在实验前应根据实验过程中同位素稀释的倍数 D、分离出的计数样品量 W 和探测效率 ε 来决定示踪剂的起始比活度 S，使最后测量到的放射性活度至少比本底计数率的标准偏差 σ_B 大 3 倍。这些量之间应满足以下关系式：

$$\frac{SW\varepsilon}{D} > 3\sigma_B \qquad (12.1)$$

4. 放射性核素的纯度

作示踪剂用的核素应具有高的放射化学纯度、化学纯度和放射性纯度，因此在示踪实验开始之前必须对选用的示踪剂作纯度鉴定。

5. 放射性核素的毒性

在从事放射性工作时，都必须认真考虑安全问题。在选择示踪剂时，应尽可能避免使用毒性很高的放射性核素，如 ^{90}Sr、^{210}Po 等核素，以保证实验人员的安全和周围环境不受污染。

12.1.3 放射性示踪法的优点和应注意的问题

放射性示踪法有如下优点：

（1）灵敏度高。由于放射性测量的灵敏度很高，能被检测出来的放射性核素量可以达到 $10^{-13} \sim 10^{-19}$ g，所以放射性示踪法特别适用于微量物质的示踪。因为引入这样少量的示踪剂不至于对研究对象中微量物质的行为产生影响，如在研究微量元素或激素在体内的代谢过程时，不用示踪法是很难获得正确结果的。

（2）定量方法简便。放射性示踪法是根据放射性强度确定放射性核素的量，测量不受非放射性物质的干扰，因此可简化样品的分离、纯化手续。

（3）放射性示踪法能够揭示原子、分子的运动规律，并可揭示用其他方法不能发现的现象。例如，金属原子在自身晶格中的扩散现象、平衡体系中的反应速率、有机化合物的分子重排、有机化合物分子异构化的机理等，都只有用示踪原子的方法才能识别和研究。在对生物机体代谢过程的研究中,示踪法既能确定代谢物质在各器官中的分布,又能定量地测出代谢物质的转移和变化规律。

应用放射性示踪法应注意以下几个问题:

(1) 同位素效应。在第 2 章中已经讨论了同位素效应问题,这种效应在轻同位素之间比较显著。例如,$^{14}C—^{12}C$ 的键能要比 $^{12}C—^{12}C$ 的键能大 6% ~ 10%,因此 $^{14}C—^{12}C$ 键的断裂速度要比 $^{12}C—^{12}C$ 键的断裂速度慢。又如,用含氚 50% 的氚水水解格氏试剂以制备氚标记的烷烃,预期氚标记的烷烃 RT 比活度(以每摩尔反应产物的放射性活度计)应为氚水的一半,但实验结果却表明,用氚标记烷烃的量要比预期的少得多。这是由于格氏试剂与氚水的反应速率要比与普通水的反应速率慢所造成的。因此,在轻元素的示踪实验中应该重视同位素效应。

(2) 核衰变和辐射分解放射性核素经过 α 或 β 衰变后,生成的子体核和原来的母体核已经不属于同一种化学元素,这就会给示踪剂引进杂质。例如,^{32}P 经过 14.3 d 之后,它就有一半变成了 ^{32}S。核衰变引进的杂质对寿命短的放射性核素影响较大。

放射性核素的辐射对标记化合物自身会引起辐射分解,使得化学键断裂,产生放射性和非放射性杂质。另外,辐射在水溶液中产生的辐解产物 HO·、HO_2·、H_2 和 H_2O_2 等也能造成标记化合物的分解,其危害更大。例如,放射性浓度为 3.7×10^7 Bq/mL 的氚标记甲基胸腺嘧啶核苷的水溶液,储存 9 个月后,发现其中有 20 种含氚的化合物,这些都是水辐解产物引起的。因此,比活度和放射性浓度高的标记化合物在长期储存后应注意辐射分解对纯度的影响,降低标记化合物的浓度或加入自由基清除剂可以降低辐解速度。

12.2 标记化合物的制备

在有机化学、药物学以及生物化学等领域的研究中,往往要使用含放射性核素的特定有机化合物作示踪剂,这就需要把放射性核素引入到特定的有机化合物中。尽管目前已有为数甚多的标记有机化合物作为商品供应,新品种的标记有机化合物也还在不断出现,但由于使用目的的不同,常常还得根据自己的需要来制备某些特定的标记有机化合物。采用哪种放射性核素作示踪剂,标记到分子的哪一个位置上,用多大的比活度以及应该考虑哪些安全防护措施等,都是在制备标记有机化合物时需要注意的问题。本节介绍制备标记有机化合物的几种基本方法。

12.2.1 化学合成法

化学合成法是把选择好作示踪用的放射性核素作为合成有机化合物的原始材料，利用有机化学的合成技术，在产品中引入放射性核素从而制得标记有机化合物。

化学合成法是制备标记有机化合物的基本方法之一，它的优点是反应易于控制，可以根据需要生产出定位的标记化合物。但是该方法在用于复杂化合物的标记时，由于反应步骤多，有产率低的缺点。

在制定标记化合物合成方案时，应当考虑以下几个问题：

（1）要选择和确定放射性核素在有机化合物中引入的位置。放射性核素必须引入到化合物中稳定的结构位置上。例如在—COOH、—OH、—NH_2 和 NH 这些基团上结合的氢原子是不牢固的，尤其是在水溶液体系中，它们很容易与水中的 H 进行迅速的交换，如果把氚引入到上述基团中 H 的位置上，就失去了标记作用。

（2）合成中需充分利用放射性核素，使合成的标记有机化合物达到尽可能高的产额。例如，在利用格氏试剂制备脂肪酸的反应中，通常总是用过量的 CO_2 来保证格氏试剂的充分利用。但是在标记脂肪酸的制备中，若用 $^{14}CO_2$ 作反应物，这时就必须用过量的格氏试剂来保证 $^{14}CO_2$ 的充分利用：

$$^{14}CO_2 \xrightarrow{RMgX（过量）} R^{14}COOMgX \xrightarrow{水解} R^{14}COOH + Mg(OH)X$$

为了充分利用放射性核素，标记用的放射性核素应在合成的最后步骤引入。

（3）合成的标记有机化合物应具有较高的比活度。为了达到这个要求，在加入放射性核素时要尽量少用载体以避免无谓的稀释。

（4）在合成短寿命的放射性标记有机化合物时，合成步骤应尽量简单、快速。

在标记有机化合物中，应用最广的是 ^{14}C 和氚的标记化合物。下面说明它们的合成途径。

合成 ^{14}C 标记有机化合物的主要原料是 $Ba^{14}CO_3$。由 $Ba^{14}CO_3$ 可以制得 $^{14}CO_2$、$Na^{14}CN$、$Ba^{14}C_2$、$H^{14}COOH$ 和 $^{14}CH_3OH$ 等中间化合物，然后利用这些中间化合物再合成各种标记有机化合物，常见的反应有：

（1）$^{14}CO_2$ 的反应。$^{14}CO_2$ 与格氏试剂反应可以制备各种 ^{14}C 标记的羧酸及其衍生物，如：

$$^{14}CO_2 \xrightarrow{RMgX（过量）} R^{14}COOMgX \xrightarrow{水解} R^{14}COOH + Mg(OH)X$$

R 的组成可以根据需要而选定。

（2）$Na^{14}CN$ 的反应。先将—CN 引入有机化合物分子中，生成的氰基化合物再进行加成或取代反应，制备成一系列复杂的标记化合物，如：

$$K^{14}CN + ClCH_2COOH \longrightarrow N^{14}CCH_2CCOK \longrightarrow$$

$$\xrightarrow[NH_3, KOH]{H_2, Ni} H_2N^{14}CH_2CH_2COOH（\beta-丙氨酸-3-^{14}C）$$

（3）$Ba^{14}C_2$ 的反应。用 $Ba^{14}C_2$ 先制成 $^{14}CH\equiv{}^{14}CH$，再由乙炔合成许多重要的有机化合物，如 1,2-^{14}C 乙醇的合成：

$$Ba^{14}C_2 \xrightarrow{H_2O} H^{14}C\equiv{}^{14}CH \longrightarrow H_2{}^{14}C={}^{14}CH_2$$

$$\xrightarrow{HClO} Cl^{14}CH_2{}^{14}CH_2OH$$

$$\xrightarrow{KOH} {}^{14}CH_2\overset{O}{\diagdown\diagup}{}^{14}CH_2 \xrightarrow{LiAlH_4} {}^{14}CH_3{}^{14}CH_2OH$$

（4）$H^{14}COOH$ 的反应。利用 ^{14}C 标记的甲酸可以合成氨基酸、嘌呤及其他标记有机化合物，如腺嘌呤-2-^{14}C 的合成：

$$H^{14}COOH + \begin{matrix}HN & NH_2\\ \diagdown C \diagup \\ | \\ C-NH \\ \| \\ CH \\ 2HCl\cdot NH_2C-N\end{matrix} \longrightarrow \begin{matrix}HN & NH_2\\ \diagdown C \diagup \\ O & | \\ \| & C-NH\\ H^{14}C & \| CH\\ HN\diagdown & \diagup\\ C-N\end{matrix}$$

$$\xrightarrow{NaHCO_3} \begin{matrix} & NH_2\\ & |\\ & C\\ N\diagup & \diagdown C-NH\\ \| & \| \quad CH\\ {}^{14}CH & C-N\\ \diagdown N \diagup\end{matrix}$$

合成氚标记化合物的基本原料是氚气和氚水，主要合成方法有不饱和化合物的还原和卤化物的催化还原。

（1）不饱和化合物的还原。含有烯键和炔键的化合物可用 Pt 或 Pd 催化剂以氚气还原：

$$RCH=CH_2 \xrightarrow{T_2} RCHTCH_2T$$

$$RC\equiv CH \xrightarrow{T_2} RCT=CHT$$

醛、酮、酸、酯和腈类化合物通常使用硼氚化锂、氚化锂铝进行氚化还原，这些还原剂可用氚气交换法制得。例如，制备 T 标记的肾上腺素就是利用硼氚化钠还原相应的酮制得的：

$$\text{HO-C}_6\text{H}_3(\text{OH})-\overset{\text{O}}{\underset{\|}{\text{C}}}-\text{CH}_2\text{NHCH}_3 \xrightarrow{\text{NaBH}_3\text{T}} \text{HO-C}_6\text{H}_3(\text{OH})-\overset{\text{OH}}{\underset{\text{T}}{\text{C}}}-\text{CH}_2\text{NHCH}_3$$

（2）卤化物的催化还原。有催化剂存在时，氚能置换卤素有机化合物中的卤素原子，而生成氚标记的有机化合物，常用的催化剂为 Pt 和 Pd，反应方程如下：

$$RX + T_2 \xrightarrow{\text{催化剂}} RT + TX$$

由于反应中生成的卤化氚对催化剂有毒化作用，所以反应常在碱性介质中进行，或者选用碳酸钙作为催化剂铂或钯的载体。例如，以 3 - 碘酪氨酸为原料，在氢氧化钾的甲醇溶液中，用 10% Pd-C 为催化剂进行氚化还原可以制得酪氨酸 - 3 - 氚，利用它还可以进一步合成氚标记的肽类激素。

12.2.2　同位素交换法

放射性原子与化合物中非放射性的同位素原子之间的交换反应，可以用来制备标记化合物。标记化合物中的放射性原子在实验过程中不能脱落，否则便失去了示踪作用，因此需要在特殊条件下（如高温、催化）进行交换反应，才能得到标记原子结合牢固的化合物。此法的优点是方法简便；缺点是产品的比活度低，标记位置不能控制，产品分离纯化较困难。

同位素交换法常用于氚标记化合物的制备，主要方法有催化交换法和氚气曝射法。

1. 催化交换法

这一方法是利用在催化剂作用下的同位素交换反应制备标记化合物，常用的催化剂有 Pt、Pd 或 PtO_2 等。例如，对一种效果好、毒性低的治疗癫痫病的新药 - 3，4 - 二氧亚甲基桂皮酰哌啶的标记，就是利用在 PtO_2 催化作用下将它和氚水混合,在减压下搅拌 15h 而获得的。由于化合物上可交换的氢的位置很多,因此产品中氚所在的位置是不确定的。

又如,制备氚标记的氨基酸可用氨基酸和氚水混合,在少量的乙酸存在下用 Pt 作催化剂进行封管反应,即能获得比活度很高的 T 标记氨基酸。其他如 ^{131}I 标记的有机化合物也可以用同位素交换的方法制备。

2. 氚气曝射法

氚气曝射法(韦茨巴赫法)是将需要标记的有机化合物置于比活度很高的氚气中,密封放置一段时间(几天或几星期),让氚与氢之间发生同位素交换而获得氚标记的有机化合物。在这个反应中除了有同位素原子之间的交换以外,还可能有氚衰变产生的辐射化学反应,因此产物中除了得到氚标记的化合物之外,还有许多支反应产生的杂质。为了提高氚和氢之间的同位素交换速率、减少杂质的生成,在曝射的同时可附加外来激发,如用高频放电、微波放电、紫外光照射、γ 射线照射等作用促使氚气电离,或者在反应中利用催化剂使标记过程加快。

例如,四环素放在氚气中曝射半个月左右,便可获得氚标记的四环素,产品的比活度只有 2.2×10^6 Bq/mmol。如果有附加的微波放电,不仅可以缩短曝射时间,而且可以把比活度提高到约 3×10^9 Bq/mmol。也有人用高频放电配合氚气曝射的方法成功地标记了核酸酶,曝射时间只需 5~30 min,氚标记化合物的比活度提高到 4×10^{10} Bq/mmol。在这种情况下,标记化合物仍然保持酶的原有活性。

12.2.3 生物合成法

生物合成法是利用动物、植物、酶和微生物等的生理代谢过程,在化合物中引入放射性核素而制成标记有机化合物。这种方法的优点是能合成一些结构复杂、具有生物活性的标记有机化合物,这些标记化合物如标记的激素、蛋白质、核苷酸、抗生素、醣类等,通常都很难用化学合成法制得。生物合成法的缺点是有机物中被标记的位置不易确定,产额很低。

采用生物合成法制备 ^{14}C 标记的有机化合物已有 30 多年的历史,是制备那些在生物化学反应过程中有重要意义的标记有机化合物的重要方法。例如,利用小球藻在充满 ^{14}CO$_2$ 的封闭玻璃容器中进行光合作用,制备出了 ^{14}C 标记的多种氨基酸。利用美人蕉叶、烟叶的光合作用,可将 ^{14}CO$_2$ 转化为 ^{14}C - 蔗糖,水解后还可以得到 ^{14}C - 葡萄糖与 ^{14}C - 果糖。从啤酒酵母中提出的酶液,能使氚标记的尿嘧啶核苷单磷酸(^{3}H-UMP)转化成氚标记的尿嘧啶核苷三磷酸(^{3}H-

UTP)。小白鼠体内的代谢作用可将 D 标记的硬脂酸转化为 D 标记的软脂酸，后者极难用人工合成法制得，因此这种转变具有实用价值。

生物合成法还可以制备 ^{32}P、^{35}S 标记的有机化合物，如 γ - ^{32}P 腺嘌呤核苷三磷酸（γ - ^{32}P-ATP）是研究生物体内代谢过程和能量转移的重要标记化合物，它就是在酶的作用下由同位素交换反应制得的，所得产品的比活度高、纯度好。又如，利用酵母吸收 $Na_2^{35}SO_4$ 合成 ^{35}S - 谷胱甘肽，利用大鼠甲状腺合成 ^{131}I - 甲状腺素等。

生物合成法比较简单，如果控制得当，可制得很多在医学和生物学上有意义的标记有机化合物。

12.2.4 反冲标记法

反冲标记法是利用核反应或核衰变所获得的反冲放射性原子直接制备标记的有机化合物的方法。此法的优点是能制得一些难以合成的复杂化合物；缺点是产物复杂，放射性比活度低，分离纯化困难。例如，利用 ^{6}Li 的 (d, T) 反应生成的反冲氚原子可以制备多种氚标记化合物。将四环素和碳酸锂的混合物密封在一个小铝筒中，用中子通量为 1.4×10^{12} 中子/（$cm^2 \cdot s$）的中子流照射 300 h，可以获得氚标记的四环素。用这个方法制备成的 T - 四环素，氚所在的位置是不确定的，产品的放射化学纯度低，比活度也只能达到约 3×10^7 Bq/mmol。

又如，在 $CFCCl_3^-$ 冰醋酸中，利用 ^{19}F（γ, n）^{18}F 产生的反冲 ^{18}F 原子可以制得 $^{18}FCH_2COOH$，产额为 9% ~ 13%。

12.3　放射性示踪原子在化学研究中的应用

放射性示踪原子法（以下简称示踪原子法）已经广泛应用于化学研究的各个领域，本节介绍其在研究化合物结构、化学反应机理、多相催化和测定物理化学数据等方面的应用。

12.3.1 在化合物结构研究中的应用

在化合物的结构研究中，了解化合物中化学键的性质是十分重要的，示踪原子法是这方面的一种重要研究手段。下面介绍两种典型方法。

1. 同位素交换法

利用同位素交换反应，研究同位素交换反应的速度，可以知道分子中原子或原子团的活动性和反应能力,有助于对分子中化学键的了解。当分子中同时含有几个可交换的原子或原子团时,如果它们在分子中的化学键是等同的,那么它们参加同位素交换的速度也是相等的;反之,如果它们在分子中的结合状态不同,那么它们在进行同位素交换反应时的速度也不相同。例如,PCl_5 与 $^{36}Cl_2$ 在 CCl_4 中的同位素交换反应的结果表明,PCl_5 中的 5 个氯原子在分子中结合的牢固程度并不相同,有 3 个氯原子的交换速率很快(它们在 3 min 内已经交换完全),其余 2 个氯原子的同位素交换反应速率则很慢。这证明 PCl_5 是一种三角双锥体结构,如图 12.1 所示。处于同一平面上的 3 个氯原子的交换反应能力比位于轴向的 2 个氯原子的交换反应能力强得多。又如,碘化二苯碘 $[(C_6H_5)_2I]I$ 与放射性碘离子在热的 50% 乙醇溶液中进行同位素交换反应时,分子中只有一半的碘参加交换,因而说明碘化二苯碘中的两个碘原子的结合状态是不相同的。

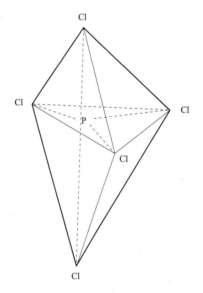

图 12.1　PCl_5 的分子结构

同位素交换法也是研究络合物结构的重要手段。例如,测定络合物配位体与标记配位体的同位素交换速率,可以正确了解配位键的强弱(此时体系的自由能变为零,若用其他配位体进行交换,则体系自由能不为零),从而能对配位键的键型作出判断。

2. 合成-分解法

合成-分解法是用于鉴别分子中 n 个相同原子结合的等价性的方法。首先用合成法由放射性示踪剂制成被研究的化合物，随后使它发生分解反应，根据分解反应产物的放射性分布，可以判断分子中原子结合的等价性。如果几种产物间放射性比活度不同，则表明分子内该原子存在着不同的化学键。但应注意，不能根据各产物放射性比活度相同而作出分子中该原子的化学结合相同的结论，因为如果不等价的原子之间存在快速同位素交换，也能导致相同的结果。

例如，利用放射性的 ^{35}S 研究连四硫酸盐的结构。首先用 $^{35}S_2Cl_2$ 合成标记连四硫酸钠：

$$^{35}S_2Cl_2 + 2Na_2SO_3 \longrightarrow Na_2(^{35}S_2O_3)_2 + 2NaCl$$

由于分子中的 ^{35}S 被非放射性的硫稀释，连四硫酸钠中硫的放射性比活度比 $^{35}S_2Cl_2$ 中硫的低一半。然后用氰化物使连四硫酸钠分解：

$$Na_2(^{35}S_2O_3)_2 + 3NaCN + H_2O \longrightarrow Na_2SO_4 + Na_2^{35}S_2O_3 + NaCN^{35}S + 2HCN$$

结果表明产物中 Na_2SO_4 是非放射性的，$Na_2S_2O_3$ 和 NaCNS 中都含有放射性核素 ^{35}S，$Na_2^{35}S_2O_3$ 的放射性比活度与 $Na_2(^{35}S_2O_3)_2$ 的相等，但 $NaCN^{35}S$ 的放射性比活度比 $Na_2(^{35}S_2O_3)_2$ 的高一倍。上述结果说明，$(S_2O_3)_2^{2-}$ 阴离子中包含有 $S_2O_3^{2-}$ 结构单元和另外两种价态不同的硫。进一步又研究了 $^{35}SO_3^{2-}$ 与银盐的反应：

$$Na_2^{35}S_2O_3 + 2AgCl + H_2O \longrightarrow Ag_2^{35}S + Na_2SO_4 + 2HCl$$

反应产物的放射性分布表明，Na_2SO_4 中的硫是稳定的，$Ag_2^{35}S$ 中有放射性核素 ^{35}S，$Ag_2^{35}S$ 的放射性比活度比 $Na_2^{35}S_2O_3$ 的高一倍。综合以上结果可知，在连四硫酸钠中应存在 2 个 $S_2O_3^{2-}$ 结构单元，4 个硫原子处于两种不同的价态，2 个 ^{35}S 原子在分子中是处于二价状态，另外 2 个非放射性硫是六价的（$-SO_3$），因此推断连四硫酸盐的结构是

$$\left[\begin{array}{c} \quad\quad O \quad\quad\quad\quad\quad O \\ \quad\quad \uparrow \quad\quad\quad\quad\quad\uparrow \\ O - S - S - S - S - O \\ \quad\quad \downarrow \quad\quad\quad\quad\quad \downarrow \\ \quad\quad O \quad\quad\quad\quad\quad O \end{array} \right]^{2-}$$

12.3.2 在化学反应机理研究中的应用

示踪原子法为研究化学反应机理提供了非常重要的工具。它能从复杂的反应链中鉴别反应的中间产物，确定它们之间的生成关系；还能指示分子中特定

原子和原子团在化学反应中的转移和变化，发现其他方法所不能察觉的现象，其应用非常广泛。特别在有机化学和生物化学的研究中，示踪原子法的应用取得了许多重要的成果。

1. 识别化学反应的中间产物

许多化学反应是分几个阶段进行的，在反应物和最终产物之间存在几种中间产物。发现这些中间产物并确定它们之间的反应顺序是化学动力学的重要研究内容。

例如，用 H_2 和 CO 在高温高压下进行烷烃的催化合成，为了检验乙醇是否为中间生成物，可向气体混合物中加入 ^{14}C-乙醇，观测烷烃产物中 ^{14}C 的分布情况。研究结果表明，反应产物中甲烷是不带放射性的，而碳原子数较多的烷烃（直到 $C_{10}H_{22}$）中都含有 ^{14}C，且每摩尔中 ^{14}C 的含量相同，这说明除甲烷外的每个烷烃分子中均嵌入了一个乙醇分子。可见这些烷烃的生成是由数目不等的 CO 与一个乙醇加成的结果。甲醇中不含 ^{14}C，说明乙醇形成后即不能再破裂为含一个碳的碎片。

又如，葡萄糖在热醋酸梭菌作用下发酵生成醋酸，在该反应过程中有很少量的 CO_2 生成（以碳酸盐形式出现），为了鉴别 CO_2 是否是反应的中间产物，可以向反应中加入 ^{14}C 标记的碳酸盐进行检验。分析表明，产物醋酸中的两个碳原子均含 ^{14}C，而碳酸盐的浓度没有变化。与此同时，检验了碳酸盐与醋酸之间是否存在同位素交换反应，方法是在 $^{14}CH_3\,^{14}COOH$ 存在下进行发酵，此时并没有发现反应过程中生成的碳酸盐分子内含有 ^{14}C，这就表示碳酸盐与醋酸之间没有发生同位素交换反应。以上结果证明了 CO_2 确是葡萄糖转化为醋酸反应的中间产物。根据碳酸盐中 ^{14}C 进入醋酸的量可以推知每个葡萄糖分子发酵要生成两个 CO_2 分子，故反应的历程应为

$$C_6H_{12}O_6 + 2H_2O \xrightarrow{-8H} 2CH_3COOH + 2CO_2$$

$$2CO_2 \xrightarrow{+8H} CH_3COOH + 2H_2O$$

2. 研究反应动力学和反应途径

在研究反应机理时除了要了解反应中间产物外，还要了解它们之间的反应顺序，才能确定反应途径。在这方面，同位素动力学方法是一个很有效的研究手段。

同位素动力学是根据反应链中各组分的放射性比活度随时间变化的关系来研究反应历程和反应速率的方法。

设 A 和 B 是复杂反应的中间产物，它们与产物 C 存在如下关系：

$$A \xrightarrow{v_1} B \xrightarrow{v_2} C$$

式中　v_1, v_2——物质 B 生成和消失的常数。

在反应体系中加入标记的 A^* 和标记的 B^*，则反应过程中 B 的积累速度 $\dfrac{d[B]}{dt}$ 等于 B 的生成速度 v_1 和消失速度 v_2 之差：

$$\frac{d[B]}{dt} = v_1 - v_2 \tag{12.2}$$

设 t 时刻 A 和 B 的比活度分别为

$$S_A = \frac{[A^*]}{[A]}; \quad S_B = \frac{[B^*]}{[B]}$$

式中　$[A^*]$，$[B^*]$——A^* 和 B^* 的浓度。

用 v_1^* 和 v_2^* 表示 B^* 的生成和消失速度，可得

$$v_1^* = S_A v_1$$
$$v_2^* = S_B v_2 \tag{12.3}$$

则 B^* 的积累速度为

$$\frac{d[B^*]}{dt} = v_1^* - v_2^* = S_A v_1 - S_B v_2 \tag{12.4}$$

将 $S_B = \dfrac{[B^*]}{[B]}$ 对时间求导数，可得

$$\frac{dS_B}{dt} = \frac{\dfrac{d[B^*]}{dt} - S_B \dfrac{d[B]}{dt}}{[B]} \tag{12.5}$$

将式（12.2）和式（12.4）代入式（12.5）即得

$$\frac{dS_B}{dt} = \frac{(S_A - S_B) v_1}{[B]} \tag{12.6}$$

式（12.6）是同位素动力学法的基本公式。

现在讨论这一公式在下面两种实验条件下的应用。

（1）起始时向体系中加入标记的 A^* 和非标记的 B。此时在反应过程中，A 的比活度逐渐减小（图 12.2 中的曲线 1），而 B 的比活度 S_B 由零逐渐增大，经过极大值 $\left(\dfrac{dS_B}{dt} = 0\right)$ 以后逐渐变小（图 12.2 中的曲线 2）。由式（12.6）可见，当 $\dfrac{dS_B}{dt} = 0$ 时，$S_A = S_B$，这说明曲线 1 和曲线 2 的交点恰好与曲线 2 的极大点重合。这一结论很重要，用它可以判断 B 是不是唯一由 A 直接生成的产物。如果 A 不是 B 的唯一来源，另有 A' 也能生成 B，则 B 的放射性比活度会

降低，曲线 1 将不与曲线 2 相交或不在曲线 2 的极大点相交。

（2）起始时向体系中只加入标记的中间产物 B^*。此时 $S_A = 0$，式（12.6）化为

$$\frac{dS_B}{dt} = -\frac{S_B v_1}{[B]} \tag{12.7}$$

于是中间产物 B 的生成速度为

$$v = -[B]\frac{d\ln S_B}{dt} \tag{12.8}$$

代入式（12.2）可得 v_2 为

$$v_2 = -[B]\frac{d\ln S_B}{dt} - \frac{d[B]}{dt} \tag{12.9}$$

因此测定不同时间的 [B] 和 S_B，就可求得中间产物 B 的生成速度和消失速度。

例如，研究甲烷氧化反应的历程。从甲烷氧化反应产物的分析知道，产物中含有甲醛和 CO，为了确定 CO 生成的途径，可以采用同位素动力学法。将少量 $H^{14}CHO$ 和 CO 加入甲烷－空气混合物中，然后在不同时间进行取样分析，样品中的甲醛用制成甲醛衍生物的方法分离，CO 氧化成 CO_2 后制成 $BaCO_3$ 而分离出来。分别测定甲醛衍生物和 $BaCO_3$ 的比活度，所得结果如图 12.2 所示。

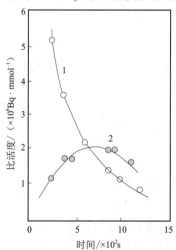

图 12.2　放射性比活度与时间的关系
1—甲醛衍生物；2—$BaCO_3$

$BaCO_3$ 曲线的极大值恰好与甲醛衍生物曲线相交，这就证明 CO 是 HCHO 的直接反应产物，而且甲醛是它的唯一来源。

3. 研究化学键的形成过程

示踪原子法对于研究大分子合成过程有重要的价值，特别是在生物体系中，利用标记的简单分子常可了解生物机体中复杂分子骨架的形成过程。

例如，用放射性示踪法研究动物脂肪酸的形成过程。把 ^{14}C 标记的 $CH_3^{14}COOH$ 注射到山羊体内，然后对羊乳脂肪取样分析，发现其中的丁酸在羧基和 β-碳上有等量的 ^{14}C，可见丁酸是由两个标记醋酸分子缩合而成的：

$$CH_3^{14}COOH + CH_3^{14}COOH \longrightarrow CH_3^{14}CH_2CH_2^{14}COOH$$

分析测定己酸，发现 ^{14}C 在 1-、3-、5-位置上，但羧基上的放射性要比次甲基上大几倍，这是因为标记的丁酸受到了未标记丁酸的稀释之后，再与另一个标记醋酸缩合的结果。含有 8 个碳原子的辛酸中，^{14}C 所在的位置也与预期的一样。已知各种天然脂肪酸都含有偶数个碳原子，由上述实验结果推测，它们的形成可能也是醋酸缩合的结果。

示踪原子法研究大分子形成的一个突出例子是对于胆固醇生物合成的研究。胆固醇含有 27 个碳原子，具有下述的结构：

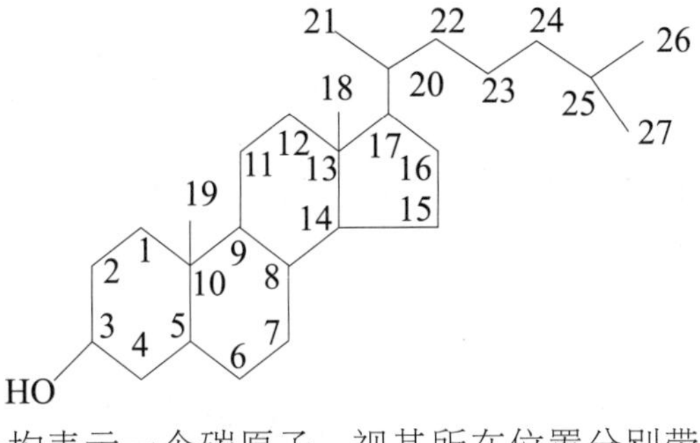

图中直线的交点处均表示一个碳原子，视其所在位置分别带有 2 个、1 个或 0 个氢原子。

这一复杂的大分子可以由简单分子醋酸经生物合成产生。用双标记化合物 $^{13}CH_3^{14}COOH$ 示踪法，发现 27 个碳原子都是由醋酸转变而来，其中甲基贡献 15 个，羧基贡献 12 个。为了显示分子骨架中由甲基供给和由羧基供给的碳原子所在位置，分别用标记醋酸 $^{14}CH_3COOH$ 和 $CH_3^{14}COOH$ 合成两种标记胆固醇，然后用降解实验进行 ^{14}C 位置的精确定位，实验结果如下图所示，其中圆圈划出的碳原子是由羧基供给的：

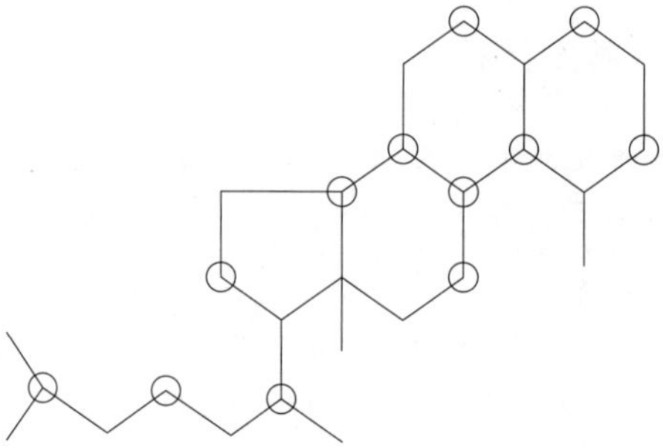

实验没有发现任何一个位置上的碳原子是由甲基和羧基同时供给的，这一惊人的重要发现显示了放射性示踪法对生化研究的重大意义。对上述过程的进一步研究表明胆固醇的生物合成过程如下：3个醋酸先缩合成有6个碳原子的β, δ-二羟-β-甲基戊酸（MVA）：

$$\text{HOO}^\circ\text{C}-\text{CH}_2-\overset{\underset{\displaystyle\text{OH}}{\displaystyle\text{CH}_3}}{\text{C}}-\text{CH}_2-{}^\circ\text{CH}_2\text{OH}$$

MVA再脱羧形成一个五碳结构的中间体：

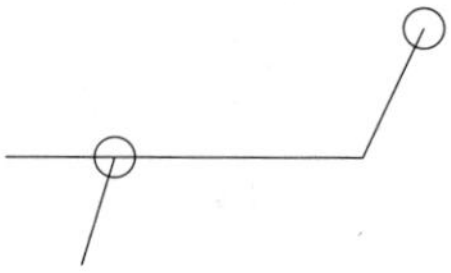

五碳中间体结合成鲨烯 $C_{30}H_{50}$：

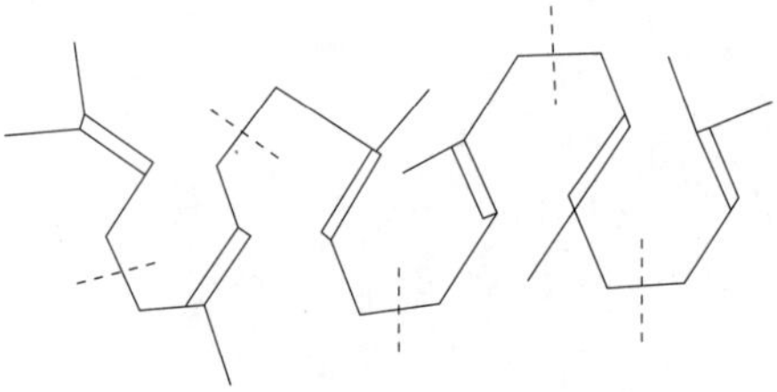

图中每个 >=< 单元相当于一个五碳中间体，最后鲨烯环化成胆固醇。

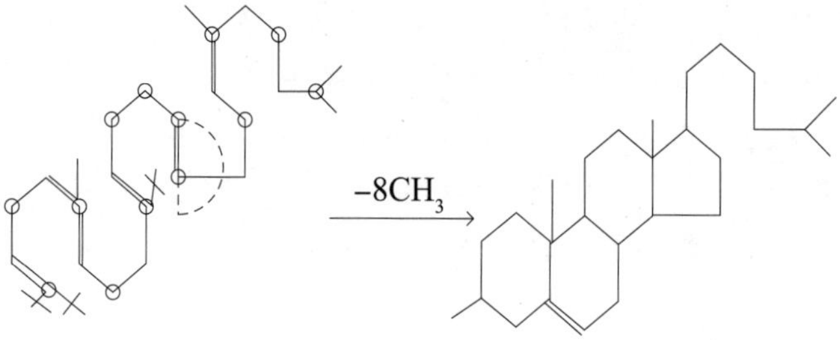

4. 确定化学键断裂的位置

确定化学反应中化学键断裂的位置不仅能阐明反应机理，而且在设计化合物的合成路线、分析降解未知物结构方面均有指导作用。

例如，用示踪法研究葡萄糖在一种菌素作用下的发酵降解反应。反应生成的产物为 CO_2、乙醇和乳酸，利用 1-、3-、4-位标记的葡萄糖的示踪实验，可以根据生成的产物判断出键的断裂位置，如下图所示（图中第二行是反应产物）：

$$C^*HO-CHOH-\overset{*}{C}HOH-C^*HOH-CHOH-CH_2OH$$
$$C\overset{*}{O}_2 \downarrow CH_3-C^*H_2OH \quad \downarrow HOOC^*-CHOH-CH_3$$

利用上述葡萄糖的发酵降解反应反过来也可确定标记位置不明的葡萄糖中 ^{14}C 的位置，这时只要查明在 CO_2、乙醇和乳酸分子中不同位置上 ^{14}C 的分布，便可得知 ^{14}C 在葡萄糖中的标记位置。

示踪原子法也可用来研究分子重排反应的机理。克莱森重排是一个很典型的例子，它是苯基丙烯醚重排为 2-丙烯苯基酚的反应：

$$C_6H_5-O-\overset{\alpha}{C}H_2\cdot\overset{\beta}{C}H=\overset{\gamma}{C}H_2 \longrightarrow \text{邻-}HOC_6H_4-CH_2\cdot CH=CH_2$$

从表面上看，反应机理可能是丙烯醚中的碳氧键断裂，丙烯基以 α-碳连接到邻位上。示踪法表明这一设想是不正确的。用 γ-标记的丙烯醚 $C_6H_5OCH_2CH=$ $^{14}CH_2$ 进行重排反应，然后将生成的产物转变为甲氧基化合物，再进行氧化降解反应，从所得产物可知上述重排反应的产物为

$$\text{邻-}HOC_6H_4-{}^{14}CH_2CH=CH_2$$

这证明与苯核连接的是 γ-碳原子而不是 α-碳原子。为了弄清楚反应机理，进一步又研究了 ^{14}C 标记的对-甲苯基丙烯醚与非标记的对-乙酰苯基丙烯醚混合物的重排反应。下面是这两种化合物的结构式：

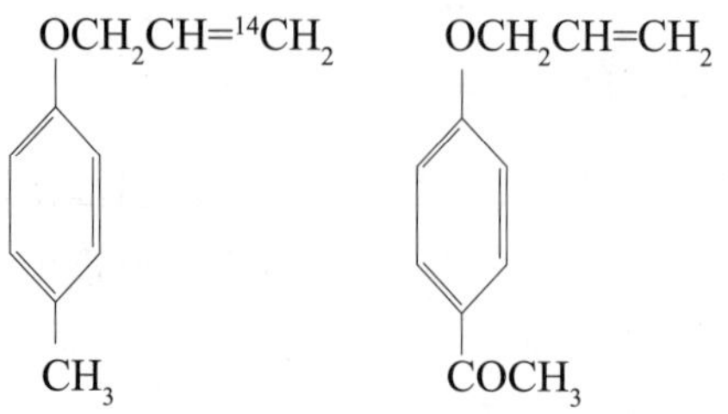

上述混合物经重排反应后，得到的反应产物为

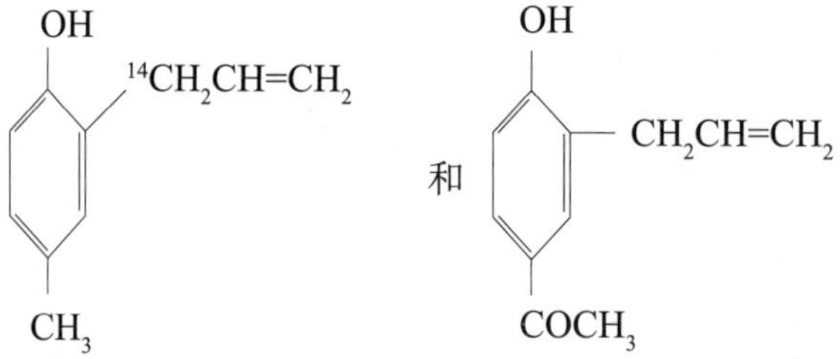

后一化合物不含 ^{14}C（＜0.1%）。这表明反应不是通过丙烯基进行的，它完全是分子内的重排反应。由此证明克莱森重排的反应机理为

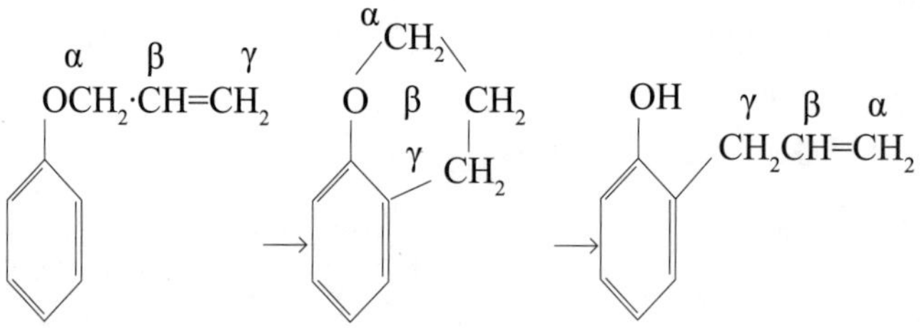

12.3.3 在催化反应和非均相化学反应研究中的应用

1. 催化剂中毒原因的研究

示踪原子法在吸附和催化反应中的应用是很活跃的。它在研究表面吸附规律、固体表面的非均匀性、催化剂的活化与中毒、催化反应机理等方面都有广泛的应用。

例如，对合成氨反应中铁催化剂中毒原因的研究。铁催化剂对于原料气体中的 CO_2、CO 等特别敏感，极易发生中毒，示踪法可用来研究催化剂的中毒原因。将 ^{14}C 标记的 $^{14}CO_2$ 混入原料气体（$N_2 : H_2 = 3 : 1$）中，在30个大气压和450℃下，观察原料气体通过反应器后的转化率及出口气体的放射性活度，结果如图12.3所示。从实验中未发现催化剂吸附 CO_2，但催化剂的催化活性逐渐降到一个恒定值。当改用不含 $^{14}CO_2$ 的原料时，出口气体中放射性活度立即降到本底，但催化剂的活性并不能立即恢复，而需经过 1 h 之后才能复

原。这说明催化剂中毒不是因为它吸附了 CO_2 而是表面被遮盖所引起的。进一步的研究表明，中毒原因是：在催化剂表面先有少量 CO_2 的不可逆吸附，然后 CO_2 与 H_2 发生还原反应生成 H_2O，由于 H_2O 吸附在催化剂表面而毒化了催化剂。

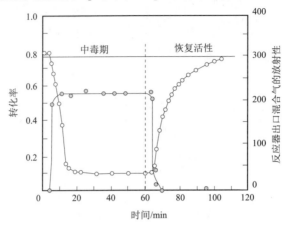

图 12.3　催化剂的 CO_2 中毒

2. 放射性气体法研究固相的化学转化

放射性气体法是根据放射性惰性气体从固体中逸出来的能力（称为发射本领）来研究固体的物理、化学状态和性质的一种方法。

放射性惰性气体由向固体中引入射钍的方法产生。惰性气体从固体中逸出来的能力与固体的组成、晶体结构、表面积大小及温度有关，因此放射性气体法可以提供许多关于固体状态和性质的重要信息。

例如，用放射性气体法研究草酸氢钡固体的热分解，观察在升温过程中草酸氢钡发射本领的变化，得到的结果如图 12.4 所示。图中 5 个尖锐的峰表示草酸氢钡热分解有 5 个化学转变点（第一个峰不明显）。每个峰右边的最低点相应于各组分分解完全的温度。上述的 5 个峰对应于下述的热分解过程：

$$BaH_2(C_2O_4)_2 \cdot 2H_2O \longrightarrow BaH_2(C_2O_4)_2 \cdot H_2O \longrightarrow$$
$$BaH_2(C_2O_4)_2 \longrightarrow 4BaC_2O_4 \cdot H_2C_2O_4 \longrightarrow BaC_2O_4 \longrightarrow BaCO_3$$

固相化学反应也可以用放射性气体法来探测。例如，使含有 ^{228}Th 的氧化铁与 BeO、MgO、CuO 或 ZnO 发生反应，在放射性气体谱中 700～800℃ 范围内出现一个峰，而 Fe_2O_3 是没有这个峰的，它是固体反应形成的尖晶石型的 (Be、Mg、Cu、Zn) Fe_2O_4 所造成的。含 ^{228}Th 的氢氧化铁或碳酸盐与 EeO、MgO、CuO 或 ZnO 的反应也能得到相同的结果。图 12.5 是含 ^{228}Th 的 Zn(OH)$_2$ 与 Fe(OH)$_3$ 混合物加热时的放射性气体谱。曲线的第一个峰对应于 Zn(OH)$_2$ 的失

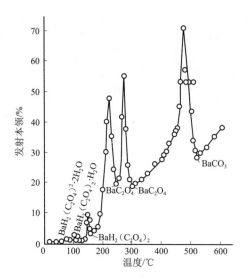

图 12.4　草酸氢钡的热分解

水过程，第二个峰是与 Zn(OH)$_2$ 共同存在的 ZnCO$_3$ 的分解，第三个峰对应于新的化合物 ZnFe$_2$O$_4$ 的出现，它是由以下的固相反应生成的：

$$ZnO + Fe_2O_3 \longrightarrow ZnFe_2O_4$$

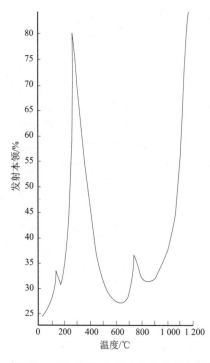

图 12.5　Zn(OH)$_2$ 与 Fe(OH)$_3$ 混合物的发射本领与温度的关系

12.3.4 在测定物理化学数据中的应用

1. 平衡常数和速率常数的测定

用放射性示踪技术测定反应平衡常数和反应速率常数的优点是灵敏度高，因此被研究体系的浓度可以很低，便于在接近理想体系的情况下进行研究。另外，示踪法是根据放射性计算浓度，可以不受非放射性物质的干扰，这就简化了分离、纯化的手续。

例如，用示踪法测定络合物稳定常数。

设金属离子 M^{n+} 与配位体 A^{k-} 能够形成各级络合物：

$$M^{n+} + iA^{k-} \rightleftharpoons (MA_i)^{(n-ik)+}$$

相应的积累络合常数 β_i（略去电荷值）为

$$\beta_i = \frac{[MA_i]}{[M][A]^i}$$

定义函数

$$\varphi = \frac{c_M}{[M]}$$

式中 c_M——水溶液中金属离子的浓度。

$$c_M = [M] + [MA_1] + [MA_2] + \cdots$$
$$= [M]\{1 + \beta_1[A] + \beta_2[A]^2 + \cdots\}$$
$$\varphi = 1 + \beta_1[A] + \beta_2[A]^2 + \cdots$$

φ 值可用萃取法或离子交换法中的分配比来计算。设 M^{n+} 以 MB_n 形式被萃取，在络合剂 A 不存在时，萃取分配比为

$$D' = \frac{[MB_n]_o}{[M]}$$

当有络合剂 A 存在时，萃取分配比为

$$D = \frac{[MB_n]_o}{c_M}$$

因此可得

$$\varphi = \frac{D'}{D}$$

令 $\varphi_1 = \dfrac{\varphi - 1}{[A]}$，则可得

$$\varphi_1 = \beta_1 + \beta_2[A] + \beta_3[A]^2$$

将实验值 φ_1 或 $\lg\varphi_1$ 对 [A] 作图,外推到 [A] = 0,即可求得 β_1。同理,$\varphi_2 = \dfrac{\varphi_1 - \beta_1}{[A]}$,$\varphi_3 = \dfrac{\varphi_2 - \beta_2}{[A]}$,再用外推求极限的方法可以求得 β_2、β_3、…。

例如,采用上述原理,以 ^{234}Th 作示踪剂,用 TBP 从 HNO_1 溶液中萃取 Th^{4+} 的方法,测得 Th^{4+} 与 NO_3^- 的络合常数:$\beta_1 = 3.3$,$\beta_2 = 5.6$,$\beta_3 = 7.0$,$\beta_4 = 1.9$。

化学反应速率常数的测定在化学动力学研究中是很重要的。通常只能在远离化学平衡的条件下才能准确地测定反应速率常数。使用放射性指示剂则能在达到化学平衡时,根据同位素交换速率测定反应速率常数。

例如,曾用示踪法测定亚砷酸与碘在反应达到平衡时的反应速率常数。

亚砷酸与碘的反应如下:

$$H_3AsO_3 + I_3^- + H_2O \underset{k_2}{\overset{k_1}{\rightleftharpoons}} H_3AsO_4 + 3I^- + 2H^+$$

用 $H_3^{76}AsO_3$ 为标记化合物。此时 ^{76}As 在 AsO_3^{3-} 与 AsO_4^{3-} 间进行同位素交换,其交换速率 R 为

$$R = \frac{[AsO_3^{3-}][AsO_4^{3-}]}{[AsO_3^{3-}] + [AsO_4^{3-}]} \cdot \frac{\ln 2}{T_{1/2}}$$

隔一定的时间分离出 AsO_4^{3-},测量其放射性可以算得 R,再由 R 测得 25℃时反应速率常数 k_2 为 $0.071 L^2/(mol^2 \cdot min)$,这一数值与远离平衡时测得的数值是一致的。

2. 蒸气压的测定

利用示踪原子法测定蒸气压的方法有两类:一类是常规方法与放射性示踪原子法相结合的方法,在这些方法中,以动力学的方法(朗格缪尔法和克努德森法)为最好;另一类是同位素交换法。

下面简述朗格缪尔法的原理。这一方法是根据真空中样品自由表面的蒸发速度来测定物质的蒸气压的。朗格缪尔导出在单位时间、单位面积上物质的蒸发量与蒸气压间有以下关系:

$$G = \alpha P \left(\frac{M}{2\pi RT}\right)^{1/2} \tag{12.10}$$

式中　G——蒸发速度,$g/(cm^2 \cdot s)$;
　　　P——蒸气压,dyn/cm^2;
　　　M——分子量;
　　　R——气体常数,erg/K;
　　　T——绝对温度,K;

α——蒸发系数,与蒸发表面有关,在大多数情况下 $\alpha=1$。

测出在一定的蒸发时间内蒸气凝结物的放射性活度,再根据样品的比活度即可求出蒸发速度 G,代入式(12.10)便能计算出蒸气压 P。此法的灵敏度可达 10^{-9} Pa。

3. 扩散系数的测定

用示踪原子法测定扩散系数有两个主要优点:一是在极低的浓度下测定扩散系数,不致引起环境的变化;二是能够研究自扩散过程,如金属原子在自身晶格中的扩散。

测量固体中扩散系数的方法,一般是将放射性物质沉积在被研究固体的一个平面上,形成很薄的薄层,这种沉积可采用蒸发法或电沉积法来实现。然后在一定的温度下使放射性物质在固体中扩散,扩散系数可根据菲克第二定律计算得到:

$$D = -\left(\frac{x^2}{4t}\right)\ln\frac{c}{c_0} \quad (12.11)$$

式中　x——扩散深度;
　　　c——t 时刻,深度为 x 处放射性物质的浓度;
　　　c_0——t 时刻,深度为 0 处的放射性物质的浓度。

这种方法能广泛用于各种体系中扩散系数的测定,如测定金属、合金、金属氧化物和非金属中的自扩散系数,杂质在各种材料中的扩散系数等。

4. 固体物质比表面的测定

固体物质比表面的测定在多相反应研究中是很重要的。用显微镜观测虽然也可测定表面积,但因为固体颗粒形状很不规则,特别对于多孔物质,其真实表面与其几何表面有很大差别,因此不能得到正确的结果。测定比表面的常用方法有染料吸附法、BET 吸附法等。放射性示踪技术为比表面的测定提供了新的方法,如表面交换法、表面活性剂吸附法和放射性气体法。下面简单介绍表面活性剂吸附法。

将表面活性剂分子进行放射性标记,利用它们在固体表面的吸附性质,可测定金属和非金属材料的表面积。如果吸附是单分子层的,则根据固体样品的放射性比活度先算得吸附的表面活性剂分子数,再将它乘以分子的有效面积,即可得固体的表面积。

例如,^{14}C - 16 烷基三甲铵溴化物的水溶液在浓度低于 0.001 mol/L 时,它在许多金属、玻璃、硅石等表面的吸附服从朗格缪尔公式,另外用 BET 法测得该分子的直径为 74.5 Å。因此，利用它在朗格缪尔等温线的饱和区进行吸附，即可简单迅速地测定样品的表面积。

12.4 放射性核素计时

放射性核素衰变的速度不随地球上的物理条件而变化，因此提供了一种天然的时间标准。自然界中许多长寿命的核素便可作为考察自然过程的特殊的时钟，用来指示过程发生的年代。这种核素年龄测定法广泛用于地层、岩石、矿物和陨石年龄的测定，它给地球化学和宇宙学的研究提供了一项很重要的手段。

放射性核素衰变服从衰变规律：

$$N = N_0 e^{-\lambda t}$$

$$t = \frac{1}{\lambda} \ln \frac{N_0}{N} = \tau \ln \frac{N_0}{N} \tag{12.12}$$

其中，τ 称为核素的平均寿命，它是放射性核素固有的特性，可以被准确地测出，只要测出 N_0/N 值就可以计算放射性核素所经历的时间。因此，放射性核素可作为天然的时钟。

除了利用放射性核素计时外，近年来还发展了一种利用热释光效应的放射性计时法，也在这里作一介绍。

12.4.1 利用 ^{14}C 测定年代

宇宙射线中的中子与大气中大量存在的稳定核素 ^{14}N 的核反应 $^{14}N(n,p)^{14}C$ 产生一定含量的 ^{14}C。^{14}C 在大气中容易和 O_2 化合而生成 $^{14}CO_2$，在大气层中 $^{14}CO_2$ 和 CO_2 经过气流运动而混合均匀。因此，可以把 ^{14}C 看成天然 C 的一个同位素成分，经测定其同位素丰度为 $1.2 \times 10^{-10}\%$。在自然界中，植物通过光合作用吸收大气中的 CO_2，动物又依赖植物而生存，CO_2 溶解于水中，雨水落到地面形成各种碳酸盐，这些构成了自然界的碳循环过程。在整个地球的形成和生物进化的漫长年代里，陆地、海水和大气中的碳处于不停息的碳循环交换过程中，如果近 10 万 a 来宇宙射线的成分没有多大变化，那么处于交换状态的碳中的 ^{14}C 含量便是一个恒定值。这一假定是利用 ^{14}C 测定年代的理论依据。在实验方法上，只要测出处于交换状态中的现代碳里 ^{14}C 的比活度 S_0 和标本中停止交换的古老碳里 ^{14}C 的比活度 S_A，就可以利用公式算出标本的绝对年代：

$$t = \tau \ln \frac{S_0}{S_A} \tag{12.13}$$

用 ^{14}C 测定年代时，应注意以下几个问题。

1. 标本的采集及处理

用作测定年代的碳标本必须满足如下3点要求：①标本确实来源于交换碳，在停止碳交换前，标本中 ^{14}C 的比活度与现代碳中 ^{14}C 的比活度是相等的；②标本在停止碳交换期间没有经历任何次生性变化，始终保存其原生性质；③标本在研究对象中具有真正的代表性。可以测定的标本有动植物的残骸、原生无机碳酸盐、生物碳酸盐及其有机沉积物、土壤以及含碳的古代遗物。所有标本在加工制成测量样品之前都需经清洗，绝对禁止有现代碳和其他不同年代碳的污染。

2. 现代碳标准的确定

^{14}C 的比活度 S_0 并不是一个恒定值，这是因为：①自然界存在碳的同位素浓集效应，处于不同化学状态的碳中的 ^{14}C 含量并不完全一致；②人类的活动改变了大气中二氧化碳的碳同位素组成，如矿物燃料的大量使用，使 ^{14}C 的含量降低 $1\% \sim 4\%$，大气层的核爆炸使植物碳中 ^{14}C 的含量增加了50%左右。这就需要确定一个统一的标准，才能获得可供比较的年代数据。1959年国际会议确认美国国家标准局制定的草酸作为现代碳的标准物质，并以1950年放射性的95%作为现代碳的标准放射性。

3. 树轮校正

为了校正因 S_0 的不恒定而引起测定年代的误差，可以应用树轮校正方法。

树木生长的年轮正确反映了树木的生长年代。树轮与 ^{14}C 测的年龄有一定的差别，大约2 000 a要差150 a，树木的年龄越老，年轮与 ^{14}C 测年龄相差越大，最大偏离可达800多年。因此，对于那些需要精确年代数据的标本，必须采用树轮校正。

^{14}C 放射性计数方法所能够测出的标本，其年代不能超出30 000a。因为年代为30 000 a的标本中每克碳的 ^{14}C 放射性计数率已不到1计数/min。因此，^{14}C 测定年代法可测量的年代范围受测量方法的限制。为了提高测量 ^{14}C 的灵敏度，已经有人采用串级加速器，把样品的碳原子加速，然后用电磁分离器测出 ^{14}C 原子的个数。在1计数/（min·g）的测量样品中仍然含有 10^8 个 ^{14}C 原子，这个

数目对于电磁分离测量技术来说已足够大了。世界上已有 3 个实验室在开展这一工作，这种方法可以测量停止碳交换 10^5 a 的标本，而且使用的标本量不到 1 mg，这种方法的发展对于鉴定古老而又珍贵的标本特别有价值。

12.4.2 利用放射性衰变的母子体关系测定年代

测定年代的另一种方法是利用放射性衰变的母子体关系，测定在一个封闭体系中母子体核素的含量比值来推算衰变所经历的年代。根据衰变定律，可以得出子体放射性原子数为

$$N_2 = N_1 (e^{-\lambda_1 t} - 1)$$

上式可改写为

$$t = \frac{\tau_1}{\ln\left(1 + \dfrac{N_2}{N_1}\right)} \tag{12.14}$$

式中，$\tau_1 = \dfrac{1}{\lambda_1}$。因此，测出母体原子数 N_1 与子体原子数 N_2 之比，即可求得它们所代表的封闭体系所经历的年代。

1. 钾–氩法测定年龄

钾–氩法是利用放射性衰变的母子体关系测定年代的一种很好的方法。在天然矿石中钾的含量在 0.01% ~ 10% 范围内，钾的放射性同位素 ^{40}K 的丰度为 0.011 67%，它以电子俘获生成 ^{40}Ar，或以 β 衰变生成 ^{40}Ca。^{40}K 的衰变常数为

$$\lambda_\beta = 4.962 \times 10^{-10} \ (\text{a}^{-1})$$

$$\lambda_e = 0.581 \times 10^{-10} \ (\text{a}^{-1})$$

$$\lambda = \lambda_\beta + \lambda_e = 5.543 \times 10^{-10} \ (\text{a}^{-1})$$

天然氩有 3 个同位素，即 ^{36}Ar、^{38}Ar 和 ^{40}Ar，其中 ^{36}Ar 和 ^{38}Ar 是稳定同位素，而 ^{40}Ar 的丰度高达 99.59%，因此可以认为 ^{40}Ar 全是由衰变而生成的。

^{40}Ar 来源于 ^{40}K，那么经过时间 t 以后，^{40}Ar 的含量就可由下式算得：

$$N_{\text{Ar}} = \frac{\lambda_e}{\lambda} \ [N_K(0) - N_K]$$

$$= \frac{\lambda_e}{\lambda} N_K (e^{\lambda t} - 1) \tag{12.15}$$

如果准确测出 ^{40}Ar 和 ^{40}K 的含量，便可以用下式计算标本所经历的年代：

$$t = \frac{1}{\lambda} \ln\left(1 + \frac{\lambda N_{\text{Ar}}}{\lambda_e N_K}\right) \tag{12.16}$$

钾–氩法测定岩石的年龄已经广泛用于地质科学研究。氩是气体，在其生

成、存在的过程中难免会有逸散，使实验结果偏低。钾－氩法适合于测定岩石年龄在 $(50\sim1\,000)\times10^4$ a 的标本，对于 10^5 a 以下的标本，测定结果不可靠。

2. 铀系法测定年代

在铀系中，^{238}U（$T_{1/2}=4.5\times10^9$ a）和 ^{235}U（$T_{1/2}=7\times10^8$ a）的寿命都足够长。在它们的众多子体核素中，适宜于用作时钟的有

$$^{234}\text{U} \quad (T_{1/2}=2.5\times10^5 \text{ a})$$

$$^{230}\text{Th} \quad (T_{1/2}=7.7\times10^4 \text{ a})$$

$$^{226}\text{Ra} \quad (T_{1/2}=1\,602 \text{ a})$$

$$^{231}\text{Pa} \quad (T_{1/2}=3.2\times10^4 \text{ a})$$

例如，测定海洋中沉积物的年龄就可用 ^{230}Th。假设海水中铀的浓度是恒定的，铀衰变生成的 ^{230}Th 则不断沉淀进入海洋的沉积物中，并以半衰期为 77 000 a 的衰变速度在减少。如果深海中沉积物的沉积速度是均匀的，那么在单位重量沉积物中 ^{230}Th 的量应该随深度的增加而按指数规律减少，则一定深度处的沉积物的年代就可测定出来。为了避免由于沉积速度变化带来的误差，可以用测定 ^{230}Th/^{232}Th 的比值来代替 ^{230}Th 的测定。

利用放射性衰变的母子体关系测定年代的方法还有很多，如铷－锶法、铀铅比法等可以测定矿物、地球和陨石的年龄。

放射性核素计时法除上述应用以外，还能对陨石的研究和宇宙学提供许多重要信息，如陨石从元素形成到固化所经历的时间、陨石在宇宙空间的飞行时间、陨石的地球年龄等。

与地球和陨石的年龄相比，^{129}I 的半衰期（$T_{1/2}=1.7\times10^7$ a）是很短的，元素形成时生成的 ^{129}I 早已衰变而消失，但从它的衰变子体——稳定的 ^{129}Xe 可以发现其踪迹。在某些陨石中发现 ^{129}Xe 的丰度反常地增高，这可以用原始的 ^{129}I 衰变产生 ^{129}Xe 来说明，但它的丰度又比由 ^{129}I 原始丰度算得的值低，这种现象可认为是由于陨石在固化以前，Xe 不能积聚所引起的。因此，由现存的 ^{129}Xe 可以计算出从元素形成到陨石固化所经历的时间。实验测得这一时间在 $(3\sim5)\times10^8$ a 的范围。

陨石在宇宙空间飞行时一直受到宇宙射线的作用，发生许多由宇宙射线引起的核反应。宇宙射线的强度在几百万年间是恒定的，因此放射性核素也以恒定的速度生成，经过足够长的时间便达到了饱和，这些放射性核素衰变产生的稳定子体核素则随飞行时间增长而增加。因此，根据陨石中母、子体核素的含

量便可计算陨石在宇宙空间的飞行时间。常用于分析测定的核素有 ^3H 和 ^{36}Cl 等，其衰变方式为

$$^3H \xrightarrow{\beta^-} {}^3He \text{ 和 } {}^{36}Cl \xrightarrow{\beta^-} {}^{36}Ar$$

用此法测得一些陨石的飞行时间为 $2 \times 10^6 \sim 1.5 \times 10^9$ a。这一时间比陨石固化以后的年龄要短得多，这表明陨石在很长一段时间里是被屏蔽着的，没有受到宇宙射线的照射。由此可以推断这些陨石起初可能是行星的一部分，以后它才从行星中破裂产生。

从陨石中 ^{14}C 的绝对放射性强度可以计算出铁石陨石的地球年龄（落到地球上以后的年龄）。因为铁石陨石中含有固定组成的氮，它在宇宙射线作用下生成 ^{14}C 并达到饱和值，陨石落到地球上以后，大气层屏蔽了宇宙射线，^{14}C 不再生成，但按指数规律衰变，由此可以计算陨石的地球年龄。

12.4.3 热释光法测定年代

热释光是一种固体发光现象，发光的原因是辐射作用于结晶体之后，固体晶格中以电子发生位移来储存从辐射接收的能量，这种储能电子在低温或常温下能在一定时间之内保持其储能状态，而一经加热（500℃以下）即复位，同时将它所储存的能量以光子的形式放出来，这就是热释光现象。热释光现象最早用在核辐射剂量学领域，用于测定辐射剂量的常用剂量元件有结晶固体 $CaSO_4$、LiF、CaF_2、$LiBO_3$ 等。经深入研究，发现大多数矿物都具有热释光现象，假设自然界在一定的地域内存在的辐射来源恒定不变，于是可以利用热释光技术测定年代。

利用石英的热释光测定年代，其方法如下：

已知石英的热释光曲线有 5 个发光峰，其中 375℃ 的高温区发光峰的储能电子的平均寿命约为 10^7 a，SiO_2 的这个发光峰对辐射的灵敏度恒定不变。因此，可以用作图的方法，求出所研究的石英标本中积存的热释光量相当于接收了多少辐射剂量，这个值一般用等效 β 剂量（E.D.）来表示，它代表石英标本接收各种辐射剂量的总和。然后，再分析标本在其所在的环境中每年提供的年剂量率 D_y。有了这两个值就可以计算出该标本存在的年代。

低温峰灵敏度增高法是另一种热释光测定年代法，适用于对短寿命标本的年龄测定。

热释光测定年代的技术可以用来测定百万年这样宽广的时域，是很有价值的放射性计时方法。

12.5 同位素稀释法

同位素稀释法是放射性示踪剂在分析化学中应用最广的一种分析方法。它的原理是把放射性示踪剂与待测物混合均匀，然后根据比活度在混合前后的变化计算出待测物的含量。同位素稀释法只需要分离出一部分纯物质来测定比活度，并不要求将待测物全部定量地分离出来，这对于复杂体系特别有实用价值。例如，蛋白质水解液中氨基酸的测定、体脂中各种脂肪酸的测定、化学性质极为相近的元素混合物（如 Nb-Ta、Zr-Hf、稀土元素等）中元素含量的测定。在这类复杂体系中，要定量分离体系中某一组分，又要保证分离出的组分有高的纯度，这两种要求很难同时满足，同位素稀释法则能避免这一矛盾，而测出复杂体系中各组分的含量。

针对不同的分析对象，同位素稀释法又发展成几种不同的分析技术，如直接稀释法、反稀释法、亚化学计量稀释法、饱和分析法、衍生物同位素稀释法等，后两种方法是生物化学和医学研究中重要的微量分析技术。

12.5.1 直接稀释法

直接稀释法是同位素稀释法中最基本的应用技术。该方法是向待测化合物中加入一定量的标记化合物，使它与待测物混合均匀，然后从体系中分离出一部分纯净化合物，测定它的比活度，根据比活度的变化来计算待测物的含量。

设 A_0 为引入的标记化合物的放射性活度，W_0 为引入的标记化合物的质量，W_x 为待测化合物的质量，S_0 为标记化合物的比活度，S_x 为稀释后化合物的比活度，则可得下述各式：

$$S_0 = \frac{A_0}{W_0}$$

$$S_x = \frac{A_0}{W_0 + W_x}$$

$$\frac{S_0}{S_x} = \frac{W_0 + W_x}{W_0}$$

$$W_x = W_0 \left(\frac{S_0}{S_x} - 1 \right) \tag{12.17}$$

式（12.17）是同位素稀释法的基本表达式。

由式（12.17）可见，S_0 和 W_0 都是实验进行之初即可测出的，因此只要从混合均匀的体系中分离出一部分纯净的化合物并测得其 S_x，即可求得待测物的含量 W_x。下面讨论同位素稀释法的准确度。W_x 的准确度与 S_0 和 S_x 的测定误差有关，将式（12.17）微分：

$$dW_x = W_0 \frac{\partial S_0}{S_x} - W_0 \frac{S_0}{S_x^2} \partial S_x \qquad (12.18)$$

可得 W_x 的相对误差：

$$\frac{dW_x}{W_x} = \frac{W_x + W_0}{W_x}\left(\frac{\partial S_0}{S_0} - \frac{\partial S_x}{S_x}\right) \qquad (12.19)$$

为了使 $\dfrac{dW_x}{W_x}$ 尽量小，必须使：

（1）$W_0 \ll W_x$，即要求标记化合物的比活度高，实验中比活度改变越大，误差越小。

（2）$\dfrac{\partial S_0}{S_0}$ 应小，这就要求加入的示踪剂的纯度要高，因为杂质增多将引起 S_0 的测量误差增大。

（3）$\dfrac{\partial S_x}{S_x}$ 应小，这就要求分离出来测定比活度的那一部分样品纯度要高。

由于直接稀释法要测量比活度，因此必须准确测定分离出来的纯净化合物的质量，这就限制了它的应用范围，不适于微量物质的分析。

12.5.2 反稀释法

直接稀释法是将放射性同位素加入待测样品中以测定复杂体系中稳定同位素的含量。反过来，将稳定同位素加入含有放射性同位素的待测样品中，则可以求出样品原有的稳定同位素载体的含量。这一方法称为反稀释法或逆稀释法。该方法是将一定量 W_1 的稳定同位素加入放射性活度为 A_1、比活度为 S_1 的样品中，混合均匀后，分离出一部分纯化合物，测定它的比活度 S_2。原来存在于样品中的载体量 W_x 应该服从如下关系：

$$S_1 = \frac{A_1}{W_x}$$

$$S_2 = \frac{A_1}{W_1 + W_x}$$

$$W_x = W_1\left(\frac{S_2}{S_1 - S_2}\right) \qquad (12.20)$$

12.5.3 亚化学计量稀释法

亚化学计量稀释法是用亚化学计量分离方法，从经过同位素稀释的样品溶液和起始标记化合物溶液中分离出等量纯净化合物，根据二者的放射性活度来确定未知物含量的一种分析方法。由于亚化学计量稀释法避免了测量分离出的纯净化合物的重量，所以大大提高了同位素稀释法的灵敏度。

用亚化学计量稀释分离法以得到等量纯净化合物的方法很多，如利用难溶化合物饱和溶解度一定的特性，电解金属时析出量与电量成正比的特性，吸附剂的吸附饱和性，用不足量萃取剂使有机相达到饱和萃取的特性等，都可实现亚化学计量分离。

由于亚化学计量稀释法分离出的纯净化合物是等量的，式（12.17）中比活度的比值 S_0/S_x 就可用放射性活度的比值 A_s/A_x 来代替，于是得到

$$W_x = W_0 \left(\frac{A_s}{A_x} - 1 \right) \qquad (12.21)$$

式中　A_s——从起始标记化合物溶液中分离出的纯净化合物的放射性活度；

　　　A_x——从经同位素稀释后的样品溶液中分离出的纯净化合物的放射性活度。

因此，未知物含量的测定只需通过两次放射性活度的测定就可以实现，这使该方法的灵敏度大大提高。在已经应用的 40 多种元素测定中，大多数元素可以分析到 10^{-6} g，有些还能达到 10^{-10} g 的水平。

例如，利用亚化学计量稀释法测定岩石中钯的含量。首先确定亚化学计量分离钯的方法，先用 5 ml 10^{-8} mol/L 打萨腙的氯仿溶液从 0.05 mol/L H_2SO_4 溶液中萃取钯，结果如图 12.6 所示，它表明加入钯的量在 0.01 μg 以上即可实现亚化学计量萃取。样品的具体分析方法是：向含有 0.512 5 g 重的岩石样品中，加入一定量的 ^{103}Pd 标准溶液（含 0.027 μg 稳定 Pd），用酸分解样品，然后用丁二酮肟-氯仿萃取，使钯与岩石基体及杂质分离。含钯萃取液蒸干后溶于 0.05 mol/L H_2SO_4 中，准确加入 5 ml 10^{-8} mol/L 打萨腙-氯仿溶液萃取 45 min，取 3 mL 萃取液放在井型 NaI（Ti）晶体中，测得放射性为 660 计数/min。取另一份 ^{103}Pd 标准溶液在同样的条件下萃取测量，得到 1 146 计数/min。由式（12.21）算得岩石样品中含钯量为 0.020 μg，相对含量为 0.039 ppm。

式（12.21）中，引入的标记化合物的量 W_0 仍然是要测定的，这个量通常很低，而测量不准确又会给整个实验结果带来误差。为了避免在实验中测定 W_0 值，又发展了两种改进的亚化学计量稀释技术。

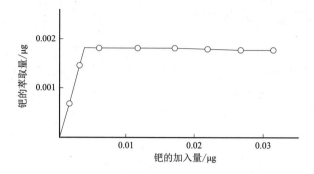

图 12.6　钯的亚化学计量萃取

1. 定量示踪技术

将两份等量的标记化合物（放射性活度为 A_0，标记化合物的量为 W_0）分别加到样品溶液（待测物含量为 W_x）和一个标准溶液（含已知量待测物 W_s）中，则样品溶液中待测物的比活度为

$$S_x = \frac{A_0}{W_0 + W_x}$$

标准溶液中待测物的比活度为

$$S_s = \frac{A_0}{W_0 + W_s}$$

如果满足 $W_0 \ll W_x$ 和 $W_0 \ll W_s$，则有

$$S_x = \frac{A_0}{W_x} \text{和} S_s = \frac{A_0}{W_s}$$

若用亚化学计量法从样品溶液和标准溶液中分离出等量的纯净物质 W_t，并测出它们的放射性活度分别为 A_x 和 A_s，则有

$$A_s = S_s W_t = \frac{A_0}{W_s} W_t$$

于是可得

$$W_x = \frac{A_s}{A_x} W_s \qquad (12.22)$$

2. 平行示踪法

将两份放射性活度均为 A_0 的标记化合物分别加到两份相同量的样品（含待测物均为 W_s）中，再向其中分别加入不同量的标准溶液，一份含待测物量为 W_1，另一份含待测物的量为 W_2。标记化合物的加入量 W_0 必须很低，它的量与 W_x、W_1、

W_2 比较可以忽略不计,经稀释后两份样品中待测物的比活度分别为

$$S_1 = \frac{A_0}{W_1 + W_x}$$

用亚化学计量法从两份样品中分离出等量的纯净物质 W_t,测出它们的放射性活度分别为

$$A_1 = S_1 W_t = \frac{A_0}{W_1 + W_x} W_t$$

$$A_2 = S_2 W_t = \frac{A_0}{W_2 + W_x} W_t$$

两式相除得

$$W_x = \frac{A_2 W_2 - A_1 W_1}{A_1 - A_2} \tag{12.23}$$

亚化学计量稀释法已广泛应用于示踪剂中载体含量的测定、裂变产物的产额测定、生物样品和高纯材料中微量元素的测定等方面。由于这一方法有灵敏度高、选择性好、分离手续简单、不必测定化学回收率等优点,因而得到普遍的重视和应用。

12.5.4 饱和分析法

饱和分析法是测量微量的生物活性物质的重要方法,这种方法灵敏度高(可达 $10^{-9} \sim 10^{-12}$ g),特异性好,是医学和生物化学研究中不可缺少的一种分析技术。

饱和分析法是向待测物质中加入一定量的标记化合物,然后加入亚化学计量的特异试剂进行竞争反应,最后测定已反应和未反应的标记化合物的放射性比值(A_B/A_F),根据响应曲线确定待测物的含量。图 12.7 是饱和分析原理示意图。

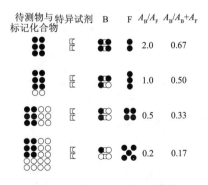

图 12.7 饱和分析原理示意图
○—标记化合物; ●—待测物。

分析中常用的特异试剂有特异抗体、特异结合蛋白质、特异酶、微生物等。若以特异抗体为特异试剂,利用抗原-抗体反应的饱和分析法,则称为放射免疫分析法。

例如,用放射免疫分析法测定血液中胰岛素的含量。分析需要用3种试剂:标准样品,是高纯的胰岛素;标记化合物,用放射性碘标记的胰岛素;特异抗体,是含胰岛素抗体的抗血清。其中,胰岛素是抗原,抗血清中的抗体与胰岛素结合为抗原-抗体的复合物。测定步骤如下:

(1)在试管中,将一定稀释度的抗血清、一定量的标记胰岛素与不同量的标准胰岛素混合均匀,制成标准样品系列,在4℃保持48 h。

(2)在另一试管中将抗血清、标记胰岛素与待测的血浆混合均匀,这是待测样品,也在4℃保持48 h。

(3)用纸上电泳或色层法分离上述样品中已与抗体结合的胰岛素和游离的胰岛素。

(4)用自动层析扫描仪测定纸条上两种胰岛素的放射性活度,计算结合胰岛素和游离胰岛素的比值A_B/A_F,根据标准样品系列的结果绘成响应曲线(图12.8),再从该曲线确定待测血浆中胰岛素的含量。

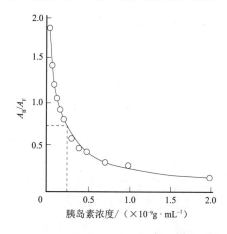

图12.8 用饱和分析法测定胰岛素含量的响应曲线

12.5.5 衍生物同位素稀释法

衍生物同位素稀释法是将放射性衍生物法和反稀释法结合起来使用的分析方法。它避免了放射性衍生物法要求定量分离衍生物的缺点。例如,要测定蛋白质水解液中氨基酸含量,就可在体系中加入一定量的标记试剂,使氨基酸转变为标记的衍生物,反应完全后加入一定量非标记的氨基酸衍生物进行稀释,经过分离纯化,取出一部分氨基酸衍生物测定其比活度,即可计算出氨基酸的含量。曾经用这种方法测定蛋白质水解产生的氨基酸的外消旋化程度,首先进行衍生物反应,然后加入非放射性的衍生物为载体进行结晶分离,使具有不同光学性质的衍生物分开,结果测出了在大量 L-丙氨酸存在下的 D-丙氨酸的含量。

这种方法灵敏度高,对极少量的氨基酸也能测定。

12.6 活化分析

活化分析是利用核反应使待测元素的稳定同位素转变成放射性核素,然后通过测定生成的放射性核素来对待测元素进行分析的一种现代分析方法。1936 年海维赛用 Ra-Be 中子源产生的中子测定了 Y_2O_3 中的 Eu,两年后西博格又提出了利用带电粒子进行放射性分析,但当时都因为实现人工核反应的条件有限,难以推广这一高灵敏度的分析技术。随着反应堆的建立,人们容易获得通量为 10^{12} 中子/($cm^2 \cdot s$) 的中子,这为利用中子进行活化分析提供了设备条件,由于用这一方法成功地测定了高纯材料中的杂质,从此该方法受到极大重视,得到了迅速发展。

近 10 年来,由于 Ge(Li)探测器、多道谱仪以及电子计算机的广泛使用,可以在几分钟内就给出一个复杂 γ 谱的峰值能量、峰面积及测量误差等数据。如果预先制定好了标准参考物质的对照分析程序,还可以直接读出待测元素的种类和含量,从而使活化分析的速度大为加快,减少甚至完全免去了复杂的化学分离,在一份样品中可以做到同时分析几十种元素。活化分析在我国已经广泛地用于工业、农业、国防、天体研究、地球化学、考古学、生物学、环境科学、医药卫生和法检等各个领域。

12.6.1 中子活化分析

自然界中存在的元素几乎都有一个或几个稳定同位素可以不同程度地被活化。由于稳定同位素的自然丰度对绝大多数元素是固定的,因此,在一定的照射条件下,测定某一放射性核素的量就能决定这个元素的量。在活化过程中生成的放射性核素的放射性活度 A 由下式决定:

$$A = \frac{N^0 W \theta}{M} \varphi \sigma (1 - e^{-\lambda T}) e^{-\lambda t} \qquad (12.24)$$

式中　N^0——阿伏伽德罗常数；

　　　W——待测元素的质量；

　　　θ——靶核的同位素丰度；

　　　M——待测元素的原子量；

　　　σ——核反应的有效活化截面；

　　　φ——入射粒子的有效通量；

　　　λ——核反应产物的衰变常数；

　　　T——照射时间；

　　　t——停止照射到测量开始时所经历的时间。

若采用多道 γ 谱仪测定反应产物的 γ 全能峰并对其进行分析，公式中还应引入此全能峰的探测效率 ε 和这个 γ 峰的能量在衰变图式中的百分数 γ。全能峰下的面积 A_P 表示积分计数率，应满足如下关系：

$$A_P = \frac{N^0 W \theta}{M} \sigma \varphi \varepsilon \gamma (1 - e^{-\lambda T}) e^{-\lambda t} \tag{12.25}$$

测出峰面积大小即可求得待测元素的质量 W。

用式（12.24）和式（12.25）求得的都是绝对量，计算中涉及几个核参数，还要准确测量中子通量和计数系统的实验参数，影响因素太多，有些量又不易测准，所以准确度不高。为了克服这些困难，通常采用参考物质比较分析法，即用已知质量的待测元素为参考物质和待测样品在完全等同的条件下进行辐照、冷却和测量，于是有

$$W_{样品} = \frac{A_{样品}}{A_{参考}} \times W_{参考} \tag{12.26}$$

只要测定样品和参考物质的放射性活度，就可以计算出样品中待测元素的含量。这个方法比绝对法简单多了，但对每一种待测元素必须要有一种参考物质。近年来发展了一种单比较体法，在多元素的活化分析中，只使用已知量的一种元素（比较体）作参考物质，可用来标定各种其他元素。设单位质量的比较体的饱和放射性活度为 $A_{比}^*$，单位质量的另一被标定元素的饱和放射性活度为 $A_{参}^*$，由式（12.25）知这两种元素的饱和放射性活度的比值应为

$$K = \frac{A_{参}^*}{A_{比}^*} = \frac{M_{比}}{M_{参}} \cdot \frac{\gamma_{参}}{\gamma_{比}} \cdot \frac{\varepsilon_{参}}{\varepsilon_{比}} \cdot \frac{\theta_{参}}{\theta_{比}} \cdot \frac{\varphi_{参}}{\varphi_{比}} \cdot \frac{\sigma_{参}}{\sigma_{比}} \tag{12.27}$$

式中，M、γ、ε、θ、φ、σ 在一定的实验条件下均可视为常数，这些数据可从手册中查到，或者用实验测定，所以对于每种元素均可算得一个常数 K。

于是，根据单位质量比较体的饱和放射性活度 $A_{比}^*$，通过常数 K 便可按下式算得单位质量其他被标定元素的放射性活度 $A_{参}$：

$$A_{参} = A_{参}^* \, e^{-\lambda t} \, (1 - e^{-\lambda T}) \, \frac{(1 - e_{参}^{-\lambda t'})}{\lambda_{参} t'} \tag{12.28}$$

式中　T——照射时间；

　　　t——衰变时间；

　　　t'——测量时间；

　　　$\lambda_{参}$——被标定元素的衰变常数。

单比较体法要从实验测出 K 值，这个值与照射条件和测量系统有关，在使用上仍然不方便，有它的局限性。以后有人提出了引用组合核常数 K_0 代替 K 值的建议。K_0 是与辐照条件、测量系统无关的常数，可供各个实验室通用。这样，多元素的活化分析就大为简化了。

中子活化法按照中子的能量可分为热中子活化分析法、共振中子活化分析法和快中子活化分析法。这里介绍常用的热中子活化分析法和快中子活化分析法，以及非破坏中子活化分析。

1. 热中子活化分析法

反应堆能提供通量为 $10^{12} \sim 10^{14}$ 中子/（$cm^2 \cdot s$）的稳定的热中子流，周期表中大多数元素都有一个或几个同位素具有较高的热中子俘获截面。因此，热中子活化分析法具有很高的灵敏度，适用于大多数元素的分析。表 12.1 列出了 71 种元素热中子活化的探测极限，探测极限最低的是 Dy，可达 10^{-6} μg，最高的是 Si、S、Fe，为 $10 \sim 30$ μg，探测极限等于或低于 10^{-3} μg 的元素有 45 种。

用于热中子活化分析法的中子源可以分为 3 种类型：第一种是通用的研究反应堆，功率在数千千瓦，热中子通量为 $10^{12} \sim 10^{13}$ 中子/（$cm^2 \cdot s$），高通量堆的中子通量达 10^{14} 中子/（$cm^2 \cdot s$）以上；第二种是脉冲堆，功率多数在几百千瓦，而脉冲功率则可达百万千瓦，这时的热中子通量高达 $10^{16} \sim 10^{17}$ 中子/（$cm^2 \cdot s$），这种堆是专为训练、研究和放射性核素生产而设计的，TRIGA 型堆便属这种类型；第三类是低功率临界试验堆，功率只有几千瓦，热中子通量也可达 10^{11} 中子/（$cm^2 \cdot s$），如 SLOWPOKF 堆便属此种类型，主要用于中子活化分析和放射性核素制备。

表12.1 热中子活化分析法的探测极限

（中子通量为 10^{18} 中子/（$cm^2 \cdot s$）；辐照时间为 1 h）

探测极限/μg	元素
$(1\sim3)\times10^{-8}$	Dy
$(4\sim9)\times10^{-8}$	Mn
$(1\sim3)\times10^{-5}$	Kr, Rh, In, Eu, Ho, Lu
$(4\sim9)\times10^{-5}$	V, Ag, Cs, Sm, Hf, Ir, Au
$(1\sim3)\times10^{-4}$	Sc, Br, Y, Ba, W, Re, Os, U
$(4\sim9)\times10^{-4}$	Na, Al, Cu, Ga, As, Sr, Pd, I, La, Er
$(1\sim3)\times10^{-3}$	Co, Ge, Nb, Ru, Cd, Sb, Te, Xe, Yb, Pt, Hg
$(4\sim9)\times10^{-3}$	Ar, Mo, Pr, Gd
$(1\sim3)\times10^{-2}$	Mg, Cl, Ti, Zn, Se, Sn, Ce, Tm, Ta, Th
$(4\sim9)\times10^{-2}$	K, Ni, Rb
$(1\sim3)\times10^{-1}$	F, Ne, Ca, Zr, Tb
$10\sim30$	Si, S, Fe

复杂样品经照射后生成许多放射性产物，这些产物会干扰单个组分的放射性测量，这时便需要对样品进行化学分离。对化学分离的要求随分析对象和探测方法不同而不同，高分辨本领 Ge（Li）探测器的 γ 谱测量法对分离的要求不高，往往只需去除基体，或者只进行组分离后即可测定样品中的多种元素。NaI 探测器的分辨率低，对干扰核素分离的要求也相应提高。纯 β 放射性核素的测量则往往要求样品是放射化学纯的。

中子活化分析使用的标准样品与待测样品的物理和化学形式可以不同，若由此引起自屏蔽效应的差异，可以校正。

2. 快中子活化分析法

快中子引起的核反应主要有（n, p）、（n, α）、（n, 2n）等几种，反应截面比慢中子引起的（n, γ）反应要低得多。14 MeV 快中子（n, p）反应截面为 1~500 mb，（n, α）反应截面为 0.1~300 mb，（n, 2n）反应截面范围为 10~3 000 mb。快中子活化分析法灵敏度平均只有热中子活化分析法灵敏度的 1/500。但是也有一些元素（如 N、O、Si、P、Fe、Pb 等）不适宜用热中子的（n, γ）反应进行分析，它们又有较大的快中子反应截面，对于这些元素用快中子活化分析法就比热中子活化分析法有利。例如，^{15}N（n, γ）^{16}N 反应,因 ^{15}N 的同位素丰度低,只有 0.37%,热中子截面也很小,只有 2×10^{-5}b,所以此反应对氮的分析灵敏度很低。若用裂变谱中子照射,由快中子反应生成的 ^{13}N,则要比用通量相等的热中子照射时产生的 ^{16}N 高出 3 个数量级。表 12.2 列出了裂变谱中子对 73 种元素进行活化分析时的探测极限。绝大多数元素的探测极限高于 0.1 μg。

快中子活化分析法用的中子源有 3 种类型:第一种是反应堆中子源,堆芯中快中子通量最高。在堆中作快中子活化分析,样品常常用镉箔包裹或装在衬有硼的密闭容器中,以除去通量中的热中子成分,有时为了提高快中子通量,还用 ^{235}U 或 LiD 包裹样品;第二种是用高压倍加器中氘氚反应产生的快中子作中子源,当氘的束流为 1 mA 时,中子产额为 10^{11} 中子/s,它产生的中子能量为 14.3 MeV;第三种是同位素中子源。

表 12.2 裂变谱中子活化分析的探测极限

(裂变中子通量 10^{13} 中子/(cm^2·s);照射时间为 1h)

探测极限/μg	元素
$(1\sim3) \times 10^{-2}$	Al, Ni, Se, In
$(4\sim9) \times 10^{-2}$	Si, Rb, Xe, Pr, Ir
$(1\sim3) \times 10^{-1}$	F, Mg, Ta, V, Fe, Zn, Ga, As, Br, Kr, Sr, Y, Sb, Gd, Ho, Hf, Ta, W, Os, Hg, Pb
$(4\sim9) \times 10^{-1}$	P, K, Sc, Cr, Co, Te, Ba, Ce
$1\sim3$	Na, N, Ar, Ge, Zr, Nb, Mo, Ru, Rh, Pd, Ag, Cd, Sn, Nd, Sm, Lu, Pt
$4\sim9$	Cs, Re
$10\sim30$	Ne, Cl, Cu, I, Eu, Tb, Er
$40\sim90$	Mn, Tm, Yb
$100\sim300$	O, Ca, La, Tl
$300\sim900$	S

因为发射带电粒子存在库仑势垒,所以 (n, p)、(n, α) 反应适用于原子序数低于 30 的元素分析,(n, 2n) 反应用于原子序数高于 30 的元素分析。

3. 非破坏中子活化分析

随着中子活化分析应用范围的迅速扩大,对于分析方法的要求也是各种各样的。有些分析对象要求在样品不受破坏的情况下取得分析结果。例如,对于活体检查样品、司法部门的有些样品、考古研究的某些样品和稀世珍宝样品等，常不允许样品受任何破坏。因此，出现了不取样的非破坏中子活化分析方法。

常用的非破坏活化分析法有以下几种：

（1）衰变曲线分析法。利用各种核素半衰期的差别，将混合的衰变曲线分解，分别求出各核素的放射性活度。例如，对三联苯中含氯量的测定常会遇到杂质钠和锰的干扰，这些元素的（n, γ）反应生成 ^{38}Cl、^{24}Na 和 ^{56}Mn，这三者发射的 γ 射线能量很相近，但由于它们的半衰期分别为 37 min、15 h 和 2.6 h，因此容易从衰变曲线上分开。

（2）符合计数法。例如，Fe 中含 Co 量的测定可以采用符合计数法。样品经热中子照射后生成 ^{59}Fe 和 ^{60}Co 的 γ 射线能量大致相等，NaI（Tl）探测器不能分辨这两个核素的 γ 峰。但因 ^{60}Co 的两种 γ 射线是以级联方式发射的，所以采用 γ-γ 符合计数法来测定 ^{60}Co 放出的两种 γ 射线，就可完全避免 ^{59}Fe 的干扰，用这个方法可测定钢样品中 100 ppm 以上的 Co。

（3）Ge（Li）谱仪配上计算机解谱。

12.6.2 带电粒子活化分析

带电粒子活化分析是基于测量带电粒子核反应产生的放射性核素，进行元素含量测定的方法。近年来测量带电粒子产生瞬发辐射的分析方法得到了迅速的发展，也在此一并介绍。

1. 带电粒子活化分析

带电粒子活化分析灵敏度高，但不如中子活化简便，它主要作为热中子活化分析的一种补充手段，其分析对象是一些轻元素（如 Be、B、C、N、O、F）和其他一些不适于中子活化分析的中、重元素。同时，带电粒子核反应发生在样品表面，因此是表面分析的重要手段。

氘核、质子、α 粒子、^{3}He 等均是常用的轰击粒子。氘核轰击可以测定 Be、B、C、N、O、F、Na、Mg、Al、Fe 等元素。质子核反应可分析原子序数在 16~82 的元素。一些重粒子（如 ^{14}N、^{12}C、^{7}Li、^{16}O、^{10}B 等）核反应也用于活化分析，主要用来测定 H、^{2}H、^{4}He 等。例如，利用 ^{1}H（^{18}O, n）^{18}F 反应可以测定 Al、Si、S、K、Ti、V、Ni、Cu、Zn 等基体中的微量氢，方法是将 ^{18}O 离子加速到大于 51 MeV，反应后对产生的 ^{18}F 进行化学分离，根据 ^{18}F 的活度可计算出各基体中的氢含量。

在带电粒子活化分析中，有多种核反应同时产生，反应产物复杂，一般都要进行化学分离。例如，利用α粒子轰击法对Ge中微量氧进行测定时，由于α粒子和基体Ge的几种同位素发生核反应，产生了大量的干扰放射性核素，其中^{69}Ge和^{72}As等都是β^+核素，与核反应^{16}O$(\alpha, pn)^{18}$F所产生的^{18}F的辐射类型相同，造成测量的困难。因此，需要把反应产物用二苯二氯硅烷–异丙醚溶液萃取，在高氯酸体系中进行水蒸气蒸馏，把分离出的放射化学纯的^{18}F再进行测量。

2. 核反应瞬发分析（NPA）

核反应瞬发分析是利用在核反应过程中产生的辐射或激发态产核通过γ跃迁的去激过程来进行成分分析的方法。例如，利用(p, n)、(d, n)反应，用中子飞行谱仪测出中子的产额可推算靶核的含量，此法已经用于Li、Be、N、O和F的分析。又如，用核反应^{16}O$(d, p)^{17}$O产生的0.87 MeV的γ射线分析氧，灵敏度可达1 μg。

核反应瞬发分析的优点是选择性好，灵敏度高，可以不破坏样品进行核素的定性和定量分析。此外，用这种方法可以测定样品表面或者近表面区不同深度中某些核素的浓度分布。方法的灵敏度可达$10^{14} \sim 10^{15}$原子/cm^2，分析深度范围可在几微米到几十微米，深度分辨率在0.01～0.1 μg。核反应瞬发分析的主要对象是重元素基体中的轻元素杂质。

3. 卢瑟福背散射分析法（RBSA）

卢瑟福背散射分析法是一种利用靶子对入射带电离子的弹性反散射，测定散射粒子的能谱来确定靶材料中所含元素的种类、含量及其深度分布的方法。背散射法简单、快速、准确可靠，对轻元素基体中重元素的分析特别有利，因此广泛用于半导体材料中杂质元素的分析。

下面以测定Ta片上Ta$_2$O$_5$层的厚度为例来说明背散射法的基本原理，实验如图12.9所示。设质量为m、能量为E_0的入射带电粒子与质量为M的静止靶核发生弹性碰撞。在实验室坐标系中，碰撞后散射粒子的能量E'为

$$E' = KE_0 \tag{12.29}$$

其中，K为运动学因子。若$m < M$，散射角为θ时，则

$$K = \left[\frac{m\cos\theta + (M^2 - m^2\sin^2\theta)^{1/2}}{m + M}\right]^2 \tag{12.30}$$

令K_{Ta}和K_O分别表示钽原子和氧原子的运动学因子，则$K_{Ta}E_0$和K_OE_0表示靶表面上的钽和氧原子引起的散射粒子能量。下面分析入射粒子被钽原子散射的情况。入射粒子射入Ta$_2$O$_5$层以后要损失能量，设它穿过厚度为t的Ta$_2$O$_5$后，

能量降为 E，则它在厚度 t 处被 Ta 原子散射后，能量应为 K_{Ta}。

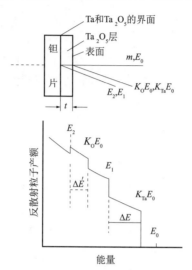

图 12.9　背散射能谱示意图

具有 $K_{Ta}E_0$ 能量的粒子穿出靶后的能量降为 E_1，于是在靶表面被 Ta 原子散射的粒子与在深度为 t 处被 Ta 散射后穿出靶子的粒子的能量差为

$$\Delta E = K_{Ta}E_0 - E_1$$

ΔE 与介质对粒子的阻止本领 $\dfrac{dE}{dx}$ 的大小有关，$\dfrac{dE}{dx}$ 又与粒子的能量有关，近似地可以取粒子在平均能量 $\bar{E}_\text{入}$ 和 $\bar{E}_\text{出}$ 时的值来表示介质对入射粒子和出射粒子的阻止本领。入射粒子和深度 t 处散射的粒子的平均能量可用下式表示：

$$\bar{E}_\text{入} = E_0 + \frac{1}{4}\Delta E$$

$$\bar{E}_\text{出} = E_1 + \frac{1}{4}\Delta E$$

对于垂直于靶面的入射粒子，可以导得

$$\Delta E = [s]\, t = [\varepsilon]\, Nt \qquad (12.31)$$

$$[s] = K_{Ta}\frac{dE}{dx}\bigg|_{\bar{E}_\text{入}} + \frac{1}{\cos\theta}\frac{dE}{dx}\bigg|_{\bar{E}_\text{出}} \qquad (12.32)$$

$$[\varepsilon] = K_{Ta}\varepsilon_{Ta_2O_5}(\bar{E}_\text{入}) + \frac{1}{\cos\theta}\varepsilon_{Ta_2O_5}(\bar{E}_\text{出}) \qquad (12.33)$$

式中　[s]——反散射能量损失因子，

[ε]——反散射阻止截面因子；

N——Ta_2O_5 分子的密度；

t——Ta_2O_5 层厚度；

$\dfrac{dE}{dx}$——在给定粒子能量下，Ta_2O_5 的阻止本领；

$\varepsilon_{Ta_2O_5}$——Ta_2O_5 分子的阻止截面。

$\varepsilon_{Ta_2O_5}$ 可由 $\varepsilon_{Ta_2O_5} = 2\varepsilon_{Ta} + 5\varepsilon_O$ 算得，其中 ε_{Ta} 和 ε_O 分别为钽原子和氧原子的阻止截面，可以从资料中查得。实验中测出 $K_{Ta}E_0$ 和在 θ 处的 E_1 值就可由式（12.31）~式（12.33）算出厚度 t。

4. X射线荧光分析

用一定能量的粒子轰击样品，从样品原子中激发出特征 X 射线，利用 X 射线谱仪测定 X 射线的能谱和强度，可以确定样品中元素的种类和含量。

质子激发 X 射线分析（DIXE）是用得最多的一种方法。静电加速器是理想的工具，它加速的粒子能量可稳定在 0.1%，并可以调节能量以减少干扰核素的产生。PIXE 法灵敏度高（10^{-2} ~ 1 ppm），可以进行多元素分析，因而广泛应用于生物体中微量元素的分析、环境样品分析、固体表面分析等。

12.6.3　光子活化分析

光子活化分析是从 20 世纪 30 年代末开始发展起来的，最早的工作是利用镭源测定铍。有了电子加速器之后，由于利用轫致辐射，使光子源的能量和强度都有了改善。这一方法常用于测定有机物中的氧，高纯金属和半导体中的 C、Cl、O、F 等轻元素和某些中、重元素如 Fe、Ti、Zr、Tl、Pb 等，方法的灵敏度在 ppm 到 ppb 级之间。

光子活化分析运用的核反应有光致激发、光致裂变和光核反应。

1. 光致激发

许多重元素的稳定同位素在能量足够大的光子轰击下，可以产生短寿命的同质异能素。反应阈能一般低于 1 MeV，因此用几兆电子伏特的光子照射样品便可进行活化分析，此时不发生（γ，n）等核反应的干扰。

（γ，γ'）反应截面较小，通常在微靶数量级，探测极限为 1 ~ 10 ppm。

光致激发活化分析的对象可以是 $Z > 30$ 的大部分元素。灵敏度虽不高，但选择性比较好，可以作非破坏性分析，用于冶炼残渣中贵金属的分析，效果良好。

2. 光致裂变

光致裂变是光子作用于可裂变核而发生的裂变反应。光子能量在 5 ~

10 MeV时，光子能使 ^{232}Th、^{235}U、^{238}U、^{239}Pu 发生裂变反应，可以利用裂变过程中的瞬发中子对检测对象进行分析，也可以利用一些产额较高的裂片来确定可裂变核的含量。

光致裂变分析的探测灵敏度高，可达 1~10 ppb，常用于核燃料分析和燃耗测定等。分析中必须注意可裂变核的互相干扰。

3. 光核反应

主要应用的光核反应有 (γ, n) 和 (γ, p)，其中 (γ, r) 用得更为普遍。对于大多数靶核来说，(γ, n) 反应的阈能都在 7~19 MeV，达到最大反应截面的能量是 12~32 MeV，这时反应还存在着巨共振，故分析的灵敏度较高。

利用 (γ, n) 反应时，对不同的靶元素，需采用不同的探测技术。例如，^{2}H、Be 的 (γ, n) 反应最好测定其瞬发中子；对 C、N、O、F 等元素的 (γ, n) 反应则以测定湮没 γ 射线为宜；对 Ti、Ni、Zn、Ga、Sr、Zr、I、Tl、Pb 等金属元素，主要用多道 γ 谱仪分析其 γ 能谱。

(γ, p) 反应主要用于轻元素的分析，其灵敏度较高。^{18}O (γ, p) ^{17}N 反应产生一个缓发中子发射体 ^{17}N，利用这一特性测定缓发中子是一个分析氧的好办法。对于 Mg、Si、Ca 等轻元素的光子活化分析，则多用 γ 谱分析法。

光子活化分析对轻元素 C、N、O、F 有较高的灵敏度，早期多用于对高纯金属、合金及半导体材料中轻元素杂质的分析，弥补了中子活化分析的不足。近年来，生物学、地质学以及环境科学各领域中活化分析的应用越来越广泛，这些来源的样品中 Na、K、Ca、Cl、Mn 等轻元素的含量较高，热中子活化分析会带来很强的放射性干扰，而利用光致辐射进行多元素的仪器分析正好能克服这些困难。目前，全部使用仪器的光子活化分析已经广泛地用于测定植物标本、人体脏器、毛发、骨骼、血液、土壤、水、矿物、岩石、大气微尘等样品。

12.7 正电子素 Ps 及其应用

正电子（e^+，positron）是电子的反粒子，这两种电子仅有电荷符号的差别。1929 年，狄拉克（Dirac）根据相对论量子力学的理论计算，预言了正电子的存在。1932 年，安德生（Andeson）在研究宇宙射线簇射的云室照片中发现了正电子的行迹，证实了这一预言。

与其他正、反粒子一样，e^+ 和 e^- 一旦相遇，立即发生湮没，并转化为相

应能量的 γ 辐射。

e^+ 和 e^- 在湮没前可能相互吸引，形成束缚态。它是由多伊奇在实验中发现和证实的，称为正电子素，用化学符号 Ps 表示。Ps 是一种不稳定的原子状态，是奇异原子[①]中的一员。其湮没机制和寿命取决于介质的化学和物理环境。

近年来，正电子湮没谱学及其技术在国际上有很大发展，已经成为研究物质微观结构的一种独特而灵敏的新方法，广泛应用于固体物理、金属物理、材料科学、表面科学、化学、原子物理、分子物理和量子电动力学等应用科学和基础学科研究中。

本节内容侧重介绍正电子素湮没特性，并举例说明其在化学方面的应用。

12.7.1 Ps 的组成和基本性质

Ps 是由一个正电子和一个电子构成的 ($e^+ - e^-$)，可看成是 e^+ 取代 ^{1}H 原子 ($p^+ e^-$) 的原子核而构成的一种原子。

^{1}H 的核心是质子，质子属于基本粒子中的重子族。质子除参与电磁相互作用外，还参与短程强相互作用，因而它能够与中子构成原子核，吸引电子形成 ^{1}H 的重同位素（如氘、氚）。质子的质量为电子的 1 836 倍，故 ^{1}H 中的电子以质子为核心，在一定的原子轨道上运动。组成 Ps 的两种电子都属于轻子族，只参与电磁相互作用和弱相互作用。由于二者质量相等，两个电子只能以共同的质心为核心在各自的轨道上运动。因此，Ps 和 ^{1}H 在基本物理性质上就有明显的差别。从表 12.3 中可以看出，Ps 的折合质量为 ^{1}H 的一半，Ps 的经典半径比 ^{1}H 大一倍，而电离能是 ^{1}H 的一半。

表 12.3 Ps 和 ^{1}H 的基本性质

原子	质量 （电子质量单位）	折合质量 （电子质量单位）	经典半径/Å	电离能/eV
Ps	2	1/2	1.06	6.8
^{1}H	1 836	1	0.53	13.6

---

① 奇异原子是指与普通化学元素原子组成不同的奇特原子状态，主要有两种类型。一类是带正电荷的基本粒子（质子除外）与电子结合而成的奇异核素，例如 μ 子素——$\mu^+ e^-$，π 介子素——$\pi^+ e^-$ 和正电子素等。另一类是带负电荷的基本粒子如 μ^-、π^+、k^- 等（除电子外）取代普通原子中一个核外电子而形成的奇异原子，有 μ 原子（μ^-）、介原子（π^+、k^-）等。此外还观察到质子和反质子（$\bar{P}$）的束缚态——$P\bar{P}$。除正电子素外，其他奇异原子的产生、研究和应用都需要使用中、高能加速器（能量 ≥200 MeV 时产生 $\pi^\pm$、$\mu^\pm$；能量 ≥3 GeV 时产生 $k^\pm$ 等）。

在化学性质方面，Ps 和 ^{1}H 有类似性。它们都是由电荷相反的两个粒子结合而成的，这两种原子中，都有一个未配对的成单电子，因而都是化学性质活泼的自由基、强还原剂和电子给予体。但由于这两种原子的质量相差很大，因此 Ps 在结构、结合能以及在化学反应动力学方面与 ^{1}H 有所不同。根据上述比较，在一定意义上，可以把 Ps 看作 H 的最轻放射性同位素。

Ps 原子极不稳定，其衰变过程属于湮没过程。Ps 的湮没与 e^+ 的湮没一样，是正反粒子转变为 γ 光子的质能转换过程。单个自由 e^+ 或 Ps 存活时间的长短完全是一种随机事件。观察大量湮没事件后，知其存活时间服从一定的统计分布。在大多数情况下，粒子数随时间的变化服从指数衰减规律，这和一般放射性核素的衰变是相同的。衰变常数 λ 即为某一湮没过程的湮没速度，其倒数 $\tau = \dfrac{1}{\lambda}$ 就是这种湮没过程的平均寿命（以下简称寿命）。在真空条件下，Ps 不与介质相互作用而发生的湮没称为 Ps 的自湮没。Ps 的自湮没寿命只有 10^{-7} s 量级。因此，不能像一般放射性核素那样，以有载体或无载体的形式来制备、分离和鉴定 Ps，必须依靠核物理方法对它进行观察和研究。在研究 Ps 时，了解 Ps 的自湮没特性以及它与介质相互作用时湮没特性的变化是十分重要的。因为通过测量湮没特性的参数，才有可能知道 Ps 形成数量的多少以及 Ps 与介质相互作用的机制，进而才能利用 Ps 作为探针研究介质的有关性质。

12.7.2 Ps 的两个基态及其湮没特性

在 Ps 中，e^+ 和 e^- 的自旋相对取向有平行（↑↑）和反平行（↑↓）两种可能性（↑和↓代表 e+ 的两种自旋取向），并分别构成三重态和单重态。前者称为正态正电子素，以符号 o-Ps 表示；后者称为仲态正电子素，以 p-Ps 表示。Ps 原子在基态的超精细能级分裂约为 8×10^{-4} eV。p-Ps 原子的总自旋角动量的量子数 $s = \dfrac{1}{2} - \dfrac{1}{2} = 0$；对于 o-Ps，$s = \dfrac{1}{2} + \dfrac{1}{2} = 1$。根据量子力学原理，p-Ps 总自旋只有一种空间取向，相应的磁量子数 $m_s = 0$；o-Ps 则可能有 3 种取向，$m_s = 0$，±1。按照统计平均，p-Ps 和 o-Ps 的能级占据概率分别为 $\dfrac{1}{4}$ 和 $\dfrac{3}{4}$。换句话说，Ps 形成后，其中 75% 是 o-Ps，25% 是 p-Ps。两者的湮没特性有明显差别，这就为实验上区分两种基态提供了依据。

o-Ps 的自湮没寿命 τ 比较长，达到 1.4×10^{-7} s。p-Ps 自湮没寿命则非常短，仅为 1.25×1^{-10} s，接近目前正电子湮没测量技术的时间分辨极限。二者自湮没寿命的差别是由于原子内两种电子云重叠程度不同而引起的。p-Ps

自湮没时，Ps 转变为能量相等（0.511 MeV）、方向相反的两个光子，它们的夹角偏离 180° 的程度较小，大约不超过 ±1 mrad。这是 p-Ps 自湮没的重要特征。o-Ps 自湮没的方式比较复杂，其湮没光子数是 3 个，分布在同一平面上，且光子能量呈现连续分布。图 12.10 是 Ps 两种基态自湮没方式的示意图。

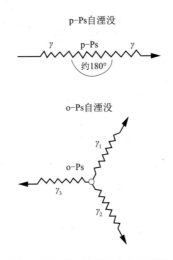

图 12.10　Ps 自湮没方式示意图

p-Ps 自湮没寿命很短，大部分来不及经历与介质的相互作用。因此，Ps 与介质相互作用的研究和应用，主要是指 o-Ps。

12.7.3　Ps 自湮没和 e^+ 湮没方式的比较

e^+ 在气体、液体、熔融体（如石英），分子型固体（如高分子聚合物），无定形固体（如硫）和粉末样品（如 SiO_2 粉末）中都能形成 Ps。但大多数情况下只有一部分 e^+ 形成 Ps，其余部分的 e^+ 在与电子湮没前并未形成 Ps 这种束缚态。这样的湮没过程叫作 e^+ 自由湮没。可见，Ps 的湮没几乎总是伴随着 e^+ 的自由湮没。此外，在某些介质中，e^+ 可能与中性分子或阴离子形成束缚态而湮没，或被晶格缺陷俘获形成俘获态而湮没。在一个体系中，很可能同时发生多种湮没过程。表 12.4 概括和比较了几种基本的湮没方式及其特性。

e^+ 自由湮没是自由 e^+ 与 e^- 的纯粹电磁相互作用过程。在湮没前的瞬间，e^+ 和 e^- 自旋的相对取向也有平行（三重态）与反平行（单重态）两种可能性。它们分别转化为 3 个光子和 2 个光子。单光子与 3 个以上光子的湮没概率很小，可以忽略不计。

表 12.4　几种基本湮没方式及特性

湮没方式	e^+ 和 e^- 自旋相对取向	湮没光子数	$2\gamma/3\gamma$	两个 γ 偏离 180°角度 /mrad	平均寿命 /s
$p-P_s$ 自湮没（单重态）	反平行 ↑↓	2γ	1/3	$<\pm 1$	1.25×10^{-10}
$o-P_s$ 自湮没（三重态）	平行 ↑↑	3γ		—	1.4×10^{-7}
e^+ 自由湮没	反平行	2γ	372/1	$\sim\pm(15\sim 25)$	取决于 e^+ 所处的电子密度，凝聚相中为 $(1\sim 5)\times 10^{-10}$
	平行	3γ		—	
e^+ 束缚态湮没	反平行	2γ	372/1	$\sim\pm(15\sim 25)$	取决于电子密度，一般很短
	平行	3γ		—	
e^+ 俘获态湮没	反平行	2γ	372/1	稍小于束缚态湮没	取决于电子密度，一般为 $(2\sim 5.5)\times 10^{-10}$
	平行	3γ		—	

狄拉克推导了非极化（自旋与动量的相对取向是任意的）和非相对论速度下 e^+ 发射两个光子的自由湮没截面 σ_s 和湮没速度 λ_s 的表达式：

$$\sigma_s = \pi r_0^2 \frac{c}{v} \text{（cm}^2\text{）}$$

$$\lambda_s = \pi r_0^2 cn \text{（s}^{-1}\text{）}$$

式中　　r_0——经典电子半径；

c——光速；

v——e^+ 与 e^- 的相对速度；

n——e^+ 所在处的电子密度。

理论计算的三重态与单重态湮没速率的比值有如下关系：

$$\frac{\lambda_t}{\lambda_s} = \frac{1}{1\,115}$$

由于自旋空间取向的量子化，三重态的能级占据概率为单重态的 3 倍，因而 $\lambda_s/\sigma_t=1\,115/3=372$。因此，人们在实验室中观察到的 e^+ 自由湮没绝大多数是 2γ 事件。

由上述公式可见，e^+ 自由湮没寿命 $\tau_f=\dfrac{1}{\lambda_s}$，与介质的电子密度成反比。在凝聚态介质中，$\tau_f$ 在 $1 \times 10^{-10} \sim 5 \times 10^{-10}$ s 范围内，当 τ_f 偏短时，无法与 p-Ps 自湮没寿命区分。在气体中 e^+ 的 τ_f 较长，并与气压有关。但 p-Ps 自湮没寿命则与气压无关。e^+ 自由湮没的另一个特点是两个光子发射方向之间的夹角明显偏离 180°，偏离程度取决于电子动量。这是 e^+ 自由湮没与 p-Ps 自湮没的又一重要区别。

当 e^+ 附着于介质分子上或与介质分子形成化合物时，e^+ 周围电子密度增加，因而 e^+ 的湮没速度增加，寿命缩短。仅从寿命数据很难将 e^+ 的这种湮没的过程与 p-Ps 以及 e^+ 的快速自由湮没相区别。这时湮没光子之间的角分布成为与 p-Ps 区分的重要手段。

金属、离子晶体和其他固体中各种微观结构的缺陷都是俘获 e^+ 的陷阱，因其具有负的势能。在这些缺陷中电子密度较低，因而 e^+ 以俘获态湮没的寿命比 e^+ 自由湮没的要长。例如，金属缺陷中 e^+ 俘获态的寿命一般在 $(2.5 \sim 5.5) \times 10^{-10}$ s 范围内。

12.7.4　o-Ps 的猝熄

由于 Ps 质量很轻，化学性质活泼，与介质的相互作用强烈，所以寿命较长的 o-Ps 在湮没前很难避免与介质作用，只有在特殊条件下，如在粉末样品的孔隙中或真空中才能发生接近自湮没的过程。各种物理和化学作用的结果使 o-Ps 湮没速度加快，这种由于与介质相互作用使 o-Ps 湮没寿命较自湮没寿命缩短的现象称为猝熄。

o-Ps 猝熄的机制有以下 3 种。

1. 摘取机制

当 o-Ps 原子与介质分子 M 碰撞时，可能借助范德华力形成不稳定的碰撞络合物。由于 o-Ps 与 M 的电子云有一定程度的重叠，Ps 中 e^+ 可能舍弃原子内与它自旋相同的电子"伴侣"，而与介质分子中自旋相反的外层电子发生湮没。这种过程就叫摘取猝熄。其过程可用下式表示：

$$\uparrow\uparrow + \downarrow M \longrightarrow \uparrow + \boxed{\updownarrow M}$$
$$\downarrow$$
$$2\gamma$$

范德华作用力很弱，碰撞络合物极不稳定，e^+ 在其中感受高密度电子环境的时间不长，因此 o-Ps 湮没寿命缩短程度相对较小，但随环境的不同可有很大的差别，一般其寿命在 $1 \times 10^{-9} \sim 1.4 \times 10^{-7}$ s 范围内。例如，在纯水中为 1.8×10^{-9} s，在聚四氟乙烯高分子固体的无定形区域约为 4×10^{-9} s，在常压气体中则比较长。o-Ps 的这种湮没寿命称为 pick-off 寿命 τ_p。其倒数叫 pick-off 速度。介质分子浓度越高,发生摘取作用的概率越大,pick-off 寿命就越短。在仅有摘取作用发生的情况下,这一寿命组分在湮没总计数中所占份额的 $\frac{4}{3}$ 倍就是生成 Ps 的总份额。

2. o-p 转换机制

o-Ps 转换为 p-Ps,然后发生湮没的过程,简称 o-p 转换。在下述条件下都可以发生 o-p 转换:

(1) 当 o-Ps 与顺磁性分子或离子形成碰撞络合物时,它们之间相互交换自旋相反的电子,最后以 p-Ps 而湮没,其过程示意如下:

$$\uparrow\uparrow + M\downarrow \longrightarrow \uparrow M + \uparrow\downarrow \atop \underset{2\gamma}{\longrightarrow}$$

在 NO、NO_2 等气体和 Fe^{3+}、Co^{2+}、Ni^{2+} 等顺磁性离子溶液中均能发生这种转换。

(2) 当 o-Ps 与自旋三重态分子(如 O_2)碰撞时,分子中电子并不改变自旋方向,而只发生 Ps 的 o-p 转换。

以上两种转换过程的速度取决于顺磁性粒子的数量和其中未配对电子的数目。在气体中,有 $10^{13} \sim 10^{14}/cm^3$ 的顺磁性粒子就足以使 o-Ps 在瞬间发生 o-p 转换。因此 o-Ps 可作为灵敏的自由基探针。

(3) 当存在外磁场时,p-Ps 和处于 m_s 为零的 o-Ps 发生混合,导致 o-p 转换。如果附加一共振频率磁场,则有 1/3 的 o-Ps 可以转换为 p-Ps。这种过程叫作共振猝熄。

o-p 转换使 o-Ps 寿命大大缩短,3γ 湮没事件减少或消失。其湮没寿命和两个光子夹角均表现为 p-Ps 的湮没特征。

3. 化学反应机制

当 Ps 与介质分子 M 组成的碰撞络合物中存在真正的化学键时,o-Ps 发生化学反应而猝熄。可能的化学反应有以下几种:

络合反应,如 $Ps + M \rightleftharpoons PsM$;

加成反应,如 $Ps + CH\equiv C-CH_2OH \longrightarrow CHPs=C-CH_2OH$;

取代反应,如 $Ps + Cl_2 \longrightarrow PsCl + Cl$;

氧化反应,如 $Ps + Fe^{3+} \longrightarrow Fe^{2+} + e^+$;

还原反应,如 $Ps + M \longrightarrow e^- e^+ e^- + M^+$。

当 Ps 发生化学反应时，其中 e^+ 处于多电子体系的高密度电子环境中，因而湮没速度很快，并最终主要以发射 2γ 而湮没。在 Ps 被氧化的情况下，e^+ 发生自由湮没。

表 12.5 列出了 o-Ps 猝熄湮没的特性。

表 12.5　o-Ps 的猝熄湮没

猝熄机制	最终湮没方式	o-Ps 湮没寿命	$2\gamma:3\gamma$
摘取	e^+ 与介质分子中电子湮没	不同程度的缩短 约 $(1\sim100)\times10^{-9}$ s	372:1
o-p 转换	以 p-Ps 湮没	缩短到 1.25×10^{-10} s	1:0
化学反应	以络合物湮没或 氧化后以 e^+ 自由湮没	显著缩短	372:1

在实际情况下，为了判断发生何种猝熄过程，往往需要采用多种实验方法进行观察。

p-Ps 也可以和介质发生以上猝熄过程。不过由于 p-Ps 寿命很短，在实际上就不重要了。

12.7.5　Ps 形成的机制

带有一定动能（一般小于 2 MeV）的 e^+，通过与介质原子或分子的弹性和非弹性碰撞而损失能量，当它慢化到接近或达到热运动能量时才有可能形成 Ps。已经从理论上估算了 e^+ 热能化所需的时间，在常压气体中最长约需 10^{-8} s。但在凝聚相介质中只需 $10^{-12}\sim10^{-11}$ s，这比上述湮没寿命要短得多。因此一般来说，只要具备 Ps 形成的条件，可以认为在体系中一开始就存在 Ps，因为 Ps 形成过程也是瞬时的。阐明 Ps 形成机制对于化学中一些理论和实际问题的研究都是有意义的。以下简略介绍两种主要的 Ps 形成模型。

1. Ore 能隙模型

Ore 能隙模型是沃尔（A. Ore）在 1949 年提出的。该模型从单个原子或分子形成 Ps 的角度分析了 Ps 形成过程中的能量关系，并预示了简单气体中 Ps 形成分数 f 的范围。

沃尔认为，Ps 是由 e^+ 直接夺取一个原子或分子中的束缚电子而形成的。为此，e^+ 必须有足够的动能克服原子或分子的电离能 I_M。由于 Ps 形成时将释放 6.8 eV 的结合能，因此 Ps 形成的阈能 $E_{阈}$ 应为 $I_M - 6.8$ eV。如果分子的激发

能为 E，则能量超过 E 的 e^+ 有一部分使分子激发而不形成 Ps。因此，形成 Ps 的 e^+ 动能范围主要在 $E - E_{阈}$ 之间，此即沃尔能隙。图 12.11 是沃尔模型的示意图。显然，Ps 形成分数的最大值应为 $\dfrac{I_M - (I_M - 6.8)}{I_M} = \dfrac{6.8}{I_M}$，最小值为 $\dfrac{E - (I_M - 6.8)}{E}$。

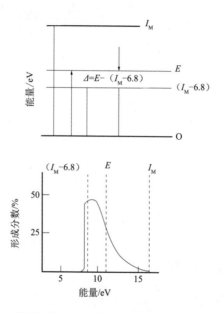

图 12.11　Ar 气中 Ps 形成的沃尔能隙

以惰性气体 Ar 为例，$I_M = 15.8\text{ eV}$，$E = 11.6\text{ eV}$，代入上式得出 Ps 的形成分数 f 为 22%～43%，实验测量值约为 30%。对其他简单气体预示的 f 值范围也与实验符合。但沃尔模型无法解释电子清除剂对 f 的影响，也不能令人满意地解释多原子气体、浓密气体以及凝聚介质中 Ps 的形成。

一些学者企图对沃尔模型进行修正，其中考虑了可能影响 Ps 形成的各种因素。例如，e^+ 可能被分子吸着；与电子发生自由湮没；在碰撞中继续慢化到沃尔能隙以下或者在热能化前发生热原子反应等。在固体中，还可能由于缺乏 Ps 停留所需的结构空间而使 Ps 形成分数降低。但由于缺少必要的物理化学数据，如 e^+ 和 Ps 与介质的亲和能以及俘获截面等，因而修正后的模型仍然是定性的。

2. 团迹模型

1974 年，莫根森（Mogenson）提出了团迹模型，它能定性或半定量地解释气、液、固相中 Ps 形成分数的很多实验结果。

团迹是辐射化学中的术语。e^+ 团迹是指 e^+ 在介质中损失其最后 100~200eV 能量时，在径迹中产生的一种活性粒子集团。其中包含若干对电子和正离子，还有自由基和激发分子等辐化原初产物。根据团迹模型，当团迹中的 e^+ 和游离电子的能量进一步损失到热能区时，将由于库仑引力形成 Ps 原子。图 12.12 是一个简化的示意图。

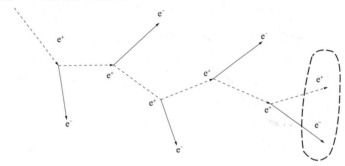

图 12.12　e^+ 团迹中 Ps 形成的示意图

根据上述模型，团迹中阳离子与电子的复合以及电子清除剂和电子受体的存在都会影响甚至完全抑制 Ps 的形成。此外，团迹的尺寸大小、外电场的存在、电子的向外扩散、电子和正电子的溶剂化等因素都会影响 Ps 形成分数。有很多实验结果符合上述推断。

团迹模型的研究使正电子素化学渗透到辐射化学领域，使 Ps 成为研究辐射化学初级反应过程的新探针之一。

1976 年陶（S. T. Tao）提出了修正的团迹模型，试图将以上两种模型结合起来，这里不作进一步介绍。

12.7.6　测量 e^+ 和 Ps 湮没特性的实验方法

如前所述，为了了解 Ps 与介质相互作用以及利用 Ps 作为探针，研究介质的有关性质，必须用核物理实验方法测量各种湮没特性的参数。下面介绍几种主要的实验方法。

1. 寿命谱测量

测量寿命谱是观察 e^+ 和 Ps 与介质相互作用的重要方法之一。最常用于测量寿命谱的 e^+ 放射源是 ^{22}Na。图 12.13 是 ^{22}Na 衰变简图。

由图 12.13 可见，在 ^{22}Na 放射 β^+ 粒子（即 e^+）的同时，放出了一个 1.28 MeV 的 γ 光子。γ 光子的跃迁过程很快，可把它看作与 e^+ 同时发射。因此，可用这个 γ 光子作为时钟，标志 e^+ 产生的时刻，即 e^+ 开始与介质相互作用的时刻。一般情况下，由于 e^+ 慢化时间很短，Ps 瞬时形成，上述时刻也标志着 Ps "生命"的开端。同理，湮没事件发生后，0.511 MeV 的湮没 γ 光子也可以作为时钟，标志 Ps 的消失时刻。因此，只要能够准确地确定 1.28 MeV 和 0.511 MeV 两个 γ 光子发射的时刻，并将它们之间的延迟时间转换为电脉冲信号，再用多道分析器记录不同延迟时间及其对应的 γ 光子的符合计数率，就可以获得寿命谱曲线。寿命谱仪的主要部件有快速响应的塑料闪烁体探测器、快速光电倍加管、快速而准确的定时甄别器以及时间幅度转换器，如图 12.14 所示。为了降低与湮没事件无关的偶然符合本底计数，在谱仪系统中设置慢符合电路，分别对 0.511 MeV 和 1.28 MeV 的 γ 射线能量进行甄别，使只有满足上述能量的 γ-γ 符合事件才被多道分析器记录。这种寿命谱仪是一个 γ-γ 快慢符合系统。此外尚有 γ-γ 快快符合系统、$β^+$-γ 符合系统。

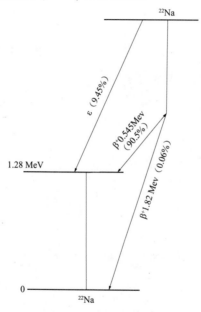

图 12.13 ^{22}Na 衰变简图

在实际介质中，一般不只发生一种湮没过程，因而寿命谱往往是多个寿命组分的叠加，其理论表达式如下：

$$Y(t) = \sum_{j=1}^{m} I_{0,j} \exp(-\lambda_i t) \quad (12.34)$$

式中　$Y(t)$ ——符合计数理想值；

　　　m ——寿命组分数目；

　　　$I_{0,j}$ ——第 j 个寿命组分在 $t=0$ 时的符合计数；

　　　t ——延迟时间。

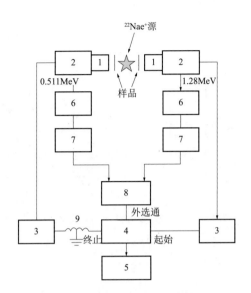

图 12.14　寿命谱仪方框图

1—塑料闪烁体探测器；2—光电倍加管；3—恒比定时甄别器；4—时间幅度转换器；
5—多道分析器；6—放大器；7—单道分析器；8—慢符合电路；9—固定延迟电缆

图 12.15 是一个典型的两组分寿命谱，其中 $m=2$。由图可见，实验谱线在 $t=0$ 附近呈现峰型分布。这是由谱仪的时间分辨引起的，必须加以适当的处置。通常用最小二乘曲线拟合方法在电子计算机上进行谱的分解。

由寿命谱可以得出各湮没组分的寿命 τ 及其相对份额。根据这些数据可以衡量 e^+ 湮没时所在处的电子密度，估计 Ps 的形成分数，确定 o-Ps 猝熄湮没速度，并据此对介质的物理、化学性质进行推断。

2. 角关联法

角关联法可以测量 2γ 湮没事件中 γ 光子发射方向之间偏离 180°的角度分布。一维角关联测量装置如图 12.16 所示。

测量时，置于 e^+ 源样品两侧的两个 γ 射线探测器，一个是固定不动的，另一个则以样品为中心作圆弧运动。每移动一小角度（0.1~0.5 mrad）即记录符合计数，直至扫描一定角度范围为止。

令 e^+e^- 湮没对或 Ps 原子的动量为 $\vec{P}$，当样品与探测器之间的距离 L 足够大时，$\vec{P}$ 在空间某一坐标的分量（如 P_z）与光子发射方向的相应投影角 θ 的关系近似有

$$P_z = m_e c \sin\theta \approx m_e c \theta \qquad (12.35)$$

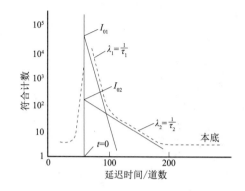

图 12.15　两组分湮没寿命谱（每道 8×10^{-11} s）

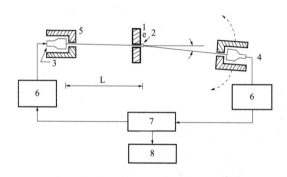

图 12.16　一维角关联测量装置示意图

1—e^+ 源；2—样品；3—固定探测器；4—可转动探测器；5—铅屏蔽；
6—单道分析器；7—符合线路；8—定标器

式中　m_e——电子质量；
　　　　c——光速。

$m_e \cdot c$ 为湮没光子的动量；θ 可直接测量，其单位为弧度。故由上式可以求得 P_z。

如果湮没时 e^+ 已经慢化到能量为热能范围，则湮没对的动量主要由电子贡献。因此，用角关联法可以得到金属或其他介质电子动量分布的信息，并有可能进一步计算电子波函数，了解其电子结构。

图 12.17 是一条典型的角关联曲线。根据湮没特性可知，图中阴影部分所示的窄组分就是 p-Ps 湮没的结果，其下的宽组分则是 e^+ 与介质电子湮没的结果。I_N 表示窄组分的相对强度，由阴影部分总计数与角关联曲线下总计数之比决定。由角关联曲线中的尖峰可以确认 Ps 的形成。o-Ps 的 o-p 转换将使 I_N 相对增强，o-Ps 的氧化和摘取猝熄将使宽组分相对增强。Ps 形成分数增加时，I_N 增大，而当 p-Ps 来得及参与极快化学反应时，则窄组分减少甚至消失。

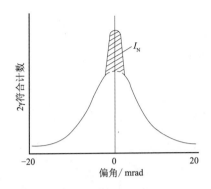

图 12.17　e^+ 和 Ps 湮没的角关联曲线

由此可见，角关联方法是研究 Ps 形成和反应的重要方法，是区别 o-Ps 氧化与 o-p 转换的有效手段。

二维角关联装置可以同时测量 γ 光子在空间两个方向的投影角分布，提供更多更准确的信息，是近年来发展的新技术之一，但结构复杂。三维角关联也有人作过尝试。

3. 湮没辐射多普勒加宽线型测量

运动的 e^+e^- 湮没对在 y 方向的动量分布（如图 12.16 所示，即平行于探测器的观察方向）是无法用角关联方法加以分辨的。但该动量组分将引起湮没光子能量（波长）的多普勒加宽。如果使用能量分辨本领高的探测器（如 Ge（Li）探测器）测量湮没光子的能谱，则可得图 12.18 所示的结果。湮没光子能谱的半高宽显著大于探测器测得的 0.511 MeV 光子固有分辨曲线的半高宽。与角关联方法类似，若 e^+ 的动能在湮没时已达到热能值，则谱线加宽是电子运动的贡献。多普勒加宽线型测量的突出优点是不需要符合测量，使用方便，在同样测量精度下，数据获取时间比角关联法的短得多（一般 30 min 左右）。缺点是分辨率比角关联法的低。

测量 e^+ 和 Ps 湮没特性的方法还有湮没辐射能谱测量法、3γ 三重符合测量法、寿命－能谱双参数测量法等。

12.7.7　Ps 微探针在化学中的应用

近年来，Ps 微探针在化学各分支领域和交叉学科领域可能的应用日益受到学者们的重视，成为 Ps 化学的重要研究内容。

下面举例说明 o-Ps 反应在研究分子结构方面的应用。o-Ps 与介质分子在碰撞过程中，可能首先形成具有一定存活时间的碰撞络合物，碰撞络合物进一步

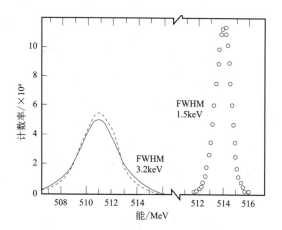

图 12.18　2γ 湮没光子能量的多普勒展宽
—— 退火铜；---- 变形铜；○○○ 谱仪分辨曲线

能发生如图 12.19 所示的各种反应。

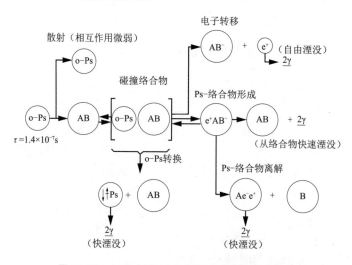

图 12.19　o-Ps 与介质分子可能发生的反应图式

为简单起见，只考虑下述情况，即介质分子 M 是抗磁性的，因而不发生 o-p 转换，且 o-Ps 仅与 M 形成络合物，而未进一步发生氧化反应。其反应式可表示如下：

$$2\gamma \xleftarrow{\lambda_p} \text{o-Ps} + M \underset{k_2}{\overset{k_1}{\rightleftharpoons}} \text{o-PsM} \xrightarrow{\lambda_c} 2\gamma$$

式中　k_1, k_2 —— o-PsM 络合物形成和离解的速率常数；

λ_c, λ_p —— o-Ps 以络合物形式湮没和在溶剂中猝熄的速度。

在反应过程中,常量反应物的浓度 [M] 可认为恒定,故令 $k'_1 = k_1$ [M]。于是上式化简为

$$2\gamma \xleftarrow{\lambda_p} \text{o-Ps} \underset{k_2}{\overset{k'_1}{\rightleftharpoons}} \text{o-PsM} \xrightarrow{\lambda_c} 2\gamma$$

为进行定量研究,采取以下分析步骤:首先对体系中各种状态的 e^+ 建立适当的动力学方程式;然后导出 2γ 湮没事件计数率 $R_{2\gamma}$ 与时间 t 的关系 $R_{2\gamma}(t)$;最后推导出所需信息与测得的寿命数据之间的关系。

令 N_F、N_T、N_s 和 N_c 分别代表某一时刻自由 e^+、o-Ps、p-Ps 和络合物 PsM 的粒子数目;λ_F、λ_s 分别代表 e^+ 自由湮没和 p-Ps 湮没速度;o-Ps 自湮没的速度很小,可以忽略不计。它们的动力学方程式分别为

$$\frac{dN_F}{dt} = -\lambda_F [N_F]$$

$$\frac{dN_s}{dt} = -\lambda_s [N_s]$$

$$\frac{dN_T}{dt} = -(k'_1 + \lambda_p)[N_T] + k_2 [N_c]$$

$$\frac{dN_c}{dt} = k'_1 [N_T] - (k_2 + \lambda_c)[N_c]$$

利用边界条件 $t=0$,$N_o=0$,对上列各式积分可得 N_F、N_s 和 N_c。

用寿命谱法观察的是各种来源的 2γ 湮没事件计数率,用 $R_{2\gamma}$ 表示。当 $(k_2 + \lambda_c) \gg k'_1$ 时,可导得

$$R_{2\gamma} = \lambda_F N_F + \lambda_s N_s + \lambda_c N_c$$
$$= A\exp(-\lambda_F t) + B\exp(-\lambda_s t) - C\exp[-(\lambda_c + k_2)t] +$$
$$C\exp\left[-\left(\lambda_p + \frac{k_1 \lambda_c}{k_2 + \lambda_c}[M]\right)t\right] \quad (12.36)$$

式中,A、B、C 为常数。在凝聚态介质中,e^+ 自由湮没、p-Ps 自湮没和 PsM 的湮没速度都很快,它们近于相等,无法区分。现在引入 λ_1 和 λ_2 两个量对式 (12.36) 进行化简:

$$\lambda_1 = \lambda_F \approx \lambda_s \approx \lambda_c$$

$$\lambda_2 = \lambda_p + \frac{k_1 \lambda_c}{k_2 + \lambda_c}[M]$$

于是,式 (12.36) 化简为

$$R_{2\gamma}(t) = D\exp(-\lambda_1 t) + C\exp(-\lambda_2 t) \quad (12.37)$$

式中 λ_1 和 λ_2——寿命谱中混合短寿命组分的湮没速度和长寿命组分的湮没速度;

D,C——常数。

对于纯溶剂，[M] = 0，故 $\lambda_2 = \lambda_p$。因此 λ_p 可用纯溶剂求得。

令 $\dfrac{k_1 \lambda_c}{k_2 + \lambda_c} = k_{表观}$，并将它定义为 o-Ps 的表观反应速率常数。因此有

$$k_{表观} = \dfrac{\lambda_2 - \lambda_p}{[M]}$$

$k_{表观}$ 反映了 o-Ps 与介质间的反应，因此研究表观可得到介质的有用信息。

图 12.20 示出在苯溶剂中 o-Ps 与硝基苯及其衍生物反应的 $k_{表观}$ 的测量结果。它表明 $k_{表观}$ 与硝基苯中甲基取代基的位置、数目有关。硝基苯中 N、O 原子都是电负性很强的电子受体，整个分子是高度共轭的，容易形成络合物。邻位取代甲基将硝基排斥在受体环平面之外，降低了分子的共轭性，因此 $k_{表观}$ 显著减小。可见，o-Ps 反应性可以作为分子结构的灵敏的指示剂。

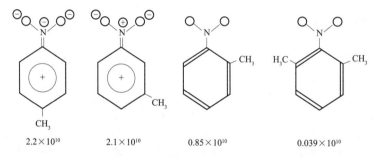

2.2×10¹⁰　　2.1×10¹⁰　　0.85×10¹⁰　　0.039×10¹⁰

图 12.20　硝基苯中甲基取代基的位置或数目与 $k_{表观}$ 的关系

Ps 也为测定生物分子络合物的稳定常数提供了有力的工具。例如，曾用 Ps 微探针法首次测得具有抗凝血作用的维生素 K_1（VK_1）与有机胺络合的稳定常数，表 12.6 列出了实验结果。实验体系中，环己烷是溶剂（S），VK_1 是电子受体分子（A），胺化合物（正丁胺、二正丁胺、三正丁胺等）是电子给予体（D），D 与 A 形成络合物 B。Ps 以不同的反应速率与 A、D、B、S 分别形成 PsA、PsD、PsB 和 PsS，用类似于上面介绍的方法，首先建立动力学方程，然后可以导出 K_1 与胺化合物形成的络合物的稳定常数 K_0 与 Ps 湮没寿命谱参数之间的关系，从而根据寿命谱实验的测量结果决定 K_0 的值。生物化学中常用分光光度法测定络合物稳定常数，但当反应物的吸收波长和络合物的相近时，或者溶剂的吸收波长干扰测定时，用分光光度法就会遇到困难，Ps 探针方法便显示出其优越性。

表 12.6 VK_1 与胺化合物形成的络合物的稳定常数

体系	稳定常数
VK_1 – 正丁烷	0.72
VK_1 – 二正丁烷 – 环己烷	0.54
VK_1 – 三正丁烷 – 环己烷	0.24

Ps 微探针在化学中的应用还处于不断开拓的阶段，已开展的研究内容有：

（1）生物化学。Ps 微探针在生物化学中可用于包合物络合稳定常数的测定、胶团结构、酶结构、生物膜的结构相变、肌肉细胞中水的结构以及生物大分子旋光性起因等的研究。

（2）辐射化学。Ps 的形成和反应的研究，有助于阐明辐射化学的初级反应过程，如辐射团迹性质和团迹中的反应，包括热原子反应、自由基反应、电子溶剂化和电子清除剂反应等。

（3）物理化学。化学反应动力学中不受扩散控制的绝对动力学参数测定，穿透反应势垒的量子力学隧道效应的研究（Ps 质量很轻，又是电中性的，即使在室温下也有这种效应），相变、溶液结构和溶剂化作用的研究，表面化学，e^+ 与 e^- 在分子上附着，分子的振动和转动激发等的研究。

（4）有机化学和无机化学。通过 Ps 的形成和反应了解有机分子结构、聚合过程、有机反应中间产物及正碳离子的鉴定等。利用 e^+ 和 Ps 的湮没特性研究无机化合物的电子结构、晶格缺陷、化合物键型和快速反应等。

Ps 微探针方法有许多独特的优点，但 e^+ 和 Ps 与介质相互作用很复杂，有时不能对实验所获得的信息作出明确和肯定的结论，要靠其他方法互相补充。

附录
常用物理常数

真空中光速	$c = 2.997\,924\,58 \times 10^8\,\text{m}\cdot\text{s}^{-1}$
普朗克常数	$h = 6.626\,070\,15 \times 10^{-34}\,\text{J}\cdot\text{s}$
	$\hbar = h/2\pi = 1.054\,571\,817 \times 10^{-34}\,\text{J}\cdot\text{s}$
阿伏伽德罗常数	$N_A = 6.022\,140\,76 \times 10^{23}/\text{mol}^{-1}$
	$e = 1.602\,176\,634 \times 10^{-19}\,\text{C}$
原子质量单位	$1\text{u} = 1.660\,539\,066\,60 \times 10^{-24}\,\text{g}$
	$= 931.5016\,\text{MeV}/c^2$
电子静止质量	$m_e = 9.109\,383\,701\,5 \times 10^{-28}\,\text{g}$
质子静止质量	$m_p = 1.672\,621\,923\,69 \times 10^{-24}\,\text{g}$
中子静止质量	$m_n = 1.674\,927\,498\,04 \times 10^{-24}\,\text{g}$
玻耳兹曼常数	$k = 1.380\,649 \times 10^{-23}\,\text{J}\cdot\text{K}^{-1}$
摩尔气体常数	$R = 8.314\,462\,618\,\text{J}\cdot\text{mol}^{-1}\cdot\text{K}^{-1}$
理想气体在标准状态下的摩尔体积	$V_m = 22.413\,969\,54 \times 10^{-3}\,\text{m}^3/\text{mol}$
能量单位换算因数	$1\text{eV} = 1.602\,176\,634 \times 10^{-19}\,\text{J}$

参 考 文 献

[1] Mckay H C. Principles of Radiochemistry [M]. London: Butterworths, 1971.

[2] Несмеянов А Н. Ралиохимия [M]. Москва: Химия, 1978.

[3] Friedlander G, Maciar J W, Miller J M. Nuclear and Radiochemistry [M]. 3rd ed. New York: John Wiley & Sons, 1981.

[4] Maddock A G. Radiochemistry, Inorganic chemistry series one: vol. 8 [M]. London: Butterworths, 1972.

[5] Maddock A G. Radiochemistry, Inorganic chemistry series two: vol. 8 [M]. London: Butterworths, 1975.

[6] Newton G W A, et al. Radiochemistry: Vol. 1 [M]. London: Chemical Society, 1972.

[7] Newton G W A, et al. Radiochemistry: Vol. 2 [M]. London: Chemical Society, 1975.

[8] Newton G W A, et al. Radiochemistry: Vol. 3 [M]. London: Chemical Society, 1976.

[9] Seaborg G T, et al. The Actinide Elements [M]. New York: McGraw-Hill, 1954.

[10] E. H. P. 科德芬克. 铀化学 [M]. 《核原料》编辑组《铀化学》翻译组译. 北京: 原子能出版社, 1977.

[11] Bailar J C. Comprehensive Inorganic Chemistry: Vol. 5 [M]. Oxford: Pergamon Press, 1973.

[12] IAEA. Radioisotope Production and Quality Control [M]. Vienna: IAEA, 1971.

[13] Takeshi Tominaga, et al. Modern Hot-Atom Chemistry and Its Application [M]. Berlin, Heidelberg, New York: Springer-Verlag, 1981.

[14] Yaffe L. Nuclear Chemistry: Vol. 1 & 2 [M]. New York: Academic Press, 1968.

[15] Spinks J W T, Woods R J. An Introduction to Radiation Chemistry [M]. 2nd ed. John New York: John Wiley & Sons, 1976.

[16] Coomber D I. Radiochemistry Methods in Analysis [M]. New York: Plenum Press,

1975.

[17] Tölgyessy J. Nuclear Analytical Chemistry：Vol. 1 & 2 [M]. Baltimore：Univ. Park Press，1971.

[18] Tölgyessy J. Nuclear Analytical Chemistry：Vol. 3 [M]. Baltimore：Univ. Park Press，1974.

[19] J. 霍斯脱，等. 中子活化分析 [M]. 北京：原子能出版社，1978.

[20] Wahl A C. Radioactivity Applied to Chemistry [M]. New York：John Wiley & Sons，1951.

[21] 中国医学科学院第七研究室. 同位素技术及其在生物医学中的应用 [M]. 北京：科学出版社，1977.

[22] 卢玉楷. 简明放射性同位素应用手册 [M]. 上海：上海科学普及出版社，2004.

[23] 核素图表编制组. 核素常用数据表 [M]. 北京：原子能出版社，1977.

索 引

0 ~ 9

2γ湮没光子能量的多普勒展宽（图） 392
^{11}C 标记化合物生产 207
^{11}C 与 C_3H_8 反应的产物分布（表） 313
^{14}C 测定年代 358、359
  标本采集 359
  标本处理 359
  树轮校正 359
  现代碳标准确定 359
^{14}C 计年法 62
^{18}F 的各种初级反应的反应产物（表） 316
^{22}Na 衰变简图（图） 388
^{24}Na 和 ^{122}Sb 的原子数随辐照时间、冷却时间变化（图） 194
^{56}Fe δ 值与铁的氧化态相关（图） 112
^{60}Coγ 射线辐照 TBP 引起的降解产物产额（表） 286
^{80m}Br 衰变时 ^{80}Br 的电荷谱（图） 328
^{90}Nb 在 HNO_3 体系中的状态随 pH 值变化 108
93 号元素镎 217
94 号元素钚 217
95 号元素镅 218
96 号元素锔 218
97 号元素锫 223
98 号元素锎 223
^{99}Mo 40
^{99m}Tc 40
99 号元素锿 224
100 号元素镄 224
101 号元素钔 225
102 号元素锘 225
103 号元素铹 225
^{110}Ag 和 ^{51}Cr 在 Ag_2CrO_4 固 – 液相交换中 $ln(1-F)$ 与时间关系（图） 82
^{125m}Te 衰变（图） 114
^{129}I 衰变（图） 114
^{128}I 与丁烷反应的热反应产物的相对组成（表） 322
^{209}Bi 52
^{212}Bi 24
^{222}Rn 40
^{226}Ra 40
^{232}Th 54
^{233}Th 质量 30
^{244}Pu 52
^{256}Md 分离沉积 177
1995—1997 年核燃料循环流出物释放放射性核素对公众的累计有效剂量（表） 243
1998 年以来核反应堆和后处理工厂放射性核素的全球释放量（表） 244

A ~ Z、α、β、γ、+

AMEX（胺）和 DAPEX（HDEHP）流程从硫酸溶液中提取铀化学流程（表） 56
Am 在自然水中的形态计算结果（图） 257
Ar 气中 Ps 形成的沃尔能隙（图） 386

Br 同位素标记的 CH_3Br 和 CH_2Br_2 产额
（表） 329

C_2H_5T 的 β^- 衰变产物分布（表） 327

$[Co(en)_2Cl_2]NO_3$ 经 (n, γ) 反应后的构型（表） 325

Dowex 2 上 Br^- – F^- 交换选择系数（图） 154

Dowex 50 树脂上 Na^+ – H^+ 交换平衡常数（图） 155

Dowex 50 树脂上选择系数与离子水化半径的关系（图） 155

e^+ 和 Ps 湮没的角关联曲线（图） 391

e^+ 团迹中 Ps 形成示意（图） 387

EC 23

    衰变 23

E-W 理论 304、307

    假设条件 305

G 值定义 278

$H_6^{125*}TeO_6$ 源穆斯堡尔发射谱放射源（图） 114

HDEHP 萃取 135～138

    Y 和 Tb 时分配比与萃取剂浓度关系（图） 136

    分离三价镧系和三价锕系元素（图） 138

    各种稀土氯化物时 D 与 $[H^+]$ 关系（图） 137

Hf 散裂产物中稀土元素分离的洗脱曲线（图） 167

HNO_3 浓度对 Th、Np 和 Pu 分配比的影响萃取剂（图） 128

HNO_3 体系中 ^{95}Nb 状态（图） 108

IT 26

$K^{129}IO_4$ 穆斯堡尔发射谱（放射源是 $K^{129}IO_4$，吸收体是鼠笼形包合物）（图） 116

K_2CrO_4 的受热退火曲线（图） 330

K-Ar 计年法 63

MnO_2 吸附 Zn^{2+} 的示意（图） 100

$Na^{129}IO_3$ 和 $K^{129}IO_4$ 的穆斯堡尔发射谱（图） 115

$Na^{129}I$ 穆斯堡尔发射谱（图） 115

NPA 375

Np 衰变系 52

o-p 转换 384

Ore 能隙模型 385

o-Ps 猝熄 383、385

    湮没（表） 385

o-Ps 与介质分子可能发生的反应图式（图） 392

o-p 转换机制 384

PCl_5 的分子结构（图） 344

pH 值对水辐解原初产物产额的影响（图） 281

Po 5、105

    沉积速度与 Au 电极电势的关系曲线（图） 103

Ps 381～385、388

    和 ^1H 的基本性质（表） 379

    基本性质 379

    两个基态 380

    形成机制 385

    湮没特性 380

    原子 380

    自湮没方式示意（图） 381

    自湮没和 e^+ 湮没方式比较 381

    组成 379

Ps 微探针 391、395

    方法 395

    研究内容 395

    在化学中的应用 391

Pu 的稳定区域（图） 252

P-291 和不同中性磷萃取剂对 U 和 Zr 协同萃取（表） 145
Ra 5
RBSA 375
Rb-Sr 计年法 64
Ru^{3+} 在玻璃表面上吸附（图） 101
SISAK 快速溶剂萃取装置（图） 212
Stern-Volmer 反应 275
T_2、HT 的 β^- 衰变产物分布（表） 326
Talspeak 流程 137
Tl^+ 在玻璃表面上的吸附（图） 101
TLC 180
Tono 铀沉积矿岩石样品中的活度比（图） 60
U、Np、Pu 的氧化还原电位图（图） 251
U、Np、Pu 和 Am 在 1 mol/L $HClO_4$ 中的氧化还原（图） 233
VK_1 与胺化合物形成的络合物的稳定常数（表） 395
X 射线 2、377
　　荧光分析 377
$ZnO \cdot H_2O$ 表面的双电层结构（图） 99
$Zn(OH)_2$ 与 $Fe(OH)_3$ 混合物的发射本领与温度关系（图） 354
α 粒子 18
　　检测 18
α 衰变 18
　　能量 18
　　化学效应 325
α 衰变能 18
β 粒子 19
　　检测 19
β 衰变 19、22、326
　　化学效应 326
β^- 衰变 19、22
　　过程 19

γ 辐射 24
　　某些物质的 G 值（表） 279
　　衰变能 24
γ 衰变 30
+3 价镧系和锕系离子淋洗曲线（图） 231

A

锕衰变系 52
锕系化合物在不同溶剂的萃取行为（图） 236
锕系化学 250
锕系元素 229、235、237、238
　　化合物 235
　　假设 229
　　利用 237
　　系列 229
　　性质 228
　　氧化态 232
胺类萃取 56、139～140
　　流程（图） 56
　　影响因素 139
　　应用举例 140
螯合萃取 132、133
　　平衡 132
　　影响因素 133
螯合萃取剂（表） 131
奥克洛核反应堆 261

B

钯的亚化学计量萃取（图） 366
靶 199、203
　　考虑条件 199
　　反冲产物 203
　　反冲分离 203
半衰期 16、38、41、63、208、336
　　特短的核素研究和生产程序 207
薄层色层 178、179

薄层色层法　179
饱和分析法　367、368
　　测定胰岛素含量的响应曲线（图）　368
饱和分析原理示意（图）　367
背散射能谱示意（图）　376
被分离核素的化学状态预测　119
苯肼浓度与 ^{78}Br 保留值关系（图）　304
比活度　35、201
闭合衰变能量循环　30
标记　202
标记化合物　335、340
　　示踪法　337
　　制备　340
标准电极电势（表）　282
不饱和化合物还原　340
不确定性原理　41
不溶性亚铁氰化物　175
不同 c 值时 γ 和 θ 值（表）　83
不同 pH 值溶液中游离钚离子在不同氧化态下的浓度（图）　253
不同 pH 值和自然二氧化碳含量水中铀的种态变化（图）　255
不同价态锕系离子与一些重要阴离子特征反应（表）　235
不同浓度的 HCl 从独居石矿中浸出铀、钍的子体核素（图）　110
不同相对浓度两组分分离时的分辨率（图）　165
不稳定核素　15
不同聚集态对保留值影响（表）　301

C

参考文献　399
草酸氢钡的热分解（图）　354
测量 e^+ 和 Ps 湮没特性的实验方法　387
几组同位素对的原子比随矿石年龄变化（图）　65

产额　281
产物特点　201
常规分配色层　177
常用物理常数　397
长寿命原生放射性核素（表）　47
长衰变系　48
超锕系元素　226
超锕系元素化学　239
超钚元素合成和鉴定　12
超铀核素　248、249
　　释放（表）　248
　　水平　249
　　在环境中的注入　247
超铀元素　218、238
　　材料实用特征（表）　238
超铀元素化学　215
沉积电势测定　102
抽取反应　277
储存罐溶解　263
处置库中迁移　266
氚　45、311、312
　　反冲化学　307
　　反应模型和机理　311
氚气曝射法　342
磁分裂　112
磁塞曼分裂　112
次级反应　299～303
　　保留值　299
　　机理　301
从 ^{81}Tl 到 ^{92}U 的已知同位素核素（图）　51
从最初缺陷罐到近场的泄漏率并外推到很长时间（图）　265
催化剂的 CO_2 中毒（图）　353
催化交换法　341
萃取百分率　122
萃取方法　145

索 引

萃取过程中的分配关系　121
萃取机理分类　123
萃取剂　285
　　辐射效应　285
萃取色层　177
萃取率与 pH 值的关系（图）　134
萃取体系分类　123
重排反应　277
错流萃取　145
　　流程示意（图）　146

D

大环聚醚　142
大离子萃取　142
大气层核试验　68
大气核试验中释放的放射性核素剂量
　　（表）　244
带电粒子活化分析　374
单级分离法　156
导致向大气中注入大量放射性核素事件
　　（表）　67
低浓放射性核素　105
低温峰灵敏度增高法　362
缔合机理　79
碘的反冲化学　321
碘在 L 层的空穴引起空穴串级（图）　297
电沉积法　180
电荷转移的离子反应　276
电化学　180、181
　　分离　180
　　置换法　181
电离辐射　274
电线及电缆绝缘材料的辐射交联　288
电泳分离　182、183
　　方法　182
　　原理　182
电子俘获　23

电子加成反应　276
电子结构，半径和水溶液中的氧化态（表）
　　229
电子震脱引起的激发电离　297
电子转移　80、277
　　反应　281
　　机理　80
　　双分子反应　275
定量示踪技术　366
独居石　53
短寿命放射性核素　206
短寿命宇生放射性核素（表）　45
多次中子俘获和相关衰变形成高质量核
　　素的链（图）　196
多价金属酸式盐　173
多组分分离中的洗脱问题　169
多组分色层分离　163、171
　　洗脱方法（图）　171

E～F

次级反应　195
二级交换吸附　97
二级吸附　97
发射 α 粒子　293
发射 γ 光子　294
发射电子　294
发射质子放射性衰变　27
发现 No 实验装置示意（图）　185
法扬斯－潘聂特规则　94
反常混晶　91
反冲　19
反冲 ^{128}I 与烷烃的有机物产额（表）　322
反冲 ^{80}Br 的有机物产额（表）　319
反冲标记法　185、343
　　分离 ^{212}Pb 和 ^{212}Bi　185
反冲氚反应基本类型　307
反冲氚原子　312、310

反应模型（图）　312
　　　化学反应（表）　310
反冲法　184、185
　　　收集^{212}Pb和^{212}Bi装置（图）　185
　　　在新核素发现中的应用　185
反冲化学　316
反冲粒子　301
　　　次级反应　301
　　　能量耗散过程　298
反冲收集产物的示意图（图）　204
反冲原子次级反应能区的划分　303
反稀释法　364
反应中卤化氢和卤代烷的E^*值（表）　296
方黄铜矿的穆斯堡尔谱（图）　113
　　　纯度　202
放射核素　200
放射化学　2～13、99、201、202
　　　处理　201
　　　纯度　202
　　　发展简史　5
　　　发展限制　13
　　　发展中的重要事件（表）　9
　　　分离过程　99
　　　内容　2
　　　特点　3
　　　现代发展阶段　8
　　　研究　12
　　　在我国发展概况　12
放射免疫分析法测定血液中胰岛素含量
　　　的测定步骤　368
放射线衰变单位　34
放射性　2、5、37～40、201、245、339
　　　标记化合物　202
　　　示踪剂选择　336
　　　释放及可能效应　242
　　　衰变链　38

　　　同位素发生器　39、40
　　　现象　2
放射性比活度　337、348
　　　与时间关系（图）　348
放射性核素　44、89、94、95、101～
　　　103、193、195、244、247、337、
　　　338、339、358
　　　沉积曲线（图）　103
　　　纯度　337
　　　从废物处置库到人类环境的迁移路
　　　　径（图）　242
　　　电化学　102
　　　毒性　337
　　　环境问题　245
　　　计时　358
　　　临界沉积电势测定　102
　　　生产　193
　　　吸附　96
　　　在玻璃上的吸附行为　101
　　　在低浓状态的电化学行为特点　102
　　　在化学中的应用　333、334
　　　在离子晶体上的吸附　95
　　　在无定形沉淀上的吸附和共沉淀　99
　　　在无定形沉淀上的吸附机理类型　99
　　　质量（表）　88
放射性核素示踪法　334
　　　类型　334
放射性胶体　107～108、184
　　　成因　105
　　　分离法　184
　　　特性　108
　　　形成　106
　　　研究方法　108
放射性胶体形成的影响因素　106
　　　放射性核素生成难溶化合物的能力　106
　　　溶液酸度　106

索 引

　　杂质粒子影响 107
放射性气溶胶 109
　　微粒 109
放射性示踪法 338
　　应注意问题 338
　　优点 337
放射性示踪原子在化学研究中的应用 343～357
　　测定物理化学数据中的应用 355
　　催化剂中毒原因的研究 352
　　确定化学键断裂的位置 351
　　放射性气体法研究固相的化学转化 353
　　识别化学反应的中间产物 346
　　研究反应动力学 346
　　研究反应途径 346
　　在催化反应和非均相化学反应研究中的应用 352
　　在化合物结构研究中的应用 343
　　在化学反应机理研究中的应用 345
放射性衰变 16、19、32、60、197、360
　　共存 197
　　过程 19
　　和时间关系（图） 16
　　计年 60
　　母子体关系测定年代 360
放射性物质 89、91、102、109、110、117、118
　　分离方法 117
　　分离问题 118
　　在玻璃上的吸附 102
　　在低浓度时的状态和行为 87
　　在固相中的状态 110
　　在气相中状态和行为 109
　　在溶液中的状态和行为 89
放射性元素 3、6
　　化学 3

　　在低浓度状态物理化学性质研究 6
非均相同位素交换反应动力学 81
非平衡 59
非破坏活化分析法 374
非破坏中子活化分析 373
废物库性能评价 261
沸水堆和压水堆燃料在不同水域中释放铯的比例与接触时间关系（图） 264
费米 8
分辨率 164
分步洗脱 170
　　分离 U、Np 和 Pu（图） 171
分离 121、286
　　方法 183
　　系数 121
分馏萃取 147、148
　　流程示意（图） 148
分配 121、159、177
　　定律 121
　　色层 177
　　系数 159
分配比 121、156
分支衰变 35
　　常数 35
分子吸附 100
丰中子核素 27
峰位体积 160、159
　　方程 159
　　影响因素 160
氟的反冲化学 315
符合计数法 374
辐射 279、285～289、336
　　对萃取剂影响 286
　　对离子交换树脂影响 287
　　高分子产品 288
　　类型 336

能量 336
　　在环境保护中的应用 289
　　在生物医学工程中的应用 289
　　作用 279
辐射工艺 287
　　进展概况 287
辐射化学 273~275、395
　　基本过程 273
　　研究 272
辐射化学效应 272
　　与放射性核素状态、行为的关系 272
辐照产额 193

G

溶质带展宽 160
高纯钚的密度和膨胀曲线（图） 237
高能加速器 11
高效离子交换色层 170
高效色层中增加理论塔板数 N 的方法
　（表） 172
高压离子交换色层 170
汞阴极电解 181
汞阴极电解法 181
共沉淀 89、120
　　分离改善措施 120
　　过程研究 89
　　类型 89
共沉淀法 118
共轭电势法 103
共结晶共沉淀 89
　　分类 89
　　类型 89
共聚体结构 149
固态化合物 236
固体物质比表面测定 357
官能团置换反应 309
惯性效应 311

光核反应 378
光致 377、377
　　激发 377
　　裂变 377
光子活化分析 377

H

哈恩规则 94
海森堡不确定性原理 41
海洋中的天然放射性 66
合成 314、331、344
　　反应 314
　　方法 343
　　新化合物 331
合成-分解法 344
合成放射性医用药物 331
核电站 68、69
　　事故 68
　　释放 69
核反冲法 184
核反应 294、300、375
　　生成^{18}F的保留值（表） 300
　　瞬发分析 375
　　引起的反冲 294
核反应堆 9
核反应式定律 17
核辐射在食品保鲜和储藏方面的应用 288
核过程中热原子形成 293
核科学技术发展 13
核燃料后处理工厂 9
核试验和后处理厂的超铀核素释放（表）
　248
核衰变过程 293、325
　　化学效应 325
核素 43
核武器 68
核形变过程中势能变化（图） 228

核转变 3、293
　　过程 293
　　过程化学 3
轰击粒子 374
花岗岩仓库中未处理废轻水反应堆个人剂量和入侵风险（表） 269
花岗岩远场放射性核素分布值（表） 267
化合物标记 202
化学 99、111、202、328、331、339、389
　　反应机制 384
　　合成法 339
　　特性 199
　　位移 111
　　吸附 101
　　效应 328、330
环境中的氡 57
环境中的放射性 44、241
　　核素行为 241
　　物质 44
环境中的镭 57
还原和氧化地下水中限制溶解度和重要的废物元素的相（表） 265
还原性产物 281
挥发法 183
回收裂变形成 Zr 同位素程序 208
回收率 121
回旋加速器 192
混合衰变 33
活化分析 371

J

基本湮没方式及特性（表） 382
基本因素 193
基础放射化学 3
基于 ^{238}U 衰变计年法 64
激发-分解反应 308
激发分子 275、280
　　反应 275
　　分解 275、280
激发态 ^{57}Fe 四极分裂（图） 112
加成反应 275
加速器 11
甲基磷酸二烷基酯的萃取能力和选择性（表） 127
钾-氩法测定年龄 360
简单放射性衰变动力学 31
简单分子萃取体系 123、124
　　萃取原理 123
　　影响因素 124
简单示踪法 335
鉴定短寿命 Zr 同位素自动批量装置（图） 209
间歇快速分离法 186
　　分离某些放射性核素例子（表） 186
交换度与反应时间 76、77
　　关系（图） 76
　　关系（图） 77
交换平衡常数的实验值与计算值比较（表） 73
交换容量 151
交联度 151、162
交联度树脂 151
胶体形成机理 100
角关联法 389
结论 270
解离机理 79
金属钍 53
金属杂多酸盐 174
浸出法 110
近场效应 67
近代放射化学研究 3
净电荷 22
净化剂 120

净化载体　120
竞争衰变　35
聚乙烯泡沫塑料　288
均相同位素交换　75、78
　　　反应动力学特性　75
　　　反应指数定律　75
　　　机理　78

K

卡麦隆　3
可逆化学反应的同位素交换机理　80
空间效应　311
空气中某些物质最大容许浓度（表）　5
空穴串级　296
　　　过程　299
　　　引起的激发　296
孔径-直径效应　143
快速放化分离　206
快速化学分离　186
快中子活化分析法　373
扩散系数测定　357

L

镭　48
离子　138、148、152、277～280、285、287
　　　缔合萃取　138
　　　反应　277
　　　降解　286
　　　分子反应　276、280
　　　复合反应　276
　　　和激发分子在快速电子径迹中的分布（图）　274
　　　交换法　148、285
　　　选择系数　152
离子交换　12、99、148、152、156
　　　过程分配比　156
　　　平衡　152

色层分离方法　156
　　　吸附　101
　　　现象　148
　　　选择系数影响因素　154
离子交换分离　156
　　　方法　156
离子交换树脂　148、150（表）、285
　　　辐射效应　285
　　　性质　151
离子交换树脂结构　148、149
　　　类型　149
理论塔板当量高度　161
理论塔板数　160、161
　　　计算公式（表）　161
里比的超热能区模型　302
里比刚球弹性碰撞模型　302
沥青和混凝土包装的释放　265
连续放射性衰变　35、197
连续快速萃取分离三价稀土元素装置示意（图）　189
连续快速分离法　187
连续逆流萃取　147
连续中子俘获　197
两组分分离　163、164、168
　　　分辨率（图）　164
　　　色层带（图）　163
　　　洗脱曲线（图）　168
两组分湮没寿命谱（图）　390
裂变产物中分离 Nb 装置（图）　188
裂变发现　7、8
裂变和中子俘获（图）　223
裂变谱中子活化分析的探测极限（表）　373
磷钼酸铵形式　174
磷酸三丁酯　286
流动相流速　163
硫酸亚铁剂量计的 G（Fe^{3+}）值（表）

索 引

285
卢瑟福 5
卢瑟福背散射分析法 375
卤化物催化还原 341
卤素 315
    反冲化学 318
伦琴 5
络阳离子色层 165
络阴离子色层 166
氯苯－苯体系的有机物产额（图） 318
氯苯－烷烃体系的有机物产额（图） 317
氯的反冲化学 316

M ~ N

玛丽·居里 5
目前在生物圈中超铀核素水平 249
穆斯堡尔参数 111
穆斯堡尔发射谱研究放射性核素在固相
    中状态 113
穆斯堡尔谱法 111
内吸附 98
内转换 24
能量耗散过程 298
能斯特方程 103
    在高度稀释溶液中的适用性 103
逆流萃取流程示意（图） 147

O ~ P

欧洲核子研究中心（CERN）ISOLDE-2 全
    景图（图） 213
欧洲离子物理研究所在线同位素分离装
    置（图） 213
排代色层法 157
    分离 Li_2SO_4 和 Na_2SO_4 时排代曲线
        （图） 157
膨润土充填岩洞中燃料棒和罐泄漏安全
    评价模型链中的模型耦合（图） 262

平衡常数 74、355
    测定 355
平行示踪法 366

Q

其他分离方法 183
其他类型大离子萃取 142
奇异原子 379
齐拉—却尔曼斯效应 292
铅前长寿命核素 47
铅同位素 65
切尔诺贝利热粒子核素成分与燃烧 3 年
    后的反应堆燃料相比（表） 247
切尔诺贝利事故泄漏 246、247
    释放到大气中放射性核素量和局部
        污染量（表） 245
氢 275、308
    提取反应 275、308
    置换反应 308
清扫载体 120
区域电泳法 182
去污系数 130

R

热反应动力学理论 304
热反应堆中超铀元素产物主要路径（图）
    223
热力学性质 74
热释光法测定年代 362
热原子反应 204
热原子化学 291、292、323、332
    研究 292
    应用 333
热中子活化分析法 371、372
    探测极限（表） 372
热自由基生成反应 309
人工放射性 7、67

发现　7
　　核素来源　67
人工核转变　6
人类骨头在日常饮食条件下 $^{13}C/^{12}C$ 的比及其对 $\delta^{13}C$ 校正因子影响（图）　62
溶剂萃取法　121、285
溶解度　254
溶液中放射性核素存在的主要状态、扩散系数和颗粒直径（表）　106
溶液中物质形态计算　257
溶胀　151
溶质带迁移速度　159
若干原子和分子的电离势（表）　321

S

三价锔平衡常数（表）　256
色层分离法　156
放射性气体法　353
射线在水中的初始 LET 值（表）　274
生成烯烃反应　314
生成乙炔反应　314
生物合成法　342
生物化学　84、395
　　体系中的同位素交换　84
生物圈中锕系化学　250
湿挥发法　183
石英热释光测定年代　362
示踪剂　336、337
释放情景　262
寿命谱测量　387
寿命谱仪方框图（图）　389
树木年轮测定大气中 ^{14}C 活度长期变化（图）　63
树脂粒度　162
衰变纲图　28
衰变能　18、41
衰变曲线分析法　374

双 β 衰变　22
双电层结构示意（图）　95
双分子反应　275
双键加成反应　310
双键上的反应　314
水的辐射化学　279
水合氧化物　173
水和水溶液的辐射化学　279
水解　252
水溶液　234、281
　　锕系离子的制备方法和稳定性（表）　234
　　辐射化学　281
水蒸气和水受辐照时自由基和分子产物产额（表）　278
四极分裂　111
速率常数测定　355
酸性磷类萃取　134～137
　　萃取原理　134
　　影响因素　135
　　应用举例　137
酸性络合萃取　130
随地下水从乏燃料存放库到接受者释放的放射性的量（图）　268

T

坦桑尼亚岩石样品的等时线（图）　64
碳-11 的反冲化学　313
碳-14　46、312
　　反冲化学　312
碳的反冲化学　312
特异试剂　368
梯度洗脱　170
天然放射性　6、67
　　元素发现　6
天然类比　260
天然衰变系中的元素　48
天然水分 Am 的形态计算结果（图）　256

天然水中钚的氧化还原电位（表） 259
同步回旋加速器 11
同晶和同二晶 89
同晶现象特点 90
同位素 6、64、73、86、184、343、346、363
  交换 73、86
  交换法 184、343、341
  稀释法 363
  稀释质谱法测定 $^{87}Rb/^{87}Sr$ 比 64
同位素表 28
同位素交换反应 73～75、78
  平衡常数（表） 73
  热力学性质 74
  特征 74
  研究 78
同位素效应 74、74
  研究 74
同质异能 111、328
  位移 111
  跃迁化学效应 328
  跃迁内转换系数 328
钍 53
  分布 53
  矿物 53
  生产 53
  同位素 53
  用途 53
团迹模型 386
退火效应 330

W

烷基置换反应 309
王冠醚 142
  络合物萃取 142
微量物质在固-液两相的均匀分配 91
微量物质在固-液相的非均匀分配 93

温度 162
无定形沉淀 99
无定形物质共沉淀 100
无机含氧酸盐和络合物的热原子化学 323
无机化学 395
无机离子交换剂 173
物理 199、275、335、397
  常数 397
  混合示踪法 335
  去激过程 275
  特性 199
物理化学 395

X

吸附机理 100
烯烃 314
稀释剂 135、140
  极性对 Aliqust 336 萃取稀土元素影响（表） 140
  介电常数对 HDEHP 萃取 U 影响（表） 136
稀有衰变模式 27
锡化合物 113
  化学位移 113
  四极分裂（图） 113
洗脱曲线 158、161
  各种带宽（图） 161
洗脱色层 158
  基本原理 158
  溶质展开（图） 157
洗脱色层法 157
线性洗脱色层中溶质浓度分布（图） 158
相对质量 21
硝基苯中甲基取代基的位置或数目与 $k_{表观}$ 关系（图） 394
协萃 144、145
  体系 145

效应 145

新类型混晶 90

  与真正混晶区别 90

新制备的带负电荷的 AgI 晶体表面吸附 Ra^{2+}、Ac^{3+} 和 Th^{4+} 的量（表） 98

形成同晶 90

溴代烷反应的有机物产额 321（表）、320（图）

  与清除剂 Br2 浓度关系（图） 320

溴的反冲化学 318

溴在溴乙酸与溴离子间同位素交换（表） 77

绪论 1

Y

亚化学计量稀释法 365

湮没辐射多普勒加宽线型测量 391

研究钚的环境行为时所考虑的反应范围形态图（图） 258

研究化学键形成过程 349

衍生物同位素稀释法 368

钅羊盐萃取 141

  影响因素 141

阳离子在 Dowex 50 树脂上的选择系数（表） 153

氧化还原 233（图）、251

  性质 251

氧化态 229（表）、232

氧化性产物 283

氧桥 253

液–液色层 175~176

  技术 176

  应用 177

  原理 175

液相和固相的放射性比活度随 τ 变化（图） 83

一级电势形成吸附 96

一级交换吸附 96~97

  特点 97

一维角关联测量装置示意（图） 390

乙炔 316

以 $^{298}114$ 号元素为例说明核形变过程中势能变化（图） 228

阴离子在 Dowex 1 和 Dowex 2 上的选择系数（表） 153

影响放射性胶体形成因素 106

应用放射化学 3

铀 8、54、59、178、217

  分析 178

  分布 54

  和超铀元素同位素（图） 219

  核裂变发现 8

  衰变产物 59

  同位素 54

  资源 54

铀矿表观含量 59

铀生产 55~59

  废料 57

  技术 55

  能力 54

铀系 48

铀系法测定年代 361

有机化学 395

有机离子交换树脂缺点 173

有机卤化物反应的保留值（表） 299

诱发转变 197

与 10 Bq 放射性活度相当的放射性核素质量（表） 88

宇生放射性核素 44

宇宙射线 44、61

  辐射变化 61

雨水中出现短寿命宇生放射性核素（表） 45

预计泄漏出来的速度超过 1 Bq·a^{-1} 的所
　　有核素（图）　265
原生放射性核素　47、47（表）
原子弹试验　9
原子反冲　293
原子反应堆　8
原子里的第二过程　29
原子序数 $Z \geqslant 104$ 的超锕系元素　226
远场效应　67
陨星和雨水中出现长寿命宇生放射性核
　　素（表）　45

Z

杂质粒子对 ^{212}Pb 和 ^{212}Bi 胶体影响（表）
　　107
载气输送核反应产物平均效率（表）　188
在沸水反应堆中辐照混合氧化物燃料后
　　产生较高锕系同位素（图）　222
在铅和铀中通过快速多中子俘获产生重
　　锕系元素（图）　224
在线气相分离　210
　　流程　208
　　溴产物装置（图）　210
在线热层柱分离装置（图）　211
在线溶剂萃取分离程序　211
摘取机制　383
真正混晶　90
蒸发法　176
蒸汽压测定　356
螯合萃取　130
正电子　22、379
　　衰变　22
　　中和　276
正电子素 Ps 及其应用　378
证明 PH_3 具有放射性装置（图）　7
直接涂层　176

直接稀释法　363
纸色层　178～179
　　应用举例　179
　　原理　178
滞留比、理论塔板数与产品纯度关系（图）
　　169
质子同步加速器　11
中国放射化学研究　13
中微子　20、21
中心位移　111
中性磷类萃取剂　125
中性络合萃取　124～129
　　萃取原理　124
　　影响因素　127
　　应用举例　129
中子　7、369
　　发现　7
　　活化分析　369
中子照射 Na_2HPO_4 后产物（表）　324
　　纸上电泳谱（图）　324
中子照射溴乙烷的有机物的产额比值（表）
　　319
种态计算　254
重离子加速器　11
重原子置换反应　309
柱直径　163
转化定律　17
撞击模型　311
子体反冲　23
自动批量分离锕系的化学装置和获得淋
　　洗曲线（图）　209
自动批量生成程序　208
自发裂变　27
自然界中超铀元素和 Np 衰变系　52
自然界中人工放射性　67
自然界中放射性核素　47

自然水域表层的经过过滤的钚的浓度（表） 250
自由基 276、277
    反应 276
    加成反应 277
    离解反应 276
    歧化反应 277
自由基 – 自由基结合反应 277
最佳柱长选择 167